规划北京
“梁陈方案”新考

李浩　著

PLANNING BEIJING: A NEW STUDY ON THE EVENT OF "LIANG-CHEN PLAN"

SSAP 社会科学文献出版社
SOCIAL SCIENCES ACADEMIC PRESS (CHINA)

本项研究获得国家自然科学基金项目（批准号：52178028；51478439；51108427）和北京未来城市设计高精尖创新中心项目（编号：UDC2021010121）的资助

序一

作为一名对历史研究有着浓厚兴趣的城市规划师，读到李浩同志送来的新作《规划北京："梁陈方案"新考》，我感到十分高兴。本书考论的内容"梁陈方案"是城市规划和建筑学术界引人瞩目、经久不衰的一个议题。几十年来，一大批专家学者为此投入了大量时间和精力从事研究，其中一些人还反复耙梳，挖掘史料，不断讨论。有趣的是，对这一问题的讨论甚至已经跨越了国门，走向了世界，成为国际同行共同关注的一个重要话题。

但是，"梁陈方案"也是一个很难解答的复杂命题。尽管目前已经有大量的相关研究和各种各样的观点，然而，已有的一些认识却众说纷纭，甚至存在严重分歧。关于"梁陈方案"的若干事实和真相，迄今仍存谜团。对于一些要害问题，比如"梁陈方案"究竟为何没被决策者采纳等，尚缺乏深入的研究。对"梁陈方案"的合理认识，不仅要考虑到其规划技术的科学合理性，还要考虑到规划技术与政治及决策之间的相互关系，这就大大加剧了研究工作的难度。

在此情况下，本书的高质量完成，使我们对"梁陈方案"的认识迈上了一个新的台阶。作者采取历史研究的基本方法，遵循破疑解惑的技术路线，针对"梁陈方案"相关的一系列问题，层层解析，深入论证，提出一系列鞭辟入里的独到见解。不仅如此，书中采用的史料绝大多数是第一手的原始档案资料，不少重要内容尚属首次发现，极其珍贵，这不仅彰显了该书的史料价值，也显著增强了规划史研究的客观实在性及可信度。

关于“梁陈方案”的既有认识之所以众说纷纭，很重要的一个原因在于许多研究大都是从一些间接材料出发，就观点论观点，乃至以一种相当主观的方式去设想或推理，尽管这对于思路的开阔具有一定启发价值，但难免会对“梁陈方案”的认识存在误识与误判。正因本书采取严肃、认真的历史研究方法，追根溯源、探赜索隐、阐幽抉微，才使长期以来困扰我们的许多疑惑、谜团被逐一解除，使我们得以真正置身于共和国成立初期首都规划的历史场景中，获得更加贴近事实和真相的透彻理解与感悟。全书读罢，顿感畅快淋漓，旋觉豁然开朗。

我想，这就是史学研究的巨大魅力，更是历史研究在当代的价值体现。特别是对城市规划学科而言，由于城市工作的综合性与复杂性，城市建设的系统性和城市发展的长期性，对于不少城市问题及城市规划工作的认识，必须置于宏大的历史叙事之中，在大历史中把握大趋势。要真正做到以史为鉴，就必须先把历史事件和基本史实梳理清楚，并开展专业化的历史研究，对有关事实和真相进行严肃的、追根究底式的、系统性的探究。无论对城市发展规律的认知而言，还是对城市规划工作的改进而言，历史研究都是不可或缺的重要手段和途径。

品读《规划北京：“梁陈方案”新考》一书，也让我们对城市规划的科学、技术及其与政治和政策的关系有了更深刻的认识。对此，书中已有相当的阐述。我认为，从历史发展角度看，对一个城市或区域的空间格局起到重要形塑作用的，有政治、经济、文化和自然等几个方面的力量，而这几种力量的形塑功能及影响又是各不相同的。从力量大小来看，政治力量最为强大，且经常是主导性的；经济力量最为显见，常常是主动性的；文化力量最为隐秘，却是深沉厚重的；自然力量最显微弱，但不容轻忽。从影响所持续的时间来看，政治力量的影响往往是阶段性的，经济力量的影响是长期性的，文化力量的影响是持久性的，而自然力量的影响则是最为恒久的。

就“梁陈方案”而言，在70多年前的时代背景下，政治方面因素的影响显然起到了最为突出的支配性作用。放眼共和国70多年建设与发展，对首都空间格局影响最显著的则要属经济因素。对于各种因素和影响力及制约国家空间格局的情况，城市规划工作者要做到心中有数，因势利导。这也正如习近平总书记所言，要认识、尊重、顺应城市发展规律，端正城市工作和城市发展的指导思想。

《孟子》曰："所过者化，所存者神"。尽管从规划决策的角度来看，"梁陈方案"未能有理想的结局，也早已成为往事，然而，回顾历史，梁思成、林徽因和陈占祥等前辈和先贤对保护北京城历史文化的大声疾呼、对规划理想的不懈追求、对学术精神的高扬却应当永远为我们所铭记，并指引我们前进的道路。这也是我们今天来重新回顾和反思"梁陈方案"重要的现实意义之所在。

城市规划史研究不同于一般的规划研究，它对研究者有更苛刻的要求、更严峻的考验，探秘之路很少有"千里莺啼绿映红"的旖旎风光。"连峰去天不盈尺，枯松倒挂倚绝壁。飞湍瀑流争喧豗，砯崖转石万壑雷"，这是描述蜀道难的诗句，以此来比喻规划史研究的艰难也相当贴切。在规划史研究工作中，不仅需要一种甘于寂寞、心无旁骛的心理态度，而且还需要一种敢于迎难而上、持之以恒的学术精神。作为一名年轻同志，李浩博士潜心于冷门的规划史研究，其志向堪称宏远，其治学独出手眼。尽管他尚处不惑之年，但已经陆续推出了一系列规划史研究作品，如《八大重点城市规划——新中国成立初期的城市规划历史研究》、"城·事·人"系列访谈录、《中国规划机构70年演变：兼论国家空间规划体系》和《张友良日记选编——1956年城市规划工作实录》等，每次新作出版都受到学术界的广泛好评。这次完成的《规划北京："梁陈方案"新考》，则标志着他的规划史研究水平又提高到一个新的层次。冰冻三尺，非一日之寒，如果没有长期的积累和持续不断的努力，本书绝不可能完成。

胡小石先生曾题一诗："独向深山深处行，道人拥帚笑相迎。清丝流管浑抛却，来听山中扫叶声。"看似游山体验，实含治学追求。诗人不屑于蹈袭旁人走过的平路坦途，偏钟情于人迹罕至的大山深处独辟蹊径，寻求新的发现。在他眼里，世间流行的音乐"清丝流管"未必能及空山道人的"扫叶声"美妙动听。李浩同志执意追求的也是这种治学境界，我希望他在这条路上坚持走下去，也衷心期望有更多的有志之士加入规划史研究行列，共同推动我国城市规划学科和规划事业的不断发展与进步。

杨保军*

二〇二一年十月十九日

* 杨保军，教授级高级城市规划师，住房和城乡建设部总经济师，全国工程勘察设计大师，中国城市规划学会理事长。

序二

“梁陈方案”是北京城市规划建设发展史上的一件大事，也是一个众说纷纭的难题。几十年来，有不少专家学者从各自不同的角度进行过不同程度的研究，而李浩博士所著《规划北京：“梁陈方案”新考》无疑是该领域研究中内容最全面、史料最翔实、论述最客观的一部力作。

在北京城市规划战线，我参加工作的时间不是太早，未曾亲历“梁陈方案”提出过程，但北京规划界的一些老同志如李准和陈干先生等，都曾多次向我们讲过这方面的情况，董光器同志等一些同事对“梁陈方案”也做过一些研究。在实际工作中，我参加过与北京城市总体规划和首都行政区规划有关的研究、讨论和其他具体工作，从各种渠道获悉许多的观点和信息，使我对“梁陈方案”的有关情况有了一定了解。

我的一个基本认识是，“梁陈方案”的提出是在1949年中华人民共和国刚刚成立后不久，那是一个非常特殊的时间点，必然有着许多非常特殊的时代背景，因此，我们不能简单地套用现在已经习以为常的一些思维模式去妄加推论，而要用一些复杂性、理性思维和历史唯物主义眼光来加以认知。纵观之前关于“梁陈方案”的不少文章或报道，它们往往从某个单一视角加以讨论，或者根据自己某方面的需要来借题发挥，由此而得出的一些结论大多似是而非，经不起仔细的推敲。更有甚者，为达某种目的而找噱头，进行情绪化的宣泄。在网络和自媒体发达的时代，一些不知内情的人们常常被误导，造成不良影响。对于首都北京的城市规划与建设，为什么不能用一种冷静、客观和公正的态度，科学理性地认识和讨论呢？

《规划北京：“梁陈方案”新考》一书，达到了我长期以来的期望，甚感欣慰！阅读书稿发现，作者在档案资料的搜集、整理、分析和系统化呈现方面下了大功夫，书稿中几乎囊括了与“梁陈方案”有关的所有重要史料，真正做到了用史料说话，用事实讲道理。不仅如此，该书中所用史料绝大多数还为第一手的原始档案，且其中不乏一些学术界首次发现的珍贵史料，如梁思成、林徽因和陈占祥先生合著的《对于巴兰尼克夫先生所建议的北京市将来发展计划的几个问题》，以及陈占祥1946年自英国回国前后的一批信件等。在充分占有各种史料的基础上，作者做了许多认真细致的考证工作，譬如，不同档案部门保存有两份苏联市政专家巴兰尼克夫建议的档案文件，其相互关系，就是经过李浩博士的严密考证而予以厘清的，这使我们对“梁陈方案”的基本史实有了更加明晰的认识。这本书稿无论就城市规划史研究的专业性、史料运用的原真性和广泛性、历史思辨的客观性，还是就规划理论与建设实践的有机结合等而言，在同类研究中都达到了全新的高度。

我特别注意到，在充分而深入地对史料进行整理和考证的基础上，本书得出了一些重要结论。譬如：在当年梁思成和陈占祥两位先生与苏联市政专家的辩论中，工业发展问题并非双方的分歧所在，城墙存废问题更不在他们争论的范畴内；“梁陈方案”提出后，当年的政府部门对《关于中央人民政府行政中心区位置的建议》相当重视，进行了多次的调查研究和专题讨论，并对梁思成和陈占祥先生委以重任；北京城历史文化受到破坏与早年是否采纳“梁陈方案”不应归结为一回事，不少人实际上是把对老北京的怀念之情移植到了“梁陈方案”上；等等。这些认识，都是经严谨科学研究后所得出的结论，无疑是正确的，我对此深表赞同。长期以来，正是对这些问题缺乏必要的区分和严肃的梳理，才对“梁陈方案”造成了诸多混淆和张冠李戴的情况：把拆城墙和工业发展问题等与“梁陈方案”相提并论；把北京在其他历史时期建设发展中出现的问题，统统算在未采纳“梁陈方案”的账上；更有甚者，蓄意渲染梁陈等专家学者与政府的对立，中国专家与苏联专家的对立；如此等等，不一而足。阅读《规划北京：“梁陈方案”新考》可以认识到，这些情况多不符合真实的历史情形，是历史虚无主义的表现。70多年来，首都北京的城市规划建设与发展，经历了曲折复杂的历史过程，尽管曾出现一些偏差乃至错误，但所付出的积极努力和取得的可贵成绩是不能抹杀的。最关键的是，对有关问题进行研究，要将其放在一定的历史背景和时代条件下来做全面的认识，才能得出客观公正的结论，才能够真正做到以史为鉴。

在这个意义上，我认为《规划北京："梁陈方案"新考》一书不仅具有重要的学术价值，还具有十分积极的现实意义，相信这本书的出版，将有利于城市规划界和社会公众比较客观地了解新中国成立初期这个特殊时期首都北京城市规划工作的有关情况，有利于澄清与纠正多年来业界和社会上流行的一些误解和误传，对"梁陈方案"的认识将起到以正视听的重要作用。

李浩博士是邹德慈院士的高足，我与他相识源于数年前他就城市规划史研究问题，对我和其他北京规划系统的一些老同志所做的多次深入的访谈。在交往的过程中，我体会到李博士是一位谦虚谨慎、认真负责的青年学者，尤使我们这些老同志十分高兴和倍感欣慰的是，他对中国城市规划史研究倾注了满腔热情，就北京城市规划史研究而言，他不仅深入研究了"梁陈方案"，而且还全面系统地研究了1949～1960年苏联市政、规划专家对北京城市规划工作的技术援助情况；不仅对一些历史事件的当事人进行了学术访谈，而且还赴中央和北京市各档案机构做了大量的针对原始档案资料的搜集、整理、分析和研究工作，最近还投入大量的精力，专门整理了北京规划界老领导郑天翔同志的城市规划建设日记。这样的一些工作，不仅考验着研究者治史的能力和水平，而且还考验着青年人的耐心、决心和毅力，十分值得当代青年学者学习！

我希望李浩博士能在城市规划史研究这条道路上坚持下去，持之以恒，为中国的城市规划界、为社会奉献出更多的研究作品！

柯焕章*

2021年10月21日

---

* 柯焕章，教授级高级城市规划师，原北京市城市规划管理局副局长，北京市城市规划设计研究院原院长。

序三

如同科学不能割断历史一样，城乡规划学也是如此。对于中国来说，虽然城乡规划学作为一门学科仍是年轻的，但已经具有丰富的城乡规划学思想和实践经验，尤其是近代以来，城市规划界前辈们留下了许多卓有价值的著述和探索轨迹，这是一笔宝贵的财富。在这个方面，学界早已有学者进行了挖掘和整理，取得了可喜的成绩，城市规划史领域的研究专著也不断问世。李浩教授近来撰写的书稿《规划北京："梁陈方案"新考》，就是这样一部著作。

我们知道，"梁陈方案"之名，主要源于20世纪50年代梁思成和陈占祥联名提出的《关于中央人民政府行政中心区位置的建议》，在80年代后得到学术界的广泛关注，已有众多学者对此开展了研究和讨论。收到李浩博士寄来的《规划北京："梁陈方案"新考》书稿，有幸先睹为快。仔细阅读书稿，深深为作者的史料掌握、阅读、整理、分析和讨论而感动，再加上有大量的口述史料作补充，可谓史料翔实，达到了所谓"史料即历史、论从史出"的高度。总体上说，该书立论依据充分，能够将现代史与近代史相结合、中国城市规划史与外国城市规划史相结合，结构逻辑清晰，图、文、表、照并茂，论证严谨，文笔流畅，文献注释细致全面，是一部十分难得的规划史研究著作。

这本著作，不仅使我们对"梁陈方案"的相关情况有更全面、更系统的认识，而且也使我们感受到作者在史料考证方面所下的功夫，对历史事实的追溯客观真实，对历史事件的解释具有趋真性。对于历史研究，主要包括历史事实和历史解释这两个方面。前者侧重于史料，更多地强调对各类档案资料中的有关证据进行挖掘、梳理和系统化呈现；后者侧重于史论，更多的是人们对某一问题的不同看法和观点。两者实为一体。在国内众多的关于“梁陈方案”的研究成果中，大量的作品是属于历史解释方面的。这就存在一个显著而严重的问题：关于“梁陈方案”的许多历史事实并不清晰，由此而展开的史论难免存在较多的主观设想成分，乃至于个人化的推论，相关历史解释很难做到公允和客观。

譬如，正如本书所指出的，梁思成1930年与张锐合作完成的《天津特别市物质建设方案》是他1949年提出“新北京计划”的重要规划实践和知识积累，而对天津的研究实践又受到1929年南京《首都计画》的重要影响。就《天津特别市物质建设方案》而言，目前流行的提法是“梁张方案”，主要依据为这份成果（《城市设计实用手册——天津特别市物质建设方案》一书）在公开出版时，署名为“梁思成、张锐合拟”；然而，很少有人注意到的是，这本出版物的封二注有“天津规划，由张锐制定，由梁思成绘制”[①]。1930年4月25日，《大公报》曾刊载《津市物质建设方案——征求计划即将发表、张梁两氏有所贡献》，文中称：“津市物质建设方案市府曾悬金千元征求计划，迄今将届三月，闻应征之交已接到百余件，惟多无充分市政知识者，就中有张伯勉与梁思成两氏为美国留学生，系专攻市政学者，梁氏现任东北大学教师，正在制图说明，由张氏编制，不日即将脱稿……”[②]这里讲到的张伯勉即张锐。张锐（1906~1999），字伯勉，山东无棣人，1926年自清华学校毕业后赴美留学。先在密歇根大学学习市政学并获得学士学位，后在哈佛大学获得市政学硕士学位。1929年回国，曾先后在东北大学、清华大学和南开大学任教。1930年2月在天津特别市政府工作并任秘书处秘书。同年10月任秘书处帮办暂代第四科科长。1931年任天津市政府参事、设计委员会专门委员。据《大公报》报道判断，张锐是规划文本方面的主要负责人，梁思成则主要负责有关的设计和图纸绘制。另外，两人的成

① 梁思成、张锐：《城市设计实用手册——天津特别市物质建设方案》，北洋美术印刷所，1930，扉页。

② 斯日特：《梁思成、张锐〈天津特别市物质建设方案〉之研究》，硕士学位论文，天津大学建筑学院，2015，第32页。

果还曾于1930年6月至8月在天津《益世报》上连载，署名为“张锐、梁思成合拟”。在天津规划成果印制成书之时，为何会变更为“梁思成、张锐合拟”的署名，有待进一步考证。但至少可以说，天津规划究竟应该简称“梁张方案”还是“张梁方案”，就是一个值得商榷的学术问题了。在使用“梁张方案”这一提法时，如果不做任何解释或说明，实际就是一种考证不到位的做法。

关于“梁陈方案”的提法也有类似情形。1950年2月，梁思成和陈占祥合作完成了《关于中央人民政府行政中心区位置的建议》，大量研究中都把这份建议书等同为“梁陈方案”，其实并不妥当，比较合适的区分应该如这本著作所言：前者是促进城市合理布局以期实现城市长期健康发展的规划理念；后者是其具体的规划方案。然而，对于“梁陈方案”这样的概括和提法也有问题，因为这一设计方案的主创人员除了梁思成和陈占祥之外，还有林徽因，在三人联名所写《对于巴兰尼克夫先生所建议的北京市将来发展计划的几个问题》（这是李浩博士查阅档案时发现的一份重要文献，极为重要，此前未曾有研究提及）中，林徽因的署名还在陈占祥之前。此为他们在对苏联市政专家的建议进行评论和思考的基础上所提出的规划设计方案，应该称为“梁林陈方案”或“梁陈林方案”才对。

通过《规划北京：“梁陈方案”新考》一书，我们逐渐认识到，所谓“梁陈方案”，其实并非一个单纯的规划文本或设计方案，对于北京城市规划史乃至中国现代城市规划史而言，它还是一个重要的规划大事，而这个重要的规划大事中，主要涉及人物为梁思成与陈占祥，这应是“梁陈方案”的另一层含义。由此，本书书名中采用“梁陈方案”的提法也是合适的。

类似这样的一些问题，看似是无关紧要的琐碎细节，但它们能深刻反映出研究者是否具有严肃认真的治学态度。阅读此本书稿，我不时能感觉到作者在史实考证、术语使用和观点表述等方面，都持至为严谨的治史态度。李浩博士为这本书稿花费大量的时间，倾注了大量的心血，他作为城市规划专业科班出身的规划师，未曾接受历史学的专门学术训练，仅靠自学摸索和研究实践，积累了大量的治史经验，形成了良好的治史修养，令人肃然起敬。

城市规划历史与理论研究是城乡规划学的基础。在中国城市规划学会和东南大学建筑学院等机构的大力支持和组织下，自2009年开始每年举办“城市规划历史与理论高级研讨会”，2012年11月正式成立中国城市规划学会城市规划历史与理论学术委员会，迄今已凝聚了一支有志于城市规划历史与理论研究的专家学者队伍。李浩博士作为该学术委员会委员，是全国范围内城市规划历史与理论研究的代表性人物和中青年骨干专家，他的几部著作如《八大重点城市规划——新中国成立初期的城市规划历史研究》《城·事·人——新中国第一代城市规划工作者访谈录》和《张友良日记选编——1956年城市规划工作实录》等，不仅具有重要的学术价值和历史意义，而且还不断探索出城市规划史研究的新方法、新路径和新模式，形成了很好的学术示范。这本他最新完成的《规划北京：“梁陈方案”新考》一书，在带给我们新知识和新思考的同时，也基于规划学与历史学的基本理论，形成一种独具特色的规划史研究新范式，即“学术回顾—问题形成—史料收集—历史分析—规划解读”，读来令人耳目一新。

这本著作，不仅是一本值得城市规划史、城市史、建筑史乃至其他学科的专业人士参考、研读的学术专著，而且还是一本可读性、趣味性很强的值得普通读者阅读的历史读物，故而特别推荐。盼此书能早日出版。

李百浩*

2021年10月28日于南京

---

* 李百浩，东南大学教授、博士生导师，中国城市规划学会城市规划历史与理论学术委员会副主任委员兼秘书长。

目录

第二篇　思想探源

4 第四章 梁思成“新北京计划”构想的起点：对日伪时期西郊新市区规划的批判与利用

5 第五章 梁思成首都行政区规划思想的重要源头：1929年南京《首都计画》之中央政治区规划

6 第六章 志同道合：陈占祥对梁思成的支持及与其的合作

第三篇 争论解析

7

第七章
1949年9月首都规划形势的重大变化

8

第八章
中苏规划专家思想的首次交锋

9

第九章
大城市内改扩建：首都规划建设的苏联经验

第四篇 决策审视

10

第十章
规划研究决策、《梁陈建议》的提出及进一步的争论

11

第十一章 “梁陈方案”未获完全采纳之原因

12

第十二章 争论的终结

附　录

绪论

作为世界著名古都之一，北京拥有3000多年的建城史和800余年的建都史，但城市发展长期限于城墙之内。1949年中华人民共和国的成立，赋予北京新的生命和荣耀，也开启了她从一个封建帝都向现代城市转型的发展道路，空间结构方面的重要趋向是突破城墙的限制，在更为开阔的地域范围内作各项城市功能的安排和布局，这一过程中起到重要引领和调控作用的无疑是对北京的城市规划。

然而，一个城市的规划方案的研究和确定绝非易事，作为新中国首都的北京更是如此。1949年，规划北京一开始就遇到了激烈的争论，特别是作为首都最核心的职能机构，中央行政机关究竟应当布置在北京老城之内，还是应当在西郊建设一个专门的行政区另行安置？后者就是梁思成和陈占祥所主张的“梁陈方案”。实际上，“梁陈方案”不只是一个规划方案，还是一件历史大事。对这件历史大事的全面考察，正是我们认识北京城市布局之现代转型问题的一个绝佳视角。

一　研究缘起

就中国城市规划发展史而言，“梁陈方案”是一个相当著名的话题，但凡谈起北京城市建设与发展，即便对城市规划一无所知，也有不少人可以对“梁陈方案”做出一番评论，对两个当事人梁思成和陈占祥发出惋惜与感叹之声。近年来，随着“京津冀一体化”战略的提出，以及北京通州城市副中心和河北雄安新区建设的逐步推进，与“梁陈方案”有关的一些史事回顾之呼声也不绝于耳，甚至于在一些重要时间节点——如2017年新版北京城市总体规划获中共中央和国务院批复，随即北京市政府搬迁至通州等——上，“梁陈方案”已成为一个必然引发公众议论的热门话题。

然而，“梁陈方案”在广为人知的同时，也是一个社会舆论存在巨大分歧的问题。早在许多年以前，各方面业已形成两种不同观点。一种观点认为，“在建都初期，不利用旧城，另辟新址建设行政中心，在当时国家财政十分困难的情况下是不可能的。国家经济好转以后，抛开旧城，另建新的行政中心，也是不可取的”①。另一种观点则认为，梁陈所提的“《建议》②之不被采用，并非《建议》本身有问题，而在于决策的失误，在于决策者主观上的问题”③。几十年过去，大家对“梁陈方案”的认识不仅没有取得共识，而且还分歧更加严重，有关争论也更趋白热化，并带有强烈的感情色彩。不少相关文章认为，“给人的印象，都是执拗武断的执政者，刚愎自用，压制梁思成，毁了老北京千年古城，风华绝代的林徽因郁郁而终，梁思成抱恨终生”④。从这样的论调出发，似乎“梁陈方案”就是科学、正义的代名词，而一些决策的领导则是执拗武断的代表。

那么，这样一种二元对立的叙事框架是否切合真实的历史实情？早年的“梁陈方案”究竟是如何被提出的？如果它完全科学合理，那为什么未被决策者采纳呢？在新中国和新北京建设之初，首都社会生活处在一种积极向上的氛围中，新生的人民政权也特别强调和各方面民主人士进行友好的协商与合作，政府怎么会武断决策呢？此类问题细究起来，仍然说不清、道不明，让人感到一头雾水。

众所周知，梁思成和陈占祥所提的建议主要是城市规划方面的，因

---

① 北京建设史书编辑委员会编辑部：《建国以来的北京城市建设资料（第一卷）·城市规划》，1987，第14页。

② 指梁思成、陈占祥于1950年2月所提出的《关于中央人民政府行政中心区位置的建议》。

③ 刘小石：《城市规划杰出的先驱——纪念梁思成先生诞辰100周年》，《城市规划》2001年第5期。

④ 设计饭：《建筑 | 老北京城方案，梁思成就一定正确吗？》，2016年12月16日，https://mp.weixin.qq.com/s/B52NJK7iaOa34DLn2zxJSA，最终访问时间：2019年1月29日。

此，对“梁陈方案”的客观认识与合理评价，不能脱离开城市规划的专业视角。作为城市规划史研究者，有责任站在专业视角上对这一问题做出解析。此为本项研究的缘起。

二　相关研究进展

从学术史的角度回顾，“梁陈方案”之所以引发关注，大致源于改革开放初期关于北京历史文化保护问题的讨论。1982年2月，国务院公布首批24座国家历史文化名城，北京被列首位。当时，首都建设活动异常活跃，古都风貌面临严峻威胁；在此背景下，有人提出“悔不听梁先生当年提出的在北京西郊另建‘新北京’的建议，致使旧城破坏严重”[①]的观点。

1984年1月，吴良镛发表《历史文化名城的规划布局结构》一文，探讨了以新区建设推动旧城历史文化保护的规划结构问题，归纳提出“洛阳方式”和“合肥方式”，并对“梁思成、陈占祥教授等曾提出在北京西郊发展‘新区’的方案”进行了讨论，从城市设计的角度分析了该方案当时未能被接受的原因。[②]1986年9月，由清华大学建筑系组织编选的《梁思成文集》第4卷出版，书中完整刊载了梁思成和陈占祥于1950年2月联名所写的《关于中央人民政府行政中心区位置的建议》[③]（以下简称《梁陈建议》），公众得以首次阅读到这一文本，对“梁陈方案”有了初步的了解。

1986年《梁陈建议》的公开披露，引发关于“梁陈方案”讨论的一个小高潮。在同年10月出版的《梁思成先生诞辰八十五周年纪念文集》中，收录了陈占祥所撰的《忆梁思成教授》一文，该文以当事者的视角，回忆了与梁思成共同提出《梁陈建议》的背景与过程，文

① 陶宗震：《“饮水思源”——我的老师侯仁之》，陶宗震手稿，2008年1月19日，吕林提供。

② 吴良镛：《历史文化名城的规划布局结构》，《建筑学报》1984年第1期。

③ 《梁思成文集》第4卷，中国建筑工业出版社，1986，第1～31页。

中首次出现“梁陈方案”说法。[①]1990年底前后，陈占祥接受《城市规划》杂志的采访，进一步回顾了早年赴英国留学以及新中国初期提出“梁陈方案”的有关情况。[②]1996年出版的《梁思成学术思想研究论文集（1946—1996）》中，收录了关于“梁陈方案”的一些研究论文，如刘小石所撰的《历史城市的保护和现代化发展的杰作——重读梁思成先生论城市规划的著作》和高亦兰、王蒙徽合撰的《梁思成的古城保护及城市规划思想研究》等。[③]

在《梁陈建议》公开披露的同一年，北京城市规划系统组织编辑出版了《建国以来的北京城市建设》一书，它是在全国组织编写“当代中国”系列大型丛书的背景下，由北京市相关机构组织编写的该丛书的有关北京的部分内容。该书以内部资料出版后，编者又进一步利用工作过程中搜集到的档案资料，于1987年编辑了“建国以来的北京城市建设资料”丛书，同样以内部资料出版，其中第一卷《城市规划》对北京城市规划史进行了概略总结，并以匿名方式对“梁陈方案”及同时期的其他一些规划方案进行了简要评论。[④]

此后，作为《建国以来的北京城市建设资料（第一卷）·城市规划》的主要编撰者之一，董光器于1996年发表《四十七年光辉的历程——建国以来北京城市规划的发展》[⑤]，并撰写出《北京城市规划建设史略》。两文均涉及对“梁陈方案”的讨论，于1998年收入作者的文集《北京规划战略思考》[⑥]之中。

进入21世纪，关于“梁陈方案”的讨论进入一个新高潮，此阶段有两个重要的背景事件：一是2001年3月陈占祥先生逝世；二是2001

---

① 陈占祥：《忆梁思成教授》，载《梁思成先生诞辰八十五周年纪念文集》编辑委员会编《梁思成先生诞辰八十五周年纪念文集》，清华大学出版社，1986，第51～56页。

② 《城市规划》编辑部：《陈占祥教授谈城市设计》，《城市规划》1991年第1期。

③ 高亦兰编《梁思成学术思想研究论文集（1946—1996）》，中国建筑工业出版社，1996。

④ 北京建设史书编辑委员会编辑部：《建国以来的北京城市建设资料（第一卷）·城市规划》，1987，第1～14页。

⑤ 董光器：《四十七年光辉的历程——建国以来北京城市规划的发展》，《北京规划建设》1996年第5期。

⑥ 董光器：《北京规划战略思考》，中国建筑工业出版社，1998。

年4月9卷本的《梁思成全集》[①]出版。受其影响和推动，新华社记者王军在编写《梁思成传》的过程中，于2003年先行出版《城记》[②]一书，其中有很大篇幅是关于“梁陈方案”的讨论。2005年，王瑞智编辑出版《梁陈方案与北京》一书，该书编入了影印版《梁陈建议》、陈占祥的访谈文章，以及王军和陈志华关于“梁陈方案”的研究论文；[③]与此同时，陈占祥带有文集性质的《建筑师不是描图机器——一个不该被遗忘的城市规划师陈占祥》也出版了，书中收录了陈占祥的自传、相关文稿以及有关人士的缅怀文章等。[④]2006年，董光器出版了专著《古都北京五十年演变录》，对包括“梁陈方案”在内的北京城市规划历史及古城风貌演变情况做了较为系统的梳理。[⑤]

2008年，左川发表《首都行政中心位置确定的历史回顾》一文，记述了与“梁陈方案”有关的诸多历史事件，并分析了首都行政办公用地的形成过程及原因。[⑥]该文的写作背景是清华大学建筑学院受北京市规划委员会的邀请，参与北京市组织的《当代北京城市发展》[⑦]一书编撰工作，因而得以在北京市档案馆等查阅到大量的档案资料，其中包括一般研究者通常难以查阅的限制利用档案。该文披露的诸多档案信息，对于规划史研究具有重要参考价值。但由于它主要侧重于事件记述，所述内容也较为简略，且刊载于集刊《城市与区域规划研究》的创刊号上，该文的传播和影响受到一定限制。

其他不少专家学者，如殷力欣（1996）[⑧]、乔永学（2003）[⑨]、薛春

① 《梁思成全集》9卷，中国建筑工业出版，2001。

② 王军：《城记》，生活·读书·新知三联书店，2003。

③ 梁思成、陈占祥等著，王瑞智编《梁陈方案与北京》，辽宁教育出版社，2005。

④ 陈占祥等著，陈衍庆、王瑞智编《建筑师不是描图机器——一个不该被遗忘的城市规划师陈占祥》，辽宁教育出版社，2005。

⑤ 董光器：《古都北京五十年演变录》，东南大学出版社，2006。

⑥ 左川：《首都行政中心位置确定的历史回顾》，《城市与区域规划研究》2008年第3期。

⑦ 该书公开出版时，书名改为《当代中国城市发展丛书·北京》。参见北京卷编辑部《当代中国城市发展丛书·北京》，当代中国出版社，2010。

⑧ 殷力欣：《从被废弃的梁陈方案谈起》，《美术观察》1996年第7期。

⑨ 乔永学：《北京城市设计史纲（1949—1978）》，硕士学位论文，清华大学建筑学院，2003。

莹（2003）[①]、赵燕菁（2004）[②]、王凯（2005）[③]、金磊（2005）[④]、王亚男（2008）[⑤]、季剑青（2012）[⑥]、刘晓婷（2012）[⑦]、朱涛（2014）[⑧]、李浩（2015）[⑨]、龙瀛与周垠（2016）[⑩]、袁奇峰（2016）[⑪]等，在相关研究中也对"梁陈方案"多有讨论。与此同时，一些老专家在各类报刊上对早年的历史情况也发表回忆录或评论文章。此外，还有一些文学作品将有关"梁陈方案"的内容融入其中，如陈愉庆（2010）[⑫]的著作。

三　本项研究的定位及内容组织

总的来看，关于"梁陈方案"，迄今为止已有大量学者开展了众多类型的研究与讨论，这是它之所以广为人知的一个重要原因，也是本项研究工作的基础所在。但关于"梁陈方案"的研究，也存在一些有待深入或改进之处，归纳起来有如下几个方面。

其一，史料有待进一步拓展。关于"梁陈方案"的既有研究，较多依据一些第二手、第三手甚至更加间接的资料，因而存在不少偏差或错误。这种状况不仅不利于对有关史实的澄清，而且还会加剧人们认识的混乱，因此应当对原始档案资料做深入挖掘和系统整理。就史料来源而言，既有研究已经对梁思成和陈占祥个人的文稿、书信和回忆录等进行

---

① 薛春莹：《北京近代城市规划研究》，硕士学位论文，武汉理工大学土木工程与建筑学院，2003。

② 赵燕菁：《中央行政功能：北京空间结构调整的关键》，《北京规划建设》2004年第4期。

③ 王凯：《从"梁陈方案"到"两轴两带多中心"》，《北京规划建设》2005年第1期。

④ 金磊：《可敬的"梁陈方案"——读〈梁陈方案与北京〉一书有感》，《重庆建筑》2005年第8期。

⑤ 王亚男：《1900—1949年北京的城市规划与建设研究》，东南大学出版社，2008。

⑥ 季剑青：《旧都新命——梁思成与北平城》，《书城》2012年第9期。

⑦ 刘晓婷：《陈占祥的城市规划思想与实践》，硕士学位论文，武汉理工大学土木工程与建筑学院，2012。

⑧ 朱涛：《梁思成与他的时代》，广西师范大学出版社，2014。

⑨ 李浩：《"梁陈方案"与"洛阳模式"——新旧城规划模式的对比分析与启示》，《国际城市规划》2015年第3期。

⑩ 龙瀛、周垠：《"梁陈方案"的反现实模拟》，《规划师》2016年第2期。

⑪ 袁奇峰：《从"梁陈方案"说起》，《北京规划建设》2016年第5期。

⑫ 陈愉庆：《多少往事烟雨中》，人民文学出版社，2010。

了较充分挖掘、整理，但由于城市规划是一种政府行为和社会活动，还应当对官方的档案资料做进一步的发掘工作。

其二，缺乏对苏联市政专家技术援助情况的梳理。1949年来华的首批苏联市政专家团，曾对北京城市规划问题提出过一些建议，这是“梁陈方案”之所以提出并与之争论的一个重要背景，但既有研究缺少对苏联市政专家技术援助活动的必要梳理，致使对“梁陈方案”的讨论局限于梁思成和陈占祥的单一立场与视角中，对于双方的共识和分歧等缺乏整体观照与审视，因此，有关分析及结论就难免存在一些偏颇之处。

其三，缺少立足于规划决策高度的审视与研究。一些既有研究大多针对《梁陈建议》文本内容，对其科学理论价值进行了较为充分的解读，但不能回答“梁陈方案”为何未能获得政府采纳这一关键问题。“不识庐山真面目，只缘身在此山中”，要对“梁陈方案”做更加科学、理性的认识和评价，就必须跳出“梁陈方案”，对政府决策问题有足够的敏感性和较高的关注度，对规划决策影响因素有更加全面的认识和相对系统的解析。只有这样，才能寻找到并揭示问题的真相及症结所在。

因有上述三个方面问题的存在，前述众多各类研究成果和著述对公众有所误导，致使他们对“梁陈方案”存在较多误识和误解。

有鉴于此，在本项研究工作的开展过程中，笔者曾多次专门赴中央档案馆、住房和城乡建设部办公厅档案处、北京市档案馆、南京市档案馆、南京市城市建设档案馆和中国城市规划设计研究院档案室等有关档案机构，广泛查阅了大量的原始档案资料；专门拜访了北京城市规划系统的一批老专家，听取他们对早年历史事件情况的介绍，并就有关疑难问题向他们请教，和他们交流；在技术路线拟订及研究工作推进过程中，加强了对苏联市政专家技术援助活动，以及政府规划决策及影响要素与机制等问题的关注及讨论。借此种种努力，期望能够对“梁陈方案”的有关情况，特别是若干误识和争议，做出相对系统的梳理与澄清。

就内容架构而言，本书分为4个板块。第一篇为“史实考辩”，对“梁陈方案”有关的一些基本史实进行了爬梳，通过对一则新发现的重要史料（梁思成、林徽因和陈占祥合撰的一篇评论文章）的分析，揭示梁思成等与苏联市政专家争论的真正分歧所在，进而阐明了梁思成关于“新北京计划”研究工作的脉络。第二篇为“思想探源”，重点对梁思成规划构想的思想渊源进行了解读，分析了陈占祥的规划工作经历及规划思想的来源。第三篇为“争论解析”，对1949年9月前后首都规划形势的重大变化进行分析，并在此基础上分析了苏联市政专家规划思想的主要来源，以及莫斯科的规划建设情况。第四篇为“决策审视”，梳理了有关首都行政机关位置问题的研究和决策过程，分析了“梁陈方案”未获采纳的内在原因，并阐述了“梁陈方案”的后续发展和结果。另有结语部分，在此部分，笔者对上述问题的梳理、分析和研究进行了总结性讨论。

为免烦琐，关于“梁陈方案”的一些常识性问题不在本书中讨论。几份重要的史料，因篇幅较长而附录于书后，供读者参阅。由于本书中一些重要人物的活动和重要事件的发生时间跨度较大，而本书稿内容主要依内在逻辑关系编排，并非以时间为序，阅读时可能会使读者感到些许困难，为此特别绘制了一张与本书研究有关的重要人物活动和重要事件发生的时间脉络示意图（图0–1）供阅读时参考。

通过本书的研究，笔者期望能使广大读者对那段尘封的往事获得一种更加清晰的理性认识。

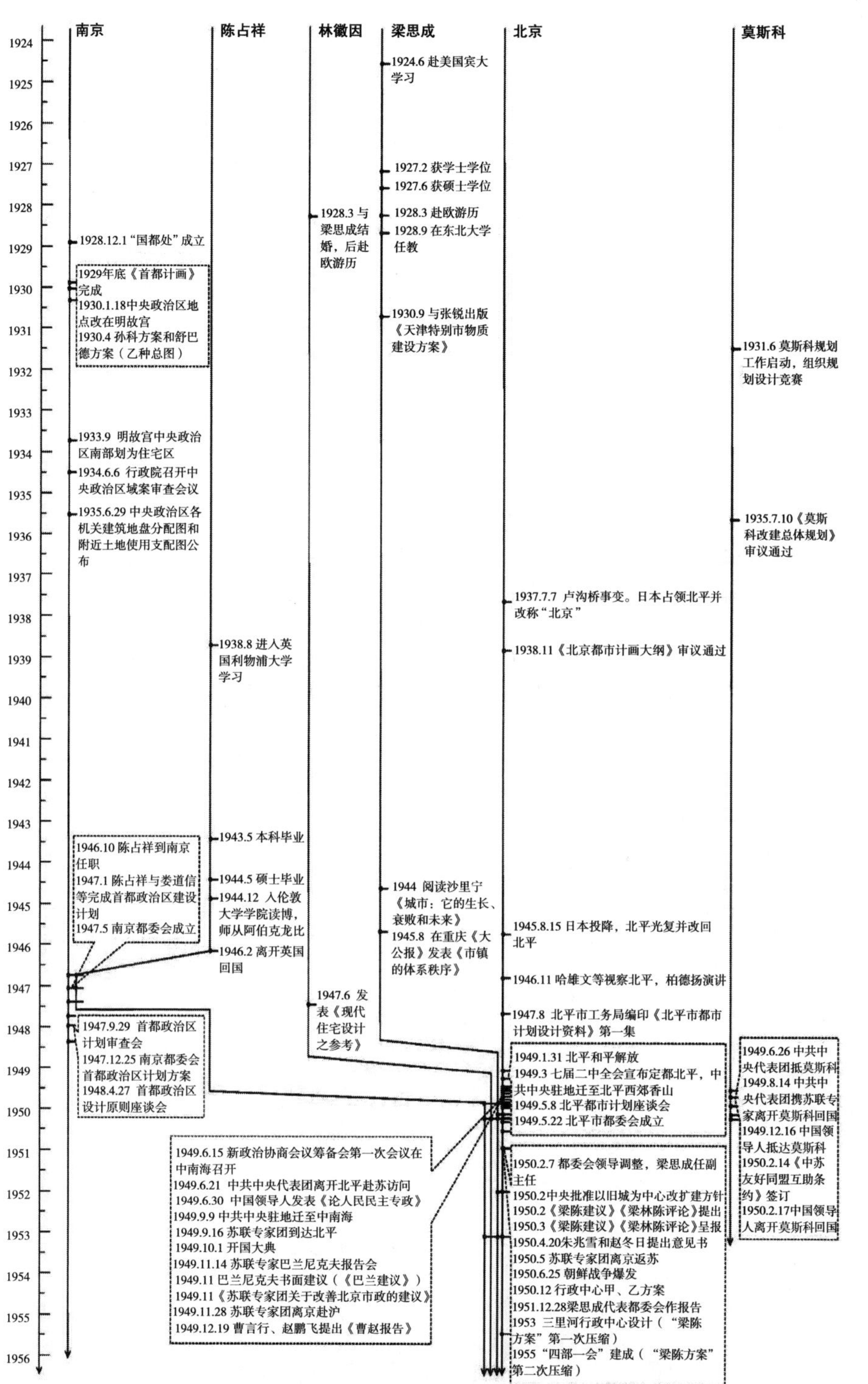

图0-1 重要人物活动和重要事件发生之时间脉络示意

第一篇　史实考辩

第一章
争论之始：若干基本史实

在1949年末的一次会议上，梁思成和陈占祥与苏联专家①的意见产生分歧，并与之争论，这是导致两人此后于1950年2月联名提出《梁陈建议》的原因，也是"梁陈方案"得以发生的一个前置性事件。陈占祥曾回忆道：

> 1949年苏联专家访问团来到中国，非常隆重，到北京后，他们搞了一个规划草图，我们反感……1949年10月份我们就开始做方案，那时苏联专家还没有走，还在活动。后来在六部口市政府大楼开会……我和梁思成先生提出反对意见。我与梁思成先生商量，他说他的，我说我的。开会以后我做规划，梁先生写文章，这就是方案出来的经过。②

显然，对于"梁陈方案"而言，这是一次相当重要的会议，然而这次会议的一些最基本的信息，长期以来却并不清晰。

关于"梁陈方案"，时年仅34岁的原新华社记者王军，于2003年出版的《城记》，是相关研究中传播最广、影响最大的一部著作。作者在搜集大量第一手资料，并对一批专家学者进行采访的基础上，对北京城市建设、老城历史文化变迁和梁思成先生的时代命运等问题进行了深情、生动的描述，唤起社会公众对北京历史文化保护的强烈意识。该书

---

① 苏联专家，在本书中或称"苏联市政专家"。

② 陈占祥口述，王军、陈方整理《陈占祥晚年口述》，载梁思成、陈占祥等著，王瑞智编《梁陈方案与北京》，第79～80页。

不仅在国内连续多年畅销，斩获诸多奖项，而且还被翻译成外文在海外发行，引起国际关注。不过，由于种种原因，《城记》一书在某些专业内容的表述上尚有瑕疵。以“梁陈方案”前置事件为例，该书中的介绍如下：

在聂荣臻市长的主持下，1949年12月北京市在六部口市政府大楼召开城市规划会议，梁思成、陈占祥等中国专家、北京市各部门领导和苏联专家到会，苏联专家巴兰尼克夫作《关于北京市将来发展计划的问题的报告》，苏联专家团提出《关于改善北京市市政的建议》。①

从城市规划史研究的角度来分析，上面这段100多字的叙述，至少存在4个方面的史实问题：（1）这次会议的主持人并非聂荣臻市长；（2）会议时间并非1949年12月；（3）《关于北京市将来发展计划的问题的报告》（准确的标题为《北京市将来发展计画的问题》）并非苏联专家巴兰尼克夫在这次会议上所做的报告；（4）苏联专家团《关于改善北京市市政的建议》（准确的标题为《苏联专家团关于改善北京市市政的建议》）并不是在这次会议上提出的。

应当指出，此类史实问题并非少数个案，而是有相当的普遍性，譬如，就会议时间而言，与“梁陈方案”相关的一些著作几乎都记载为“1949年12月”，有的甚至还进一步界定为“1949年12月19日”②，即便是由档案部门编撰的一些书籍，也同样如此。③

列举上述实例旨在说明，关于“梁陈方案”迄今为止仍有很多疑问，对一些基本史实的厘清是对其做进一步讨论之必要前提。

---

① 王军：《城记》，第82页。

② 朱涛的《梁思成与他的时代》（第286页）就记载：“（1949年）12月19日，苏联专家组到北京三个月后，……在六部口市政府大楼召开了城市规划汇报会。北京市各部门领导和都委会的梁思成、陈占祥等专家出席了会议。”

③ 譬如，1949年“12月19日，苏联专家巴兰尼可夫对北京总体规划提出了建议，包括一张北京市分区计划略图和关于《北京市将来发展计划的意见》等”。规划篇史料征集编辑办公室编《北京城市建设规划篇》第一卷《规划建设大事记（1949—1995）》上册，1998，第8页。

一　1949年来华的首批苏联市政专家团概况

在1949年末的会议上，引发梁思成和陈占祥与之发生争论的苏联专家巴兰尼克夫，是当年来华的首批苏联市政专家团的成员。这批苏联专家是1949年6月中共中央代表团访问苏联活动结束后，于8月14日离开莫斯科时一同来华的。他们经过哈尔滨、长春和沈阳等地的短暂停留后，于9月16日到达北平[①]（自9月27日起改称“北京”）。

据多份史料记载，首批苏联市政专家团结束对北京的技术援助活动转赴上海的日期，是1949年11月28日：

苏联专家阿布拉莫夫等十七人，于九月十六日抵京，研究北京市政，草拟改进计划，现已完成任务，于十一月二十八日离京赴沪。[②]

二十八日，午后三时，市委委员及市府各局处长均到解放饭店送行，全体拍照以留纪念。四时，同赴东车站。四时二十五分开车。由市府交际处副处长王拓率翻译及警卫武装十人护送赴沪。[③]

苏联市政专家十七人，于提出各项工作建议后，已于十一月二十八日离京去沪（仍留二人在京市继续工作）。[④]

这几份资料其实不难查阅到，其中的部分文件在《北京市重要文献选编（1948.12～1949）》[⑤]这本公开出版的资料集中已有完整刊载。此外，

① 本书所涉及的民国时期的北平市、天津市均为特别市。

② 中共北京市委：《市委关于苏联专家来京工作的情况向中央、华北局的报告》（1949年12月3日），载中共北京市委政策研究室编《中国共产党北京市委员会重要文件汇编》（一九四九年·一九五〇年），1955，第198～203页。

③ 聂荣臻、张友渔：《关于苏联市政专家最后半个月工作和生活情况的报告》（1949年12月7日），中央档案馆藏，档案号：J08-4-1068-12。

④ 中共北京市委：《彭真同志关于与苏联专家合作的经验向中央、华北局的报告》（1949年12月12日），载中共北京市委政策研究室编《中国共产党北京市委员会重要文件汇编》（一九四九年·一九五〇年），第203～204页。

⑤ 北京市档案馆、中共北京市委党史研究室编《北京市重要文献选编（1948.12～1949）》，中国档案出版社，2001，第877～883、894～895页。

北京市档案馆的一些档案（图1-1），以及时任上海市工务局局长赵祖康[①]的日记（见图1-2），也可对此有所印证。这就明确反映出上述会议召开的时间，即早在1949年11月28日苏联专家就已离开北京赴上海执行另外的任务，中国同志与苏联专家就北京规划问题发生争论的时间，不可能是在1949年12月。

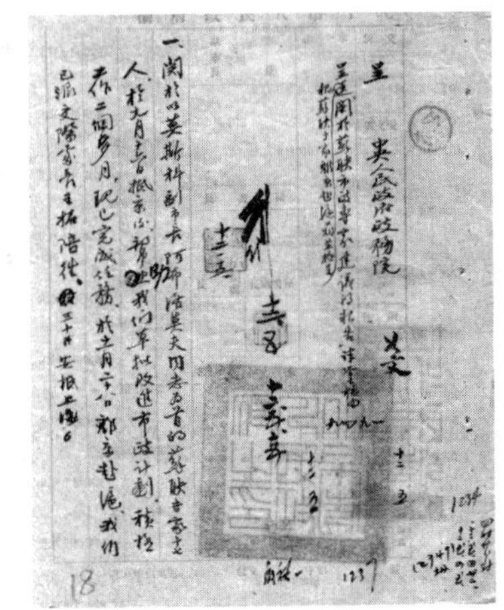

图1-1 《北京市人民政府关于苏联市政专家团离京赴沪等情况向政务院的报告》（1949年12月5日）

注：报告中记载专家团"于十一月二十八日离京赴沪"，"三十日安抵上海"。

资料来源：北京市人民政府《北京市人民政府关于苏联市政专家对本市市政工作的建议向政务院的报告》（1949年），北京市档案馆藏，档案号：002-001-00099，第18页。

苏联专家团结束对上海的技术援助后，于1950年5月中旬离开中国返回苏联，在华工作时间共约8个月。与在上海工作的5个月相比，苏联专家团在北京工作的两个半月是相当短促的（见图1-3）。实际上，早在中共领导人与苏联方面商谈派遣专家事宜之初，以及中共领导人刚到莫斯科与斯大林座谈时，苏联专家援助的对象只有上海而已。[②]

① 赵祖康（1900～1995），江苏松江人，1918～1922年在上海南洋大学（今上海交通大学）学习，后转入交通大学唐山工程学院（今西南交通大学）学习。1924～1929年，先后任南京河海大学教员兼秘书、上海交通大学助教兼秘书、广东建设厅公路处技士，梧州市工务局技正兼设计课课长、局长等。1930年，由铁道部派遣赴美国康奈尔大学（Cornell University）研究院学习、研究道路与市政工程。1932年回国后，任铁道部工务处技士。1932～1944年，先后任全国经济委员会公路处专员、交通部公路总管理处处长、交通部公路总局副局长等。1945～1949年，任上海市工务局局长，兼都市计划委员会常务委员会委员及执行秘书，上海市代理市长。新中国成立后，1949～1951年任上海市人民政府工务局局长，兼任上海市人民政府委员。1951～1954年，任上海市人民政府市政建设委员会副主任委员兼工务局局长。1954～1957年，任上海市规划建筑管理局局长。1957～1967年及1979～1983年，任上海市副市长。1983年，任上海市人大常委会副主任。

② 据1949年6月27日中苏会议纪要载："关于派遣专家去上海。……我们已经挑选了15名专家，可以按照你们的要求，在任何时候派过去。请你们研究并通知我们。但是，一般来讲，你们应当注意到，在大城市，特别是在上海，有许多你们自己的专家和高级技术工人，他们能够提供的帮助，会大于而不是小于苏联专家的帮助。因此你们必须吸引他们积极地投入工作。"沈志华主编《俄罗斯解密档案选编——中苏关系》第二卷（1949.3—1950.7），东方出版中心，2014，第71～74页。

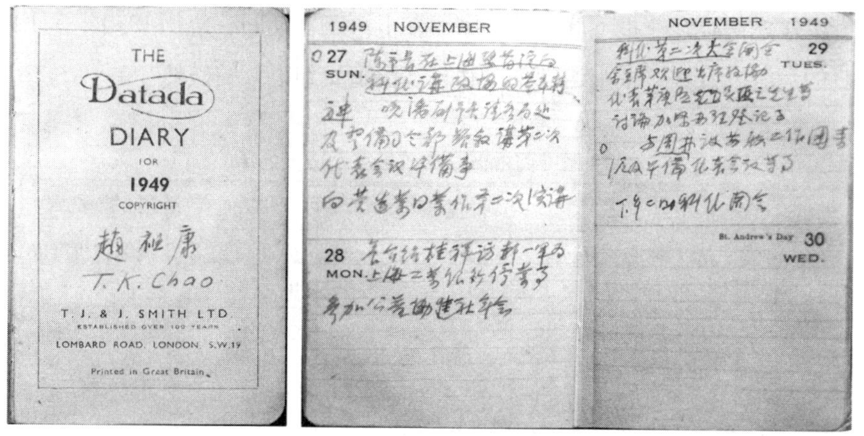

图1-2 赵祖康日记（左图为扉页，右图为1949年11月27～29日记录页）

注：1949年11月29日的日记记载“与周林谈苏联工作团来沪及准备代表会议等事”。

资料来源：赵国通（赵祖康之子）提供。

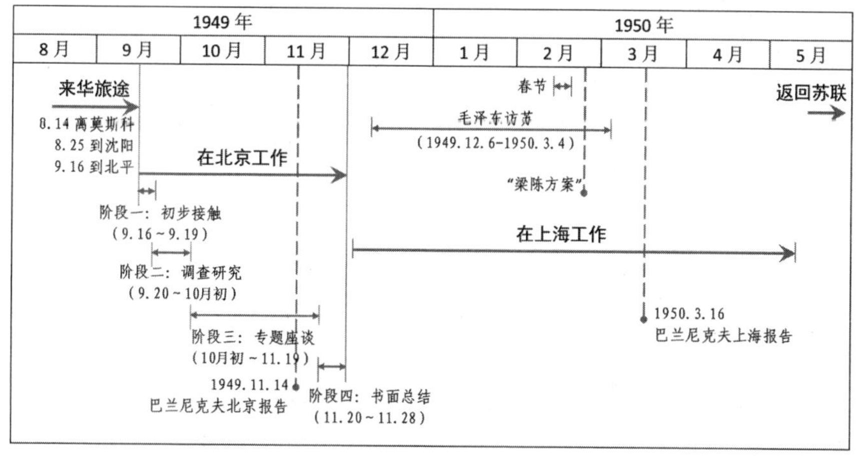

图1-3 首批苏联市政专家团主要行程示意

资料来源：作者自绘。

对北京的技术援助，是中共中央代表团一行在莫斯科进行实地考察调研后临时增补的，并非苏联专家团工作的重点。

首批苏联专家团被冠以“市政”之名，其专家团成员大多是交通、电力、自来水和公共卫生等方面的市政专家（表1-1）。他们的首要使命，是应中国共产党的请求，帮助中共对1949年5月刚获得解放的上海市进行市政建设与管理，因为中共在城市管理、建设方面工作经验缺乏，借助苏联市政专家团，便能增强对上海这个中国人口最多的特大城市的接管工作之信心。首批苏联市政专家团在上海工作期间，经历1950年2月6日的敌机大轰炸，城市运营秩序和基础设施受到很大的破坏。①

表1-1 首批苏联市政专家团成员名单

编号	专家姓名	专长	备注
1	波·伏·阿布拉莫夫（П.В.Абрамов）	市政专家，专家团团长	莫斯科市苏维埃副主席（副市长）
2	伏·伊·赫马科夫（В.И.Химаков）	交通专家	
3	格·莫·司米尔诺夫（Г.М.Смернов）	电车专家	
4	恩·伊·马特维耶夫（Н.И. Матвеев）	卫生工程专家	或译为“麻特维耶夫”
5	莫·格·巴兰尼克夫（М.Г.Баранников）	建筑专家	或译为“巴拉尼可夫”“巴兰尼可夫”
6	阿·格·咯列金（А.Г.Гарелкин）	贸易（合作社）专家	
7	耶·伊·马罗司金（Е.И.Морошкин）	汽车专家	或译为“马留西金”
8	耶·恩·阿尔捷米耶夫（Е.Н.Артемеев）	公共卫生专家	或译为“阿尔却木耶夫”“阿尔却木也夫”
9	莫·阿·凯列托夫（М.А.Каретов）	下水道专家	或译为“高来格夫”
10	莫·恩·协尔质叶夫（М.Н.Сергеев）	自来水专家	或译为“谢尔格耶夫”
11	德·格·漆柔夫（Д.Г.Чижов）	电气专家	
12	伏·伊·札依嗟夫（В.И.Зайцев）	电气专家	

① 据柴锡贤（当时在上海市工务局工作）回忆，“当时巴兰尼克夫来上海，是由上海市都市计划研究委员会来接待的……苏联专家住在上海徐汇区的一个花园洋房里”，“1950年2月6日，国民党的飞机轰炸上海，杨树浦电厂、上海大世界等地都遭到轰炸，损失颇重。那时候，苏联专家住在花园洋房里，也受到惊吓，他们就向我们上海方面提出来，要给找一些空地，建造‘消防池’和防空洞”，“那时候，苏联专家住在花园洋房里，也是十分紧张的……”详见李浩访问/整理《城·事·人——城市规划前辈访谈录》第五辑，中国建筑工业出版社，2017，第20～24页。

续表

编号	专家姓名	专长	备注
13	司·伊·克拉喜尼阔夫（С.И.Красильников）	财政专家	
14	恩·恩·沙马尔金（Н.Н.Шамардин）	瓦斯专家	
15	巴拉勺夫	翻译	俄文本名不详
16	菲聊夫	翻译	俄文本名不详
17	赫里尼	翻译	俄文本名不详

资料来源：中共北京市委《关于赠送苏联专家阿布拉莫夫等人毛泽东选集的文件，工商联、北京市粮食公司庆祝中共诞生三十一周年给彭真同志的贺信》（1951年），北京市档案馆藏，档案号：001-006-00688，第16～17页。

换言之，援助北京的苏联专家团并非“规划专家组”，更没有为北京承担制定城市规划方案的使命，他们只不过是在前往上海援助市政建设之前，顺道对北京的市政建设提供一些建议而已。

首批苏联专家团的17名成员中，有3名翻译。这种自带翻译的情况，只存在于1949年首批来华苏联专家团这一特例中，此后来华的几批苏联城市规划方面的专家，都是由中国方面安排中国同志承担翻译工作的。这一点，也就造成苏联专家与中国方面沟通和交流时存在一些语言障碍。对于梁思成等其他一些城市规划方面的专家来说，自身俄语能力的差别，对他们与苏联专家的沟通及关系也有显著的影响。①

① 梁思成1949年时不擅长俄语，难以与苏联专家直接对话，这或许影响到他与苏联专家沟通交流的效果。而当时任兰州市建设局局长的任震英，早年曾在东北工作，能够熟练运用俄语，可以直接与苏联专家对话，他与苏联专家一直保持相当友好的关系，苏联专家在一些重要的报告中，还经常对他提出表扬。譬如，苏联专家巴拉金1954年6月在全国第一次城市建设会议上讲话时，即指出：“兰州城市的自然条件以及布置工业和住宅的条件，都是非常困难的。虽然是这样，这个城市的建筑工程师任震英同志，却以其特殊的工作能力，以及对自己事业的热爱，作出了生动而有内容的城市规划设计。当我们看到这个规划时，就会发现：城市艺术组织首先是依据自然条件，规划上的布局处理是与自然条件相吻合的。因而就使规划设计既能生动优美，又能够得到实现。全市中心、各区域中心，以及绿化系统，也处理得很好。”引自任震英关于中华人民共和国设计大师的申报材料，该材料中注明“录自全国第一次城市建设会议专刊‘建筑’刊物第十页”。任震英：《中华人民共和国设计大师申报材料》（1989年），中国城市规划设计研究院藏，周于峙院士资料。

首批苏联专家团在北京工作的74天，大致可以划分为4个阶段：（1）初步接触和熟悉情况阶段（9月16～19日）；（2）调查研究和实地踏勘阶段（9月20日至10月初）；（3）专题座谈和研究讨论阶段（10月初至11月19日）；（4）书面总结并辞京赴沪阶段（11月20～28日）。在后两个阶段，各位苏联专家分别做了一些专题研究报告（见表1-2），“专家们研究完毕后，即陆续作报告，在每次报告后，我们[北京市]均召集了包括苏联专家、政府各主管部门负责同志、工厂行政人员及中国技术专家的会议，进行了讨论”[①]。

表1-2　首批苏联市政专家团在北京工作期间召开的一些重要会议（不完全统计）

序号	日期	会议内容	备注
1	1949年10月6日	中共北京市委书记彭真与苏联专家的座谈会	探讨城市建设问题，有阿布拉莫夫、巴兰尼克夫和凯列托夫参加
2	1949年10月12日	苏联专家赫马科夫、司米尔诺夫和马罗司金的报告会	探讨北京交通事业问题
3	1949年10月13日	苏联专家团团长阿布拉莫夫的报告会	介绍莫斯科城市工作概况
4	1949年10月17日	苏联专家协尔质叶夫的报告会	探讨自来水问题
5	1949年10月25日	苏联专家阿尔捷米耶夫的报告会	探讨北京市卫生情况和保健工作
6	1949年11月9日	苏联专家凯列托夫和马特维耶夫的报告会	探讨城市用水和下水道问题、公共卫生问题
7	1949年11月14日	苏联专家巴兰尼克夫的报告会	探讨北京城市建设问题
9	1949年11月26日	苏联专家座谈会	介绍莫斯科职工会的工作经验及区委和支部工作等问题，有阿布拉莫夫、协尔质叶夫和马特维耶夫参加
10	1949年11月27日	苏联专家座谈会	探讨改善北京市电气管理问题

注：根据有关档案资料整理。

① 中共北京市委：《市委关于苏联专家来京工作的情况向中央、华北局的报告》（1949年12月3日），载中共北京市委政策研究室编《中国共产党北京市委员会重要文件汇编》（一九四九年·一九五〇年），第198～203页。

在各位苏联专家所做专题报告的基础上，苏联专家团又进一步汇总和整理出更为正式的总报告，即《苏联专家团关于改善北京市政的建议》。这份报告开篇即指出："苏联市政专家团，受中国共产党中央委员会委托，在中国专家们的协助下，于一个半月的时间①内，了解了北京市市政的情况。我们现在只将关于改善北京市政问题的简短意见与主要建议叙述一下。了解情况的详细材料与长篇的建议，将要交予市人民政府。"②该报告从"总情况""北京市的电力供应""水的供应""下水道和城市清洁""保健事业""城市交通""建筑城市问题的摘要"7个方面，阐述了对于改善北京市市政的有关意见和建议。由于这份报告的特殊性质（汇集全部苏联专家的意见），它显然不可能是在苏联专家巴兰尼克夫一人所做的专题报告会上所提出的。

二　1949年11月14日苏联专家巴兰尼克夫的报告会

在首批苏联专家团中，巴兰尼克夫是一位建筑专家，主要负责北京市城市建设、土地使用和房屋建筑等方面的援助。

М.Г.巴兰尼克夫（Михаил Григорьевич Баранников），1903年生，苏联建筑工程师（инженер-строитель），曾任莫斯科苏维埃城市委员会执行委员会住房管理局总工程师（Главный инженер по Жил. упр. исполкома Моссовета）③，为苏共中央委员会工作人员（работник ап-та ЦК КПСС）；1956年主持出版《国外建筑经验·西欧——基于苏联建筑专家代表团报告资料的研究》④一书，1958年去世（享年55

① 这里是指实际有效的工作时间。

② 苏联市政专家团：《苏联专家团改善北京市政的建议》（1949年），中央档案馆藏，档案号：J08-4-1069-1。

③ М.Г.巴兰尼克夫：《关于维修和建筑工程的机械化会议报告——莫斯科市人民代表苏维埃住房管理局技术代表会议》（1946年4月9日），莫斯科：工人出版社，1946，第27页；该资料现存于俄罗斯联邦国家图书馆，莫斯科，卷宗号：FB Я 304/1953，https://search.rsl.ru/ru/record/01005755177，最终访问时间：2020年6月2日。

④ М.Г.巴兰尼克夫为第一作者，该书现存于俄罗斯联邦国家图书馆，莫斯科，卷宗号：FBБ 166/274 FBБ 166/275、FB Apx FB Б 269/201，https://search.rsl.ru/ru/record/01005899409，最终访问时间：2020年6月2日。

岁）[①]。就专家团的各项集体活动而言，巴兰尼克夫主要是参加了10月6日中共北京市委书记彭真与苏联专家的一次座谈会，并于11月中旬做了一个专题报告，且报告时间较晚。

笔者查档过程中曾查阅到巴兰尼克夫所做报告的一份记录稿，标题为《苏联市政专家——巴兰尼克夫的报告》（见图1–4）。据档案记载，巴兰尼克夫报告会的举办时间是“十一月十四日上午九时”，会议由“张[友渔]副市长主持，后聂[荣臻]市长亦列席，到[会]有清管局、地政局、建设局[等有关人员]，梁思成、钟森、朱兆雪等建筑师”[②]（会议记录全文详见附录A）。

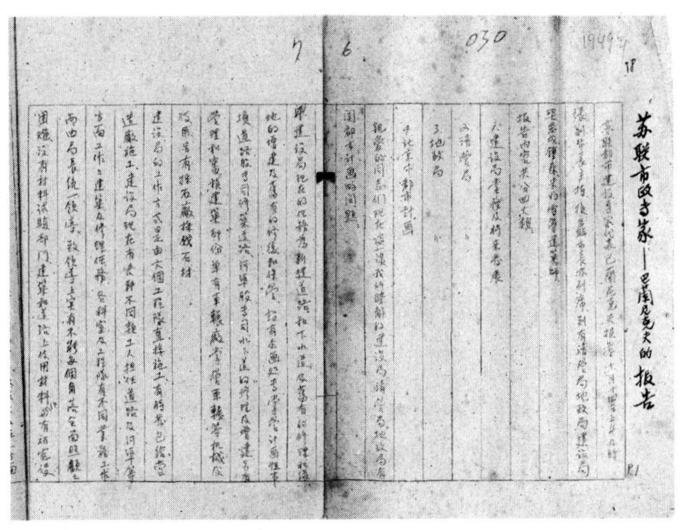
苏联市政专家——巴兰尼克夫的报告

图1–4　北京市城市规划管理局档案《苏联市政专家——巴兰尼克夫的报告》（前两页）

资料来源：北京市建设局《苏联专家巴兰尼可夫对北京市中心区及市政建设方面的意见》（1949年），北京市城市规划管理局档案。

由此，上文提到的会议主持人错误也就有了依据：北京市市长的确参加了这次会议，但只是在会议中列席而已，真正的主持人则是副市长张友渔，张友渔1949年初任天津市副市长，1949年5月调北平市任副

---

① M.Г.巴兰尼克夫的墓地位置见Москва,Новодевичье.кл-ще,1-уч，https://rosgenea.ru/familiya/barannikov/page_2，最终访问时间：2020年6月2日。

② 北京市建设局：《苏联专家巴兰尼可[克]夫对北京市中心区及市政建设方面的意见》（1949年），北京市城市规划管理局档案。

市长。有关著作中出现的会议主持人错误，显然是由口述者记忆不准确或访问者记录不准确所致。

史料表明，1949年10～11月举行的一些苏联专家报告会，中共北京市委书记彭真大多出席，而巴兰尼克夫的报告会却是由北平市市长聂荣臻出席，原因何在？这就需要对当时北京城市规划机构的组织情况有所了解。

1949年1月31日北平和平解放，于当年的5月22日成立了北平市都市计划委员会（以下简称“都市计划委员会”为“都委会”），北平市市长叶剑英任该都委会主任委员。8月19日，叶剑英奉调南下改任广东省省长；聂荣臻接任北平市市长兼军管会主任，同时自然也接手北平市都委会的领导工作（1950年2月7日，正式任北京市都委会主任委员），后因其在中央军委工作过于繁重而辞去北京市市长。1951年2月28日，中共北京市委书记彭真在北京市第三届第一次各界人民代表大会上当选为北京市市长（兼任）。1951年12月19日，中央人民政府政务院第112次政务会议通过审议，任命彭真兼任北京市都委会主任委员。①

也就是说，在1949～1951年，北京市都委会的领导工作先后由叶剑英、聂荣臻和彭真三位领导同志担任，其基本组织原则是由北京市市长兼任北京市都委会的主任委员。1949年9~11月苏联市政专家团在北京工作期间，时任北京市市长聂荣臻已接手对北京市都委会的领导，故而参加了与北京市都委会工作密切相关的城市规划建设方面的研讨会议。以1949年10月12日关于北京市交通事业问题的座谈会为例，会议记录表明，北京市市长聂荣臻在会议结束时做了简短讲话，其“大意”如下：

以后实施问题，还是希望在专家的帮助下去实现它。在交通事业发展方面，我们因为接收了半封建半殖民地的遗产，我们应想着如何去应

① 规划篇史料征集编辑办公室编《北京城市建设规划篇》第一卷《规划建设大事记（1949—1995）》上册，第3～16页。

用它，现在一切不合乎现代化，一切要重新来一个，但是这要整个经济发展了才有可能。今天应在现有的基础上去尽量改善它，一切东西……[如能用旧的]还是用旧的，不能用的，真买不到的，再到国外去买。[有的]我们自己可以改造。苏联专家[的建议]都是完全根据实际情况提出来的，是很好的，是可以实现的。我们公用事业应该取之于市，用之于市。有些[问题]，像票价问题，应该加以研究。①

考察同一时期中共北京市委书记彭真出席的几次苏联专家报告会可知，他在会议期间经常多次发言，与其他参会人员交流和讨论，并及时回答大家存在疑惑的一些问题，甚至在现场对有关工作进行部署或指示，在一定程度上把控着整个会议的基本走向。②

---

① 中共北京市委办公厅：《苏联专家对交通事业、自来水问题报告后讨论的记录》（1949年），北京市档案馆藏，档案号：001-009-00054，第1～15页。

② 以1949年10月17日关于自来水问题的报告会为例，参加者"有本市各局负责同志、天津的同志、苏联专家同志们和自来水公司的技术人员、主要行政干部等约四十多人"，会议共有31人次发言，其中彭真发言5次，且讲话内容较多。如会议开始时，发言："今天主要讨论协尔质叶夫同志的报告。第一是对他的报告有什么疑问，提出来；第二，对于所提的方针上有什么意见；第三：一些具体的方案上有何意见，再就人力、物力、设备上考虑有何问题。只要有问题都提出来，不要以为苏联专家提了就不好意思再提出相反的意见，他提的只是建议性的，经大家讨论后再作决定，一经决定，我们就照做。"会议讨论即将结束时，总结性讲话如下："我们苏联同志在四个礼拜中了解了这许多情况，这是很大的成绩。自来水公司的专家和我们派去的工作同志也是有成绩的，但是成绩还很不够。这并不是说工作不努力，而是说北京只卖这么一点水。这种情况是不能继续下去的，我们要有干净的、廉价的、足够的水来供给市民，现在是确定了原则，然后定具体的计划。首先是要使水质清洁，在这原则之下要两个水厂同时送水，停止城内一些水井，以及所有其他为了保障水质干净的工作统统要做，需要政府贷款就贷款。第二是水管，粗细管子及死头（总页）等都应建设和解除，现在估计需要600万斤小米，就是2000万斤小米也是要做的。因为现在有水，市民亦需要水，就是管子不能送水，结果使得市民用又贵又脏的水。为了使安定门水厂能供水，6000万吨容量的储水池还是要修。第三，增加售水量，请协尔质叶夫同志和自来水［公司］的同志商定一计划，每月应有增加。因为不管公司工作如何好，如市民用水未增加，其他一切的工作都是空的，这是结果，自来水公司的工作要从结果上去看出来。第四，水价要通盘计划一下，终究要减低，减低多少还是要协尔质叶夫同志和公司商议。第五，所要增加的机器（计划上写的）是应该的。若今天大家无其他意见，则请苏联同志和自来水公司的同志下去把计划补之。请自来水公司去算一算器材要多少［钱］，从哪里来筹等。计划好了交市委看了以后送中央批准，就可以做了。"中共北京市委办公厅：《苏联专家对交通事业、自来水问题报告后讨论的记录》（1949年），北京市档案馆藏，档案号：001-009-00054，第17～25页。

三　多个版本的巴兰尼克夫报告

如上所述，北京市城市规划管理局档案中清楚地记载苏联专家巴兰尼克夫报告会的具体日期（“十一月十四日”），既如此，为何很多著作却把这次会议的时间误写为“1949年12月”，甚至具体到“12月19日”呢？这表明，不少相关研究使用的大多是间接资料，并未查阅原始档案文件。此外，这也与1949年11月14日报告会后的事态发展及其所造成的巴兰尼克夫报告存有多版本的情况密切相关。

关于苏联专家巴兰尼克夫对北京城市规划问题的建议，目前可以查阅到多个不同的版本，有的是报告会现场的会议记录，有的是会后整理加工形成的书面建议，也有的是被编入一些文件的附件资料，还有的则是经过编辑加工的第二手、第三手甚至是更间接的资料（见表1–3）。如对有关档案资料的性质及相互关系缺乏清晰认识的话，就很容易张冠李戴，出现偏差乃至错误。

表1–3　苏联专家巴兰尼克夫报告的几个不同版本（按史料原始级别由高到低排序）

序号	版本	标题	资料来源	史料性质	备注
1	北京市城市规划管理局档案	《苏联市政专家——巴兰尼克夫的报告》	北京市城市规划管理局档案，第6～33页	原始会议记录，手写体	有会议时间、地点和参加人员等信息
2	北京市档案馆藏版	《北京市将来发展计画的问题》	北京市档案馆藏，档案号：001–009–00056，第1～12页	铅印稿，有批改字样	注有“报告者：巴兰尼克夫；翻译：岂文彬”；无会议时间、地点等信息
3	中央档案馆藏版	《北京市将来发展计划的问题》	中共中央党史研究室、中央档案馆编《中共党史资料》第76辑，第3～12页	根据原始档案编选的公开史料；中共党史出版社，2000	北京市上报中央的文件，即1949年12月19日曹言行、赵鹏飞《对于北京市将来发展计划的意见》报告的“附一”；注有“报告者：巴兰尼克夫；翻译：岂文彬”；无时间、地点等信息

续表

序号	版本	标题	资料来源	史料性质	备注
4	薛子正签名版单行本	《北京市将来发展计划的问题》	私人收藏，封面有薛子正（时任北京市人民政府秘书长）的签名	铅印稿，苏联专家报告单行本；北京市人民政府编印	封面采用巴兰尼克夫报告标题为书名，正文中苏联专家报告为主体内容；注有“巴兰尼克夫报告，岂文彬译”；将1949年12月19日曹言行、赵鹏飞《对于北京市将来发展计画的意见》报告前置为序言
5	北京城建资料版	《苏联专家巴兰尼克夫关于北京市将来发展计划的问题的报告》	《建国以来的北京城市建设资料（第一卷）·城市规划》，第109~118页	1987年正式印刷的内部资料（档案资料汇编文件，经编辑加工）	1949年12月19日曹言行、赵鹏飞《对于北京市将来发展计划的意见》报告的“附一”，无时间、地点等信息

注：在不同版本的文件中，部分报告的标题略有不同，如“计划”和“计画”等，由此也反映出当时城市规划工作的专业术语尚未统一。

就表1–3而言，首先值得关注的是北京市档案馆藏版与北京市城市规划管理局档案的关系。北京市档案馆收藏有多份1949年苏联专家报告会的原始记录档案，它们大多既有会议时间、地点和参加者等基本信息，也有苏联专家所做报告的记录稿及参会者的发言记录等，并且大都是手写体（图1–5），唯独这份题为《北京市将来发展计画的问题》的档案十分特殊，它既没有会议时间、地点和参加者等基本信息，也没有参会者的发言记录，还是铅印稿，并有手写痕迹（图1–6）；同时，一共只有12页的报告，却作为一份独立的案卷归档。这是何故？

如果把北京市规划管理局档案和北京市档案馆藏版两个版本的档案进行内容比对（完整内容详见附录A和附录B），可以发现，前者第4部分的内容与后者相近，甚至到了雷同的地步：两者都是在论述同样的问题，表达同样的思想，属于同一事项，但详细程度却存在很大的差别（表1–4）：前者文字相当简略，体现出会议速记的特点；后者的文字较为规范、严谨，具有书面报告特点。据此，可以判定，后者是在前者的

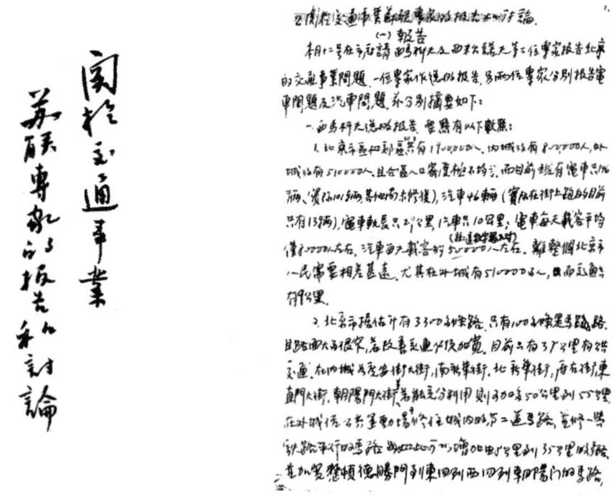

图1-5　苏联专家1949年10月12日关于交通事业的报告和讨论会记录档案

注：左图为封面，右图为正文首页。

资料来源：中共北京市委办公厅《苏联专家对交通事业、自来水问题报告和讨论的记录》(1949年)，北京市档案馆，档案号：001-009-00054，第1～3页。

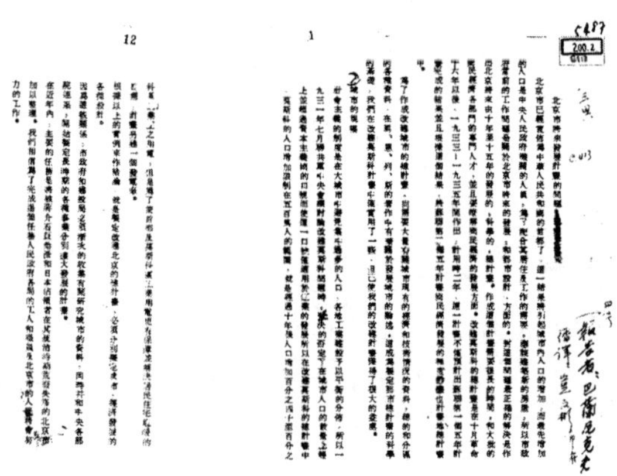

图1-6　北京市档案馆收藏的《北京市将来发展计画的问题》档案（右为首页，左为尾页）

资料来源：巴兰尼克夫《苏联专家[巴]兰呢[尼]克夫关于北京市将来发展计划的报告》(1949年)，岂文彬译，北京市档案馆，档案号：001-009-00056。

基础上进一步整理形成的书面建议。换言之，由于在1949年11月14日的报告会上，一些中国专家曾对其关于北京市城市规划问题的建议产生争论，为了准确表达自己的观点，在这次会议后，苏联专家巴兰尼克夫又把现场所作报告中的第4部分内容单列出来，进一步整理和加工，形成了相对规范、严谨的书面建议《北京市将来发展计画的问题》[1]。

表1-4　两份档案资料的内容比对（部分摘录）

《苏联市政专家——巴兰尼克夫的报告》（北京市城市规划管理局档案）	《北京市将来发展计画的问题》（北京市档案馆藏版）
北京定为首都，人口将自然增加，首先工作人员即增加，应设法增加公用房屋，制定10年至15年计画，应用多量技术人员，首先开始了解北京及全国经济及生活状况。	北京市已经宣布为中华人民共和国的首都了，这一结果将引起城市内人口的增加，而最先增加的人口是中央人民政府机关的人员。为了配合其居住及工作的需要，应该建筑新的房屋，所以市政府当前的工作问题是关于北京市将来的发展和都市设计方面的。对这个问题最正确的解决是作出北京将来由十年至十五年的发展的，科学的，总计画。作成这个计画需要很长的时间，和大批的国民经济的各部门的专门人才，并且要了解国民经济的发展方面[向]。
莫斯科都市计画在大革命后16年开始。	改建莫斯科的总计画是在十月革命十六年以后，一九三三——一九三五年间作出[的]，计用时二年。这一计画不仅预计出苏联第一个五年计画完成的结果，并且根据这个结果，将苏联第二个五年计画国民经济发展的程度也计画地[在]总计画中。
应看城市经济技术等情况而定科学合理化的大计画，根据马、恩、列、斯的学理，找出社会自然发展的情态而定出适应都市发展之大计画。	为了作成改建城市的总计画，尚需要大量有关城市现有的经济和技术情况的资料，总的和分区的各种资料，在马、恩、列、斯的著作中有着关于发展城市的论述，这成为制定都市总计画的科学的基础，我们在改建莫斯科计画中仅实用了一些，但已使我们的改建计画获得了很大的益处。
莫斯科大建设时，因给水问题，开辟莫斯科运河与扶[伏]尔加河交会[汇]，结果除结[解]决了给水问题[外]，并获得意外的运输效用。	建筑莫斯科运河其最初目的是供给莫斯科用水，但是莫斯科运河的计画实行后，伏尔加河与三个海连通，遂一并解决了莫斯科国家工业运输的问题。

① 北京市档案馆收藏的版本，其铅印文字应该是根据巴兰尼克夫最初成文的俄文稿翻译的中文稿，而该档案中的一些手写内容，则应当是有关领导批阅时所加。

续表

《苏联市政专家——巴兰尼克夫的报告》（北京市城市规划管理局档案）	《北京市将来发展计画的问题》（北京市档案馆藏版）
设计发电时，应并考虑到附近用电情况。由是可知，开始北京大建设前，应先搜集各有关院部之发展国民经济等计画及实际情况。	第二个实例是建筑莫斯科发电厂。已有的发电展[厂]足够首都及莫斯科区工业上之用电，但是为了使首都及莫斯科区工业用电更有保障并解决居民住宅取暖的日需，计画另建一个发电厂。
最主要者，为使最近期内建设成为有秩序的生产都市，把日本敌人时代及蒋介石反动派遗留下来的不合理的，加以改革和整理。	根据以上的实例来作结论，就是制定改建北京的总计画，必须分别拟定城市，经济发展的各种设计。 因为这些关系，市政府和建设局必须渐次的收集有关研究城市的资料，同时和中央各部院联系，开始制定长时期的各种事业分别扩大发展的计画。 在近年内，主要的任务是将被蒋介石反动派和日本占领者在其统治时期荒废失修的北京市加以整理。我们相信为了完成这个任务，人民政府各局的工人和职员及北京市的人民将会努力的工作。

资料来源：（1）北京市建设局《苏联专家巴兰尼可[克]夫对北京市中心区及市政建设方面的意见》（1949年），北京市城市规划管理局档案。

（2）巴兰尼克夫《苏联专家[巴]兰呢[尼]克夫关于北京市将来发展计划的报告》（1949年），岂文彬译，北京市档案馆，档案号：001-009-00056。

北京市档案馆所收藏的《北京市将来发展计画的问题》，并未注明其成文时间，推断应在1949年11月20日前后几天，因为苏联专家团是1949年11月28日离开北京的，在此之前还需要对各个专家的专业报告进行汇总和整合，形成总报告；另外苏联专家团总报告中也出现“于一个半月的时间内”字样，这里“一个半月的时间”应指实际有效工作时间。[①]正因为整理工作时间相当紧张，巴兰尼克夫无法对11月14日报告内容做大幅的修改，故而尽管这份书面建议的表述已更为严谨和规范，但其主要内容仍然与11月14日报告是基本一致的。

① 苏联市政专家团：《苏联专家团改善北京市政的建议》（1949年），中央档案馆藏，档案号：J08-4-1069-1。

那么，一些著作中将苏联专家巴兰尼克夫的报告与“12月19日”这个日期联系在一起，又是何故呢？这主要是因为北京市建设局有关领导曾于1949年12月19日提出过一份报告，并将巴兰尼克夫的书面建议编入其中（标题中的“计画”改为“计划”，即《北京市将来发展计划的问题》，见图1–7），作为其3个附件之一（详见第10章有关讨论）。由于这份报告并未对3个附件的性质、来源和时间等信息加以说明，读者在对有关历史情况缺乏了解的情况下，很容易产生误解。

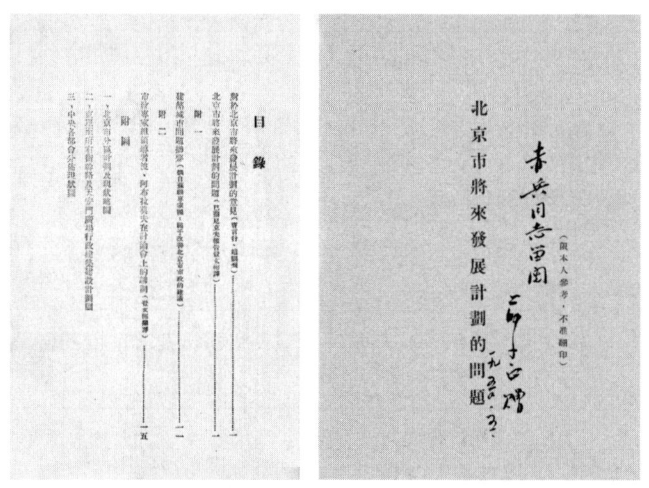

目錄

對於北京市將來發展計劃的意見 …… 一
北京市將來發展計劃的問題 …… 一
附一
建築城市問題摘要 …… 一一
附二
市政專家組領導者波·阿布拉莫夫在討論會上的講詞 …… 一五
附圖
一、北京市分區計劃及現狀略圖
二、[illegible]
三、中央各機關分佈現狀圖

北京市將來發展計劃的問題
（供本人參考，不准翻印）

图1–7　单行本《北京市将来发展计划的问题》的封面（右）和目录（左）

注：该报告封面上的手写体文字系薛子正（时任北京市人民政府秘书长）笔迹，其中“赤兵同志”应为钟赤兵。钟赤兵（1914～1975），原名钟志禄，湖南平江人，抗日战争初期曾赴苏联学习，1946年回国，中华人民共和国成立后曾任中央军委民航局局长、原总后勤部营房管理部部长等职务，1955年被授予中将军衔。

资料来源：李浩收藏。

不仅如此，相关研究中对于巴兰尼克夫报告引用率最高的文献，当数以内部资料出版的《建国以来的北京城市建设资料（第一卷）·城市规划》，而该书所编入的巴兰尼克夫的书面建议等，已经进行了多次的编辑加工和删减处理[①]（见图1–8），与原文已有很大的不同。这样，就加剧了史料辨识的难度。

① 譬如，附件一的标题编改为《苏联专家巴兰尼克夫关于北京市将来发展计划的问题的报告》，附件三阿布拉莫夫的讲稿中删去了某些回应内容，等等。

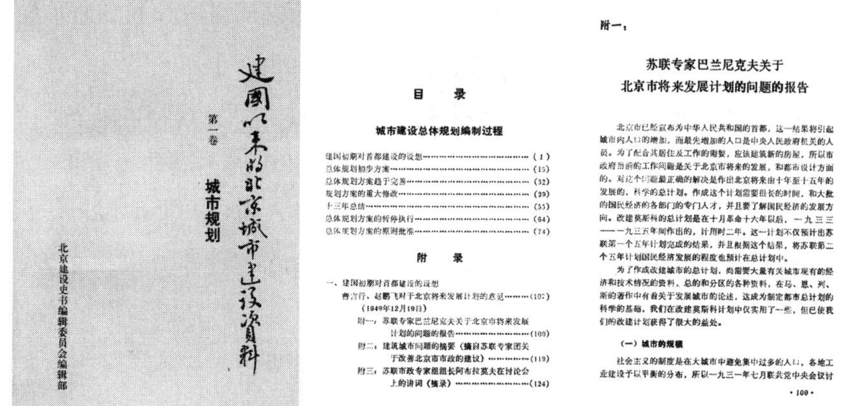

建國以來的北京城市建設資料

第一卷

城市规划

北京建设史书编辑委员会编辑部

目　录

城市建设总体规划编制过程

附　录

附一：

苏联专家巴兰尼克夫关于北京市将来发展计划的问题的报告

北京市已经宣布为中华人民共和国的首都，这一结果将引起城市内人口的增加，而最先增加的人口是中央人民政府机关的人员。为了配合其居住及工作的需要，应该建筑新的房屋，所以市政府当前的工作问题是关于北京市将来的发展，和都市设计方面的。对这个问题最正确的解决是作出北京将来由十年至十五年的发展的，科学的总计划。作成这个计划需要很长的时间，和大批的国民经济的各部门的专门人才，并且要了解国民经济的发展方向。改建莫斯科的总计划是在十月革命十六年以后，一九三三——一九三五年间作出的，计用时二年。这一计划不仅预计出苏联第一个五年计划完成的结果，并且根据这个结果，将苏联第二个五年计划国民经济发展的程度也预计在总计划中。

为了作成改建城市的总计划，尚需要大量有关城市现有的经济和技术情况的资料，总的和分区的各种资料，在马、恩、列、斯的著作中有着关于发展城市的论述，这成为制定都市总计划的科学的基础，我们在改建莫斯科计划中仅实用了一些，但已使我们的改建计划获得了很大的益处。

（一）城市的规模

社会主义的制度是在大城市中避免集中过多的人口，各地工业建设予以平衡的分布，所以一九三一年七月联共党中央会议讨

·109·

图1-8 《建国以来的北京城市建设资料（第一卷）· 城市规划》封面（左）、目录（中）及苏联专家巴兰尼克夫报告首页（右）

资料来源：北京建设史书编辑委员会编辑部《建国以来的北京城市建设资料（第一卷）· 城市规划》的封面、目录首页及第109页。

四 《巴兰报告》《巴兰建议》和《梁陈建议》

在烦琐却相当必要的史料考证以后，我们才能对苏联专家巴兰尼克夫1949年11月14日报告记录《苏联市政专家——巴兰尼克夫的报告》、1949年11月20日前后的书面建议《北京市将来发展计画的问题》，以及梁思成、陈占祥于1950年2月提出的《梁陈建议》进行一些初步的分析。为便于讨论，以下将前两份文件分别简称为《巴兰报告》《巴兰建议》。有两个方面的情况值得关注。

（一）关于北京城市规划问题的建议只是苏联专家技术援助工作的一个副产品

阅读《巴兰报告》全文（见附录A）不难注意到，苏联专家巴兰尼克夫在1949年11月14日所作的报告，其实共包括4部分内容："1.建设局业务及将来发展。2.清管局业务及将来发展。3.地政局业务及将来发展。4.北京市都市计画。"[①]其中，前3个部分，即巴兰尼克夫报告的主

① 北京市建设局：《苏联专家巴兰尼可[克]夫对北京市中心区及市政建设方面的意见》（1949年），北京市城市规划管理局档案。

体内容，是对北京市人民政府几个组成部门（建设局、清管局和地政局等）实际业务工作的指导意见，只有最后的第4部分才是关于北京城市规划问题的建议，该部分的记录文字不足3000字。

既然首批苏联专家团的任务主要是在市政建设方面对华提供帮助，中国方面并没有请他们制定城市规划方案，苏联专家巴兰尼克夫为什么要对北京的城市规划问题发表意见呢？其中的缘由不难推想：市政建设主要着眼于城市的近期建设和短期利益，在1949年的时代条件下甚至具有应急的性质，而为了使城市更长远地可持续发展，必须要考虑更长远的战略和发展方向，对于一个大国的首都而言更是如此。而首都的战略和发展方向，实际上正是城市规划问题。巴兰尼克夫作为一名专业的建筑师，且有苏联首都莫斯科改建规划的实践经历，这促使他以职业的责任感对北京城市规划提出一些可供参考的建议。

可以讲，巴兰尼克夫对北京城市规划问题所提出的建议，是首批苏联市政专家团对北京技术援助活动的一个副产品，是为了新中国首都的长远发展而提出的，也是善意之举。由于有这样的一种工作背景，加上苏联专家在北京工作时间的短促，巴兰尼克夫对北京城市规划问题的建议也不可能是尽善尽美的，正如他11月14日作报告时的特别声明："以上均因时间短、参考书少，而只为原则性而无具体性说明。"①

（二）《巴兰建议》与《梁陈建议》的不同

从城市规划专业的角度来看，梁思成和陈占祥以及巴兰尼克夫关于北京城市规划问题的学术观点，显然主要体现在他们的书面建议即《梁陈建议》和《巴兰建议》之中。然而，当我们将两者进行对比时，首先注意到的却是两者的性质和内容是完全不同的。

从《巴兰建议》来看，苏联专家巴兰尼克夫所提关于北京城市规划的建议，内容涉及首都北京的城市性质（进行工业建设，变消费城市为生产城市）、人口规模（避免人口过分集中，暂按260万人考虑）、用地面积

① 北京市建设局：《苏联专家巴兰尼可[克]夫对北京市中心区及市政建设方面的意见》（1949年），北京市城市规划管理局档案。

（扩大为400平方公里，降低人口密度）、功能分区（设置工业、住宅、学校、休养等功能区，并以天安门广场为中心建设城市中心区），以及行政房屋的建设（分三批推进，精心设计长安街）等。从性质上讲，这些内容更加接近于城市总体规划在前期阶段所应先行拟定的规划纲要内容。

就《梁陈建议》而言，其行文风格如中国传统的策论，或如今日之学术论文。尽管这份报告正文篇幅长达1.6万余字，但其建议的主要内容却十分集中而明确，正如开篇第一段文字所言："建议：早日决定首都行政中心区所在地，并请考虑按实际的要求，和在发展上有利条件，展拓旧城与西郊新市区之间地区建立新中心，并配合目前财政状况逐步建造。"①该建议书的其他部分内容，全都是紧紧围绕这一明确主张而展开论述论证的。

那么，《梁陈建议》为何并未就北京城市规划问题发表相对全面的系统性意见呢？这是因为《巴兰建议》提出在前，梁思成和陈占祥并非对《巴兰建议》持整体性的否定意见，而只是对其中有关首都行政机关规划等具体问题有不同看法，故进行了有针对性的阐述而已。②

苏联专家巴兰尼克夫在北京工作的过程中，曾经与梁思成等进行过一些交流，北京市都委会和清华大学建筑系等也曾为巴兰尼克夫提供了一些基础资料，这是《巴兰建议》得以提出的重要工作基础和前提条件。而对比两份建议书的内容可知，《巴兰建议》对《梁陈建议》也有一定的影响。

以城市人口和用地计算为例，《梁陈建议》中关于首都用地面积的计算，其前提是关于首都人口发展情况的估计；而人口分析、计算方法的前提则是将城市人口进行分类，即将城市人口划分为基本人口、服务

① 梁思成、陈占祥：《关于中央人民政府行政中心区位置的建议》（1950年2月），单行本，国家图书馆藏，第1页。

② 有关图纸请参见：梁思成、陈占祥《关于中央人民政府行政中心区位置的建议》（1950年2月）附图一《行政区内各单位大体部署草图（附与旧城区之关系）》、附图二《各基本工作区（及其住区）与旧城之关系》，单行本，国家图书馆藏，第30、31页；梁思成、陈占祥《关于中央人民政府行政中心区位置的建议》图解之《中央人民政府行政中心区鸟瞰图》（约1950年3月，北京市都市计划委员会档案；转引自乔永学《北京城市设计史纲（1949–1978）》，第44页）。

人口和被抚养人口等类型，这样一种被称为“劳动平衡法”的人口分析和计算方法，显然源自对《巴兰建议》的学习和借鉴。[①]在与《梁陈建议》同时提出的另一篇文章中，梁思成、林徽因和陈占祥也曾明确指出：

巴先生在他的发展北京计划问题之“北京市的地区”一条中，论到人口方面，他告诉我们，苏联将一座城市中的成年居民分为两个部分：“基本居民和给基本居民服务的居民……这个意见及人口分配算法，对于我们是新鲜的，可宝贵的参考资料，我们非常感谢。我们最近草拟的各种计划是依这个原则加以应用的。”[②]

再就城市功能分区而言，比较《巴兰建议》的附图一《北京市分区计划及现状略图》[③]和《梁陈建议》的附图二《各基本工作区（及其住区）与旧城的关系》[④]，两者在技术表达方式上是相似的，图纸内容也较为接近，主要差异在于后者的功能分区要更细一些，各类功能区的分布数量也更多一些。由于《巴兰建议》和《梁陈建议》的提出时间分别是1949年11月和1950年2月，而在1949年11月以前，梁思成关于“新北京计划”的研究范围主要在西郊新市区，因此可以判断，《梁陈建议》附图二是在《巴兰建议》附图一的基础上，借鉴其有关思路与方案，做进一步的加工和细化而形成的。就《梁陈建议》的两张附图而言，《各基本工作区（及其住区）与旧城的关系》图本来较为基础和宏观，理应前置，但更为具体的《行政区内各单位大体部署草图（附与旧城区之关系）》图却被列为“附图一”，其中也应有这方面的原因。

那么，《梁陈建议》和《巴兰建议》的分歧究竟何在？新发现的一则重要史料提供出了明确的答案。

① 具体技术分析参见《梁陈建议》附件中“说明三：足够的面积及发展余地”。梁思成、陈占祥：《关于中央人民政府行政中心区位置的建议》（1950年2月），第22页。

② 梁思成、林徽因、陈占祥：《对于巴兰尼克夫先生所建议的北京市将来发展计划的几个问题》（1950年2月），中央档案馆藏，档案号：Z1-001-000286-000001。

③ 此图请参见左川《首都行政中心位置确定的历史回顾》，《城市与区域规划研究》2008年第3期。

④ 此图请参见《梁思成文集》第4卷，第18～19页。

第二章
真正分歧所在：以新发现的一篇由梁思成、林徽因和陈占祥合著的评论文章为中心

如前所述，在1949年11月14日的报告会上，梁思成和陈占祥与苏联专家巴兰尼克夫的意见产生分歧，并与之争论，这是《梁陈建议》得以提出的一个重要的前置性事件。但遗憾的是，关于这次报告会的讨论环节，只有苏联市政专家团团长阿布拉莫夫的发言有所披露，而梁思成、陈占祥以及其他与会专家和领导的发言却均无从得知。不过，近年来在规划史研究的过程中，笔者发现了一篇由梁思成、林徽因和陈占祥合著的评论文章，所评论内容即苏联专家巴兰尼克夫的书面建议——《巴兰建议》，正好弥补了这一遗憾。本章专门就此做一讨论。

一 《梁林陈评论》的发现及其重要意义

（一）《梁林陈评论》的发现

这里所讨论的梁思成、林徽因和陈占祥合著的评论文章，标题为《对于巴兰尼克夫先生所建议的北京市将来发展计划的几个问题》（全文详见附录C），是笔者近年来多次赴中央档案馆查档过程中偶然发现的。原文为竖排的打稿，共11页，首页自右至左署名为“梁思成、林徽因、陈占祥”。为便于讨论，以下将此篇评论文章简称为《梁林陈评论》。

这篇《梁林陈评论》并非一份独立的卷宗，而是一份标题为《关于中央人民政府行政中心区位置的建议》报告的“附件2”，而该报告

的“附件1”，题名则为《苏联的建设计划》。笔者查档时未能看到《关于中央人民政府行政中心区位置的建议》及“附件1”的原文，但并无大碍。就前者而言，它无疑正是“梁陈方案”的文本，即《梁陈建议》，《梁思成文集》和《梁思成全集》等文献中已有完整刊载，在国家图书馆等机构也可查阅到原始文件（见图2-1）。“附件1”的内容也不难推测出，《梁林陈评论》中提到“关于苏联发展城市计划的资料，我们一向非常重视，‘一九四四—四五年苏联的建设计划’已译出备供参考”[①]，“附件1”应该就是《一九四四—四五年苏联的建设计划》的译文或其内容摘要。

应该说，能够查阅到《梁林陈评论》一文并得以全文抄录，已属万幸，因为这份文件的受文者为中央最高领导毛泽东，其查阅难度可想而知。而根据中央档案馆的查档规定，通常只允许摘抄，较少允许全文抄录，且所抄录的文件必须经过专门的审查程序方可带出。在有关人员对抄录档案进行审查时，还经常会做一些删剪处理。正是意识到这份档案的独特价值，笔者在抄录的过程中特别进行了专门的核校，保证了抄录内容的完整性和准确性。

查阅国内各类文献系统，包括相当权威的《梁思成文集》、《梁思成全集》、《林徽因全集》[②]以及陈占祥文集《建筑师不是描图机器——一个不该被遗忘的城市规划师陈占祥》等，均未收录《梁林陈评论》一文。根据笔者从事规划史研究的经验，并咨询多位权威人士可知，对梁思成、林徽因、陈占祥以及北京建筑和城市规划史的相关研究，都未曾提及这篇文章，因而查到《梁林陈评论》一文当属学术界的首次发现。

《梁林陈评论》一文到底是何种面貌？可惜笔者查档所得只是一份手抄件而非复印件，无法展示其原貌。不过，笔者在查档时曾经注意到其排版格式与《梁陈建议》极为相像，由于《梁林陈评论》是作为《梁陈建议》的附件提出并同时上报的，由此可判断这两份文件是同时形成

① 由于本章内容主要围绕这一史料展开讨论，未免烦琐，下文中凡属对该文的引用，不再逐一标注来源。梁思成、林徽因、陈占祥：《对于巴兰尼克夫先生所建议的北京市将来发展计划的几个问题》（1950年2月），中央档案馆藏，档案号：Z1-001-000286-000001。

② 《林徽因全集》4册，新世界出版社，2012。

的，甚至有可能是由同一位打字员使用同一台打字机所编排、打印的。由此，笔者使用手抄件的文字内容，根据查档工作的记忆，并参照《关于中央人民政府行政中心区位置的建议》原件（图2–1）的排版格式，编排了《梁林陈评论》一文的首页（见图2–2），以供参阅。

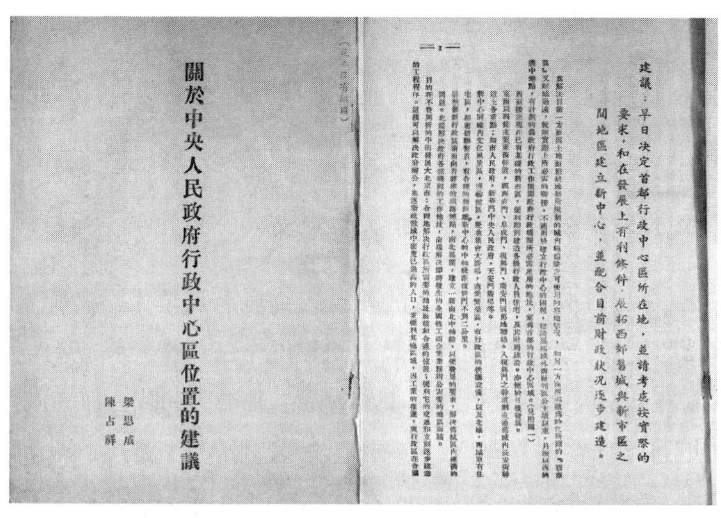

關於中央人民政府行政中心區位置的建議

梁思成
陳占祥

建議：早日決定首都行政中心區所在地，並請考慮按實際的要求，和在發展上有利條件，展拓西郊舊城與新市區之間地區建立新中心，並配合目前財政狀況逐步建造。

—1—

图2–1 《关于中央人民政府行政中心区位置的建议》的封面及正文首页

资料来源：梁思成、陈占祥《关于中央人民政府行政中心区位置的建议》（1950年2月）单行本，国家图书馆藏。

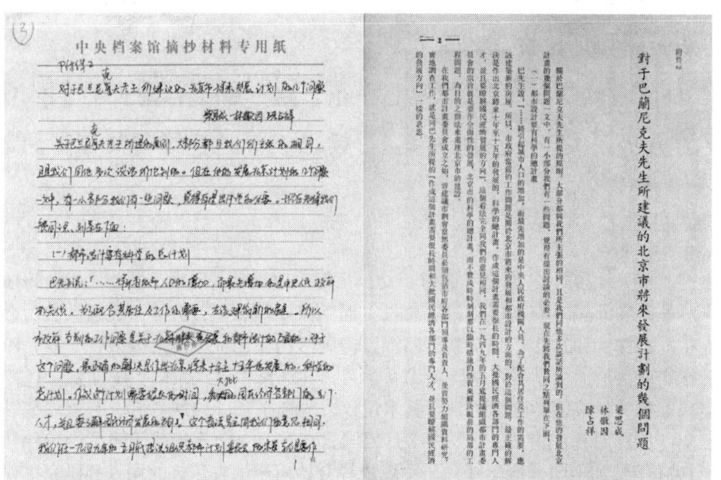

中央档案馆摘抄材料专用纸

對于巴蘭尼克夫先生所建議的北京市將來發展計劃的幾個問題

梁思成
林徽因
陳占祥

—1—

图2–2 《对于巴兰尼克夫先生所建议的北京市将来发展计划的几个问题》手抄件之首页（左）及根据查档记忆复原的版式（右）

资料来源：作者手抄和整理。

《梁林陈评论》全文共计8800余字，主要内容是对《巴兰建议》所作的评论。如果说《梁陈建议》是梁思成和陈占祥从正面论述自己见解和主张的立论性文章的话，那么《梁林陈评论》则是对苏联专家的有关建议进行批判的驳论性著述。因此，《梁林陈评论》从赞同苏联专家巴兰尼克夫的要点以及所持不同意见两个方面，分两个部分进行了详细的阐述。

《梁林陈评论》中并未注明其成文时间，但也不难推断，此文应和《梁陈建议》一样，形成于1950年2月。

（二）《梁林陈评论》的重要意义

那么，《梁林陈评论》一文的发现，究竟有何学术意义呢？首先，这篇文章的发现，为梁思成、林徽因和陈占祥三人的学术成果增添一层厚度，具有一定的文献价值。由于梁思成、林徽因和陈占祥三人在中国建筑和规划界具有重要地位，享有盛誉，这些又彰显了文献价值的分量。其次，《梁林陈评论》表明，在首都城市规划及行政中心区选址等有关问题上，林徽因[①]也是参与讨论并有重要贡献的合作者。在这篇评论文章中，她的排名在陈占祥之前。最后，透过这篇70年前的评论文章，我们可以了解和学习在当时的时代条件下，我们的前辈建筑师和规划师是如何撰写评论性学术文章的。

《梁林陈评论》的受文者为毛泽东，这一档案信息向我们表明了一个重要的史实：关于“梁陈方案”，梁思成曾经直接向共和国的最高领

---

① 林徽因（1904～1955），原名林徽音，女，祖籍福建闽县，出生于浙江杭州。1916年，因父亲林长民在北洋政府任职（司法总长）而举家迁往北京，就读于英国教会所办北京培华女中。1920～1921年，随父游历欧洲，回国后仍在北京培华女中继续学习。1924年赴美，在宾夕法尼亚大学美术学院美术系学习，并选修了建筑系的主要课程。1927年夏毕业后人耶鲁大学戏剧学院学习舞台美术设计，为期半年。1928年春，与梁思成结婚，后赴欧洲游历和考察古建筑；1928年8月回国，在东北大学建筑系任教。1930年回北平疗养。1931年参加中国营造学社，与梁思成等开始对中国古建筑的调查和研究工作。1937年日本侵略者占领北平后，与梁思成经湖南、贵州等地赴昆明逃难。1940～1946年，在四川宜宾南溪李庄，继续从事中国营造学社的古建筑研究工作；1946年8月与梁思成返回北平。1949年起在清华大学建筑系任教。此后曾参与中华人民共和国国徽、人民英雄纪念碑等设计工作。

导者呈递报告。这一史实之所以相当重要，是因为在《梁思成全集》和《梁陈方案与北京》等文献中，曾收录梁思成致政务院总理周恩来的书信（1950年4月10日），但没有给中央最高领导毛泽东的书信，而在1949年11月14日报告会上，苏联市政专家团团长阿布拉莫夫在发言中提到，当时中共北京市委书记曾向其转达中央最高领导毛泽东的有关意见，[①]由此，学术界一般认为，在“梁陈方案”这一问题上，由于涉及中央最高领导毛泽东的重要指示，梁思成不便于直接向其陈述意见，《梁林陈评论》则表明，实际情况并非如此。

从笔者查档的有关情况来判断，中央最高领导极有可能曾对梁思成呈报的《梁陈建议》做出重要批示。因为根据中央档案馆的有关查档规定，“没有下文”（即没有上级批示或回文）的一些档案，通常是不提供查阅的，而笔者在查档时则允许全文抄录了《梁林陈评论》。经中共中央批准编写、中央文献出版社出版的《彭真传》中的有关内容，也可对此有所佐证。[②]这表明，尽管“梁陈方案”相当敏感，甚至中央最高领导已有重要指示，但梁思成依然向其报告和陈述了个人的见解，这不能不说梁思成等拥有巨大的勇气和魄力。

不仅如此，《梁林陈评论》更重要的价值在于澄清了若干历史误会，使我们获得了对“梁陈方案”进一步深入认识的可能，对梁思成、陈占祥与苏联专家争论的焦点，真正有所了解。虽然1949年11月14日报告会上梁思成和陈占祥的发言内容无从得知，但《梁林陈评论》的发现正好弥补了这一缺憾。而且相较于报告会上的即兴发言及其时间局限，《梁林陈评论》一文则是在时间更为充裕、思考更为充分的情况下完成的一份表述更为严谨、更加正式，也必然更为成熟的书面报告，自然要比报告会的发言记录更为准确、全面和系统。

---

① 阿布拉莫夫在发言中谈道：“市委书记彭真同志曾告诉我们，关于这个问题曾同毛主席谈过，毛主席也曾对他讲过，政府机关在城内，政府次要的机关是设在新市区。”详见第八章的有关讨论。

② 《彭真传》指出：“一九五〇年二月，毛泽东、党中央批准了北京市以北京旧城为中心逐步扩建的方针。”参见《彭真传》编写组《彭真传》第2卷（1949～1956），中央文献出版社，2012，第808～809页。

二 “梁巴共识”：若干历史误会

《梁林陈评论》的前一部分内容主要是阐述了梁思成等赞同《巴兰建议》的一些要点，具体包括9个方面：（1）“都市设计要有科学的总计划”；（2）“需要有关城市情况资料”；（3）“城市的规模要有限制的人口”；（4）“需要计划工业建设”；（5）“人口分配的计算法”；（6）“各种区域的分配”；（7）“先定行政机关的位置与建筑”；（8）“考虑附近其他区域的发展”；（9）“参考书籍”。从篇章结构来看，《梁林陈评论》对《巴兰建议》持赞同意见的方面（为便于讨论，以下以“梁巴共识”简称）要明显偏多，这也正如其开篇所点明的：“关于巴兰尼克夫先生所提的原则，大部分都与我们所主张的相同，且是我们同他多次谈话所论到的。”

仔细阅读《梁林陈评论》，进一步研究“梁巴共识”，为我们更深入地认识“梁陈方案”提供了重要支撑。笔者认为以下3个方面的问题值得特别关注。

（一）关于北京工业发展问题

《梁林陈评论》表明，关于北京工业发展的问题，梁思成等与苏联专家的观点是相当一致的，都认为：“我们很早也就了解政府的政策是要将消费城改成生产城的。所以也准备将东郊一带划为发展大规模工业的区域……这一切的目的都是在准备北京的工业建设，同巴先生的原则一致。”

不但如此，对于北京工业发展（见图2-3、图2-4）问题而言，梁思成等的一些思想主张，甚至要比苏联专家更为激进，他们说：“但巴先生估计北京人口只增至二百六十万，建议工人数且为四十万，只占北京人口百分之十五·四，不知何故？”“巴先生告诉我们莫斯科工人为全市人口的百分之二十五。他未说北京的百分率，但他们预计的北京工人数目仅为四十万，为二百六十万人的百分之十五·四，实只是四百万人口的百之十，似乎低得太多；尤其是工业落后的工厂，所需人工可能比较发达的工业国多许多的。”

图2-3　北京电子管厂正门（左）及生产车间（右）（20世纪50年代）

资料来源：北京市城市规划管理局编《北京在建设中》，北京出版社，1958，第28页。

图2-4　北京第一汽车附件厂厂区（左）及生产车间（右）（20世纪50年代）

资料来源：北京市城市规划管理局编《北京在建设中》，第31页。

《梁林陈评论》提出："按工人人口为全人口百分之二十（比莫斯科少百分之五）计算，将来北京市工人就是可能到达八十万人的。在一个以工人为领导的制度之下，我们估计工人的百分比应在百分之三十五至四十之间。"该评论文章还强调指出："我们须注意这些工人人口数目，不但是东郊工业区内的，它也包括石景山及门头沟、丰台货运区等等在内，数目不算很大，在上海单是纺织业工人就到了一百万人。"

这一点共识是相当重要的，因为是否推进工业建设的问题，事关一个城市的基本性质与发展方向，是城市规划工作中最为关键的核心命题之一，而《梁林陈评论》则表明，就苏联专家所提出的北京"也应该是一个大工业的城市"这一建议而言，梁思成等是极表赞同的。换言之，对于共和国成立初期国家确立的"变消费城市为生产城市"的方针政策，梁思成等表现出了明确无疑的拥护立场。

之所以强调这一点，是因为在与"梁陈方案"相关的一些既有研究中，较多引用梁思成的一些言论，譬如：

> 当我听说毛主席指示要“将消费的城市改变成生产的城市”，还说“从天安门上望出去，要看到到处都是烟囱”时，思想上抵触情绪极重。我想，那么大一个中国，为什么一定要在北京这一点点城框框里搞工业呢？[①]

这样的一段引文，客观上给读者传递出一个基本的认识倾向：在发展工业这个问题上，梁思成等与苏联专家持有不同意见。实际上，这段引文摘自1969年1月的一份“文革交代材料”，当时的梁思成已重病在身，加之在特殊时代背景下，该材料并不能或不宜用来表征1949～1950年时梁思成的规划思想。

在《梁陈建议》中，对于工业发展问题的表述，梁思成和陈占祥也是持一种十分明确的赞同态度的。[②]

（二）关于限制城市人口发展的问题

在《梁林陈评论》的前一部分中，第三点是关于城市人口规模问题的：“巴先生告诉我们社会主义制度是在大城市中‘避免集中过多人口’，这是用卅余年来都市计划基本的公验，目的都是要纠正过去大城市人口集中过甚，数目太大，和城乡尖锐对立的错误，我们对巴先生这个意见当然是极表赞同的。”

《梁林陈评论》对与巴兰尼克夫就此问题的接触情况回忆道：

---

① 王军：《城记》，第68页。

② 《梁陈建议》中指出：“北京不止是一个普通的工商业城市，而是全国神经中枢的首都。我们不但计划它成为生产城市，合理依据北京地理条件，在东郊建设工业，同旧城的东北东南联络，我们同时是作建都的设计”，“现在这首都建设中两项主要的巨大工作——发展工业和领导全国行政——都是前所未有的”，“北京显然的情势是需要各面新地区的展拓。尤其是最先需要的两方面，都是新的方面：一个是足助工业发展及足够的工人住宿的地方，一个是政府行政足够办公，和公务人员足够住宿的地方……”这些文字清楚地表明了主张北京发展工业的态度。梁思成、陈占祥：《关于中央人民政府行政中心区位置的建议》（1950年2月），第2、8、13页。

记得我们同巴先生第二次见面的时候，巴先生曾问我们，北京今后的人口数目大约要多少？我们告诉他尚在调查情形及研究中，希望不要太多。但是有一些人曾发表过要北京成为进步的城市，“将来要有一千万的人口”。这些人士以为人口愈多就是愈进步的表征！他[巴兰尼克夫]很惊讶这种错误的见解。就在当时，他告诉我们莫斯科的人口是限制在五百万人的范围内的。我们很感谢他给了我们一个标准，作为北京将来的参考。

这一点也是相当重要的，它表明在对北京的城市人口发展应有所限制这个问题上，梁思成等与苏联专家的意见也是一致的。一些既有研究中，经常引述大伦敦规划中关于城市功能疏散的思想，来论述“梁陈方案”所提出的不应“拥挤在城内”的合理性。[①]人们通常以为，只有“梁陈方案”在北京西郊建设新区的做法，是以疏散思想为主导的城市规划方案，处于其“对立面”的苏联专家之建议，则是在北京城区内拥挤发展的思路。事实却并非如此。

仔细阅读《巴兰建议》，它同样是反对城市拥挤发展的，同样是以疏散思想为主导的。[②]《巴兰建议》与“梁陈方案”所不同的，只是在于避免城市拥挤发展而应该采取何种规划措施应对方面。对此，“梁陈方案”建议的方式是在西郊建设新的中央行政区，而《巴兰建议》的主张

---

① 相关文献中经常引用陈占祥于1994年3月接受记者采访时的回忆文字：“不能再把北京城的什么东西再搬进去了。在西方这样做已产生了很多问题，一些城市根本的问题就是拥挤。一个城市最怕拥挤，它像个容器，不能什么东西都放进去，不然就撑了。所以，有的功能要换个地方，摆在周围的地区分散发展，这是伦敦规划的经验。规划师在伦敦周边规划了10多个可发展的新城基地。”陈占祥口述，王军、陈方整理《陈占祥晚年口述》，载梁思成、陈占祥等著，王瑞智编《梁陈方案与北京》，第79页。

② 《巴兰建议》指出：“社会主义的制度是在大城市中避免集中过多的人口，各地工业建设予以平衡的分布，所以一九三一年七月联共党中央会议讨论改建莫斯科问题时，坚决的否定了在城市人口的数量上赶上并超过资本主义国[家]的口号而使这一口号仅适用于工业的发展。所以在改建莫斯科的总计画中，莫斯科的人口增加限制在五百万人的范围，就是经过十年后人口增加百分之四十至百分之四十五。这种增加主要的还是自然长成的人口，即由生殖而增加的人口，为此在工业建设方面在这个期间内仅将莫斯科已有的工业建设计画完成，在技术方面予以提高，使其成为苏联大的工业中心，而不再增加新的工业建设。”〔苏〕巴兰尼克夫：《苏联专家[巴]兰呢[尼]克夫关于北京市将来发展计划的报告》（1949年），岂文彬译，北京市档案馆藏，档案号：001-009-00056。

则是对城区内的部分居民在全市域范围内加以疏散。两者只是规划措施上有所不同而已，根本的指导思想是一致的。

（三）关于城市功能分区的问题

《梁林陈评论》前一部分中第六项要点为“各种区域的分配”，实际上也就是城市规划工作中的功能分区问题。他们认为：“巴先生的‘城市区域的分配’一节显然是主张将各种功用不用[同]的建设各自建立区域范围，如工业区、住宅区、学校区、休养区等，这是我们所极赞同的原则，且已做如此主张的。”尽管梁思成等对《巴兰建议》中城市功能分区的部分具体内容还有一些不同意见（如住宅区远近及中央行政区规划问题），但也正如《梁林陈评论》前一部分对此一问题专列以说明本身所表明的那样，梁思成等是赞同苏联专家巴兰尼克夫的建议的，双方是达成了一定共识的。

三 “梁巴之争”？

《梁林陈评论》的后一部分中，重点阐述了梁思成等对《巴兰建议》的一些不同意见（为便于讨论，以下以“梁巴之争”简称），主要包括5个方面：（1）“对计算人口的方面的疑问”；（2）“分配地区与计算的人口不符的各点”；（3）“城市区域的分配没有计划行政区”；（4）“民族形式的建筑”；（5）“住宅区的位置问题”。

（一）郊区人口计算问题

“梁巴之争”的第一项内容是“计算人口的方面的疑问”。仔细阅读《梁林陈评论》，对于巴兰尼克夫关于北京人口增长趋势的判断（未来15~20年内增长一倍），以及其所提出的行政人口规模及用地标准等，梁思成等是表示赞同的。《梁林陈评论》对于人口计算的疑问，主要在于郊区人口及工业人口和用地计算问题。

以郊区人口计算为例，《梁林陈评论》前一部分第五项要点，在对

"人口分配的计算法"上表示赞同后，旋即指出："最主要的是巴先生所预计的人口总额没有把郊区现时人口算入。这对于将来的北京市人口估计额会发生过分不准确的差别。"后一部分中第一项要点进一步明确提出："他没有将郊区人口估计在计划里面，但他却占用郊区的土地，在这种情形之下，居住在郊区的人口将要迁移到什么地方去？所以他的计划里面应该将郊区的人口和以后增加数，亦估计在内才是合理。"

梁思成等对于《巴兰建议》的质疑，主要是其人口计算时未将郊区人口计算在内。在《巴兰建议》中，关于人口计算曾指出，"除郊区人口暂不计算外，北京市的人口……"①的确未将郊区人口计算在内。对此，应该作如何理解呢？笔者认为，以下情况值得引起注意。

第一，据北京市档案馆编的《北京档案史料》，在北平解放初期完成的《北平市城区概况》（1949年）等文献中，对北京城区内各个区域（内城7区、外城5区）的人口及社会经济情况均有详细表述，而城外的一些郊区则缺乏相关资料。②在苏联专家的工作过程中，是否可能因为与其配合工作的中国同志，未能及时提供出详细而准确的统计数据，故而《巴兰建议》对郊区人口暂时无法计算？③

第二，在苏联的城市规划工作中，人口计算所使用的"劳动平衡法"，主要针对的是城市人口，而郊区则主要是农业人口，与城区人口存在较大差异，"劳动平衡法"于郊区人口分析是否适用？

第三，就北京的人口构成而论，郊区人口与城区人口相比所占比例

---

① 〔苏〕巴兰尼克夫：《苏联专家[巴]兰呢[尼]克夫关于北京市将来发展计划的报告》（1949年），岂文彬译，北京市档案馆藏，档案号：001-009-00056。

② 薛玉陵、赵蓬晏编选《北平市城区概况》（1949年），载北京市档案馆编《北京档案史料》2005第1期，新华出版社，2005，第48～59页。

③ 值得注意的是，苏联专家针对北京城市规划问题提出建议，必然需要在前期做一定的调查、分析和研究等工作，由于巴兰尼克夫的报告会是在1949年11月14日召开的，他获取中国方面提供人口数据的时间就很可能是在1949年10月上旬，而此时正处于中华人民共和国刚刚成立时期，各级政府工作忙乱，有关部门能够提供的数据，恐怕也是1949年9月之前甚至更早时间之前的统计资料。而到《梁陈建议》和《梁林陈评论》写作时（1950年2月），有关部门或许已经有了新的较详细的统计资料。另外，中华人民共和国正式宣告成立，北京成为共和国的首都，政治形势快速发展变化，在此种情况下，北京城市人口必然也注入了新的增长因素，尽管1950年2月与1949年9月相比仅仅相隔几个月，但北京人口数量也可能获得较显著的增长。上述这些情况都会造成梁思成等和苏联专家巴兰尼克夫在人口数据的掌握方面存在差别。

较小，增长也较为缓慢，城市人口计算时是否可以对郊区人口忽略不计呢？

第四，在苏联的规划实践中，与城市规划工作相配合的还有另一项相对独立的工作，即“郊区规划”。在当时时间十分紧迫（有效工作时间为一个半月）的条件下，苏联专家巴兰尼克夫是否还没来得及专门思考郊区规划的问题？

（二）工业人口规模及工业用地计算问题

除了对郊区人口计算持有异议之外，梁思成等对《巴兰建议》中工业人口规模及工业用地计算也发表了意见，这实际上就是城市规划中城市建设用地规模预测出现分歧。阅读《巴兰建议》可知，其基本逻辑是“北京市区的规模，要以居民职业的性质来确定”，因此在对未来城市人口构成做概要分析的基础上，从工业区、新增城市建设用地、高等教育用地（含专门学校和实验工场等）、休疗养用地（含休息用地）及市区用地5个方面，阐述了各类城市建设用地的预测规模。《梁林陈评论》对《巴兰建议》的质疑，主要是关于第一项即工业区用地规模的预测。

在《巴兰建议》中，共计70平方公里的工业地区，包括工业用地及其住房（居住）用地两个部分。对于前者的计算，巴兰尼克夫区分了作为基本人口的工人的用地标准（7hm^2/千人）和为其服务的人口的用地标准（2hm^2/千人）。或许正是受这一计算方法所影响，《梁林陈评论》对后者的计算方法有所疑问：“为他们服务的十万人和四十万工人的眷属（被抚养的人）的居住面积都没有计算。”不仅如此，“计算十万为工人服务的人时，还必须计算另十万被他们所抚养的人口的面积的”。

对此，能否认为《巴兰建议》出现了错误？如下情况值得关注。其一，在苏联的城市规划实践中，工业用地的计算原则、方法和标准等，与居住用地是有所不同的，[①]对工业区的配套居住用地进行计算时，是否需要像工业用地计算那样专门计算服务人口的需求？其二，在《巴兰

① 参见李浩著《八大重点城市规划——新中国成立初期的城市规划历史研究》（第二版），第2章“规划编制过程及主要内容”，中国建筑工业出版社，2019，第33～81页。

建议》关于各类建设用地的估算中，第二类新增城市建设用地和第五类市区用地（城区）中都必然包含着大量居住用地，它们是否已经考虑到了一些新建工业区人口的居住需求？

城市规划工作需要经历复杂的程序和过程，在不同的阶段应采取不同的适用方法。《巴兰建议》在对第一类工业用地进行预测时所谈到的居住用地预算，只是一种大门类的概算，并非专门从用地类型分析的角度，对北京城市发展中的居住用地需求进行的专门计算。《梁林陈评论》中谈到“照他的原则，居住面积应该是一百万人口的住宅面积”，似乎对此有所误解。至于《梁林陈评论》中所提出的“住宅面积应为工人及服务者总数加上眷属一起计算，最多减去若干留守在厂址内的职工数目，才是合理的计算法”，这样一种详细、具体的计算方法，是否适用于对城市建设用地进行概算这一前期的规划工作呢？

（三）住宅区远近问题

《梁林陈评论》后一部分中最后一项要点是“住宅区的位置问题”，它对《巴兰建议》中谈到的西郊新市区和城区东北部这两个住宅区的交通便利问题都提出了疑问：“我们认为政府机关工作人员住在新市区很是不便利，这与巴先生所说是正相反的”，“至于以东北郊为‘工人住宅区或其他人员的住宅区’，则工人住宅同工厂区的距离也稍嫌太远，交通仍然困难。”

对此，让我们再来看一下苏联专家巴兰尼克夫的规划示意图《北京市分区计划及现状略图》[①]。不难发现，图中所示意的西郊住宅区其实是面积挺大的一片区域，其东部至北京城墙一带（即“梁陈方案”所建议的中央行政区范围），同样属于西郊住宅区的范围。这样一个较大范围的住宅区，位置在当时的城区之外，与“梁陈方案”所建议的行政机关及其住宅区用地全部在西郊新市区相比，交通条件当然是不够便利的，但是，就《北京市分区计划及现状略图》所示意的功能分区而言，西郊

① 此图请参见左川《首都行政中心位置确定的历史回顾》，《城市与区域规划研究》2008年第3期。

的住宅区是否距离城区又比较近呢？

就与东南部工业区相配套的住宅区而言，在巴兰尼克夫的《北京市分区计划及现状略图》中，除了《巴兰建议》中谈到的东北部住宅区外，其实还有另一片住宅区，位置在东南部工业区与北京城墙之间以及南侧。尽管《巴兰建议》中并没有专门谈到这片住宅区，但规划示意图表达则是十分明确的。对此，是否可以理解为当时的现场讲解有所遗漏呢？从该规划示意图来看，南北两片住宅区，中间夹着一片工业区，这样的一种布局，其交通条件是否相对便利呢？

（四）关于城墙存废问题

关于城墙（见图2-5、图2-6）存废问题，是“梁陈方案”相关研究中频繁提及的一个重要话题，很多人都对梁思成讲过的一句话印象深刻：“拆掉一座城楼象[像]挖去我一块肉；剥去了外城的城砖象[像]剥去我一层皮。”[①]在一些专家学者谈论“梁陈方案”时，也常常将其与城墙存废问题相提并论。[②]就《城记》一书而言，它不仅在第4章有专门一节谈及“城墙存废问题的讨论”，在其他章节中也有很大的篇幅讨论城墙存废问题，并与“梁陈方案”的叙事频繁互动。

那么，《梁林陈评论》对此问题的意见具体是什么呢？仔细阅读《梁林陈评论》，且反复查找，却根本连“城墙”这个词都找不到，也就

---

① 这段话出自梁思成在《人民日报》上发表的一篇文章。参见梁思成《整风一个月的体会》，《人民日报》1957年6月8日，第2版。

② 赵士修在2015年10月8日接受笔者访谈时指出：“我觉得‘梁陈方案’有点绝对化。但是，‘梁陈方案’的思路是要保护好古城，思路是对的”，“梁思成主张在西郊另建一个新城，把老城保护起来。北京是古都，应当对历史遗迹加以保护。北京拆城墙是错误的”。详见李浩访问/整理《城·事·人——新中国第一代城市规划工作者访谈录》第二辑，中国建筑工业出版社，2017，第117～119页。

柴锡贤在2017年4月15日接受笔者访谈时也谈道：“据我了解，‘梁陈方案’也不是那么全面，但有一点我认为梁思成是对的：北京的城墙拆得太粗糙。据说，当年每拆掉一段城墙、城门，梁思成都要哭的，这个人很爱护文物”，“我认为，北京的城市规划建设实际上应该走第三条道路，也就是要加入现实的因素，应该有一个与‘梁陈方案’折中的方案，使得北京的城墙既可以保留，而一些现实问题也都可以兼顾，比如北京的市中心就不能脱离天安门”。详见李浩访问/整理《城·事·人——城市规划前辈访谈录》第五辑，中国建筑工业出版社，2017，第31～32页。

图2-5　北京哈德门（崇文门，左）和东直门（右）门洞（1923年前后）

资料来源：〔瑞典〕喜龙仁著《北京的城墙和城门》，林稚晖译，新星出版社，2018，文后照片。

图2-6　北京西直门瓮城闸楼下的商铺（左）及北城墙边吃草的羊群（右）（1923年前后）

资料来源：〔瑞典〕喜龙仁著《北京的城墙和城门》，林稚晖译，文后照片。

是说，在《梁林陈评论》一文中，根本没有出现“城墙”一词，《梁林陈评论》根本就没有谈论到城墙的问题。

1949年11月14日巴兰尼克夫的报告会以及此后形成的书面建议，又是如何阐述的呢？仔细阅读《巴兰报告》，也同样没有出现“城墙”一词。再来阅读《巴兰建议》，它只有一处出现了“城墙”一词，即：“市区中心部份，预计配置政府机关、文化机关、商店和一部份居民，尚有一部份居民需要疏散，就是城墙以内的一、三〇〇、〇〇〇人口……”①这里的“城墙”一词，显然只是一个表示地理界线的名词而已，不是规划思想指向的对象。

另就《梁陈建议》而言，尽管其中出现的“城墙”一词达13处，但它们大都是在剖析城墙在人们心理上所造成的障碍时提及，②即主要是为了论证作者关于“需要发展西面城郊建立行政中心区的理由”而提出的，并未就城墙存废问题阐述有关学术性意见。

因此，城墙存废问题并非梁思成等与苏联专家建议的分歧或争论所在，在对“梁陈方案”加以评论时，根本就不应将城墙存废问题作为立论或驳论的依据之一。

一些相关研究之所以将北京城墙存废问题与“梁陈方案”相提并论，主要是为了强化“梁陈方案”的历史文化保护思想，其潜在含义是批判苏联专家关于北京城市规划建议缺乏历史文化保护观念。事实是否如此？苏联专家巴兰尼克夫是否缺乏历史文化保护观念呢？对此，感兴趣的读者可以进一步阅读《巴兰建议》第四部分“关于建筑行政机关的房屋”的内容。

---

① 〔苏〕巴兰尼克夫：《苏联专家[巴]兰呢[尼]克夫关于北京市将来发展计划的报告》（1949年），岂文彬译，北京市档案馆藏，档案号：001-009-00056。

② 《梁陈建议》指出：“第二个认识是北京的城墙是适应当时防御的需要而产生的，无形中它便约束了市区的面积。事实上近年的情况，人口已增至两倍，建造的面积早已猛烈地增大，空址稀少，园林愈小……但因为城墙在心理上的约束，新的兴建仍然在城区以内拥挤着进行，而不像其他没有城墙的城市那样向郊外发展。多开辟新城门，城乡交通本是不成问题的；在新时代的市区内，城墙的约束事实上并不存在……今天的计划，当然应该适合于今后首都的发展，不应再被心理上一道城墙所限制，所迷惑。”梁思成、陈占祥：《关于中央人民政府行政中心区位置的建议》（1950年2月），第8页。

巴兰尼克夫的意见相当明确，他认为：

拒绝采用民族性的传统的宝贵的建筑艺术是不对的。如果走那样的道路，很容易使建筑物流于形式主义的错误，建筑物的外表如果不能表现出民族风格，更恰当的说法只好称之为箱子。按照我们的意见就不能给北京介绍这种的式样。①

细心的读者或许能够注意到，尽管巴兰尼克夫在建筑风貌方面同样支持采用具有中国特色的民族形式，但在表现中国建筑民族形式的具体的方式方面，他在学术思想上与梁思成等并不完全一致，譬如，他认为："中国式样的特点，并不仅是用屋顶来代表的，也可以用天然石建筑正面。用雕刻装饰正面，装饰陶磁［瓷］，采用中国特有的牌楼的外形和其他的建筑方法。"②

或许正因如此，他的主张引发了梁思成等与之进行学术辩论的极大兴趣。在《梁林陈评论》后一部分中，梁思成等专门就此问题明确提出了一些不同意见。

（五）建筑的民族形式问题

《梁林陈评论》后一部分中第四项内容为"民族形式的建筑"问题。针对巴兰尼克夫所谈到的"中国式样的特点"，《梁林陈评论》明确提出了一些不同意见：

巴先生说，将来新建"房屋正面可用民族性的中国式样"，我们认为是不够的。

代表民族的建筑物绝不限于"房屋的正面"。一个建筑的前后、内外、上下、左右、侧影和立面是一整体，他［它］本身的骨干、轮

① ［苏］巴兰尼克夫：《苏联专家[巴]兰呢[尼]克夫关于北京市将来发展计划的报告》(1949年)，岂文彬译，北京市档案馆藏，档案号：001-009-00056。
② ［苏］巴兰尼克夫：《苏联专家[巴]兰呢[尼]克夫关于北京市将来发展计划的报告》(1949年)，岂文彬译，北京市档案馆藏，档案号：001-009-00056。

廓、门窗细部和附属的耳、厢、廊、庑、院落或围墙，无不表现它的基本结构和组成它的特殊民族性格。中国建筑的内在特征有两方面，一方面是它工程上的结构法，另一方面是它在平面上的配置方法，民族性即在这种特征中，丰富地隐存着，暗示着，也就是真实的代表着。

巴先生说："中国式样的特点不仅是用屋顶来代表"是很对的，但如说可"用雕刻装饰正面""如牌楼之类"就可以代表，则太着重表面的形式了。

中国屋顶是最代表中国房屋外表的，它是中国房架结构法而所产生的美丽结果。但是如果整个建筑物其他部分完全采取欧洲石造房屋的形式，单单配了中国屋顶，便不能代表中国民族形式了。

通过这些文字，我们不难体会到梁思成、林徽因、陈占祥对中国古建筑的强烈热爱，作为长期专门对中国古建筑进行大量调查、研究和测绘工作的著名建筑专家，他们的评论显然具有相当的权威性。不过，也应该承认，所谓民族形式，是一个涉及美学、心理学的相当复杂的审美问题，难以用文字来表述，更难于用一种风格或一种形式来有效规范。而《梁林陈评论》所强调的，要从"前后、内外、上下、左右、侧影和立面"及"骨干、轮廓、门窗细部和附属的耳、厢、廊、庑、院落或围墙"等方方面面，体现原汁原味的中国建筑风格，在当时建设规模庞大而经济条件受限的条件下，是否过于理想化了？这一点，或许是此后几年在增产节约运动的时代背景下，批判"大屋顶"等争论的根源所在。

对此，由于学识所限，笔者不能做更为深入的讨论，但也感觉到，这个问题应该属于建筑设计领域而并非城市规划领域的核心命题。

四　真正分歧所在

讨论至此，《梁林陈评论》对《巴兰建议》最重要、最核心的意见，即梁思成、林徽因和陈占祥与苏联专家巴兰尼克夫争论的焦点，究竟何在？其实主要在于首都行政区规划问题上。

在《梁林陈评论》中，梁思成等对《巴兰建议》最核心的意见主要集中在其后一部分，但在前一部分中，对此也有所涉及：

巴先生的“城市区域的分配”一节显然是主张将各种功用不用[同]的建设各自建立区域范围，如工业区、住宅区、学校区、休养区等，这是我们所极赞同的原则，且已做如此主张的。不过巴先生没有提到政府行政区，也没有提到全国性的工商企业及金融的业务办公机构的大区域，也没有分出旧城区的使用。

对于巴兰尼克夫所建议的在天安门广场一带建设行政机关房屋，梁思成等的评价是“他所建议的地址是那样的侵入核心”。

《梁林陈评论》在后一部分的第三项要点“城市区域的分配没有计划行政区”中，明确阐述了有关意见（详见附录C）。在该部分内容中，最重要的文字莫过于这段话：

行政工作性质特殊重要，政府机关必须比较集中，处在一个自己的区域里的。巴先生却没有这样分配。他没有为这个庞大的工作机构开辟一处合适的地区，而使它勉强、委曲地加入旧市区中，我们感到非常惶恐。

就这一问题而言，其指导思想与“梁陈方案”的核心观点——“建议展拓城外西面郊区公主坟以东、月坛以西的适中地点，有计划的为政府行政工作开辟政府行政机关所必需足用的地址，定为首都的行政中心区域”[①]，是完全一致的。

综上所述，《梁林陈评论》对《巴兰建议》中有关郊区人口计算问题、工业人口规模及工业用地计算问题、住宅区远近问题以及建筑的民族形式问题等提出了一些质问，但具体分析，大部分意见较多针对技术性的细节问题，并非城市规划工作中一些十分重大的原则性问题。而其

① 梁思成、陈占祥：《关于中央人民政府行政中心区位置的建议》（1950年2月），第1页。

中的某些意见之所以产生，与苏联专家在北京工作时间过于有限，梁思成等未及与之进行深入交流和沟通有着重要的关联，因而存在一些误会等，正如《梁林陈评论》在阐述“民族形式的建筑”问题时所指出的：

> 这一切都是我们二十余年来所曾考虑、研究过的，可惜还没有时间同巴先生详细谈到。等巴先生在我国再多观察一些建筑物后，我们相信巴先生必会同意我们的见解的。

对《梁林陈评论》的解读表明，梁思成等对苏联专家有关北京城市规划所提建议的意见，主要集中在中央行政区的规划及其位置的选择上，其学术主张及规划思想与“梁陈方案”是一脉相承的。在这个意义上，与其说《梁林陈评论》是梁思成、林徽因和陈占祥在对《巴兰建议》进行评论，倒不如说是梁思成等再次就“梁陈方案”阐明自己的立场和态度。

在查阅到《梁林陈评论》之初，笔者怀着热切的期望，急盼看到梁思成等对苏联专家建议的一些重大意见，可是，通篇阅读下来，反复琢磨后发现，《梁林陈评论》对《巴兰建议》的意见，大部分内容似乎并不是特别重大的，也并非实质性的。不论如何，《梁林陈评论》这一珍贵史料的发现，足以使我们对“梁陈方案”获得一种更加贴近历史事实的全新理解。

第三章 1949年5月8日北平市都市计划座谈会：梁思成“新北京计划”构想的早期呈现

透过《梁林陈评论》一文，我们对梁思成等与苏联专家巴兰尼克夫的争论有了更清晰的认识，双方的分歧主要集中在中央行政区规划问题上：巴兰尼克夫建议把天安门地区规划为首都中心区，并在长安街一带建设中央行政办公房屋；而梁思成等的明确主张则是在北京西郊地区规划建设一个专门的中央行政区。一旦获得这样一个重要结论，1949年5月8日的一次都市计划座谈会就显得特别重要了。这是因为梁思成关于在北京西郊规划建设中央行政区的主张，即“新北京计划”的构想，早在1949年5月8日这次座谈会上就已形成，并且被相当系统地明确阐述了。

一 首都规划问题的出现

首都，“一个国家最高政权机关所在地。通常是这个国家的政治、经济和文化的中心”，“首都所在地一般由宪法规定”。[①]作为一个国家的首善之区，首都的选址以及如何规划建设等，是国家政权建立过程中需要考虑的重大事项。

1945年抗战胜利后，随着解放战争的逐步推进，中国共产党及其

① 辞海编辑委员会：《辞海》（1999年版缩印本），上海辞书出版社，2000，第5773页。

领导者开始就建都问题展开思索，早期的设想是以最早获得解放且最靠近苏联的哈尔滨为新中国的首都。[①]1948年下半年以后，随着辽沈、淮海和平津三大战役的爆发，解放战争的格局有了全新变化，中共领导人开始考虑在华北或华中等地区建都的方案，北平作为1919年五四运动的发源地，曾掀开中国新民主主义革命的新篇章，在建都方面显现出独特的优势。毛泽东也讲过："蒋介石的国都在南京，他的基础是江浙资本家。我们要把国都建在北平，我们也要在北平找到我们的基础，这就是工人阶级和广大的劳动群众。"[②]1949年1月31日，北平和平解放，为建都提供了现实条件。3月5日，毛泽东在中共七届二中全会上宣布："我们希望四月或五月占领南京，然后在北平召集政治协商会议，成立联合政府，并定都北平。"[③]3月底，中共中央驻地从河北西柏坡迁至北平。

北平和平解放后，中国人民解放军于1949年2月4日接管国民党北平市政府，北平市工务局则由军代表赵鹏飞接管。4月1日，北平市人民政府对工务局进行改组，成立北平市建设局，这就是首都规划建设活动最早的主管部门，曹言行[④]（见图3–1）和赵鹏

---

① 王纯：《新中国定都北京始末》，《湖北档案》2000年第4期。

② 尚鸣：《定都北京的前前后后》，《党史文苑》2005年第11期。

③ 毛泽东：《在中国共产党第七届中央委员会第二次全体会议上的报告》，载《毛泽东选集》第4卷，人民出版社，1991，第1436页。

④ 曹言行（1909～1984），山东招远人。早年在清华大学土木工程系学习，此期间于1933年在学校参加革命并加入中国共产主义青年团。1935年加入中国共产党，曾任职于中共北平市委和北方局党内交通科。1937年毕业。抗日战争开始后，在党中央社会部工作，后任八路军驻第二战区办事处副处长、八路军延安总司令部高参室高级参议，晋绥边区第七分区专署专员、地委委员，绥蒙区党委国军部副部长等。1949年4月，任北平市建设局局长。1949年12月，任北京市卫生工程局局长，后为北京市人民政府党组成员，市政建设分党组书记。1953年10月，调国家计划委员会工作，后任国家计划委员会委员、党组成员、城市建设计划设计局局长。1954年11月，任国家建设委员会委员、党组成员、基本建设计划局局长。1961年，任中国驻越南经济代表。此后曾任中国科学院专门委员、中国土木工程学会副理事长，对外经济联络部党组成员、办公厅主任等。1978年后，当选为第五届全国政协委员，全国政协城建组副组长。曹言行同志治丧办公室：《曹言行同志生平》，1984。

图3-1　曹言行与苏联专家巴拉金等的留影［1956年5月31日；左起：蓝田（时任国家建设委员会城市建设局副局长）、巴拉金夫人、巴拉金（苏联城市规划专家）、郭彤（王文克夫人）、舒尔申（苏联公共事业专家）、王文克（时任城市建设部城市规划局副局长）、高峰（时任城市建设部城市规划局副局长）、曹言行（时任国家建设委员会委员、城市建设局局长）］

注：本照片为欢送苏联专家巴拉金回国时所摄，地点在巴拉金住处。

资料来源：王大矞（王文克女儿）提供。

飞[①]分别任局长和副局长。[②]

---

① 赵鹏飞（1920～2005），满族，河北易县人。1938年5月，在八路军工作团参加革命。1939年3月加入中国共产党，历任易县大良岗区区长，定兴县县长，龙华县县长，冀察行署实业科科长，察哈尔省政府实业厅副厅长，冀热察行署农林厅厅长、实业厅厅长。1950年4月，赵鹏飞任北京市公营企业公司经理。1953年3月，任北京市财经委员会副主任。1954年9月，任彭真同志办公室主任，兼任全国人大常委会办公厅副主任。1958年10月，任北京市城市建设委员会主任。1960年6月，任北京市人民委员会副市长。1963年1月，任国家房产管理局局长，后兼任国务院副秘书长、第一副秘书长。1973年3月恢复工作，任北京市“革委会”工交城建组副组长、市建设委员会主任。1976年以后，任北京市委常委、北京市革命委员会副主任。1978年5月，任北京市委书记、市政协主席、北京市第一副市长。1979年，任北京市七届人大常委会副主任。1983年3月起，任北京市第八、九届人大常委会主任。1996年12月离休。第七届全国人大代表，中共十三大代表。

② 规划篇史料征集编辑办公室编《北京城市建设规划篇》第一卷《规划建设大事记（1949—1995）》上册，第3～4页。

除了北平市建设局之外，与首都规划建设活动密切相关的还有另一个重要部门——中直修建办事处。中共中央驻地迁到北平之初，“党中央多数机关临时安置在西山一带的旧庙和公园里，房屋简陋，办公和生活用房远远不能适应开展工作的需要”，为此，中共中央办公厅于1949年4月决定筹建中共中央直属机关修建办事处，简称“中直修建办事处”。中直修建办事处的工作由中央供给部副部长范离负责，主要任务是“为中共中央直属机关修缮新接管的旧房屋，购置办公家具、交通工具及各种设施，同时为中央机关筹建新的办公楼”。①

中直修建办事处于1949年5月在北平西郊万寿路办公，7月1日正式宣告成立。1952年3月，为适应国家经济建设发展的需要，政务院决定在财政经济委员会（简称“中财委”）下设立中央总建筑处。这就是1952年8月成立的中央人民政府建筑工程部的前身。②至此，中直修建办事处的建制被撤销。③

在北平市建设局和中直修建办事处建立之初，首都规划问题便是它们的一项重点工作，其着眼点主要是北平西郊地区。“当时北平的都市规划曾有建都北平、中央党政军中心安排在靠近旧城西郊的设想，公主坟以西为新市区”；为了建设新市区，中直修建办事处特别成立了新市区工程处，由清华大学王明之教授任处长，彭则放任副处长；“开始时新市区工程处受北平市建设局和中直修办处双重领导。建设局曹言行局长每星期二、四、六来处办公，当时从社会上公开招收工程技术人员均

① 中直修建办事处：《为中直机关修建三年——中共中央直属机关修建办事处回忆录（1949—1952年）》，1990，第1页。

② 1952年3月31日，中财委副主任李富春给中央军委原总后勤部的函件称，“中央已决定以营房管理部为基础建立中央建筑（工程）部，在中央人民政府未通知前，暂以中央总建筑处的名义进行工作”。中央总建筑处于1952年4月8日开始正式办公。同年8月7日，中央人民政府委员会第十七次会议决定成立中央人民政府建筑工程部。《住房和城乡建设部历史沿革及大事记》编委会：《住房和城乡建设部历史沿革及大事记》，中国城市出版社，2012，第3～4页。

③ 在为期3年的工作时间内，中直修建办事处的施工队伍一度发展到万余人，其中工程技术人员300余人，施工单位包括19个工区和4个修缮施工所，承担新建房屋的工程设计和施工任务31.5万平方米，完成中央机关修缮房屋近7万平方米。中直修建办事处：《为中直机关修建三年——中共中央直属机关修建办事处回忆录（1949—1952年）》，第1～2页。

由曹局长审定”。[1]

中直修建办事处承担了大量的设计任务，其中第一项建设计任务就是“新六所”工程。所谓“新六所”，就是在万寿路附近修建6栋小楼，中央五大常委每家住一栋，工作人员住另外一栋服务楼。由于设计任务艰巨，中直修建办事处聘请清华大学梁思成教授为顾问，指导设计工作。

在开展工作初期，清华大学“成立了一支设计小组，作为试点，因陋就简借用了清华大学工字厅的一角，右半部为绘图室，左半部为宿舍，在梁思成和王明之两位教授的指导下，开始了设计工作，初步形成了[中直修建办事处]设计室的雏形”，“1950年初，为了满足开工需要，这支设计小分队从清华搬到西郊万寿路。在范离、彭则放等同志的直接领导下，加快了设计的步伐”。[2]

二 1949年5月8日召开的一次都市计划座谈会

在北平市建设局筹建的过程中，1949年3月，由于人民日报社要求在东单广场的空地盖房等事项，曹言行邀请一些专家学者座谈并征求意见，到会者有华南圭、梁思成、林徽因和钟森等专家，以及北平市建设局（筹建中）的一些高级技术人员和行政干部。会议经研究后一致认为，东单广场不能随便占用而应当辟为公园绿地，“当时迫切的问题是中央政府即将成立，需要大批用房，现有空地不能随便乱用，这便需要研究，需要规划”；这次会议上，“曹言行局长提出即将成立的联合政府（即中央人民政府）所在地问题，梁思成就提出应在西郊与中共中央在一起”。[3]

北平市建设局正式成立后，于1949年5月8日组织召开了一次更为正式的都市计划座谈会。为了这次座谈会的顺利召开，北平市建设局事

① 中直修建办事处：《为中直机关修建三年——中共中央直属机关修建办事处回忆录（1949—1952年）》，第3页。

② 中直修建办事处：《为中直机关修建三年——中共中央直属机关修建办事处回忆录（1949—1952年）》，第5、46～47页。

③ 张汝良：《市建设局时期的都委会》，北京市城市规划管理局、北京市城市规划设计研究院党史征集办公室编《规划春秋（规划局规划院老同志回忆录）（1949—1992）》，内部发行，第134页。

先准备了4个方面的议题，包括："（一）如何把北平变成生产城问题；（二）西郊新市区建设问题；（三）城门交通问题；（四）城区分区制问题"。[①]这使得会议具有明确的主题，有关讨论内容比较集中，互动交流比较深入。目前，北京市档案馆保存有这次会议的4个议题，以及发言情况的完整记录（详见附录D），这为我们深入考察首都规划早期的有关情况提供了依据。

该份档案表明，这次会议的会期为一天，分上午和下午两个时段，主要参会者共35人。会议记录首页所载信息向我们展示了参加这次会议的专家学者及有关领导，阵容超豪华。

建设局都市计划座谈会记录

时间：卅八年五月八日（星期日），上午九时至十二时半，下午二时至三时半。

地点：北海公园画舫斋。

出席人员[②]：滑田友（艺专雕刻教授）、林是镇（市政工程专家）、周令钊（艺术家）、冯法禩（艺专教授）、华南圭（市政工程专家）、王明之（清华土木教授）、刘致平（清华建系教授）、朱兆雪（北大建系主任）、钟森（北大建系教授）、梁思成（清华建系教授）、程应铨（清华都市计划助教）、胡允敬（同右[③]）、汪国瑜（同右）、朱畅中（同右）、高公润（北大建系教授）、曹言行（建设局局长）、赵鹏飞（建设局副局长）。

林治远、杨曾艺、李颂琛、仇方城、袁德熙、徐连城（以上技正）。

李澂、祝垚、梁柱材、沈其、张汝良、谭永年、傅沛兴、潘光典。

下午出席者：叶剑英市长、杨尚昆、赖祖烈、马志朴、薛子正。

主席：曹言行。

① 详见北平市建设局《北平市都市计划座谈会记录》（1949年），北京市档案馆藏，档案号：150-001-00003，第8～12页。

② 原文中为"人数"。

③ 原稿为竖排，这里是指与程应铨的身份相同，为"清华都市计划助教"；下同。

记录：傅沛兴、沈其、李溦。[①]

参加这次座谈会的专家学者，主要来自北平艺术专科学校（简称“北平艺专”）、清华大学和北京大学等高校，专业领域涵盖艺术设计、建筑学、市政工程、都市计划等多个方面。现将该次会议记录中所列的前几位专家学者简介如下。

滑田友[②]（见图3-2），雕塑专家，早年在法国巴黎高等美术学校留学，中华人民共和国成立后曾参与天安门广场人民英雄纪念碑浮雕创作。

周令钊[③]（见图3-3），画家，曾主笔开国大典天安门城楼毛泽东油画像，并负责第二至四套人民币票面整体美术设计。

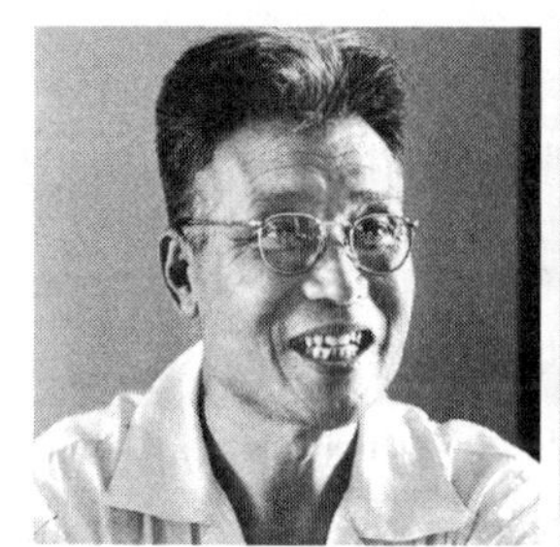

图3-2 滑田友及其创作的人民英雄纪念碑大型浮雕《五四运动》

资料来源：陈伊东著《滑田友与大型浮雕〈五四运动〉》，雅昌艺术网，2015年4月14日，https://news.artron.net/20150414/n731836.html，最终访问日期：2019年1月2日。

---

① 详见北平市建设局《北平市都市计划座谈会记录》（1949年），第13～28页。

② 滑田友（1901～1986），原名滑廷友，江苏淮阴人。1924年在江苏省立第六师范美术系毕业后回家乡任教，之后到上海新华艺术专科学校学习绘画。1930～1932年参加江苏甪直唐塑罗汉修复工作。1933年考入巴黎高等美术学校。1936年创作的真人大小的坐态雕像《沉思》获得巴黎春季艺术沙龙美术展的铜奖，同年应徐悲鸿之邀回国。1948年后在北平艺术专科学校任教。1952年参加天安门广场人民英雄纪念碑浮雕的创作，完成大型浮雕《五四运动》、胸像《毛主席》等。曾任中央美术学院教授、雕塑系主任，全国城市雕塑艺术委员会委员，中国美术家协会理事。

③ 周令钊，1919年生，湖南平江人，中央美术学院教授。1932年考入湖南长沙华中美术专科学校，后在武昌艺术专科学校师范科就读，1935年毕业。1938年在国民党政府军事委员会政治部第三厅工作。参加漫画宣传队、抗敌演剧队从事舞台美术设计工作。1942年参加抗敌演剧第五队。1947年任教于上海育才学校美术组（陶行知聘请）。1948年应徐悲鸿聘请任教北平艺术专科学校，后担任中央美术学院壁画系民族画室主任。1949年加入中国共产党。中华人民共和国成立后，参加中华人民共和国国徽、全国政协会徽、少先队队旗设计；设计共青团团旗；主笔设计中国人民解放军“八一勋章”“独立自由勋章”“解放勋章”等。

图3-3　周令钊及其主笔的天安门城楼毛泽东画像（1949年10月1日）、第二套人民币5元票正面中心铅笔素描稿《各民族人民大团结景》

资料来源：小岳岳：《平江籍百岁艺术家周令钊先生特别出演的微电影《〈青春与祖国同在〉上线》，腾讯新闻网，https://new.qq.com/omn/20190505/ 20190505A0HZMS00，最终访问日期：2019年1月2日。

华南圭[①]（图3-4），铁路专家，曾任京汉铁路总工程师和北平特别市工务局局长，并协助詹天佑创建和主持中华工程师学会，是当时参会人员中年龄最长者（时年72岁）。

就北平市建设局参会的6名技正而言，列于最前的林治远，时任该局计划室主任，是开国大典时天安门广场上国旗旗杆的设计者。[②]

下午参会的领导中，有叶剑英（时任中央军委参谋长[③]，兼北平市人民政府市长）、杨尚昆（时任中央军委秘书长，新中国成立时任中共中央办公厅主任）[④]、薛子正（时任北平市人民政府办公厅主任，新中国

① 华南圭（1877～1961），江苏无锡人。早年在家乡无锡中秀才，后入京师大学堂学习。1904年初被官派赴法国巴黎中央公共工程学院（École CentraledeTravaux Publics）学习土木工程（为该大学首位中国留学生）。1908年获得工程师学位。1910年归国后，1913～1916年在民国北京政府交通部传习所（今北京交通大学前身）任教务主任。1913～1931年协助詹天佑创建和主持中华工程师学会。1920～1922年和1924～1928年任京汉铁路总工程师。1928～1929年任北平特别市工务局局长。1929～1934年任北宁铁路局总工程师兼北宁铁路改进委员会主席。1932年任天津整理海河委员会主任。1933～1937年任天津工商学院院长。日本侵略者占领北平后，于1938～1945年流亡法国。1949年起，先后任北京市都市计划委员会总工程师、顾问。

② 孔庆普曾记述林治远亲口讲述的1949年国旗设计时紧张而曲折的过程："（1949年10月1日）下午3点开国大典宣布开始，奏国歌，升国旗，全场人立正向国旗行注目礼，大家都是怀着兴奋的心情向国旗杆行注目礼，只有林治远的精神是格外的紧张，当国旗缓缓升到顶时，林治远一下子坐在地上，旁边的人赶紧将他扶住坐好，好长时间才站立起来。"详见：孔庆普《城：我与北京的八十年》，东方出版社，2016，第39～41页。

③ 王健英编《中国共产党组织史资料汇编——领导机构沿革和成员名录》，红旗出版社，1983，第576页。

④ 王健英编《中国共产党组织史资料汇编——领导机构沿革和成员名录》，第576、602页。

图3-4　华南圭在云冈石窟前的留影（1932年春，照片中的文字系华南圭手迹）
资料来源：华新民（华南圭孙女）提供。

成立时任北京市人民政府秘书长[①]），他们都是党和北平市相当重要的领导。

三　梁思成“新北京计划”的早期设想

就1949年5月8日座谈会的会议记录而言，梁思成的排名并不靠前，但是，他却带领了清华大学4名助教（程应铨、胡允敬、汪国瑜和朱畅中）一同参会，总人数占15位专家的1/3。不仅如此，梁思成还是这次座谈会上发言次数最多、发言内容最丰富的专家（见图3-5），可称为此次座谈会真正的主角。

① 中共北京市委组织部等：《中国共产党北京市组织史资料（1921—1987）》，人民出版社，1992，第480～481页。

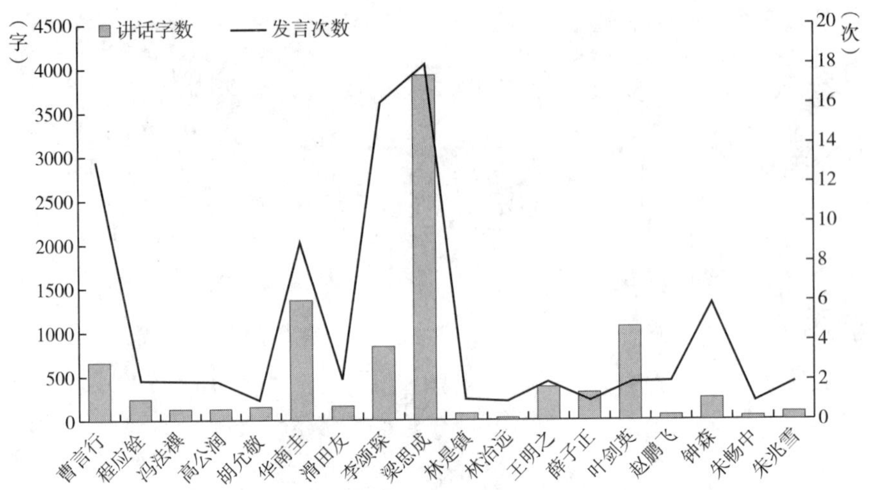

图3-5　1949年5月8日都市计划座谈会发言情况统计

注：左轴表示讲话字数，右轴表示发言次数。当时参会的部分人员未发言。

从城市规划史研究的角度，最值得关注的当为梁思成关于“新北京计划”的早期设想。在会议刚开始的第一次发言中，他曾谈道：

关于新市区问题：清华建筑系曾费多时讨论，我们研讨得一结论：

I. 首先讨论性质。……我以为将来性质应为行政中心，联合政府所在地，或最少是市政府所在地，否则将毫无价值；因若单作商业，将无人去。以行政区为中心，附带住宅区及小商业区。

Ⅱ. ……所以我们有一些建议：

①先确定西郊新市区的用途。

②……

③应定为首都行政区。应先将行政区划出，住宅区围绕行政区（定所有居民为行政公务员）。分区的原则应该分为邻里单位（或叫它一区一保也可以），每一个邻里单位自成一个自给自足的小集团。每一个邻里单位应该以一个小学校，一个幼稚园，数个托儿所为中心，使儿童可以自己上学回家不经过主要街道，邻里单位之内，并应有邮局及供给本单位的菜市场和日用品商店。在本区内应有几处集中的商业区，可以供给几个邻里单位之用。本区居民若需要特别购买时，可往商业区购买。普通日常生活所需可在自己的邻里单位内购买。

④本区除维持本区内水电交通所需的修理工业外，不应有任何其他工厂设立。

⑤每个邻里单位应有充分的小公园，及儿童游戏场，供本单位成人和儿童游憩之用。再用林荫道把这些小公园连接起来，一直通到外围的麓作区或林园地带，成为公园网。

⑥每一邻里单位，应有林荫大道隔离。这种林荫大道，只供区内交通之用，不是作市际交通用。

⑦因此，我们要将整个区四周用麓田或公园包围。在此区内，除了麓家及市立的公园游憩的建筑物外，不得造任何房屋。东北面西面还应建立100公尺宽的树林，以掩蔽西北来的风沙，并隔离平门铁路的音响及煤烟。

⑧我们要建立一个合理的道路系统。第一，凡由北平向西或向西南走的主要公路，如上西山八大处，石景山门头沟的公路或是往来丰台、良乡的公路，均不应穿过本区。但应在南北两面各设一大道，以取得交通上之便利，而避免穿过本市的嘈杂、尘土臭味等。第二，区内的交通网应以行政区为中心，在相当距离建造几条平行的环形道路，以避免由区的一极端到另一极端的车辆穿过市中心。这几条环形马路之间，应该有中心放射出来的次要干路，与环形路连画在环形路与次要干路之间的地区，只设立地方性小道，摒除一切高速度通过性的车流。

此外，在交通适当场所，应设立中学、图书馆等。当视整个计划而定。

总结：①这种以邻里单位为基础的分划，可以使邻里居民熟识，养成合作互助的精神，提高群众的社会性，这是城市生活中一个极重要因素。②这种将住宅区与商业区明显的分划，可以使住宅区安静清洁，取得居住上最高的效果。③这种公园网可以使每一个居民在工作之余，得到正当而健康的娱乐游息。④这种街道网可以使性质不同的车流各有可循环的轨道，可以免除车辆的拥挤、交通窒塞的毛病，可以减少车祸，保障坐车人和行路人的安全。

……

附带说北平分区问题：

①现在北平无商业区。勉强说集中在六处：东单、东四、西单、西四、前门、后门，形式为带形，沿大道发展。缺点是既为商业区，又是干道，优点在于能供应胡同出来的居民。

②现在市政府与中海的一部[分]为行政区。

③外城南部天坛之东及东北，先农坛之西及西北，为轻工业区，并用邻里单位为原则，建立工人住宅区。

④北平以东至通州一带，为工业区（北平不具备重工业条件），并应疏浚自二闸至天津间之运河。

分析北平的交通，现在都在两个环上流，一个是东西长安街东单东四，另一环是东西长安街、府右街、南北池子等。

再说城门交通问题：

①城门左右各开一洞，瓮城左右各开一门，原有门洞不用，左右洞各为单行道。

②城门附近要拆除少数房屋，加宽马路，在距城门相当距离以外，路中用草地隔离，以分来回。

③铁路最好降至地面下，或降下一米，把公路自远处提高坡度。（因为北平地下水面高，可能不适于地下铁）

附带更主张顺城街应开为马路，城墙改为公园。此外感到北平绿地公园虽不少，但太不平均，此后空地当多设公园，每邻里单位当设公园。此后如遇大旧房等拆除，宜建绿地，对市民健康生活影响极大，并影响生产工作效率。①

仅就上述文字（本次座谈会上梁思成还有多次发言，详见附录D）而言，梁思成关于“新北京计划”的规划设想已经相当全面，其中，特别值得关注的有以下几点。

首先，梁思成发言中提及“关于新市区问题：清华建筑系曾费多时讨论，我们研讨得一结论”，这表明他对“新北京计划”关注和研究，早在1949年5月8日之前即已进行，并且“清华建筑系曾费多时讨论”，

① 详见北平市建设局《北平市都市计划座谈会记录》（1949年），第13～28页。

他的发言也是“研讨得一结论”的阐释，有关的一些规划设想是一种相当明确的结论性意见。

其次，梁思成关于“新北京计划”的设想，其对象主要为限于西郊的新市区。对于整个北平市的规划，梁思成在发言中只是“附带说北平分区问题”，尚未成为其规划工作的重点。这里所谓“北平分区问题”，实际上也就是城市功能的分区问题，梁思成所谈的一些分区意见，主要就北平城区而论，至于城区外，除了西郊新市区，他只谈及“北平以东至通州一带，为工业区”。

最后，对于西郊新市区规划，梁思成认为应当“首先讨论性质”，“先确定西郊新市区的用途”，并明确主张“将来性质应为行政中心，联合政府所在地”，“应定为首都行政区”，详细规划时“应先将行政区划出，住宅区围绕行政区”。在“附带说北平分区问题”时，梁思成又明确建议“现在市政府与中海的一部[分]为行政区”。在北平解放初期，北平市政府的驻地即在中南海，梁思成在这里的建议，是将中南海地区也规划为行政区。就行政区的层次或级别而言，梁思成对西郊新市区的态度是比较明确的：“应为行政中心，联合政府所在地，或最少是市政府所在地”。这里所谈及的“行政中心”显然是中央级的；但对于中南海的行政区，梁思成却并没有明确提出应是何种级别，相对较为笼统。

值得特别注意的是，这项内容要点，即将北平西郊规划为首都行政区，正是日后梁思成与陈占祥联名提出《梁陈建议》的最核心思想，也是“梁陈方案”与苏联专家巴兰尼克夫建议的最核心分歧所在。

换言之，梁思成关于首都行政区规划最基本的思想观念，以及“梁陈方案”最核心的主旨要义，早在1949年5月8日前即已形成。而1949年5月8日这样一个时间节点，既在1949年9月16日首批苏联市政专家团到达北平之前，也在1949年10月底陈占祥首次来到北平并见到梁思成和林徽因之前。

不仅如此，在1949年5月8日这次座谈会上，梁思成关于西郊首都行政区建设的规划设想已经相当深入，对于新市区的性质、区域划分、用地组织模式（以邻里单位为基础）、道路交通系统、环境改善措施

（铁路迁移、防护林建设）和公园游憩系统建设等，均有相当系统的阐述。

另外，就道路交通系统以及与之相关的城墙存废问题而言，梁思成在这次座谈会上的发言也并不是绝对的和僵化的，譬如，主张“城门左右各开一洞，瓮城左右各开一门，原有门洞不用，左右洞各为单行道”“城门附近要拆除少数房屋，加宽马路”等，体现出较为灵活处理问题的思想。该份档案还表明，这次会议上关于城墙存废问题的讨论，主要是由北平的城门交通问题（见图3–6、图3–7）所引发的，在梁思成的发言中也有诸多针对性的讨论。1949年北平解放初期，北平市人口主要聚居在老城以内，居民进出城要越过城墙、护城河及其外围的铁路环线三重障碍，交通问题十分突出。就在1949年5月8日座谈会的同一天，梁思成还在《人民日报》上发表了《北平市的行车与行人》[①]一文，表明他对古都北平的交通问题早已有相当深入的研究与思考。

图3-6　彰义门（广安门）箭楼（左）及右安门（右）的交通情况（1923年前后）

资料来源：〔瑞典〕喜龙仁著《北京的城墙和城门》，林稚晖译，文后照片。

① 梁思成：《北平市的行车与行人》，《人民日报》1949年5月8日，第2版。

图3-7　哈德门（崇文门）门楼以及在瓮城中等待火车经过的人们（1923年前后）

资料来源：〔瑞典〕喜龙仁著《北京的城墙和城门》，林稚晖译，文后照片。

从这个意义上说，1949年5月8日的都市计划座谈会，堪称梁思成关于北京西郊首都行政区规划设想的最早陈述，是“梁陈方案”思想的原点。

当然，1949年5月8日座谈会的记录，还透露出其他一些值得关注的信息。

一方面，梁思成关于在北京西郊建设首都行政区的规划设想，其着眼点主要是新市区的发展前途：“联合政府所在地，或最少是市政府所在地，否则将毫无价值；因若单作商业，将无人去。以行政区为中心，附带住宅区及小商业区”。这一思路，实际上就是中国近现代历史上几度广为流行的以行政机构搬迁（或建设）来带动新区发展的一种城市开发模式。换言之，当时的规划动机，并不是解决首都行政机关办公这一日后才愈加凸显的难题。仔细品读梁思成的会议发言记录也可以发现，对北京老城历史文化遗产的保护，当时尚未成为他明确的规划意图。

另一方面，梁思成的规划设想有一个重要的现实背景，那就是自1949年3月底起，中共中央机关在北平西郊驻扎，以“新六所”工程为标志的中央领导机关房屋设计建设传递出明确的信号。

在此背景下，对于梁思成所提议的在北平西郊规划建设首都行政区的设想，与会的北平市及其建设局领导者，如曹言行、叶剑英和薛子正等也在发言中表达了相当明确的认可态度：

5. 曹［言行］：……梁先生提出新市区的用途，现在我可以报告一下，将来新市区预备中共中央在那里，市行政区还是放在城内。

73. 叶［剑英］：……今天集中讨论一下西郊建设问题，免得老在北平城里挤。

74. 薛［子正］：……各位把新北平计划一下，以日本人的计划为示范，建设东郊西郊新北平……近一两年来西郊新北平荒废，希望提前一步建设起来……[①]

四　北平市都市计划委员会的成立及初期工作

1949年5月8日的都市计划座谈会，不仅对梁思成本人而言别具意义，而且对于北京城市规划史而言也具有相当重要的标志性意义，这是因为正是在这次会议上，与会专家学者提出了建立首都规划机构——都市计划委员会（都委会）的问题。

（一）关于成立北平市都委会的提议及讨论情况

在1949年5月8日的会议记录中，与都委会有关的内容如下。

13. 钟［森］：刚才各位提了许多宝贵的意见，都很珍贵，我提意见，是否可以成立一个都市计划委员会，作为一个永久机构。

14. 曹[②]［言行］：此意见极切需要，所以下午专题讨论……

［以下为下午发言］

60. 钟［森］：……我们可以决定先成立一个委员会。

---

① 参见北平市建设局《北平市都市计划座谈会记录》（1949年），第13～28页。

② 原稿为“唐”，由于参会人员名单中并无姓唐的，推测应为“曹”，属笔误。

61. 曹[言行]：我认为现在计划是无法定的，请大家考虑一下是否需要这个委员会，它的任务是什么呢?

62. 梁[思成]：我想这是需要的。

63. 清华助教[1]：我以为先成立委员会还不够，必须成立调查研究机关，配合[工作]。

64. 梁[思成]：前几天曹局长告诉我建设局有研究室、企划室，我想委员会只作原则性决定，书面和工作可由企划室工作。

65. 李[颂琛]：关于这个委员会的任务，各位是否还有别的意见呢？刚才梁先生说它是一个决策机构。

66. 华[南圭]：我同意它是决策机构。

67. 曹[言行]：大家都赞成成立这个委员会，它可以是一个顾问机构，企划室是一个执行机构，我们可以把这个意见提供市府来批准。

68. 程[应铨]：上海有都市计划委员会，和各局平行，里面请几个委员负责起草设计，他们都是都市计划和市政专家，起草由它［他］们座谈会设计，然后再请科学、艺术、工程、卫生各方面专家和中小学教员等作顾问，来评定这个计划。作的时候市府有个设计课（工务局）来担当作图、收集资料等，设计时先决定区域计划，然后作各卫星市计划及细分街路等计划。总之，作设计起草的必须是都市计划专家，只能作顾问，不能决策。

此外还有一个重要点，就是严格执行，如执行不严格，计划等于白费。

69. 李[颂琛]：我归纳一下程先生的意见。第一个要点是要有一个起草和决策机构。第二个要点是展开大众讨论。第三个要点是严格执行。

70. 钟[森]：我认为起草应由企划室作，然后由委员会来决策。

71. 曹[言行]：这个委员会是要包括各方面专家的，初步组织由建设局负责，发展后可由市长负责，平行于建设局，再发展下去，如国都定后，可能直接由联合政府负责，平行于市。

73. 叶[剑英]：……我代表市政府和建设局向各位致谢，希望各位先生多介绍一些专家来参加指导。

---

① 具体人名不详。

74. 薛[子正]：……早日成立都市建设委员会。

75. 曹[言行]：今天蒙各位指教很多意见，叶市长也谈过，需要肯定一下这个委员会，我提议[①]：①名字叫作北平都市计划委员会；②先成立筹备委员会。

76. 李[颂琛]：我提议八个人作筹备委员：钟森先生、梁思成先生、冯法禩先生、林是镇先生，和建设局的曹[言行]局长、赵[鹏飞副]局长、杨[曾艺]技正和我个人。

77. 赵[鹏飞]：我再提议华老[南圭]先生，一共九个筹备委员。

78. 王[明之]：我提议一方面筹备，一方面起草。

83. 叶[剑英]：委员会成立起来以后，更要劳动[烦]各位了。[②]

此份档案表明，发出成立都委会倡议的，是时任北京大学建筑工程系教授的钟森。钟森（1901～1983），北京大兴人，满族，1924年毕业于（上海）同济医工大学土木工程系，1931年起在北平市工务局任登记技师，后在北平市龙虎公司、同成工程公司等工作，1937年成为中国工程师学会会员，1938年起兼任北京大学工学院教授，1946年起自营北平市龙虎建筑师事务所。中华人民共和国成立后，任北京市建筑工程局副局长等。[③]

钟森关于成立都委会的提议，自然并非凭空而来，早在1947年5月29日，北平市就曾成立过一个都市计划委员会，当时钟森以“中国市政工程学会代表”的身份当选为该委员会委员。[④]由此，1949年5月呼吁成立的北平市都委会，更严格地讲，是对旧有规划机构的一种恢复和重组，体现出近代城市规划传统在现代规划活动中得以延续。而程应铨的发言则表明，上海市都委会的组织情况可为北平市都委会的成立提供了有益的借鉴。

---

① 原稿为“意”。

② 详见北平市建设局《北平市都市计划座谈会记录》（1949年），第13～28页。

③ 赖德霖主编，王浩娱等编《近代哲匠录——中国近代重要建筑师、建筑事务所名录》，中国水利水电出版社、知识产权出版社，2006，第210页。

④ 北平市工务局：《北平市都市计划委员会委员名单》，载北平市工务局编《北平市都市计划设计资料》第一集，1947年印行，第79页。

（二）北平市都委会的筹备与成立

1949年5月15日（星期日）下午，北平市都委会筹备委员会的成立大会，在北海公园画舫斋举行，这次会议仍由曹言行主持，刚从天津市改调北平市任副市长的张友渔出席了此次会议。[①]会议重点讨论了“北平市都市计划委员会组织规程（草案）”及人选问题，档案中记录了梁思成的建议：“南京杨廷宝先生能力很好，我们可否通电约聘？但他不一定能来。”[②]这一提议最终未能执行。

经过紧张的筹备，北平市都委会成立大会于1949年5月22日（星期日）在北海公园画舫斋（见图3-8）正式召开。[③]会议时间为“上午九时至下午六时”。上午首先由张友渔副市长致辞，其后6项议程为：（1）通过规程；（2）指定常务委员；（3）推荐顾问；（4）讨论、起草办事细则；（5）报告当前三个问题[④]；（6）推选都委会各项法规的起草委员。下午共两项议程：（1）“由梁思成先生解释西郊设计草图”；（2）“讨论形成决议”。

图3-8　北海公园画舫斋（赵知敬速写）

资料来源：赵知敬提供。

---

① 会议参加人员还有“筹备委员：梁思成、华南圭、钟森、林是镇、冯法稷（缺席）、曹言行、李颂琛、杨增[曾]艺”，“列席：要树人（军管会）、程荫[应]铨（清华助教）、傅沛兴（企画室）、沈其（企画室）”。北平市都市计划委员会：《北平市都委会筹备会成立大会记录及组织规程》（1949年），北京市档案馆藏，档案号：150-001-00001，第1～10页。

② 北平市都市计划委员会：《北平市都委会筹备会成立大会记录及组织规程》（1949年），第10页。

③ 出席会议的有北平市都市计划委员会委员“张友渔、曹言行、梁思成、林徽因、程应铨、华南圭、林是镇、王明之、钟森”，北平市建设局企划室“李颂琛、杨曾艺、唐肇文、沈其、张汝良、傅沛兴”，以及《人民日报》记者陈超祺和《解放日报》记者郭奕。北平市都市计划委员会：《北平市都委会筹备会成立大会记录及组织规程》（1949年），第1～10页。

④ 这里谈到的“当前三个问题”是“东单操场问题（三块空地利用）”、“[城区其他]空地问题”及“北平水源问题”。

成立大会最终形成如下决议："（1）正式授权梁思成先生及清华建筑系师生起草西郊新市区设计；（2）把梁先生归纳出来之十五项设计目标印出，每人发一份；（3）由[北平市]建设局在暑假前测完西郊新市区[地形图]（约一个月）；（4）由梁先生作各种调查表，请中共中央各首长各家庭妇女等填写；（5）[注意]建筑样式和材料配合的需要（材料应用国产）。"会议记录还记载："委员待遇问题当时未决"，"请程应铨先生暑假期间专来委员会作研究工作，即找两名绘图员协助梁先生画图"。①

成立大会的次日，《人民日报》刊发了北平市都委会成立及梁思成获规划授权的消息："北平市人民政府为建设新的北平市，特设立'北平市都市计划委员会'……经过两周的筹备，已于昨（二十二）日假北海公园画舫斋召开成立大会"，"决定由下周起开始展开工作。由建设局负责实地测量西郊新市区。同时授权清华大学梁思成先生暨建筑系全体师生设计西郊新市区草图"。②

6月16日，北平市建设局向市领导提交《北平市都市计画委员会第一次工作报告》，同月提出都委会组织机构框架报告等。③7月6日，北平市市长叶剑英和副市长张友渔正式批准了北平市都委会的组织规程，并以"市秘字第1227号"下发了通知，该规程第二条明确了都委会的三大职能："本会负责办理：一、北平市都市计画之调查、研究、设计、订定等工作。二、草拟与都市计画有关之规章。三、宣传并指导都市计画之实施。"第四条明确了都委会的领导者："本会设主任委员一人，由市长兼任；副主任委员一人，由建设局局长兼任。"④

1949年10月中华人民共和国正式成立后，北京市都委会启用了新的关防（印信，图3-9）。

---

① 以上所引均出自北平市都市计划委员会《北平市都委会筹备会成立大会记录及组织规程》（1949年），第13～20页。

② 超祺：《建设人民的新北平！——[北]平人民政府邀集专家成立都市计划委员会》，《人民日报》1949年5月23日，第2版。

③ 曹言行、赵鹏飞、牟宜之：《北平市都市计画委员会第一次工作报告》（1949年），北京市档案馆藏，档案号：150-001-00001，第30～31页。

④ 北平市都市计划委员会：《北平市都委会筹备会成立大会记录及组织规程》（1949年），第23～25页。

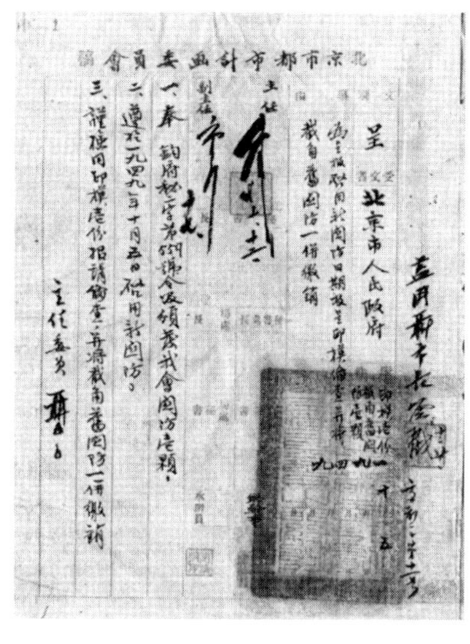

图3-9 北京市都市计划委员会关于启用新印信的请示报告（1949年10月）

资料来源：北京市都委会《北京市都委会启用印信及干部任免》（1949年），北京市档案馆藏，档案号：150-001-00006，第1～2页。

史料表明，1949年10月时，北京市都委会的副主任委员，由北京市建设局局长曹言行兼任，华南圭和林是镇为驻会常务委员，钟森和梁思成为常务委员，林徽因和程应铨等为委员；当月还新增加了一批委员（见图3-10）。

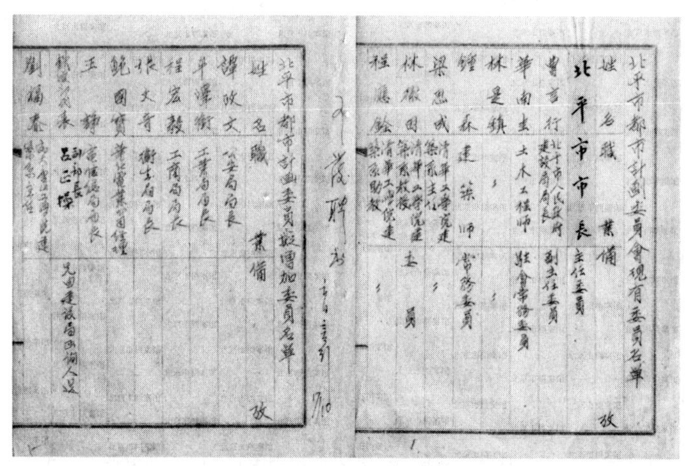

图3-10 北京都委会1949年10月时的委员名单（右，部分）及新增加的委员名单（左，部分）

注：新增加委员名单中最右侧有时任北京市都委会副主任曹言行的批示："可发聘书。曹言行，17/10。"

资料来源：北京市都委会《北京市都委会聘请委员及顾问名单》（1949年），北京市档案馆藏，档案号：150-001-00004，第1、5页。

（三）北平市都委会及梁思成关于西郊新市区规划研究之进展

北平市都委会正式成立后，第一时间启动了西郊新市区规划的相关工作。其中，有史料可考之事大致如下。

1949年6月3日，都委会在北海公园召开会议，研究通过了都委会的会议规则及办事细则草案，指定了驻会常务委员，并讨论了西郊新市区复兴大街高压电线路问题、劳动大学新建房屋问题、暑期清华大学同学入城协助工作问题，以及西郊新市区供水问题等。①

8月20日，《人民日报》报道："北平市建设局为管理和协助本市一切公私建筑事业，已开始办理营造业登记事宜……建设局顷准备成立制管厂。该局刻已派员前往西郊新市区进行筹备整理工作，约在下月中旬即将正式开始制造成品。该厂首期制品为洋灰管，专供本市及西郊新市区下水道之用。"②

9月9日，《人民日报》发表题为《为建设新北平作准备，市区典型调查完成》的消息："北平都市计划委员会，为了准备新北平的设计，由北京大学李颂琛教授、清华大学刘心务和唐山交通大学宗国栋教授，领导清华地学系及交大同学百余人，在暑假期间已完成了关于北平市区典型的调查，并已将大部资料整理完毕，制成详细的图表"，"现北平都市计划委员会之设计及调查两大部门都有专人负责，各校建筑系及地学系都派人参加协助"。③

在这一过程中，梁思成关于"新北京计划"的研究工作也有一些重要进展，成果之一为1949年6月11日在《人民日报》第4版发表《城市

---

① 会议记录记载："本会成立后，先就左列事项着手办理或研究：（1）设计西郊新市区内劳动大学新建房屋；（2）研究西郊新市区邻里单位内配置；（3）研究西郊新市区计划；（4）研究改良炉煤、减少垃圾具体办法；（5）研究旧城区主要干线道路系统；（6）研究建筑分区法规；（7）搜集下水道计画参考资料；（8）研究北平水源问题。"北平市都市计划委员会：《北平市都委会筹备会成立大会记录及组织规程》（1949年），第13～20页。

② 程捷：《加强建筑事业管理，建设局登记营造商，筹建制管厂并在北郊植林》，《人民日报》1949年8月20日，第4版。

③ 新华社：《为建设新北平作准备，市区典型调查完成》，《人民日报》1949年9月19日，第4版。

的体形及其计划》一文。在这篇4000多字的长文中，梁思成从城市四大功能[①]谈起，在对欧美城市问题“前车之鉴”进行剖析的基础上，明确提出了“建立城市体形的十五个目标”，内容涉及住宅、小学、商业、娱乐和游憩等内容，进而建议“应当用四种不同的体形基础——（1）分区；（2）邻里单位；（3）环形辐射道路网；（4）人口面积有限度的自给自足市区”——作为城市规划工作的重要原则。[②]

另外，1949年9月1日，北平市都委会曾召开会议，就梁思成团队完成的一些阶段性规划成果等进行研究和讨论。香港《大公报》1949年9月15日刊发题为《建设人民首都——平西郊新市区在计画中》的消息（图3-11）：

建設人民首都
平西郊新市區在計畫中
平市都市計畫委員會開大會，梁思成等提出報告。

图3-11　香港《大公报》1949年9月15日刊发的关于北平西郊新市区计划进展的消息

资料来源：佚名《建设人民首都——平西郊新市区在计画中》，（香港）《大公报》1949年9月15日，第7版。

[本报北平通讯]北平市都市计画委员会第一次委员大会昨天上午九时半在北海举行。到建设局长兼该会副主任委员曹言行及委员和顾问华南圭、梁思成、费孝通、钟森、王明之、冯法禩、裘祖源、周炜、陈达、李颂琛等三十余人。曹局长首称：本会工作是根据需要与可能，老老实实、实事求是的在做的，感谢各位专家、工程师，以及各校同学的热心参加，目前因限于财力人力，只能作有计画的逐步开展。梁思成教授报告西郊新市区计画称：两个多月来，已完成的计画有：（一）大

① 即居住、工作、游憩和交通。

② 梁思成：《城市的体形及其计划》，《人民日报》1949年6月11日，第4版。

北平道路系统，（二）新市区道路计画，（三）天安门广场，（四）东单广场，（五）西直门道路系统，（六）新市区邻里单位设计，（七）西郊大礼堂，（八）西郊将来行政中枢设计，（九）西郊区行政中心计画，（十）西郊广场，（十一）西郊托儿所，（十二）邻里单位中卫生站设计等十余幅，并把这些草图悬挂在会场上，供大家参考和提出意见（九月二日）。①

这是一则相当重要的史料，它清楚地表明，在首批苏联市政专家团抵达北平（1949年9月16日）之前，梁思成团队关于北平市西郊新市区的规划设想，已经取得一些重要的阶段性成果，在图纸方面也已完成"西郊将来行政中枢设计"和"西郊区行政中心计画"等10余幅，而苏联市政专家的援助活动正是在这样的背景下新介入的。

① 佚名：《建设人民首都——平西郊新市区在计画中》，（香港）《大公报》1949年9月15日，第7版。

第二篇　思想探源

第四章

梁思成“新北京计划”构想的起点：对日伪时期西郊新市区规划的批判与利用

第三章业已指出，对于“新北京计划”的构想，即“梁陈方案”最核心的思想，早在1949年5月8日的都市计划座谈会上，梁思成就已经提出，并做相当系统的阐述。我们不禁要追问的是，梁思成的这一规划构想缘何被提出？其规划思想的渊源何在？这些问题的答案仍然隐藏在5月8日座谈会的记录档案中。让我们再来细读梁思成在这次座谈会上的第一次发言的开头部分：

③关于新市区问题：清华建筑系曾费多时讨论，我们研讨得一结论：

I.首先讨论性质。日本人是为移民而设，至日本投降粗具规模。我以为将来性质应为行政中心，联合政府所在地，或最少是市政府所在地，否则将毫无价值；因若单作商业，将无人去。以行政区为中心，附带住宅区及小商业区。

Ⅱ.原计划的缺点：

A交通：

a.街道系统极不适合现代之用。因为街道不分商业或是住宅区，没有把车流的性质分出来——因一二十年至晚五十年后，人力车将为工厂吸收去，代之者为汽车。

b.交叉路口太多。每一百余米一个路口，是1800年美国式办法[①]。

---

① 这里是指在美国早期的城市中，汽车尚未得到普及，城市中地块的划分主要依据土地买卖活动来进行，因而各个地块的面积较小。

每一百余米一红绿灯，汽车行车不便。

c.路的总面积占44%强。现欧美普遍占33%，仍嫌多。无端将道路面积加大，浪费土地，增加铺路费，上下水电等都浪费，增加居民负担。

d.铁路通过市区，把市区划为两半，有碍市区的完整性，铁路两旁既不适于居住，也不适于商业。

B.土地使用分配不当，无显明的地域分区：

a.按照日本人计划，凡面临马路之处一律为店铺，住宅被包围在内。

b.各种公共建筑物既缺乏，分配又不得当。如公会堂、图书馆等都偏在最北边。

c.空地面积太少。刚才华老先生[①]讲理想9/10，他赞成建筑面积占1/5，但近来建筑面积多选定1/10。应分布在市区里边，不能在市区外，因在市区边缘等于没有。

d.每坊（Block）的面积太小，因而增加一切公用设备分担。应向一九三三年柏林西门子公司的Zeilenban[板式住宅楼]学习，把五六个坊合为一个坊。

e.四面都有铁路环绕，妨碍将来发展。

所以我们有一些建议：

①先确定西郊新市区的用途。

②原有计划差不多全无是处，应该全部详细计划。

③应定为首都行政区。[②]

这些文字清楚地表明，梁思成关于“新北京计划”的构想，其实是以对日伪时期的一个由日本侵略者主导的“原计划”的批判为基础而展开的，两者之间呈现出一种“破旧立新”的批判与利用之关系。

那么，梁思成又为何会对日伪时期的“原计划”进行批判呢？这

① 指华南圭，在1949年5月8日的座谈会上，他是第一个发言的专家，梁思成随其后为第二个发言专家。

② 详见北平市建设局《北平市都市计划座谈会记录》（1949年），第13～28页；以下所引同。

其实是由为5月8日座谈会事先准备的议题——“西郊新市区建设问题”——材料所引发的：

二、西郊新市区建设问题

新市区系指一九三九年间日伪时代建设之西郊新街市，位置在复兴门外，距城约四公里，第一期计划面积为一四·七〇平方公里，约合二二〇〇〇市亩。经日伪征收民地，经营数年，雏形粗具，已成建筑五百八十一幢，土路六七六五〇公尺，沥青混凝土路七一三〇公尺，沥青石渣路五一七〇公尺，水泥灌浆路二五〇公尺，碎石及卵石铺装路一〇六〇〇公尺，净水场三处，敷设水管二万余公尺，下水道污水管敷设一万四千公尺，并有医院、苗圃、公园、运动场等设备。

一九四五年［抗战］胜利后，成立西郊新市区工程处，藉谋发展新市区业务。嗣经旧市政府将新市区内之业务分交各局执掌。土地业务归地政局接办，自来水二厂归自来水管理处（即现在的自来水公司）接办，房产地租归财政局接办，工务建设仍由工务局办理。惟土地因有发还与不发还原业主之争执，房屋因有伪北平行辕及伪华北总部统制分配，故土地及房屋问题，迄未得合理解决。

北平解放后，因事实上之需要，西郊新市区原有房屋，必须加以修理。新建房屋亦正在规划中。惟此种部分的建筑工程，应与全部建设计划配合，故新市区建设方针须从速规定。按北平城区已发展至相当成熟阶段，人口密度最大已至每公顷四六〇人，建筑面积最大已占房基地百分之六十以上。欲维持公共安宁，确保公共福利，将来发展应趋重于建设近郊市或卫星市。故建设西郊新市区实有必要，可利用已有建筑设施，疏散城区人口，新市区结构应包括五种功能：即（一）行政；（二）居住；（三）商业；（四）工业（轻工业或手工业）；（五）游憩，使成为能自主之近郊市。

关于新市区建设问题，计可分为左列[①]八项：1.结构单位；2.房屋建筑密度；3.交通工具——与旧城区之联络（电车、公共汽车、火车问

① 原稿为竖排体。

题）；4.行政中心地点（自复兴大街北展）；5.污水排泄及处理（向东南汇流入护城河）；6.道路系统（完成数个中心后考虑改用放射式道路联系）；7.建筑式样及高度；8.建筑器材之大量生产。

在1949年5月8日的座谈会上，包括梁思成在内的各位专家的发言，都是围绕上述内容而展开的。其实，上述文字主要摘自民国期间的一份文献，即1947年8月由北平市工务局编印的《北平市都市计划设计资料》第一集。在《梁林陈评论》中，梁思成等也提到过这份资料集。[①]文中一些关键数据，如西郊新市区“已成建筑五百八十一幢，土路六七六五〇公尺”“敷设水管二万余公尺”等，实际上是1946年春调查所得的统计数据，并非1949年初的情况。

为了更深入地认识梁思成关于北平西郊新市区建设的规划构想，有必要首先对日伪时期的“原计划”加以解读。这个“原计划”，就是日本侵占北京时期于1938年前后制定的《北京都市计画大纲》。

一　北京“城外建城”之肇始

北京拥有3000多年的建城史和800余年的建都史，但其城市发展长期限于城墙之内。在城墙这一明确边界及实体构筑物之外，进行较大规模的城市建设，或称“城外建城”，是近代城市发展过程中才出现的现象。

20世纪上半叶，随着西方市政建设思想向中国的传播，北京开始近代化改造的步伐。其中，北洋政府时期，由朱启钤领导的一系列市政

① “从民国三十六年的北京市都市计划设计资料第一集中，北京市的人口，在三十五年以来是每年增加的，而且在一九一一年的北京市人口是七二五、一三五人，到一九三一年人口就增到一、四三五、四八八人，恰恰是增加了一倍，所以预测未来的十五年到二十年期间内，北京市的人口要增加一倍，那是极可能的。”梁思成、林徽因、陈占祥：《对于巴兰尼克夫先生所建议的北京市将来发展计划的几个问题》（1950年2月），中央档案馆藏，档案号：Z1-001-000286-000001。

建设工作有着深远影响。朱启钤[①]（见图4-1）曾督办京师警察与市政，开展城市勘测与调查工作，改建正阳门，打通东西长安街，开放南北长街、南北池子，修建环城铁路，改建社稷坛为中央公园等，这些举措对北京的市政建设和近代化发展具有开创性的贡献，因此，他被誉为“把北京从封建都市改建为一个现代化城市的先驱者”[②]。20世纪10年代，朱启钤主持开展过一项颇具影响的新市区规划——“香厂新市区规划”。作为模范市区，香厂新市区的建设旨在为近代化的城市发展打造示范，但香厂新市区位于北京外城的南部，仍在城区之内。

图4-1　时任内务总长的朱启钤在正阳门改造工地巡视（1915年）

注：中间正在举手讲话者为朱启钤。

资料来源：http://blog.sina.com.cn/s/blog_538fed5d0101m5n4.html，最终访问时间：2020年7月1日。

到20世纪20年代，一些专家学者陆续提出关于在北京西郊建设新市区的建议。1928年，时任北平特别市工务局局长的华南圭指出：“行

① 朱启钤（1872～1964），字桂辛、桂莘，号蠖公、蠖园，祖籍贵州开州（开阳），出生于河南信阳。清光绪年间举人，曾任京师大学堂译学馆监督、北京外城警察厅厅长、内城警察总监、蒙古事务督办。辛亥革命后，曾任北洋政府交通部总长、内务部总长、代理国务总理等。1919年任南北议和的北方总代表，谈判破裂后辞职，潜心著述。1930年组织成立中国营造学社并任社长，从事古建筑研究。中华人民共和国成立后，任全国政协委员、中央文史研究馆馆员等，著有《蠖园文存》等。

② 张开济：《从中国营造学社谈起》,《北京晚报》1992年1月18日。

政贵切实，最忌夸大；改良旧市尤重于开辟新市，然而开辟之道，不可不知，旧市改良，往往不易，但各国长于旧市之旁，开辟新区。在草蛮荒地开辟新市，非无其例，大概为工业趋势所造成，为欲分散劳动者于乡野，而免麇集于已稠密之旧市，且仍不失其集合之便利也。"①1928年11月，朱辉撰写的《建设北平建议书》提议在北平西郊进行建设，其功能主要为"工业地带兼仓库地带"②。

尽管20世纪20年代时，一些专家学者已经提出在西郊建设新市区的设想，但他们基本上停留在理论畅想阶段，并未为之做具体的规划设计工作。据目前可考文献，突破城墙的限制，在北平郊外进行较大规模的城市规划并付诸具体建设的，是1937年全面抗战爆发后侵占北平的日本人。

二　日伪时期制定的《北京都市计画大纲》（1938年）

回顾北京西郊新市区规划的历史沿革，不得不谈论到日伪时期的城市规划活动，这是一个非常敏感而又让人备感不快的话题，正如日本学者越泽明所言："以满洲为首的中国殖民都市的计画，的确是统治殖民地与侵略战争带来的产物。对中国人而言，容易钩起对该时代不幸历史的回忆；对日本人而言，同样地容易钩起对过去的侵略所烙成的罪恶意识。"③

作为一个面积狭小的岛国，日本妄图对毗邻的地域辽阔的中国进行侵略，可谓由来已久。14～16世纪劫掠中国沿海地区的倭寇活动姑且不论，仅就1894～1895年的中日甲午战争来说，此期间日本从中国掠夺了大量书籍、文物、白银等物资。日俄战争后的1906年，日本筹划并于次年运营南满洲铁道株式会社（简称"满铁"），此机构在中国东北从事资源调查和经营、掠夺等活动约达40年之久。

---

① 华南圭：《公路及市政工程》，商务印书馆，1939，第176页。

② 该建议书提出建设北平的7条基本标准、最低限度的10条设计大纲和涉及市政方面的38条具体建议。详见赵家鼎选编《建设北平意见书》，《北京档案史料》1989年第3期。

③ 〔日〕越泽明：《作者序文》，《中国东北都市计画史》，黄世孟译，台北：大佳出版社，1986，第Ⅲ页。

1931年九一八事变后，日本侵占了中国东北三省。1937年7月7日，日军在北平发动卢沟桥事变，掀开了全面侵华的序幕。北平沦陷后，日本人将北平改为“北京”。由此，北平的城市规划建设进入一个极其特殊的历史时期。在这一时期，日本侵略者于1938年底制定出的《北京都市计画大纲》，成为其对北平城进行规划建设活动的主要方针。

（一）日本规划专家在北平

1931年九一八事变爆发后，日本派遣一大批土木建筑方面的技术人员进入中国的东北地区，在奉天（沈阳）、哈尔滨、长春、大连和抚顺等满铁附属地之城市，开展了大量的都市计划工作。[①]

图4-2佐藤俊久（左）和山崎桂一（右）

资料来源：〔日〕越泽明《哈尔滨之都市计划（1898～1945）》，东京：总和社，1989，第206、221页。

1937年7月卢沟桥事变爆发后，日本侵略者迅速派遣一批技术官员来到北平，启动都市计划制定工作，佐藤俊久[②]和山崎桂一[③]（图4-2）就是其中最为重要的两个日本专家，此两人均毕业于东京大学土木工程专业，并在哈尔滨

① 参见伪满洲国之《新京（长春）国都建设计画图》（1937年版；〔日〕越泽明《1895～1945年长春城市规划史图集》，欧硕译，吉林出版集团股份有限公司，2019，第120页）；伪满洲国《国都（长春）建设完成预想图》（1937年版；〔日〕越泽明《1895～1945年长春城市规划史图集》，欧硕译，第118页）。

② 佐藤俊久，1905年毕业于东京大学土木工程专业并进入满铁工作，曾任四郑铁路技师长。1933年1月，满铁设置经济调查会，佐藤俊久任第三部主查，负责铁路、公路、港湾和都市计划等项目，此期间他曾参与哈尔滨等都市计划的制订。1934～1938年，佐藤俊久任伪哈尔滨特别市工务处处长兼都市建设局局长，指导都市计划的实施。

③ 山崎桂一，1926年毕业于东京大学土木工程专业，早年在日本北海道区域都市计划委员会任技师，后被派遣到满洲，曾任伪哈尔滨特别市都市建设局都市计划科科长，与佐藤俊久一起参与过哈尔滨都市计划的制订和实施工作。

等城市从事过都市计划的制定工作（图4–3）。[①]

佐藤俊久是都市计划的狂热者，在哈尔滨工作时，他就曾感叹："不管怎样，最近到哈尔滨时完全没有［看到］俄国都市的气氛，这是不可以的。我们应更加注重都市美，使哈尔滨恢复其特色……我喜欢中国，最喜欢中国北京，年老以后，在那里隐退养老，是很舒适的事。"[②]在1937年秋季和冬季，佐藤俊久和山崎桂一先后接受北平伪政府特务机构的聘请，以顾问身份对北平开展都市计划工作。

当时，"北京都市计画"工作主要是由伪华北建设总署所主导。1937年12月，侵华日军在北平成立伪中华民国临时政府，这个傀儡政权的管辖范围包括晋、冀、鲁、豫4个省及北平、天津和青岛3个市，为开展土木建设活动而设立"华北建设总署"（相当于日本政府中央机构的"省"）。1938年3月，日军在南京成立"中华民国维新政府"伪政权。之后，两地伪政权合并，成立以汪兆铭为首的伪国民政府，华北地区成为其下辖地区，[③]设置有半独立的行政机构——伪华北政务委

图4–3　日本人在开展哈尔滨都市计划现场调研工作时的留影（1936年）

资料来源：山崎桂一提供；转引自〔日〕越泽明《哈尔滨之都市计划（1898～1945）》，第197、225页。

① 参见《哈尔滨都邑计画图》（1934年）；〔日〕越泽明：《1895～1945年长春城市规划史图集》，欧硕译，第78页。

② 〔日〕越泽明：《北京的都市计画》，黄世孟译，《台湾大学建筑与城乡研究学报》1987年第1期。

③ 在这段时期内，伪北京市政府先后被称为"北平地方维持会"、"北平市公署"和"北京市公署"。

员会。伪华北政务委员会下设“华北建设总署”，该伪建设总署下设的“都市局”专门负责都市计划工作[①]（图4–4）。北平和天津还设有“建设工程局”负责都市计划的实施工作。

1937年12月26日，日本侵略者制定《北京都市计画大纲暂定案》[②]。1938年4月，日本人将“北京都市计画”工作交由相关伪部门主办的会议讨论，当时的会议曾提出异议，认为“在紧迫的现况下大举执行都市计画实欠妥当”；对此，北平的日本特务机构则向会议作特别说明，并坚持认为此方案为“目前最低限度必要实施的作业”。[③]会上，该方案获得认可。

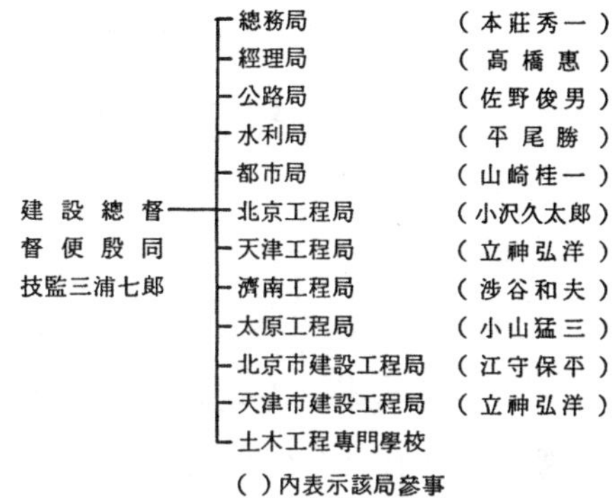

图4–4　伪华北建设总署机构设置（1941年）

资料来源：〔日〕越泽明《北京的都市计画》，黄世孟译，《台湾大学建筑与城乡研究学报》1987年第1期。

这次会议后，山崎桂一随同北平特务机构负责人回到东京，向日本兴亚院[④]首脑部汇报北平都市计划方案，并在东京筹措落实该都市计划所需的资金。当时日本仍处在“都市建设管制”的风潮下，故山崎桂一不得不向有关机构多方游说。[⑤]

---

① 在伪华北建设总署中，“督办”、“局长”及事务性“科长”等职位都由中国人担任，大部分技术官员（包括技术性“科长”的职位）都由日籍职员担任。这种情况，与日本本土的内务省中事务官占绝对优势的局面形成鲜明对比。另据统计，1938年4月时，伪华北建设总署的职员总数为240人，其中日籍职员为65人（来自日本本土、中国东北和朝鲜的人员分别为46人、15人和4人）。1939年3月，职员总数达到528人，其中日籍职员132人。1941年4月，职员总数达到1270人，其中日籍职员为314人。可见日本人在当时的伪机构中所占比重在1/4左右。〔日〕越泽明：《北京的都市计画》，黄世孟译，《台湾大学建筑与城乡研究学报》1987年第1期。

② 贾迪：《1937—1945年北京西郊新市区的殖民建设》，《抗日战争研究》2017年第1期。

③ 〔日〕越泽明：《北京的都市计画》，黄世孟译，《台湾大学建筑与城乡研究学报》1987年第1期。

④ 在侵华战争时期，日本内阁设立的一个专门负责处理侵华事宜的机构。

⑤ 〔日〕越泽明：《北京的都市计画》，黄世孟译，《台湾大学建筑与城乡研究学报》1987年第1期。

此后，“北京都市计画”的制定工作由日本市政专家盐原三郎[①]等人主持，继续完善，1938年11月12日最终形成《北京都市计画大纲》，在相关伪机构的协调会议[②]中该大纲获得审议通过。[③]1939～1941年，日本侵略者又对其中的一些规划内容进行修订，但仍然以1938年11月所形成的规划方案为主体。

日本侵略者制定出的规划方案，包括《北京都市计画大纲》[④]文本以及若干规划图纸。就图纸而言，最为重要者即“极秘密之‘北京都市计划要图’”，“一切建筑道路重要设施，均以该图为基础”。[⑤]不过，所谓《北京都市计画要图》，并非只是一张规划图而已。目前，中国城市规划设计研究院档案室，收藏有一批日伪时期绘制的规划图纸原件，有的还是过程图，其中有多张图纸的名称均为“北京都市计画要图”，[⑥]笔者推测，这些规划图件应当是1954年我国行政大区建制取消后，华北行政委员会一批领导干部和技术人员，于当年8月前后并入建筑工程部时所携带的技术资料。[⑦]

---

① 盐原三郎，1928年毕业于东京大学土木工程专业，曾任东京都市计划地方委员会技师。

② 据日本学者越泽明的研究，该会议可能是由“北中国方面军司令部”主办的。

③ 〔日〕越泽明：《北京的都市计画》，黄世孟译，《台湾大学建筑与城乡研究学报》1987年第1期。贾迪：《1937—1945年北京西郊新市区的殖民建设》，《抗日战争研究》2017年第1期。

④ 目前，北京市档案馆保存有1940年8月版《北京都市计画要图及计划大纲》；参见伪华北建设总署《北京都市计画要图及计划大纲》（1940年），北京市档案馆藏，档案号：J001-004-00080。另外，1947年8月由北平市工务局编印的《北平市都市计划设计资料》第一集中，也收录有一份《北平都市计画大纲旧案之一》，并注明“民国三十年[1941年]伪建设总署编订”；北平市工务局编《北平市都市计划设计资料》第一集，第60～66页。

⑤ 这里引用的是民国时期北平市工务局在《北平市都市计划设计资料》第一集第一部分“总述”中的提法。北平市工务局编《北平市都市计划设计资料》第一集，第2页。

⑥ 参见：伪华北建设总署《北京都市计画要图》（《人口分析图》，约1938年），中国城市规划设计研究院档案室藏建筑工程部档案，档案号：0257；伪华北建设总署《北京都市计画要图》（《都市计画区域范围图》，约1939年），中国城市规划设计研究院档案室藏建筑工程部档案，档案号：0255；伪华北建设总署《北京都市计画要图》（《计画总图》，1939年12月），中国城市规划设计研究院档案室藏建筑工程部档案，档案号：0202；伪华北建设总署《北京都市计画中西郊新街市附近计划图》（1938年），中国城市规划设计研究院档案室藏建筑工程部档案，档案号：0204。

⑦ 在第一次看到这些图纸的时候，笔者颇感疑惑，在中国城市规划设计研究院的档案室中，为何会收藏有日本侵略者制定的规划图纸？经过反复琢磨，笔者逐渐推测出了一些脉络。目前中国城市规划设计研究院收藏的档案中，一批时间较早的档案是20世纪50年代原建筑工程部城市建设局（后来升格为国家城建总局、城市建设部）的技术档案（文书档案已移交中央档案馆）。1954年6月，我国撤销各大区的行政委员会，华北行政区的部分机

（二）《北京都市计画大纲》的主要内容

日伪时期制定的“北京都市计画”，以正阳门（前门）为中心，“东西北三面各约三十公里，南约二十公里”，“东至通州迤东五公里，南至南苑土垒之南界，西南至良乡附近，西至永定河迤西六公里，西北至沙河镇，北至汤山，东北包括孙河镇”。这一范围，实际上超出了当时北平市所辖的行政区域，其中，将东部的通县（今通州区）一并纳入做统筹考虑：“都市计画土地范围，经参酌北京市及其近郊并邻近地理交通等关系”，“本市之都市计画，拟包括通县设计”。当时，北平市有人口约150万人，规划人口预计“二十年后可期达到二百五十万人”。[①]（见图4–5）

在宏观层面上，《北京都市计画大纲》将北平地区的城乡用地划分为两种类型：其一为都市计划区域；其二为可以自由迁居地区。当时规划工作的重点是在都市计划区域内，对城市建设用地的安排则被称为“街市计画”。[②]

就“街市计画”而言，《北京都市计画大纲》确定了5个主要区域，即“内城外城，[③]城墙四周至城外绿地带中间之土地，西郊计画中之新

构和人员并入建筑工程部。在此情况下，包括中共中央原华北局副书记兼华北行政委员会第一副主席刘秀峰、华北行政委员会城市建设处处长王文克，以及王伯森、曹桂兰、白雪亮、宋玉珏、董克增、邓瑞海、刘培森、李步甲等同志，都转调到建筑工程部工作，刘秀峰于1954年9月任建筑工程部部长。日本侵略时期的一些规划资料，包括几张《北京都市计画要图》在内，应当是在这一时期由华北行政委员会城市建设处的同志带到建筑工程部城市建设局的。这些规划资料应该来源于原国民政府华北区没收的伪华北建设总署的档案；解放战争时期，华北行政委员会城市建设处又从原国民政府华北区接受了这些资料。

① 以上引文均出自北平市工务局《北平都市计画大纲旧案之一》，载北平市工务局编《北平市都市计划设计资料》第一集，第60页。参见伪华北建设总署《北京都市计画要图》（《人口分析图》，约1938年），中国城市规划设计研究院档案室藏建筑工程部档案，档案号：0257。

② 参见：伪华北建设总署《北京都市计画要图》（《都市计画区域范围图》，约1939年），中国城市规划设计研究院档案室藏建筑工程部档案，档案号：0255；伪华北建设总署《北京都市计画要图》（《计画总图》，1939年12月），中国城市规划设计研究院档案室藏建筑工程部档案，档案号：0202；伪华北建设总署《北京都市计画一般图》（1939年），〔日〕越泽明《1895—1945年长春城市规划史图集》，欧硕译，第176页。

③ 这里的逗号系笔者所加。

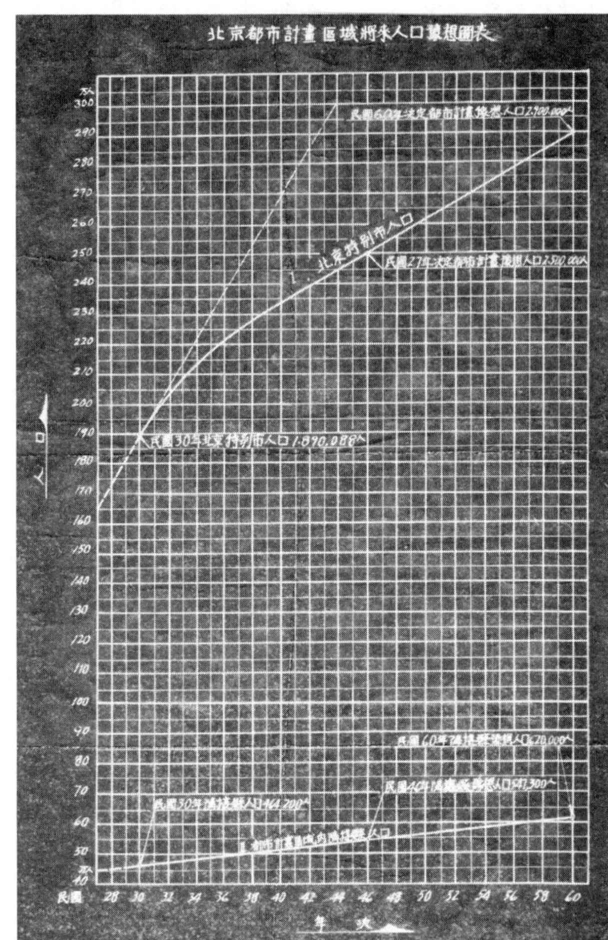

图4-5 《北京都市计画区域将来人口预想图表》（约1938年）

资料来源：伪华北建设总署《北京都市计画区域将来人口预想图表》，中国城市规划设计研究院档案室藏建筑工程部档案，档案号：0259。

街市，东郊计画中之工业地，并通县及其南面新设之工业地”；其中，对第2个区域的规划是：“对于城内向城外之发展，拟于城之四周距城墙一公里至三公里处，设置绿地带”，“在绿地带及城墙之间，计画住宅地，并于一部分配置商业地”。①

在5个区域中，《北京都市计画大纲》的重点并非城区（即北平内外城）规划，而是针对西郊新街市、东郊工业地和通县工业地3处的“街市计画”。

① 北平市工务局：《北平都市计画大纲旧案之一》，载北平市工务局编《北平市都市计划设计资料》第一集，第60页。

西郊新街市“东距城墙约四公里，西至八宝山，南至现在京汉线附近，北至西郊飞机场。全部面积约合六十五平方公里，其中主要计画面积约占三十平方公里，余为周围绿地带”，“拟于西郊树立宏大计画，俾可容纳枢要机关，及与此相适应之住宅商店”，[①]可见其职能具有综合性特征。

与之相比，东郊工业地和通县工业地，则主要承担工业职能。对于东郊工业地，《北京都市计画大纲》的描述是：“在外城广渠门迤东，由一·五公里至三公里之间设置工厂地，并于东面添辟铁路新站线，路旁拟计画一般街市，东为工厂地”，“本街市之南拟于面临计画运河之处，设置码头，预定仓库地，及货物集中屯积地”；对于通县工业地，该大纲中只是简单提及“在通县街市之南计画之”，未做详细描述。[②]

三　北平西郊新街市计划

就日伪时期制定的《北京都市计画大纲》而言，北平城以外的新街市是当时都市计划工作的重点，而其中的西郊新街市计划又是其重中之重。那么，日本侵略者为何如此重视西郊地区的计划安排呢？这就要从当时都市计划工作的特殊背景和目的谈起。

（一）都市计划的侵略意图

《北京都市计画大纲》的开篇，就对都市计划工作的基本方针有如下描述：

北京市为政治军事中心地，更因城内文物建筑林立，郊外名胜古迹甚多，可使成为特殊之观光都市。现在政府机关主体，虽均设于城内，

① 北平市工务局：《北平都市计画大纲旧案之一》，载北平市工务局编《北平市都市计划设计资料》第一集，第61页。

② 北平市工务局：《北平都市计画大纲旧案之一》，载北平市工务局编《北平市都市计划设计资料》第一集，第61页。

将来拟于西郊添辟新街市，以容纳一部政府机关，及将来新设或扩充之军事交通产业建设各机关，暨职员住宅等。同时并为适应市民居住，商店开设，妥定计画，俾城内人口不致有过密之嫌，而免交通卫生保安上之不便。在新旧两街市间须有紧密连络之交通设施，使成一气，以充分发挥其机能。[①]

由这段文字可以看出，北平西郊新街市计划的目的主要是“城内人口不致有过密之嫌，而免交通卫生保安上之不便”。其实，这只是日本侵略者的一种冠冕堂皇的说辞，其实质意图并非如此。

日军侵占中国部分地区之后，在占领区着手开展道路、河流和都市规划等土木工程建设，作为其经营占领区的基本策略之一，“首先由于日本军的占领范围扩大，为恢复占领区内之治安，必需整建复原自来水供应、道路、桥梁、湾港。同时为安置人数逐渐增加的日本人，以及新增设的工厂，故有必要建设新市区”[②]。

作为都市计划工作的核心人物之一，山崎桂一曾认为，当时都市计划工作中重点考虑的有3项要点：（1）应付人口增加问题；（2）都市道路设施不健全成为经济、军事上之障碍；（3）尽量避免日本人与中国人混合居住以减少摩擦。尤其是第3项要点，当时“人数激增的日本人，继续挤进中国人的居住区域，产生复杂之摩擦，状况不好到令人担忧的地步”。[③]

史料表明，在1937年前后，随着日军的侵略步伐向中国南方的推进，作为日军在华的重要据点，北平的日本人数量呈现激增状态：1935年11月，为1300人；1936年12月，为1885人；1937年12月，为2501人；1938年3月，为6189人；1939年10月，达3.3万人；1942年11月，

---

① 北平市工务局：《北平都市计画大纲旧案之一》，载北平市工务局编《北平市都市计划设计资料》第一集，第60页。

② 该文的日文版刊于《第5届日本土木史研究发表论文集》（1985年6月），这里引自其中文版译文；〔日〕越泽明：《北京的都市计画》，黄世孟译，《台湾大学建筑与城乡研究学报》1987年第1期。

③ 以上引自〔日〕越泽明《北京的都市计画》，黄世孟译，《台湾大学建筑与城乡研究学报》1987年第1期。

增长到8.5万人。[①]与此同时，受地方治安状况等因素的影响，北平周边地区的一些中国人也不断涌入北平城，这就促使了北平人口的骤增：1936年，人口为153万；1938年12月，人口达160万；1939年，升至173万。由此"发生严重之居住问题"，"此情势导致日本人必须采取对应措施"。

作为"北京都市计画"工作的另一位核心人物，佐藤俊久曾受日本兴亚院华北联络部的委托，于1940年初在伪华北建筑协会发表演讲，他对拟定"北京都市计画"的基本原则做了如下说明：

1. 北京是华北政治、军事、文化的中心，人口[在]20～30年后预计达250万人。

2. 北京城内保存为文化、观光都市。由于城内再开发需要相当费用，中日住宅式样的差异，对日本人而言，有改建上的困难，且有损其作为观光都市的价值等理由，故采纳于郊区兴建新市区的方案。

3. "所谓中日亲善，即不是中国的日本化，也不是日本的中国化。"为避免日本人与中国人混居，兴建日本人的新市区。

4. 日本人新市区依地形等条件决定设于城西（北京城西郊），对于将来所增加的中国人，计划安置于城墙外围附近地区。至于工业区位，考虑水、风向、通往天津之运河等因素，配置于城东；通州则计画发展为重工业区。

5. 北京周围附近的计画，整个北京城作为观光都市，包括宫城、万寿山、西山、小汤山、长辛店等名胜古镇，更设置观光道路，连结南苑、通州、永定河、白河。

在这次演讲中，佐藤俊久还特别强调了北平城区及西郊新街市的景观风貌和城市设计问题："城内仍然保持中国的意趣，万寿山、玉泉山，及其他名胜地作为公园计画，在此范围内乃至于周围的庭园、树木、庭

① 有关人口数据引自贾迪《1937—1945年北京西郊新市区的殖民建设》，《抗日战争研究》2017年第1期。

石、山川，希望采取中国的式样。将来准备复原被英法联军烧毁的圆明园，希望尽力保持中国文化”，“新市区规划宜采近代东洋趋向，事先做好面向广场特殊建筑等之鸟瞰图，采取整体调和之考虑，为设计式样的方针。”[①]透过上述言论可见，日本侵略者之所以对北平西郊的新街市计划予以高度重视，主要因素就在于尽量避免日本人与中国人混合居住以减少摩擦；次要因素则是“城内再开发需要相当费用……有改建上的困难，且有损其作为观光都市的价值”“应付人口增加问题”“依地形等条件”。

从根本上讲，日本侵略者在1938年前后所制定的北平西郊新街市计划，实质上完全是为日本侵略者服务的，《北京都市计画大纲》是一份“侵略规划”。这是我们对其讨论时应有的一个最基本的认识。

（二）功能组织及城市空间艺术设计

作为一个新开辟的区域，西郊新街市如何与北平老城统一协调？这是当时都市计划工作的一个难点问题。对此，当时的规划者立足北平市区对西郊新城和老城进行了整体性的设计与安排。[②]

就西郊新街市的功能而言，《北京都市计画大纲》中的要点如下：

本街市对于城内之交通，除由西直、阜成、广安[③]三门起各设干线道路外，并于西长安街西面添辟城洞，计画主要道路，俾可益臻圆滑。

在本街市门头沟铁路迤北，以充作军事机关用地为主。南接特别大广场，由此至正南铁路新站，布置公园道路及广场，并于两旁指定商店

① 以上引自〔日〕越泽明《北京的都市计画》，黄世孟译，《台湾大学建筑与城乡研究学报》1987年第1期。

② 参见：伪华北建设总署《北京都市计画中西郊新街市附近计划图》（1938年），中国城市规划设计研究院档案室藏建筑工程部档案，档案号：0204；伪华北建设总署《北京都市计画要图》（《计画总图》，1939年12月），中国城市规划设计研究院档案室藏建筑工程部档案，档案号：0202。

③ 原稿中“西直”和“阜成”后无标点符号，两处顿号系笔者所加。

建筑地，俾于交通便利以外，兼可顾及风景及美观。

居住地以在商店地背后为主，并于新站附近设置普通商店街。

铁路线迤南定为特别商业地，将娱乐风纪有关之营业集中设立。

此外拟将特别大广场南面现有水路加以改修，使两岸成为公园。

又本街市东绿地带拟酌配官署，及其他公共建筑地基，布置公园运动场等，用以增进风景。至八宝山附近为建筑神社、忠灵塔[①]、大运动场预定基地；并将八宝山全部划为公园，至高尔夫球场则拟设于八宝山西。

本街市南面至丰台间拟作为菜园地保存之。

西北部至西山之间及颐和园西山一带，虽均可视为郊外别墅地，但在限定地区以外拟不使之街市化。[②]

越泽明认为，当年的“北京都市计画”既尊重北平原有城市轴线，也引入了近现代都市计划的理论：“第一，东西郊新市区以长安街与北京城连结，更强化了北京城东西向轴线”；“第二，西郊新市区干线道路形态基本上沿袭北京城内之格子状（grid pattern），东西轴线延伸长安街”，“也有南北轴线，大广场与中央车站以兴亚大路联络（路宽100公尺），两侧预定为中枢业务地区，设置政府机构，持用与明清之北京城同样的布局”；“第三，兴亚大路的位置决定以万寿山佛香阁为基准。也就是说，设计兴亚大路笔直向北延伸即连结万寿山。颐和园是清末西太后投入巨额资金建造的离宫，万寿山即位于该范围中央，佛香阁是万寿山中建筑群的中心，适于当轴线的起点”。[③]（见图4–6）

① 原稿中“神社”和“忠灵塔”后无标点符号，两处顿号系笔者所加。

② 原稿中上述内容系一段文字，为便于阅读，笔者作了分段编排。北平市工务局：《北平都市计画大纲旧案之一》，载北平市工务局编《北平市都市计划设计资料》第一集，第61页。

③ 〔日〕越泽明：《北京的都市计画》，黄世孟译，《台湾大学建筑与城乡研究学报》1987年第1期。

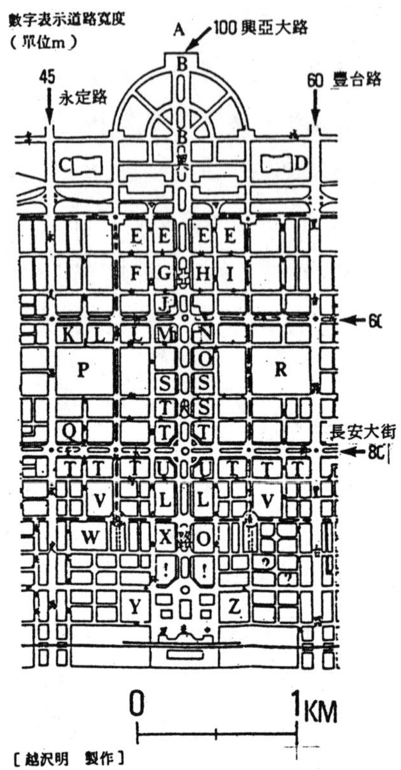

A、軍司令部　B、大廣場（爲軍事閱兵，配置大和壇，紀念門，圓環等）　C、圖書館　D、公共集會堂　E、軍事用地　F、區行政中心　G、日本居留國民團體　H、領事館　I、日本警察局　J、日產公司　K、旅館　L、商業建築　M、大倉公司　N、商工會議所　O、新聞社　P、北中國開發公司　Q、建設總署　R、華北交通公司　S、銀行　T、公司　U、百貨公司　V、小學　W、同仁醫院分院　X、電信局　Y、中央郵局　Z、鐵路旅館　!、建物　?、電影院

以《北京都市計畫概要》（興亞院1941年3月）所載計畫圖爲原圖，依《北京日本商工會議所所報》第10號（1939年10月）所載設計圖內之名稱爲準。建築物名稱可能是予定者或表示土地租用申報者。大廣場的說明引用陸軍省文書《陸支密大日記》［昭和14年72號］

图4-6　北京西郊新街市中心地区规划示意

资料来源：〔日〕越泽明《北京的都市计画》，黄世孟译，《台湾大学建筑与城乡研究学报》1987年第1期。

（三）土地使用的“分区制”和“地区制”

与城市空间组织和建筑艺术设计相匹配的，是当时“北京都市计画”工作所确定的土地使用管制制度，此制度包括“分区制”和“地区制”两个部分。它们不仅适用于西郊新街市，也适用于其他都市计划区域。

当时的“分区制”，与今天城市建设用地分类的概念是相似的：“为街市之保安、卫生、居住安宁、商业便利，及增进工业能率计，应尊重

旧街市之状况，并考查将来都市发展之倾向，在街市计画地域内，就专用居住、商业、混合、工业各用途实施分区制。”[①]以工业区为例，《北京都市计画大纲》中规定：“东郊拟准设立以本市为消费市场之制造工厂及其他特加限定者。在通县指定设立大规模及有妨害或具危险性工厂区域。”[②]

与今天城市建设用地分类有所不同的是，绿地并不属于“分区制”的范畴，而是被归入了“地区制”。《北京都市计画大纲》规定，“地区分为绿地区、风景地区、及美观地区，视土地状况及将来情况适宜配置之”。以绿地区为例，“绿地区系规定都市保安、卫生区域，使农耕地、森林山地、原野、牧场、河岸地等永不街市化而保存之。在城外拟指定城墙周围环状路线两侧，西郊新街市周围，西山一带，颐和园附近，及颐和园城墙之间，此外拟沿城北汤山环周道路计画之”[③]。

值得玩味的是，与今天“历史文化保护区”相似的一些用地，在《北京都市计画大纲》中则使用了“风景地区”和“美观地区”这样的名称。就“风景地区”而言，“风景地区为故宫名胜古迹等所在地，及其他山明水秀之地。又将来因植树及其他设施可以促进幽美之地区亦属之”，“在城内拟以故宫为中心，包括北海及中南海及景山东北西三面，由各黄城根包围中间之区域。又各城门并著名庙宇之周围亦指定为本地区。在城外为颐和园西山八大处等及其附近并设有林荫道路之地区”。

就“美观地区”而言，它则主要是对“该地区内建筑物及其他设施应严加统制用以增进美观之地区”，“在城内拟以正阳门至天安门间之两

---

① 北平市工务局：《北平都市计画大纲旧案之一》，载北平市工务局编《北平市都市计划设计资料》第一集，第62页。

② 商业用地当然主要分布在北京城区内。《北京都市计画大纲》中规定“商业区系以商业为主，并得与居住混合者。其要领如下”：“（1）朝阳门大街、崇文门大街、西观音寺胡同所包围之区域；（2）羊市大街、阜城门大街南方至丰盛胡同一带之区域；（3）正阳门大街、东珠市口、柳树井大街、北羊市口所包围之区域；（4）正阳门大街、西河沿东口、魏染胡同、粉房琉璃街、先农坛所包围之区域等，为集团商业区”，“其他沿主要道路为路线商业区”；“对于城之周围街市地，于沿主要道路设商业区”。北平市工务局：《北平都市计画大纲旧案之一》，载北平市工务局编《北平市都市计划设计资料》第一集，第62页。

③ 北平市工务局：《北平都市计画大纲旧案之一》，载北平市工务局编《北平市都市计划设计资料》第一集，第62～63页。

旁，长安街、崇文门、王府井大街、东安门大街、西单北大街、宣武门大街、西安门大街及正阳门大街沿路指定为本地区。在新街市拟就主要街路、广场等主要部指定之”。①

不难理解，相较于“分区制”而言，“地区制”的管制对象主要是地域范围较大、管治边界不十分精确的一些区域性用地。对“地区制”用地主要采取保护性措施，而对“分区制”用地则主要采用开发性措施。

（四）道路系统规划

道路交通系统是“北京都市计画”的骨架。《北京都市计画大纲》从道路、铁路、运河和飞机场4个方面进行了设计。其中，关于道路设计的内容主要是：

城内者拟以联络各城门之东西，或南北方向街路为主要干线，参酌现状而计画之。至区划街路拟以此为标准而改良其一部。

城外者拟由内城朝阳、东直、安定、德胜、西直、阜成各门，及外城广渠、左安、永定、右安、广安各门计画放射干线，通过各要地。又城内东西长安街贯通城墙后，拟更向城外东西延长之。至城之四周拟设三系统之环状线路。并于城墙最近者之两旁广置绿地，使成为宽大林荫道路。

西郊新街市者，拟以铁路新站往北之公园道路为中心，于东面设置二条，西面设置三条。南北向干线至由西直、阜成、广安三门往西计画线路，及长安街往西延长线路均为本街市东西向干线。东郊新街市者，拟以上述环状线路，及长安街往东延长线路，广渠门往东计画线路，为南北或东西主要干线，此东西干线同时亦为通县主要干线，至区划街路各街市均以诸干线为基准而计画之。

上述以外之通天津高速车道路，在城外东南隅与计画干线衔接，以

① 以上引自北平市工务局《北平都市计画大纲旧案之一》，载北平市工务局编《北平市都市计划设计资料》第一集，第63页。引文中标点有所增添。

达新旧街市。至于西山万寿山、玉泉山方面拟设观光道路，并联络新旧街市。又计画区域内主要村落拟计画联络道路以利交通。

至干线街路之宽度，在街市及其附近者，除特殊处所外，拟定为三十五公尺以上。长安街西面及东面延长线，拟各以八十公尺及六十公尺为标准。城之四周拟以两旁布置绿地带之环状道路为林荫道路，共宽为一百四十公尺。

通天津之高速车道路拟计画五十公尺。又区划街路除特殊处所外拟定为十五公尺至二十五公尺。[①]

在上述内容中，有一些值得关注之处。

首先，该大纲提出“城之四周拟设三系统之环状线路”，这就是在北京城区之外建筑环路的规划设想。其中“并于城墙最近者之两旁广置绿地，使成为宽大林荫道路”，该林荫道是所有道路中最宽的道路，即“城之四周拟以两旁布置绿地带之环状道路为林荫道路，共宽为一百四十公尺”[②]，从今天北京城来看，大致是首都体育场南路（向北为中关村南大街）的位置。今首都体育场南路的红线宽度接近100米，感觉已很宽阔，[③]而日伪时期的规划设想则是140米。

其次，该大纲提出了长安街延长线的规划设想：“城内东西长安街贯通城墙后，拟更向城外东西延长之。”同时，东西长安街延长线的宽度略有不同：“长安街西面及东面延长线，拟各以八十公尺及六十公尺为标准”，西长安街的宽度较宽，这显然是出于与西郊新街市相连接这一特殊交通功能的需要（见图4–7）。

① 北平市工务局：《北平都市计画大纲旧案之一》，载北平市工务局编《北平市都市计划设计资料》第一集，第63～64页。引文中标点有所增添。

② 即《北京都市计画一般图》（1939年）中北京城外围的黑色矩形粗线条。〔日〕越泽明：《1895—1945年长春城市规划史图集》，欧硕译，第176页。

③ 这条道路1960～1970年代曾计划作为西三环的走线，后因穿越玉渊潭公园等原因，西三环向西改线。

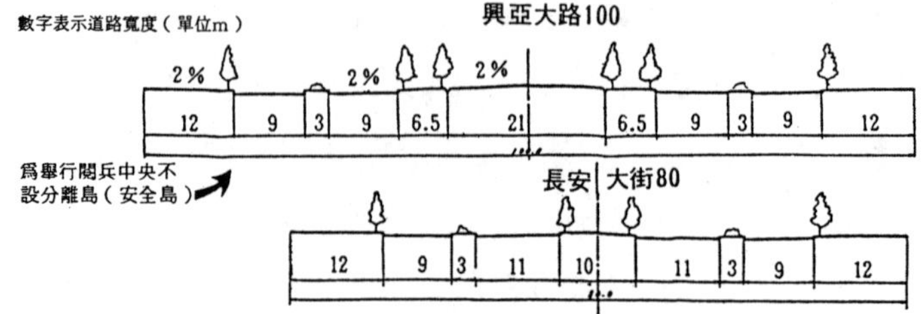

图4-7 《北京都市计画中兴亚大路和长安大街道路剖面标准图》

资料来源：〔日〕越泽明《北京的都市计画》，黄世孟译，《台湾大学建筑与城乡研究学报》1987年第1期。

另外，《北京都市计画大纲》还提出了北平至天津建设快速道路的设想："上述以外之通天津高速车道路，在城外东南隅与计画干线衔接，以达新旧街市"，"通天津之高速车道路拟计画五十公尺"。

（五）都市计划的实施情况

1939年6月，伪华北建设总署设立北平西郊新市区建设办事处，同年7月提出《华北第一期五年事业调查书》，对北平、天津等城市的规划建设工作制订实施计划，北平西郊新市区第一期计划实施区域为13.6平方公里。7月29日，西郊新市区举行施工奠基仪式。1939年秋冬两季，对西郊新市区进行基本测量，此期间，为落实兴亚大路轴线与万寿山、佛香阁的对应关系，测量人员还在北极星最大离角的深夜实施正北定线测量。

在西郊新市区建设之初，日本侵略者曾设立"日华合办特别法人"，中国方面提供土地，日本方面提供资金、建材和技术，在伪华北建设总署的大力支持下，制定出《北京新市区租用规则》向地主收买市区土地，等开发住宅用地后，再向租户（租期30年）征收基本土地费用及年度费用（相当于土地税），该都市计划得以逐步实施。[①]

自1940年开始，日本侵略者开辟了从西单向西穿过复兴门与西郊新市区连接的干道。与此同时，自东单向东穿过建国门与东郊工业区连

① 〔日〕越泽明：《北京的都市计画》，黄世孟译，《台湾大学建筑与城乡研究学报》1987年第1期。

接的道路也得以铺设。早在北洋政府时期，朱启钤主导的北京城改造，就曾于1919年打通了东西长安街，但当时的长安街还只是东单至西单之间的一段（称“模范马路”），长度很短。日本侵略者在此基础上接续拓展，将长安街向东西两个方向进一步延伸，并将之分别延伸至城外的西郊新市区和东郊工业区。这样，长安街正式成为贯通城区东西，使城区与西郊新市区和东郊工业区得以便捷交通的重要干道，成为新的城市轴线。

在西郊新市区主要道路工程竣工后，日本侵略者又于1941年开始建设住宅，规模共为1000套。到1942年2月，已住入800户，2100人，这些住宅主要集中在万寿路与永定路附近。在西郊新市区先行投入建设的为伪政府部门及相关机构的办公建筑及职员宿舍（见图4-8），包括伪华北建设总署、伪华北交通公司、伪北中国开发公司等。同时，日本侵略者在西郊新市区还开辟了公共汽车线路，建立了主要服务于日本人的小学、诊疗所、市场及陆军医院等。[①]

图4-8　北京西郊新街市的日本人住宅（约1941年）

资料来源：载《华北建设》（1942年7月）；转引自〔日〕越泽明《北京的都市计画》，黄世孟译，《台湾大学建筑与城乡研究学报》1987年第1期。

1941年4月，由日本远东贸易促进会编辑、发行的中文期刊《远东贸易月报》刊载了《古都北京西郊》一文，此文对西郊新市区有如下描述：

① 〔日〕越泽明：《北京的都市计画》，黄世孟译，《台湾大学建筑与城乡研究学报》1987年第1期。

搭上西郊的公共汽车，一直向西郊新街市而迈进，两旁的杨树、松杉，都带着青郁郁的颜色，隐现于二三人家中间，到了长安大街的南边，舍车徐步，瞧见有一百多来户的友邦人士的寓舍，建筑样式是折衷中国、西洋以及日本式的，家家小院子里，都有新种树木以及小盆栽，再南行不数步，气象却又一变，在一派无线电广播音乐悠扬里头，时有友邦小姐、太太清脆而悦耳的谈话声，小孩放口歌唱，且夹杂着鸡鸣犬吠之声，笔者在那数百户新理想房屋中间，目送友邦人士安闲自在的态度，耳听夫人儿童谈话、歌唱，不禁羡慕向往。①

1942年，伪北京市建设工程局曾制作宣传电影《西郊乐园》，努力向公众宣传新市区，此后有意愿承租的中国人也逐渐增多。1943 年，南京、上海记者团访问北平时，在“日本大使馆”的安排行程中，除恭谒国父衣冠冢以及游览香山、颐和园等风景名胜外，还有一项重要招待，那就是“至西郊新街市参观”②。可见西郊新市区已成为日人对外宣传的主要建设“成就”之一。③

不过，日本人主导的北平西郊新市区建设，好景不长。1942年以后，随着侵华战争形势发生重要变化，日本人对北平西郊新市区建设投入的物力和人力、财力开始下降。伪北京市建设工程局于1942年1月被撤销，相关伪行政机构也被压缩、合并。到1943年5月，居住在北平的日本人为确保粮食供应而把精力转向农场建设，此后“北京都市计画”的实施基本上停滞。④

---

① 恕庵：《古都北京西郊》，《远东贸易月报》1941年第4期；引文中标点有所增添。

② 佚名：《日大使馆招待京沪记者团》，《申报》1943年10月2日，第2版；转引自贾迪《1937—1945年北京西郊新市区的殖民建设》，《抗日战争研究》2017年第1期；个别文字有修正。

③ 贾迪：《1937—1945年北京西郊新市区的殖民建设》，《抗日战争研究》2017年第1期。

④ 〔日〕越泽明：《北京的都市计画》，黄世孟译，《台湾大学建筑与城乡研究学报》1987年第1期。

四　北平光复后的西郊新市区规划

1945年8月15日，日本宣布投降，此后北平光复，国民政府并将"北京"改回"北平"。北平市工务局迅即启动都市计划工作。[①]1946年9月13日，北平市政府召开市政会议，通过了《北平市都市计划委员会组织规程》[②]。1947年5月29日，北平市都市计划委员会正式成立。1947年8月，北平市工务局编印出《北平市都市计划设计资料》第一集，北平光复后的都市计划工作成果都集中反映在这本资料集之中。

（一）都市计划方针的转变

1945年以后，北平市都市计划工作的一个显著变化，即对于北平城区发展及建设规划的重视，这与之前日本侵略者重点关注西郊新市区是有很大不同的。对此，《北平市都市计划设计资料》第一集"总述"中有如下评述：

考世界各国旧城市之都市计划，多包括两主要部分，一为旧市区之改良，一为新市区之发展，两者并重。但日敌则以北平旧城区，中国人占绝对多数，不欲为中国人而建设，且有种种之顾虑及窒碍，故其计划方针，对旧城区完全不顾，纯注重于建设租界性质之郊外新区域。以西郊为居住区，以东郊为工业区，并以旧城区之东西长安街为东西新市区之联络干路，而贯通两端之新辟城门。依此计划建设完成后，北平市之繁荣中心，即将完全转移于日人掌握之新街市，使北平旧城区沦为死市。故日人侵略下之所谓"北京都市计划"，实乃侵略计划，而非建设计划，应有根本改订之必要。[③]

---

① "自三十四年[1945年]九月，北平光复、市府复员以来，本局[北平市工务局]对于北平市都市计划之准备工作，即已开始进行"，"首[先]就接收敌伪时期有关文件书图，加以整理，同时调查其既有设施状况，复多方设法搜罗关于本市历史文献，统计本市概略基本数字，调查市内各种重要设施现况，勘查市区交通系统分布情形，以凭研究本市都市计划重要问题"。北平市工务局编《北平市都市计划设计资料》第一集，第63～64页。

② 北平市工务局编《北平市都市计划设计资料》第一集，第78页。

③ 北平市工务局编《北平市都市计划设计资料》第一集，第2页。

在此情况下，当时的都市计划工作显著加强了针对北平老城区的规划设计。[①]

尽管如此，但当时的都市计划工作仍然对西郊新市区的规划相当重视，“继续建设西郊新市区之理由”如下：

（1）疏散城区人口密度

本市人口，现有一百六十余万人，城区占百分之七十五。城区人口密度最大已至每公顷四百六十二人。郊区每公顷仅七人。大如伦敦市人口密度，最高不过一千零八十人，而此次战后改造计划，规定为每公顷二百五十人至五百人。南京市人口密度，亦曾经规定为一百二十人至三百五十人。故本市人口，城区过密，除一面分布于城内较疏散之地区外，同时必须向郊区发展。

（2）促进本市游览区建设

本市名胜古迹，多在西郊，与西郊新市区颇为接近。新市区交通系统及住宅卫生等设施完成后，可以成为各名胜古迹之中心地，促进游览区之建设。

（3）利用旧有设施，解决市民居住问题

西郊新市区已有之道路房屋及上下水道，均尚可利用。将来建筑市民住宅，以供应市民居住之需要，对于目前城区住房缺乏之困苦，实为根本解决之办法。[②]

除上述理由之外，还有另一个重要理由，即北平西郊新市区曾被视为国民政府新首都的备选地，被赋予了特殊的战略内涵。

1945年抗战胜利后，面对全新的国际国内之政治和经济形势，国民政府在定都问题上引发了一场有政界、学界有关人士参与的激烈而

① 以1947年春季前后完成的《北平市都市计划之研究》报告为例，北平市都市计划之纲领共包括旧城区改造、新市区发展、游览区建设和卫星市建设4项内容，其中旧城区改造措施共包括8个方面，明显多于新市区发展。北平市工务局：《北平市都市计划之研究》，载北平市工务局编《北平市都市计划设计资料》第一集，第53～55页。

② 北平市工务局：《北平市都市计划之研究》，载北平市工务局编《北平市都市计划设计资料》第一集，第41页。

广泛的大讨论。① 在这场定都问题的大讨论中，北平也是建都的重要备选地之一。1945年12月，据《中央日报》和《申报》等主流媒体报道，北平市市长熊斌在非正式会晤记者时称，“北平有十分之七希望成为中国未来国都”②，其重要现实依据即：“敌前在平西郊兴筑之‘新北京’业完成五分之一，当局决定筹款续建以完成大北平计划。”③（见图4-9、图4-10）。

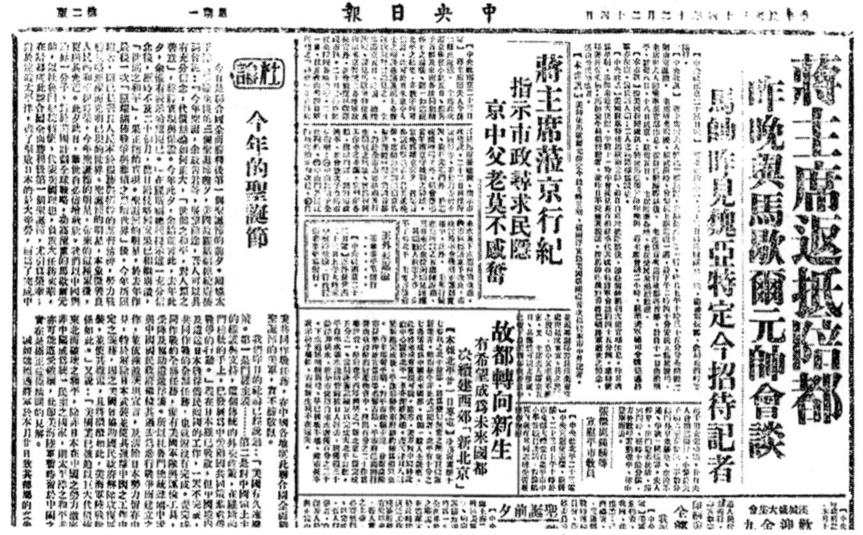

中央日報

蔣主席返抵陪都
昨晚與馬歇爾元帥會談
馬帥昨見魏亞特定今招待記者

蔣主席蒞京行紀
指示市政尋求民隱
京中父老莫不感奮

故都轉向新生
有希望成爲未來國都
決續建西郊「新北京」

社論
今年的聖誕節

图4-9 《中央日报》刊发的《故都转向新生，有希望成为未来国都，决续建西郊“新北京”》（1945年12月24日）

资料来源：《中央日报》1945年12月24日，第2版。

① 当时，既有主张在黄河流域及其以北地区（如北平、西安、济南、洛阳和兰州）建都的，也有主张在长江流域（如南京、武汉和长沙）建都的，还有主张在松花江流域（如长春等）建都的，代表人物包括张其昀、胡秋原和傅孟真等。王亚男：《1900—1949年北京的城市规划与建设研究》，东南大学出版社，2008，第186页。

② 佚名：《故都转向新生，有希望成为未来国都，决续建西郊“新北京”》，（南京）《中央日报》1945年12月24日，第2版。

③ 佚名：《熊市长非正式声称，奠都北平有可能，大北平计划决继续完成》，《申报》1945年12月23日，第1版。

申報

耶誕前夕貴賓僕僕
馬歇爾氏飛抵重慶
宋院長等蒞機場歡迎

馬歇爾與蔣主席在京
曾作兩小時秘談
願加速完成杜總統之使命

記者競爭採訪

王外長今日飛渝

熊市長非正式聲稱
奠都北平有可能
大北平計劃決繼續完成

美運輸隊運送
國軍直達葫蘆島
東北防務分途進行中

東北各省主席

中蘇談判略見好轉

報告社會行政設施

图4-10 《申报》刊发的报道《熊市长非正式声称，奠都北平有可能，大北平计划决继续完成》（1945年12月23日）

资料来源：《申报》1945年12月23日，第1版。

1946～1947年，包括内政部营建司领导和专家在内的各方面人士，曾对北平市规划与建都问题进行讨论，最终的结论性意见为：

北平市究应建设成为何种性格之都市，实为首应研究之问题，其最普遍之见解有两种：（一）以北平为中国之首都。（二）以北平为文化城。中国首都，就市政工程之观点言，自以北平为上选，然就其他观点考虑，则问题颇为复杂，实为国家政策之一，应由中央政府决定，但吾人须有以下之认识：（1）不必以定都问题，为北平都市计划之先决问题。（2）北平非必须为国都始能繁荣，其社会经济发展之途径尚多。（3）北平都市计划须具有弹性，以备建都时发展之余地。（4）以北平为文化城，同时仍可建都。二者可以并立。[①]

另外，在当时的都市计划修订方案中，也有"按照以西郊新市区为行政中心区之标准完成之""整顿城内与新市区间之交通连络设施""完成西单牌楼至西郊新市区之西长安街延长线""可自西单牌楼起开通路面电车，直达西郊"等规划设想。[②]

（二）从新市区到卫星市：西郊新市区规划思路的调整

在新的形势背景下，光复后的北平对于西郊新市区的规划思路也发生了一些明显的变化。史料表明，这一变化主要是由荷籍专家柏德扬（J. C. L. B. Pet）博士于1946年11月9日在北平发表的一次演讲所引发的。柏德扬为国民政府内政部所聘的专家，他曾参与荷兰阿姆斯特丹战后恢复、重建规划工作。当时，内政部营建司司长哈雄文[③]（见图4-11）偕柏德扬及澳籍专家赵法礼等一行到北平视察、演讲，并与北平市政府官员、专家进行座谈和交流，对都市计划工作具有重要的推动作用。

在北平的这场座谈会的演讲中，柏德扬曾讲道：

凡研究城市设计者，其最先问题，厥惟该项计画，究竟根据何种原则。查北平西郊之原计画，类似一种房屋集中地，其广袤几与北平全城相等。由旧城城墙至该集中地之东界，距离约四公里，又旧城之中心，

---

① 北平市工务局：《北平市都市计划之研究》，载北平市工务局编《北平市都市计划设计资料》第一集，第53页。

② 北平市工务局：《北平都市计划大纲旧案之二》，载北平市工务局编《北平市都市计划设计资料》第一集，第67～68页。

③ 哈雄文（1907～1981），回族，九三学社社员，祖籍河北河间，出生于湖北汉阳。1927年毕业于清华学校，同年赴美国约翰·霍普金斯大学（The Johns Hopkins University）经济系学习。1928年6月入美国宾夕法尼亚大学建筑系。1932年2月毕业（获建筑学学士和艺术学学士）后赴欧洲游历考察，之后回国，任沪江大学教授。1937年9月任国民政府内政部地政司技正。1943年5月任内政部营建司司长（1942年到职，1949年3月离职）。中华人民共和国成立后，任复旦大学、交通大学、同济大学、哈尔滨工业大学教授，哈尔滨建筑工程学院教授、建筑工程系副主任，中国建筑师学会理事长。

图4-11　哈雄文（左侧最远处）正在沪江大学授课（约1930年代末）

资料来源：童明提供（哈雄文家属收藏）。

距离该集团之中心，约为八公里。

我个人意见，认为此种特质之房屋集中地，不能名之曰郊区（Suburb）。所谓郊区者，其原意则为区域或地区，附属于主要之城市，而与之成为一体是也。郊区之特点，在乎与主要城市并不分离，居民易于来往。今观西郊之情形，乃与旧城显然分离，两者边界之相距，约为四公里，中心之相距约八公里。此种郊区，实不能谓为北平之一区，或其一部；简言之，不得谓之曰郊区，在现代城市计画术语中，只可称之为附属市，或卫星市（Satellite town）。

或问此种区别之意义何在？若将此项房屋集中地，名之曰郊区，或名之曰附属市，在文字上虽有不同，然在事实上有何分别？我愿说明，此种分别，决非毫无意义者。为明了起见，业将该项计画加以研究。见此所谓郊区者，几全为居住区域，附以设置学校及憩游之隙地，仅一小部份系备作军事及行政之用者。又另一小部份，则备仓库及商业之用。

此种附属市（卫星市），依其广袤，及其与旧城距离而言，应具有自立之性质。而今之设计者，则以之为郊区，为居住区域，附属于旧城，且完全赖以生存，鄙见认为在设计时，根本应加区别，即该市之设计系为三四十万居民专用作居住区域，是以无自力生存可言；有之，则完全寄生于其母市北平。然试观此项集团房屋之多，对居住此中数十万人民之生计所恃又不免令人怀疑。从此可知渠等之必须就业自不得不远至距离八公里之旧城中，或甚至相距十二以至十六公里之现所计画的东郊区工厂。本人对于中国情形，固不甚熟悉，然确知在敝国内绝无一工人，愿意住在一个远隔工厂的地方，每日早晚往返必须旅行八至十六公里之远。至于此种旅行，与北平交通关系之推论，我不欲谈，因其不在本题之内。惟可断言者，此事亦为应加适当研究之问题。

今欲解决此项困难，其唯一方法即计画西郊不视之为郊区，而作为卫星市，赋以自力生存之方。必如是，此一部分之社会民生始有真正繁荣之望。所谓自力生存之城市，必须备具四种市民生活之要素：即设计应取之途径，须使人民能居住，能工作，能憩游，又必令此种集中地各部分间之交通，保能畅利是也，是以应设计一居住区，或数居住区，一工作区或数工作区，一处或多处之憩游设备，以及良好之交通系统。再将工作区域，分为工业区，商业区，与行政区。因此，一个自力生存之城市，至少须包含五个分区：（一）居住；（二）工业；（三）商业；（四）行政；（五）憩游。此外再需完备之道路系统，使各分区互相联络。

至于上述各分区之再分为小部分，譬如居住区内须有公园设备一节，因不在本文范围，不及详谈。然尚有不能已于言者，则所谓行政区，例应包括该房屋集中地之市中心，故须设于该集中地之中心。其他分区，则宜环绕此行政中心，并依现有之交通状况，风力方向，及泥土质量等而分别择地设置。今观西郊现状，东西两端之居住区域皆已完成，留之并无碍于该市之合理发展，市中心区可在此两居住区域之中间计画之，商业与工业区于可能情势中宜向南北发展，至憩游部份可在其他区域之内外设置，因其空地足敷应用也。①

通过上面的文字，可以对柏德扬的规划思路有所了解。简而言之，柏德扬认为北平西郊新市区的规模相当庞大，“其广袤几与北平全城相

① 柏德扬：《北平西郊新市区计画之检讨》，载北平市工务局编《北平市都市计划设计资料》第一集，第87～88页。

等"，不应作为郊区来建设，而应当按自给自足的卫星市的标准来定位；就卫星市建设而言，当然也需要一定的工业区，以体现其自给自足的本质。这样，日伪时期原计划在东郊建设的工业区则完全可以迁移到西郊，以利于资源的整合。

在这次演讲两天后（11月11日）的座谈会上，柏德扬又发言指出："关于东郊与西郊。日本人原来计画为同时发展，如此则距离增加，且使城区内交通困难。当初日人在东郊设工业区，足证北平附近有工业区之需要。依现代计画原则言，工业区应与住宅区邻近，故以将东郊工业区移于西郊为宜，果如此办理，则西郊现在计画，须加以改变。"①

在11月11日的座谈会上，作为主管部门领导的哈雄文也谈论了对北平西郊新市区规划的意见，但其态度则相对谨慎，他说：

> 关于西郊日本人在此已有计画及建设，吾人应利用之使走入另一新途径，应以有计画方式接收之，使适合吾人需要。现在欲使之成为郊区似不适宜，欲作成卫星市，又恐非财力所许，究应如何决定，始能使该郊区治理负责人有所遵循，实为切要问题。②

史料表明，北平市工务局对柏德扬的观点表现出了相当认可与接受的态度。当时的一些规划成果，已经将卫星市建设作为重要的规划内容。③

由于指导思想发生变化，国民政府的相关部门对北平光复后制定的都市计划方案进行了修订，最主要的成果即《北平市都市计画简明

① 北平市工务局：《北平市公共工程委员会座谈会记录》，载北平市工务局编《北平市都市计划设计资料》第一集，第84页。

② 北平市工务局：《北平市公共工程委员会座谈会记录》，载北平市工务局编《北平市都市计划设计资料》第一集，第82～83页。

③ 譬如，《北平市都市计划之研究》关于北平市都市计划之方针曾明确指出："建设新市区，发展近郊村镇为卫星市，开发产业，建筑住宅，使北平为自给自足之都市。"北平市工务局：《北平市都市计划之研究》，载北平市工务局编《北平市都市计划设计资料》第一集，第53页。

图》[①]。该图中并未注明绘制时间，但因其被收录于1947年8月印刷的《北平市都市计划设计资料》第一集中，并置于目录之前，由此可以判断，该图大致绘于1947年上半年。该图对《北平市都市计划设计资料》第一集中的一些内容，特别是具有规划总结性质的《北平市都市计划之研究》等，具有一定的配套解说性质。

从《北平市都市计画简明图》来看，当时的北平市都市计划工作基本上延续了1938年版都市计划的一些思路，规划范围仍然包括了北平市区以外的通县。同时，该规划图纸中的内容更加简明化和抽象化，西郊新市区仍然是整个都市计划的重点区域之一。

（三）西郊新市区建设的进展情况

据北平市工务局组织有关人员于1946年春的调查，当时北平市西郊新市区第一期计划的2.2万余亩（合14.7平方公里）用地已全部获得征收，其中完成拨地9000余亩（合6平方公里），1400余户。建成道路90.8千米，其中沥青混凝土路长8.7千米，土路67.9千米（占全区计划道路总长度的70%）（见表4–1）。建成建筑518栋，建筑面积6.7万平方米（见表4–2）。另外，西郊新市区的供排水等市政设施建设也已颇具规模。

表4–1　北平西郊新市区道路现状（1946年春）

铺装种别	路名	计划路宽（m）	已完成			备注
			宽度（m）	长度（m）	面积（m^2）	
沥青混凝土	复兴大街	80	6	8700	52200	由复兴门至玉泉路（本街南侧），一公寸五厚碎石路基，上铺混凝土一公寸厚，表面铺沥青油砂三公分
小计				8700	52200	

① 参见北平市工务局《北平市都市计画简明图》（1947年），建筑工程部档案，中国城市规划设计研究院档案室藏，档案号：0205；董光器《北京规划战略思考》，第307页。

续表

铺装种别	路名	计划路宽（m）	已完成			备注
			宽度（m）	长度（m）	面积（m^2）	
沥青碎石	万寿路	45	4	1400	5600	自复兴北二街至万寿路车站，碎石路基厚一公寸，上铺沥青油一层
	永定路	45	4	1400	5600	自复兴北二街至永定路车站（做法同前）
	玉泉路	45	4	800	32000	自复兴大街至太平街（做法同前）
小计				3600	43200	
碎石铺装	复兴大街	80	6	8700	52200	由复兴门至玉泉路（本街北侧），碎石辗压，一公寸厚
小计				8700	52200	
卵石铺装	中央大路	100	4	1900	7600	自北绿南街至太平街，散铺卵石子一公寸厚，未辗压
小计				1900	7600	
土路盘	翠微路	30		1000		
	翠微西路	15		800		
	万寿东二路	20		1000		
	万寿西二路	20		1700		
	万寿路	45		2000		
	万寿东路	15		600		
	万寿西路	15		1600		
	东翠路	30		1600		
	东翠二路	15		1000		

续表

铺装种别	路名	计划路宽（m）	已完成			备注
			宽度（m）	长度（m）	面积（m^2）	
土路盘	丰台路	60		2800		
	丰台东路	15		1200		
	丰台东二路	15		1000		
	东线路	30		1400		
	中央大路	100		2200		
	中央东路	25		1000		
	中央西路	25		1500		
	西绿路	30		1500		
	永定路	45		2800		
	永定东路	1200		600		
	永定西路	15		1400		
	西翠路	30		2000		
	西翠西路	15		1000		
	玉泉路	45		2300		
	玉泉东路	15		400		
	北绿南街	20		1500		
	平安北街	20		2000		
	平安街	40		3500		
	平安南街	20		3500		
	复兴北二街	35		4000		
	复兴北街	25		3000		
	复兴南街	25		4000		
	南绿街	30		4000		

续表

铺装种别	路名	计划路宽（m）	已完成			备注
			宽度（m）	长度（m）	面积（m^2）	
	太平北街	20		3000		
	太平街	35		3500		
	泰安南街	20		1500		
小计				67900		

注：总计已修建长度9.08万公尺（米）。此外，尚建设有铁路支线一条，自前门西站直达西郊新市区之南部，当时已将轨道拆去。为便于阅读，此处原表照录时将表中的中文数字转换为阿拉伯数字。表中“已完成”的“面积”一栏中对应的“小计”数据系路面铺装小类的面积之和。

资料来源：北平市工务局编《北平市都市计划设计资料》第一集，第42～45页。

表4-2 西郊新市区建筑现状

土地号数	接管机关	伪组织、户名	房屋种类	用地面积（m^2）	建筑面积（m^2）	现况调查
东39	北平市政府工务局	大林组	洋式二层楼房2栋，瓦房4栋；有围墙	10,150	400	建筑物大致完整，门窗装修稍有破坏
东57	交通部邮政总局北平办事处	西郊邮政局	洋式瓦房2栋；有围墙	17,737	330	建筑物完整，现由邮政局接收看管
东49	资源委员会冀北电力有限公司北平分公司西郊变电站	华北电业	洋式瓦房3栋；附属瓦房1小间	10,750	150	建筑物尚完整
东101	陆军第一〇九师工兵营第三连连部	北京居留民国日本小学校	洋式瓦房2栋	35,498	1,500	门窗玻璃、内部装修拆毁甚多
东103	交通部北平电信局西郊营业处	华北电信电话	洋式瓦房3栋	10,451	150	建筑物尚完整

续表

土地号数	接管机关	伪组织、户名	房屋种类	用地面积（m²）	建筑面积（m²）	现况调查
东103	交通部平津区铁路部	华北交通公司	洋式瓦房6栋，计12户	4,313	180	门窗玻璃、围墙均有破坏，现无人居住
东113	资源委员会及冀北电力有限公司北平分公司西郊农场	华北电业农场	中式灰房1栋12间，马棚1栋4间	10,413	200	建筑物尚完整
东128	交通部平津区铁路管理局西郊站员宿舍	华北交通公司	洋式瓦房2栋，计12户；附属瓦房6栋，12间	5,049	200	门窗玻璃均破坏，现无人看管
东130	交通部平津区铁路管理局西郊站员宿舍	华北交通公司	洋式瓦房2栋，计12户；附属瓦房6栋，12间	4,837	200	门窗玻璃均破坏，现无人看管
东132	交通部平津区铁路管理局西郊站员宿舍	华北交通公司	洋式瓦房12栋，计24户；有围墙	17,179	900	门窗玻璃均破坏，现无人看管
东133	交通部平津区铁路管理局西郊站员宿舍	华北交通公司	洋式瓦房16栋，计32户	9,674	1,000	门窗装修均残缺，现无人看管
东134	邮政总局职员住宅	邮政总局	洋式瓦房12栋，计24户，有围墙			建筑物尚完整，现有［为］该局职员住宅
东146	交通部平津区铁路局总务组福利科	华北交通公司	洋式瓦房8栋，计200户；有围墙	18,000	1,000	门窗装修稍有残缺，现有该部专人看管，暂做存放家具库房
东148	交通部平津区铁路局	华北交通公司北部副华洋行私人租地	洋式瓦房2栋，计12户；附属瓦房6栋	6,400	200	围墙、门窗玻璃大部破坏

续表

土地号数	接管机关	伪组织、户名	房屋种类	用地面积（m²）	建筑面积（m²）	现况调查
东149	交通部平津区铁路局	华北交通公司	洋式瓦房6栋，计24户；附瓦房12栋，24间；无围墙	10,800	1,500	门窗玻璃大部破坏
东150	交通部平津区铁路局	华北交通公司	洋式瓦房4栋，计24户；附属瓦房12栋，24间	10,678	400	自围墙、门窗［至］装修大部破坏
151、153	交通部平津区管理局警务处铁路警察训练所	华北交通公司	洋式二层楼房1栋；附属洋式平房4栋，内1栋房顶塌陷；现有外墙	25,100	14,000	全部建筑物大致完整
东152	交通部平津区铁路局	华北交通公司	洋式瓦房4栋，计24户；有围墙	10,429	800	门窗、装修、外墙均被拆毁
东154	交通部平津区铁路局	华北交通公司	洋式瓦房6栋，计12户	7,917	450	门窗、装修、外墙均被拆毁
东155	铁路学院	华北交通公司	洋式瓦房11栋，计31户；附瓦房1栋；有外围墙	18,500	1,200	门窗玻璃多数残缺，现无人看管
东156	交通部平津区铁路局	华北交通公司	洋式瓦房4栋，计8户；有围墙	4,449	800,	门窗玻璃多数残缺，现无人看管
A 157	中央信托局北平分局	华北交通公司	洋式瓦房14栋，计28户；有围墙		1,050	门窗玻璃多数残缺，现无人看管
B 157	警察局郊四警察六段	日本警察署	洋式平房1栋；附平房1小间	9,2 50	230	门窗、装修稍有破坏
160	中央警官学校	南部新民会用地，北部日人私宅	石板顶洋式房2栋；有围墙；计4户	68,000	100	门窗、装修、围墙均被拆毁，现无人看管

续表

土地号数	接管机关	伪组织、户名	房屋种类	用地面积（m^2）	建筑面积（m^2）	现况调查
174	无	日人建筑	中式西平灰房3间	424	30	门窗残缺，现由村民莫长林居住
195	无	日本居留民团配给所	灰平房3间1栋	7,000	48	门窗、装修尚完整，有人看管
A 196	交通部平津区铁路局	华北交通公司农林部	二层平顶楼房1栋，接连平房1栋		300	门窗、装修尚完整，有人看管
B 196	交通部平津区铁路局	日本居留民团配给所	洋式瓦房2栋	7,700	260	建筑物尚完整，现有［由］保安警察第七中队借用
205	无	日本房产公司	洋式瓦房6栋，计12户；附瓦房1栋，已坍塌	19,800	450	门窗、围墙均拆毁，现无人看管
206	无	日本北京居留民团	洋式瓦房36栋，计88户，木室1栋	18,000	1,700	围墙、门窗均被拆毁，现无人接管
207	无	电报局	洋式瓦房1栋	9,000	75	围墙、门窗均被拆毁，现无人接管
208	中央警官学校	日本北京居留民团	洋式瓦房22栋，计44户；有围墙	9,000	650	围墙、门窗均被拆毁，现无人接管
209	中央广播事业管理处北平电台职员宿舍	华北广播协会	洋式瓦房8栋，计16户	16,200	600	围墙、门窗稍有破坏，现由电台接管
210	中央警官学校第五分校校舍	华北石炭［贩卖］株式会社	洋式瓦房14栋，计24户；另守卫室1间	16,200	840	围墙、门窗等均有破坏，现由中央警官学校接管
A 231	侯禄	日人	中式瓦房1栋5间，平房1间		70	

续表

土地号数	接管机关	伪组织、户名	房屋种类	用地面积（m^2）	建筑面积（m^2）	现况调查
B 231	无	伊藤组	洋式瓦房3栋，1户	14,300	100	门窗装修多处破坏，现无人看管
C 231	装甲兵教导总队炮兵营	日人岩董私宅	洋式瓦房2栋，1户		400	该营四月十二日接管
232	装甲兵教导总队炮兵团本部	华北石炭贩卖［株式］会社	杨式瓦房10栋，计20户，外1栋1户；附守卫室2间	10,372	1,800	门窗、装修、围墙均破坏残缺
233	无	日本北京居留民团医院	洋式瓦房32栋，计64户	12,803	2,400	围墙拆去，门窗、装修残缺不整
236	装甲兵教导总队炮兵营本部	土屋利雄	洋式瓦顶房，大小3栋，计1户	6,925	160	围墙拆去，门窗、装修残缺不整
237	装甲兵教导总队炮兵营本部	华北运输公司宿舍	洋式瓦房14栋，计28户；有围墙	7,425	1,050	围墙拆去，门窗、装修残缺不整
239	装甲兵教导总队炮兵营本部	华北运输公司宿舍	洋式瓦房14栋，计28户；有围墙	1,050	1,050	围墙拆去，门窗、装修残缺不整
240	装甲兵教导总队炮兵营本部	华北运输公司宿舍	洋式二层楼房，1栋	10,200	800	建筑物尚完整，中央警官学校接管，现军队暂借住
241	中央警官学校	华北石炭贩卖株式会社	洋式二层楼房，1栋	12,150	800	建筑尚完整
公共用地	马腾起住用	农园	洋式平房1栋，3间	21,867	27	门窗缺少，现由村民马腾起住用
西18	无	华北电业	洋式瓦房1栋，计2间	164	28	建筑物破坏甚多
西35	北平市政府工务局	工务总署西郊东官舍	洋式瓦房16栋，计32户，汽车房1间	1,588	1,500	门窗装修多被拆毁，现驻军队

续表

土地号数	接管机关	伪组织、户名	房屋种类	用地面积（m²）	建筑面积（m²）	现况调查
西38	第六十兵站医院	华北电业	洋式瓦房40栋，计80户；有围墙	34,800	3,300	建筑物尚完整，现由兵站医院接管
西57	北平市政府工务局	工务总署西郊中官舍	洋式瓦房6栋，计12户；有围墙	15,129	450	门窗玻璃等多被拆毁，现驻军队
西A55	资源委员会冀北电力有限公司西郊营业站十六军一〇九师办公处	华北房产市场	洋式二层楼房1栋，计分16处，计上下各1间			建筑物大致完整
西B55	北平市政府工务局西郊工程处	工务总署西郊施工所	洋式瓦房5栋，平房2栋	1,866	500	建筑物大致完整
56	无	日本酱油制造所	洋式瓦房6间，平房1间	19,866	50	门窗均缺残，现无人看管
60	北平市政府工务局	钱高组	洋式瓦房3栋，计6户；附西灰房2间，已坍塌	3,382	600	门窗均缺残，现无人看管
71	北平市政府工务局	工务总署西郊西官舍	洋式瓦房20栋，计40户；有围墙	26,588	1,500	门窗、装修均有损坏，现由该处接管
72、73、74	后方勤务总司令部第六十兵站医院	日本兵营	洋式瓦房9栋，铅铁房2栋	87,706	3,600	门窗、装修有损坏
91、92	第十一战区长官部	日本兵营	瓦房2栋，铅棚1栋，灰房1栋			
142	北平市政府工务局西郊工程处	大同制管社	建筑物共计9栋，瓦顶3栋，灰房4栋，铅顶2栋	9,263	1,600	全部建筑极为破旧，大部灰房及铅顶房形将坍塌

续表

土地号数	接管机关	伪组织、户名	房屋种类	用地面积（m²）	建筑面积（m²）	现况调查
143	后方勤务总司令部第六十兵站医院	同仁会永定医院、中华航空	洋式瓦房1栋；有围墙	9,263	180	全部建筑装修尚完整，现由兵站医院接收
A144	兵站医院	私人建筑	南部铅铁顶房1栋，计4间；北部平房1栋	15,213	140	南部铅顶房由兵站医院接收，北部灰平房无人接管
B144	后方勤务总司令部第六十兵站医院	中华航空	洋式瓦房16栋，计30间，2户；有围墙	15,213	1,500	门窗、装修破坏
B147	后方勤务总司令部第六十兵站医院	清水组	平房1间	8,263	15	稍有破坏
B152	后方勤务总司令部第六十兵站医院	中华航空	洋式瓦房16栋，计28户；守卫室1间；有外墙	9,675	1,200	建筑物尚完整
B153	后方勤务总司令部第六十兵站医院	中华航空	洋式瓦房10栋，计20户；守卫室1间	15,897	800	建筑物破损甚多
B154	后方勤务总司令部第六十兵站医院	华北电业	三层楼房5栋，二大三小；瓦房16栋，计32户；有围墙	16,785	2,500	门窗、装修尚完整
B155	军事委员会战地服务团平津区区部执行部	华北开发	洋式瓦房25栋，计50户；有围墙；洋式瓦房1栋	10,750	2,000	东部19栋西部6栋门窗、装修破坏甚巨，由资源委员会接收，交战地服务团使用
B156	第十一招待所	华北开发		10,121	90	
B163	无	野球场	砖看台1座；铁丝网一面	22,138	300	建筑物尚完整

续表

土地号数	接管机关	伪组织、户名	房屋种类	用地面积（m²）	建筑面积（m²）	现况调查
B174	后方勤务总司令部第六十兵站医院	华北电业	洋式二层楼房1栋，瓦房2栋，瓦平房1栋；有外墙	7,275	2,000	门窗装修尚完整
合计			581栋	862,042	67,083	

注：此为原表照录，但为便于阅读，特将表中的中文数字转换为阿拉伯数字；原表中"用地面积"一栏，数字保留至小数点后两位，本表对此简化处理，以整数录入。

资料来源：北平市工务局《北平市都市计划设计资料》第一集，1947，第45~50页。

由上述两表可见，至1946年时，北平市西郊新市区建设已颇具规模。①

（四）简要的小结

综上所述，早在20世纪三四十年代，西郊新市区规划一直是北平城市规划活动的一项重要内容，甚至一度占据规划工作的主体地位。到1949年时，西郊新市区已有了近10年的规划建设历程，日本人主导的都市计划方案在相当大规模上获得了实施，形成了错略的城市现状，对北平的城市空间结构产生了较大影响。正因如此，在1949年5月8日由北平市建设局组织的都市计划座谈会上，西郊新市区的重新利用和建设问题才受到了广泛的关注。

尽管日本侵略者制定的《北京都市计画大纲》在本质上是一个侵略规划，但就科学技术层面而论，其都市计划工作也采用了国际城市规划的一些最新的理念。譬如，将城市建设用地在宏观上按"分区制"和"地区制"区别对待，这就有利于对土地使用进行有针对性的分区制管制。此外，伪华北建设总署还曾于1940年前后颁布过《新市区建筑暂

① 参见北平市工务局《北平市东西郊新市街地图》（1946年），中国城市规划设计研究院档案室藏建筑工程部档案，档案号：0200。

行规则》（见图4-12）和《市街建筑暂行规则》等法规性文件，对土地“分区制”使用、建筑线和形态管制等进行了较为详细的规定。

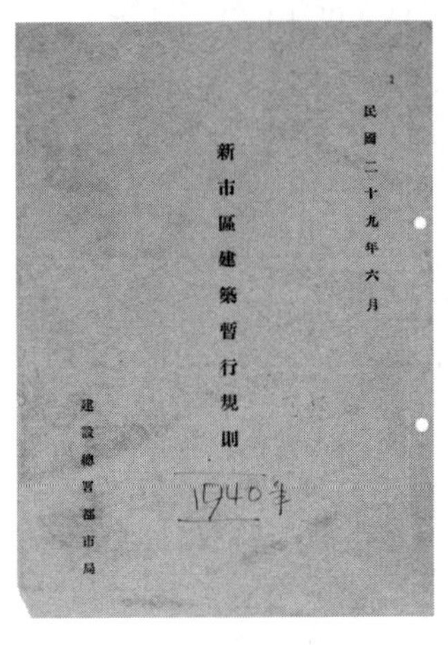

图4-12　伪华北建设总署颁布的《新市区建筑暂行规则》封面（1940年6月）

注：该规则共4章30条内容。

资料来源：“建设总署都市局”《新市区建筑暂行规则》，伪华北建设总署编印，1940。

《市街建筑暂行规则》对于何为“绿地域”（早期称“绿地区”）做了规定：“1.容积率2%以下；2.农业、林业、畜牧业、水产业、探矿（不包括炼制）及都市防护必要者；3.建设总署认定公益上需要者。”[①]这种“绿地域”规则，当时在日本本土尚未制定，但在北平西郊新市区的规划管理工作中则已开始实施了，[②]这在某种意义上体现了该规则的先进性。

北平市西郊新市区的规划历史不仅较为复杂，而且还在意图上具有侵略性，在规划技术上具有先进性，使得当时人对北平市西郊新市区规划的评价成为一个相当复杂而敏感的问题。就梁思成而言，他对日伪时期北平市西郊新市区规划的态度是批判和利用并存的。

五　梁思成对北平市西郊原新市区规划的批判与利用

讨论至此，让我们重新回到本章开头所讲的，1949年5月8日都市

① 《市街建筑暂行规则》于1940年10月1日颁布，共28条。〔日〕越泽明：《北京的都市计画》，黄世孟译，《台湾大学建筑与城乡研究学报》1987年第1期。

② 〔日〕越泽明：《北京的都市计画》，黄世孟译，《台湾大学建筑与城乡研究学报》1987年第1期。

计划座谈会上的，梁思成关于西郊新市区规划意见的发言。梁思成批判日本人所主导的西郊新市区规划，认为“原有计划差不多全无是处，应该全部详细计划”。这是一个立场相当鲜明的表态。

应当说，梁思成的上述发言，代表了中国专家学者洞察到了日本人都市计划的侵略实质，对此的清醒认知包含着中国人对日本侵略者的仇恨。1949年5月8日座谈会上的其他一些专家学者，也有类似的表现，譬如，这次座谈会上最早发言的华南圭就曾明确指出：“我认为那个计划太不完善，太守旧。”①

进一步分析可以发现，梁思成对北平西郊新市区原规划的批判，主要集中在交通和土地使用分区两个方面。就前者而言，梁思成对道路系统批判的依据主要是欧美的规划理论，如“路的总面积占44%强。现欧美普通占33%，仍嫌多”。如果我们考察日本都市计划的历史传统便可知，路网间距过小、交叉路口过多和道路面积比重过大等，正是日本都市计划的特点。这是否一种实质性的缺陷呢？另外，城市道路交通系统的规划也是一个仁者见仁、智者见智的问题，可以将多种方案综合运用。荷籍专家柏德扬1946年对北平道路交通系统的规划，虽然提出过一系列的意见和建议，但这些意见和建议也是带有个人倾向的。②

就土地使用分区而言，梁思成在发言中所讲的“土地使用分配不当，无显明的地域分区”，针对的并非整个北平市，而是西郊新市区。换言之，梁思成的主张其实是针对西郊新市区，将其进一步细分出行政区、住宅区和商业区等，而这些分区又都是西郊首都行政区的组成部

① 详见北平市建设局《北平市都市计划座谈会记录》(1949年)，第13~28页。

② 柏德扬在发言中指出：“依照上项发展方案之推断，吾侪应放弃原计画所规定之矩形街路制，较为有利。鄙意矩形制之计画，绝非解决都市问题之良策，诸君对此，或将以城市计画著名于世之北平紫禁城亦属矩形对称制而发生疑问。我可率直答曰，诚然，惟诸君须知北平禁城之问题，殊非现代所谓之都市计画问题；因其对于交通困难，对于贫民居住，对于工业以至憩游等诸问题，悉未按照此一名词之现代意义而有所作为也。如为现代新型城市及附属市设计，而亦采用矩形对称式之道路系统，绝难得到满意结果，我认为北平市内之缺少斜角形街道，对交通上与上下水道上，已呈显著之困难……”柏德扬：《北平西郊新市区计画之检讨》，载北平市工务局编《北平市都市计划设计资料》第一集，第87~88页。

分。梁思成所提的这样一种区域划分，与城市总体规划层面的功能分区有显著的不同，更确切地说，这是一种用地布局安排或片区规划设计。北平解放后，对西郊地区的各种建设活动的实际需求，必然已经发生了巨大的变化，对土地使用及交通系统进行规划调整，也是自然而然的一种要求。

从这个意义上可以讲，梁思成对日本人原有规划方案的批判，其实主要限于规划技术层面，并非针对一些较为重大的原则性问题。

对于相当重大的原则性问题——西郊首都行政区的具体位置，从梁思成的发言来看，他并未回避，而是沿用了之前由日本人主导的西郊新街市的建设地点。对此问题发表不同意见，主张将西郊新市区的位置从公主坟以西移到公主坟以东，从而避开日本人原建设的地点的，是于1949年10月底来到北平与梁思成合作的陈占祥（见第六章之讨论）。

除此之外，关于西郊新市区规划的职能定位，也值得解读。如前所述，1945年北平光复后，西郊新市区的规划曾受荷籍专家柏德扬的影响而转向卫星市的思路，最主要的规划措施即增加了新市区的工业职能："一个自力生存之城市，至少须包含五个分区：（一）居住；（二）工业；（三）商业；（四）行政；（五）憩游"。[①]到1949年初，北平市建设局为5月8日座谈会提前准备的题目也持类似的观点："新市区结构应包括五种功能：即（一）行政；（二）居住；（三）商业；（四）工业（轻工业或手工业）；（五）游憩，使成为能自主之近郊市。"[②]这与柏德扬的表述有所区别，除将工业职能往后排外，还进一步将工业界定为更具体的轻工业或手工业，这显示出较为谨慎的态度。

尽管如此，梁思成在发言中，仍然对北平市建设局准备的座谈题目表达了明确的反对意见："本区除维持本区内水电交通所需的修理工业外，不应有任何其他工厂设立"（详见附录D）。也就是说，梁

① 柏德扬：《北平西郊新市区计画之检讨》，载北平市工务局编《北平市都市计划设计资料》第一集，第87～88页。

② 详见北平市建设局《北平市都市计划座谈会记录》（1949年），第8～12页。

思成并不同意座谈会题目中所列的“（四）工业（轻工业或手工业）”职能，或者说不同意在北平西郊建设工业区。这是事关西郊新市区基本性质的一个重要问题。显然，梁思成并不赞成荷籍专家柏德扬的观点，而是更加倾向于日本人原规划方案对于西郊新市区的基本定位。

这些主张，能否认为是梁思成对日本人主导的原西郊新市区规划思路的一些利用呢？对于梁思成的批判和利用并存的态度，又当作如何理解呢？

作为近代著名政治家和戊戌变法领袖梁启超之子，梁思成1901年出生于日本东京，当时的梁启超正举家流亡日本。梁思成幼年时曾在日本生活长达11年（见图4-13），日本文化对他的影响是显而易见的。

图4-13　梁思成（左一）与父亲梁启超（左二）及姐弟在日本的一张留影（1907年）

资料来源：《梁思成全集》第1卷，第4页。

1964年6月，梁思成曾在日文版《人民中国》杂志上发表过一篇题为《追忆中的日本》的文章，其中，他这样描述自己对于日本的十分复杂的情感：

自懂事开始到1949年，近50年间的日本对我来说，总是交杂着善与恶、美与丑、爱与憎的矛盾思绪。随着时光的流失和形势的变迁，我对日本的憎恨和厌恶占据了上风，以“七·七”事变为界，对日本的爱情完全冷却下来。然而，现在又再次燃起对日本的无限爱意……

在对儿时在日本生活，以及1923年和1946年两次赴日旅行的一些往事做了较详细的记述之后，梁思成便在文章结束环节对自己的情感做出了一定的区分：

1949年，中国解放，在中国共产党领导下，我的思考也一天天改变，最终我清楚地认识到，自己热爱的是日本人民和日本美丽的自然，以及其优秀的文化和传统，应该憎恨的是日本的军国主义和帝国主义。[①]

联想到日本侵略者1938年制定的“北京都市计画”及其西郊新街市计划，梁思成是否如同对日本的情感那样，也对其科学技术方面的先进理念和规划技术，以及军国主义及其侵略本质做出一定的区分呢？这一点，又是否影响到他对于北平解放初期首都规划问题的认识和判断呢？

① 以上引文见梁思成《追忆中的日本》，载《梁思成全集》第5卷，第438页。

第五章
梁思成首都行政区规划思想的重要源头：1929年南京《首都计画》之中央政治区规划

通过上一章的讨论已经清楚，1949年5月时，梁思成关于北平西郊新市区规划的设想，是以日伪时期日本侵略者规划建设的西郊新街市为基础的。进一步思考，日本人规划建设的西郊新街市，对于梁思成而言，实际上只是提供规划基地的历史沿革及现实条件，其影响仍然是浅层次的。有必要进一步追问的是：促使梁思成认为应将北平市西郊新市区规划为首都行政区的更深层次的思想渊源究竟何在？对于这一疑问，需要从梁思成的专业活动中寻找答案。

作为留美学者，梁思成早年在美国宾夕法尼亚大学接受专业教育时（1924～1927年），主要学习与研究建筑学方面知识及相关问题。回国后，其职业和研究又集中在古建筑测绘及建筑史领域。尽管如此，梁思成对城市规划工作却有着极大的兴趣，他回国初期所完成的第一项专业技术成果便是《天津特别市物质建设方案》，此方案就是城市规划方面的。这份成果是梁思成以1929年的南京《首都计画》[①]为范本的城市规划的实践探路之作，这份成果激化了他对首都行政区规划问题的研究兴趣，此后他对此情有独钟。正是这份南京《首都计画》之中央政治区规划所提供出的，代表着国际领先水平的优秀范例，促使梁思成形成了首都城市应当设立一个专门的中央行政区的规划观念。此规划观念

① 这份文献中文版中的名称并不统一：封面、序言及报批呈文中，均为“首都计画”，而目录及部分正文则采用“首都计划”，本书采用封面中的名称。

在1949年进而成为他为新中国首都谋划科学合理规划方案的重要指导思想。

一 梁思成早期的规划实践探索：《天津特别市物质建设方案》

1930年，梁思成与张锐合作完成《天津特别市物质建设方案》。该项工作的背景是："天津特别市政府当局在南京市制订《首都计划［画］》的影响下，登报征选《天津特别市物质建设方案》。"[①]张锐和梁思成合作应征，其科研成果获得首选，后该研究成果于1930年9月公开出版，书名改为《城市设计实用手册——天津特别市物质建设方案》[②]。该书序言指出：

> 国民政府奠都南京之后，思建国都，为天下范。因聘中外专家，设国都设计技术专员办事处，总理首都设计事务，费时年余，规模粗备，计划纲领，蔚然可观，洵为国内各市大规模设计之始。近天津特别市政府市政当局深悉此项工作之重要，登报招致物质建设方案，以备采择。作者等自问对于近代城市设计技术曾有相当之研究与经验，不揣简陋，草成此项方案。[③]

正如天津特别市政府当局的登报征选活动，是受南京《首都计画》之影响，梁思成与张锐合作的《天津特别市物质建设方案》（以下以《天津方案》代称）同样也是受到南京《首都计画》的影响。就文本内容而言，《天津方案》第十九章"本市分区条例草案"，转引自南京《首都计画》第二十六章"首都分区条例草案"。对此，第十八章关于分区问题的说明指

① 天津市城市规划志编纂委员会：《天津市城市规划志》，天津科学技术出版社，1994，第48页。

② 该成果于1930年6～8月在天津《益世报》上连载刊发，署名为"张锐、梁思成合拟"。9月出版单行本时，署名调整为"梁思成、张锐合拟"；其封二注有"天津规划，由张锐制定，由梁思成绘制"。

③ 梁思成、张锐：《天津特别市物质建设方案》，载《梁思成全集》第1卷，第13页。

出："本市城市设计及分区授权法案与分区条例可以采用最近首都建筑委员会技术专员办事处所拟定者。此项法规，施诸本市，尚无削足适履之弊。附载于此，以便应用且对于作者等所拟定之本市分区图亦可得一较为明确的观念也。"①再如，《天津方案》第二十章"本市设计及分区授权法草案"，是在南京《首都计画》第二十五章"城市设计及分区授权法草案"的基础上，做了一些局部的修改和完善而成的。如果进一步讨论，还可以发现《天津方案》与南京《首都计画》其他的一些相似之处。

在美国留学时，梁思成先后于1927年2月和6月获得学士和硕士学位；1928年3月与林徽因举办婚礼后一起赴欧洲游历（图5-1）；同年8月回国，自9月起在沈阳东北大学建筑工程系任教，并担任系主任（图5-2）。1930年初应征《天津特别市物质建设方案》时，梁思成29岁，硕士毕业尚不满3年；如在今天，当时的梁思成大致是一个刚跨出校门、还处在见习期的青年建筑师。然而29岁的年龄，也正是一个建筑师的人生观和世界观逐步形成、价值观渐趋明确、有关学术思想得以奠基的关键时期。

图5-1　正在欧洲游历及考察古建筑的梁思成和林徽因（1928年夏）

资料来源：清华大学建筑学院编《建筑师林徽因》，中国建筑工业出版社，2004，第65页。

① 梁思成、张锐：《天津特别市物质建设方案》，载《梁思成全集》第1卷，第39页。

图5-2　东北大学建筑工程系师生合影（约1931年4月）

第1排：蔡方荫（左一）、童寯（左二）、陈植（右三）、梁思成（右二）、张公甫（右一）;

第2排：刘致平（左一）、张国恩（左三）、郭毓麟（左四）、张镈（右五）;

第3排：石麟炳（左五）、萧鼎华（右五）、张连步（右三）、刘鸿典（右二）;

第4排：唐璞（左二）、费康（左三）、曾子泉（左五）、林宣（右四）。

资料来源：童明（童寯之孙）提供照片，王浩娱等帮助识别人物。

在这样一个而立之年，梁思成踊跃参与天津市政府当局关于《天津特别市物质建设方案》的征选活动，显现出他对城市规划工作怀有极大的兴趣。早年在美国宾夕法尼亚大学接受的专业教育和训练，为梁思成提供了基本的规划工作技能；而南京《首都计画》的成果，则不仅为其城市规划提供了指导思想，而且还为其规划设计工作提供了一种可以借鉴的相对成熟的基本范式。

二　1929年南京《首都计画》及其中央政治区规划

1929年南京《首都计画》是中国近代城市规划史上影响最大的规划项目之一，在国际上也具有较高的知名度。1928年12月1日，国民政府成立国都设计技术专员办事处（以下简称“国都处”），《首都计画》制定工作随即启动，并于1929年底正式完成，历时一年时间。

《首都计画》是国民政府在形式上统一中国的时代背景下制定的，[①] 具有鲜明的政治色彩，即以推动南京大规模建设的方式来巩固国民政府的统治地位。[②]

（一）南京《首都计画》的主要内容

《首都计画》的制定，最核心的人物主要有4人：孙科[③]、林逸民[④]（国都处处长），以及担任顾问的美籍建筑师墨菲[⑤]和美籍工程师古力治[⑥]（见图5-3）。这4人均具有美国规划教育的背景。这样的团队构

---

① 1911年辛亥革命后，南北议和，首都随即迁往北京，开启了北洋政府政治时期，中国政局长期动荡不安。1927年4月，南京国民政府成立。1928年4月第二次北伐开始；6月，国民革命军攻入北京；12月29日，张学良宣布"东北易帜"，第二次北伐结束，南京国民政府从形式上完成了中国的统一。为继承孙中山遗愿，统一后的国民政府仍定都南京。

② 王俊雄：《国民政府时期南京首都计划之研究》，博士学位论文，台北：成功大学，2002，第136页。

③ 孙科（1891～1973），孙中山之子，1895年被送到美国夏威夷的檀香山长住；1912年2月回国，同年7月又赴美国加利福尼亚大学伯克利分校学习；1916年毕业后入哥伦比亚大学攻读研究生，主修政治、经济和财政专业，1917年获得硕士学位；1917年回国后，在广州大元帅府任秘书，此后三次（1921年3月至1922年6月，1923年2月至1924年6月，1926年6月至1926年11月）担任广州市市长。1928年1月赴英、德等国考察，9月回到南京，同年10月在改组后的南京国民政府中担任要职（任铁道部部长、考试院副院长）。早在加利福尼亚大学伯克利分校学习时，孙科就研究过市政制度，对美国城市规划有所了解，1919年在国民党主办的《建设》杂志上发表《都市规划论》一文；1926年6月前后主导制定广州（时为国民政府驻地）城市规划。

④ 林逸民（1896～？），广东人，毕业于广东岭南大学和唐山工程学院。1921年获得美国普渡大学土木工程专业学士。1923年孙科第二次任广州市市长时，被聘为广州市工务局局长。1924年9月因孙科辞职而辞去工务局局长之职。1925年7月，被时任广州市市长伍朝枢聘为工务局局长。1926年6月孙科第三次任广州市市长时，续任工务局局长。1927年3月辞职，后赴美国哈佛大学学习城市规划。1928年回国。

⑤ 亨利·墨菲（Henry Killam Murphy，1877–1954；又译茂飞），美国康涅狄格克州人，1899年毕业于美国耶鲁大学建筑系；1906年在纽约开设建筑事务所。1913年承接中国长沙雅礼大学规划设计项目，此后长期在华从事中国规划业务，直至1935年7月离开中国。共计来中国8次，在中国停留时间超过9年，在上海设有建筑事务所分所，承接规划设计项目近40项，项目地点包括长沙、北京、天津、济南、上海、福州、厦门、苏州、南京、广州等城市。以大学校园规划和建筑设计为主，曾完成沪江大学、福建协和大学、金陵女子学院、燕京大学、岭南大学等校园规划。1922～1926年受孙科委托，策划和制定广州城市规划。

⑥ 欧内斯特·古力治（Ernest P. Goodrich，1874–？），毕业于美国密歇根大学土木工程系。1907年独立开业前曾在美国海军任职，专长为港口设计。20世纪10年代与人合作提出美国城市规划史上最早的城市调查方法。1917年为美国城市规划协会的创始会员。1933～1934年任纽约市卫生局局长，是美国城市规划运动的主要组织者之一。

成，本身就决定了《首都计画》的制定必然受到美国城市规划理论的重要影响。研究表明，南京《首都计画》在规划理念、技术、程序和方法等方面，明显与美国当时的城市规划思想与实践有承接关系。[①]

在《首都计画》工作中（见图5-4），采用了当时国际上比较先进的一些规划技术，如航空摄影及地形建模（见图5-5）等。“由于中国一向缺乏精密城市地图，《首都计画》的规划过程曾因此拖延了半年之久。最后是靠美国海军以飞机空中照相支援，才解决了此问题”[②]。

图5-3 墨菲（左）和古力治（右）

资料来源：赖德霖《中国近代建筑史研究》，清华大学出版社，2007，第397页；南京市城市建设档案馆《城市的记忆——馆藏珍品解读（民国部分）》，2013，第4页。

① 王俊雄：《国民政府时期南京首都计划之研究》，第148页。
② 王俊雄：《国民政府时期南京首都计划之研究》，第147页。

图5-4　南京《首都计画》工作组考察西水门段城墙（1929年初，照片中右为莫愁湖）

资料来源：国都设计技术专员办事处《首都计画》（英文版，1929年），南京市城市建设档案馆藏，第307页。

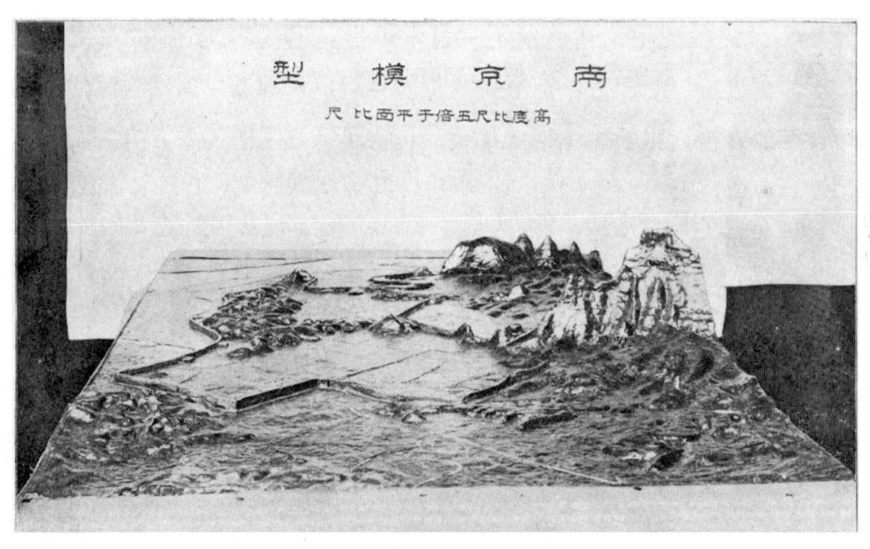

图5-5　南京市航空地形分析模型（1929年）

资料来源：国都设计技术专员办事处《首都计画》（中文版，1929年），第3页。

《首都计画》首先是用英文完成的，随后又翻译出了中文版，两个版本的内容（特别是所配图表）并不完全一致。目前，南京市城市建设档案馆收藏有此两个版本的《首都计画》，其中英文版为目前存世的唯一一本；该英文版本珍贵之处在于，扉页中有墨菲和古力治的亲笔签名（见图5-6）。

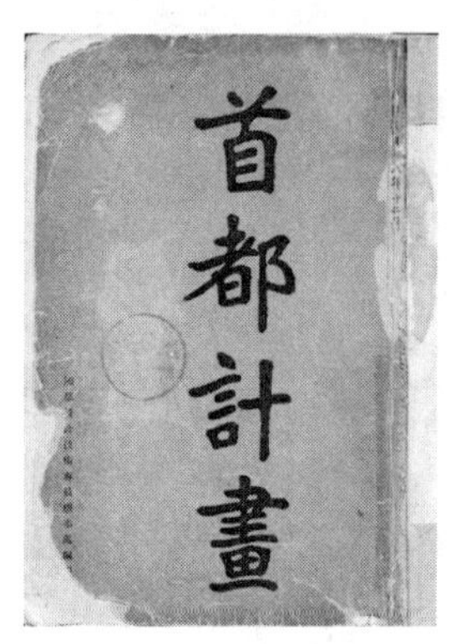

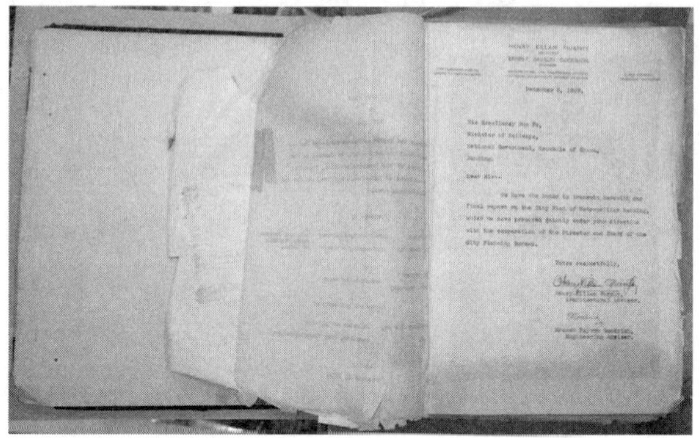

图5-6　南京市城市建设档案馆收藏的《首都计画》中文版的封面（左）和英文版内页（右，右下为墨菲和古力治的签名）

资料来源：拍摄自南京市城市建设档案馆。

对于《首都计画》，台北研究者王俊雄认为，它建构了科学理性和民族主义两种规划论述。所谓“科学理性”的规划论述，“是以追求‘现代’‘进步’之西方城市形构为价值号召，宣称通过运用科学的‘都市计画’方法，重新组织构成都市的‘物质’之间的关系，来对既有城市进行改造，将可使中国由原本落后混乱进化到文明秩序”[①]。就具体的规划方法而言，土地使用分区是最为重要的规划手段。

《首都计画》共包括28章内容，对分区问题有着突出的强调：

> 划分区域，乃城市设计之先着。盖种种设计，多待分区而后定。而道路之位置、宽度、坚度等项，因区域之性质而互异，尤非先分区域，无以为规划之根据也。分区之作用，在使全市之土地利用得宜，人口之分配得当，并使应留之天通及空地，各从一定之限制，俾市民公共之卫生，籍以保持。其关系于城市者至大。故新都市之规划，莫不采用分区

① 王俊雄：《国民政府时期南京首都计划之研究》，第278页。

之制度。[①]

《首都计画》"估计南京百年内之人口，以二百万人为数量"[②]。在此基础上，第二十五章提出了适用于全国的"城市设计及分区授权法草案"，第二十六章提出了针对南京市的"首都分区条例草案"。《首都计画》将南京的城市建设用地，分为行政、公园、住宅、商业和工业5个大类；其中住宅区又细分为3个小类，即：第一住宅区、第二住宅区和第三住宅区；商业区又细分为第一商业区和第二商业区；工业区细分为第一工业区和第二工业区；共计9类用地分区。[③]

（二）中央政治区规划方案

对于本书研究主题而言，1929年南京《首都计画》最值得关注的内容，即有关行政区规划的部分，它具体又包括中央政治区和市行政区两种类型。此两种类型分别在《首都计画》的第四章和第五章中给予了详细说明。仅从篇章结构即可看出，行政区规划在《首都计画》中占据着相当突出的地位。

关于中央政治区的位置，《首都计画》提出5项原则："其一，面积永远足用也"；"其二，位置最为适宜也"；"其三，布置经营易臻佳胜也"；"其四，军事防守最便也"；"其五，于国民思想上则有除旧更新之影响也"。《首都计画》统计当时中央政府员工总数不足一万人，日后若以美国标准计算，"当有二十万人"；"以十万计之，情势所趋，将来当必及此，准此推算，合之所拟定建筑物最适宜之高度，'中央政治区域'，应有一又四分之三英里乃至二方英里之面积，[④]方可敷用"[⑤]。

---

① 《首度计划》原文中标点符号均为句号，笔者引用时作了修订；下同，不再逐一标注。国都设计技术专员办事处:《首都计画》(中文版，1929年)，第153页。

② 国都设计技术专员办事处:《首都计画》(中文版，1929年)，第15页。

③ 参见《首都城内分区图》(1929年)，国都设计技术专员办事处《首都计画》(中文版，1929年)，第171页。

④ 折合为4.53~5.18平方公里。

⑤ 国都设计技术专员办事处:《首都计画》(中文版，1929年)，第25~26页。

经过对紫金山南麓、明故宫和紫竹林三个地区的综合比较，《首都计画》认为中央政治区最合适的位置在南京城郊外的紫金山南麓，并强调："查世界新建国都，多在城外荒郊之地，如澳京之近巴那，土耳其之安哥拉，印京之新大理，无一不然。一方固可规画裕如，一方亦有鼎新革故之意"，"该地位于郊外，实与斯旨相符。如地在总理陵墓之南，瞻仰至易。观感所及，则继述之意，自与俱深"。①

中央政治区规划是《首都计画》民族主义规划论述的主要载体，规划手法主要表现在如下三个方面：

> 其一，政治区区位的蓄意选择；亦即，通过表述这些空间所承载的辉煌过去，来塑造该地点在民族历史上的神圣性；其二，运用放射状轴线、超人尺度雄伟壮丽的空间形式对该地点进行规划，来堆积国家的领袖性格；最后，再透过统一运用被其论述为"民族传统"的中国宫殿建筑风格，来构筑区内政府建筑的统一形貌，好表彰国民政府为中国固有文化的继承者。②

在《首都计画》制定工作的前期（1929年6月），墨菲已经勾画出一套中央政治区的规划设计方案：在一片南向坡地上，中央政治区的建筑分三期依次修建。③第一期中，位置最北、地势最高的是国民党中央党部建筑群，其南侧为国民政府建筑群，再往南为五院和各部会建

① 至于市行政区，《首都计画》提出的选址原则与中央政治区有所不同，主要体现为4项：其一，"关于该区之面积，当以无碍其最高度之发展为标准"；其二，"该区地点之所在，务须交通便利，而与主要之干道接近，而又不致为过，以免发生拥挤之弊"；其三，"为保持市府之尊严及引起市民之注意计"，"该区应位于地势较高之地点"；其四，"市机关之性质约分二类，与市民时有直接之关系者，如登记处征税处之属，为第一类，此类机关之所在，应密迩市民之集中地点。与市民无甚直接关系者，如警察训练所、惩戒场之属，为第二类，此类机关，不妨距离较远"，"又第一类之中，有可聚合于一处者，有应分散于各处者，亦应分别设置，市行政区地域之所包，只指前者而言"。据此，《首都计画》建议在鼓楼以北原明代钟亭旧址一带的高地上，建设南京市一级的行政区。国都设计技术专员办事处：《首都计画》（中文版，1929年），第25～29页。

② 王俊雄：《国民政府时期南京首都计划之研究》，第279页。

③ 参见《拟建"中央政治区"暨铁路总站图》（1929年6月），国都设计技术专员办事处《首都计画》（英文版，1929年），第123页。

筑群。[①]

不过，在墨菲做出这一设计方案之后，国都处并未立即接受，而是于1929年7月发布《首都"中央政治区"悬奖征图案条例》，主办了一次设计方案征集活动。截至1929年8月31日，国都处共收到9份设计方案，经聘请的墨菲、慕罗、舒巴德、陈和甫、林逸民、茅以升和陈懋解等专家的评审，选出三等奖和佳作奖各两项（一等奖和二等奖空缺）。其中，获得三等奖的是黄玉瑜和朱神康合作的第一号方案和第六号方案，[②]后来被纳入《首都计画》成果中的中央政治区规划图，即黄、朱合作的第一号方案。[③]

对于中央政治区的规划，美籍建筑师墨菲是一个灵魂性的人物。自1913年起，墨菲就开始在中国承接城市规划和建筑设计项目，并逐渐将中国作为其专业技术工作的重心，如1919年时，他曾承接过南京金陵女子学院（今南京师范大学）的校园规划，对中国文化及南京的情况并不陌生。1928年底前后，在接受《首都计画》任务即将离美赴华之际，墨菲接受记者的采访，当日的采访记录了其颇为激动的心情：

墨菲这位建筑师和都市规划师，对于他的工作是极为兴奋的。他将替新中国的首都做的事，就如同百年前拉封少校（Major L' Enfant）对美国首都华盛顿做的一般。墨菲也是认为他的梦想将不会立即完全实现，直到他死后的百年后……虽然在地球遥远角落的印度德里和澳洲坎培拉，某些建筑师正在建造壮丽的欧洲政府建筑；但墨菲的工作是在古代南京城上再造一座中国首都，他的梦想是让这个首都拥有中国风格。他的工作之一是说服中国的新领导人，这个中国首都应该有中国风味。关于这点他几乎已做到了。[④]

① 参见《早期"中央政治区"设计方案鸟瞰图》（1929年6月24日），国都设计技术专员办事处《首都计画》（英文版，1929年），第121页。

② 王俊雄：《国民政府时期南京首都计划之研究》，第183～184页。

③ 参见《南京〈首都计画〉中文版刊用的"中央政治区"鸟瞰图》（1929年），国都设计技术专员办事处《首都计画》（中文版，1929年），第57页。

④ 墨菲赴中国之前接受记者Chester Rowell之采访，未署日期，收藏在美国康涅狄格州墨菲家族档案中；转引自王俊雄《国民政府时期南京首都计划之研究》，第178页。

这篇报道中，把南京《首都计画》与美国首都华盛顿规划相提并论。而在《首都计画》中，关于首都行政人员的人口和用地计算等，也有诸多与华盛顿做对比、分析的内容。可以讲，《首都计画》是与华盛顿规划直接对标的。而所谓“让这个首都拥有中国风味”，则更多地体现在建筑风格上。

在长期承接中国设计项目以及大量实地考察的过程中，墨菲逐渐发展和建构出关于“中国建筑文艺复兴”以及“改良中国建筑使之适应于现代使用”的建筑规划思想，在南京《首都计画》中，这种思想也有明确体现（见图5-7、图5-8）。南京《首都计画》第六章“建筑形式之选择”指出：

一国必有一国之文化。中国为世界最古国家之一，数千年来，皆以文化国家见称于世界。文化之为物，大多隐具于思想艺术之中，原无迹象可见。惟为思想艺术所寄之具体物，亦未始无从表出之；而最足以表示之者，又无如建筑物之显著。故凡具有悠久历史之国家，其中固有之建筑方术，固当保存勿替，更当发扬光大之。此观于希腊罗马而可见也。中国既为文化古国，而其建筑之艺术，且复著称于世界。当十七世纪时，中国之建筑艺术，已由欧人之来华考察者传播而施用于欧洲。白兰特（Edgar Brandt）亦于来华研究之后，以中国之装饰方法，施之外国建筑物之上。可知中国建筑艺术之在世界，实占一重要之地位。国都为全国文化荟萃之区，不能不籍此表现。一方以观外人之耳目，一方以策国民之奋兴也。……

总之国都建筑，其应采用中国款式，无可疑义。惟所当知者，所谓采用中国款式，并非尽将旧法，一概移用，应采用其中最优之点，而一一加以改良；外国建筑物之优点，亦应多所参入。大抵以中国式为主，而以外国式副之；中国式多用于外部，外国式多用于内部，斯为至当。[①]

① 国都设计技术专员办事处：《首都计画》（中文版，1929年），第33～35页。

图5-7　南京中央政治区部分建筑正面

资料来源：国都设计技术专员办事处《首都计画》（中文版，1929年），第59页。

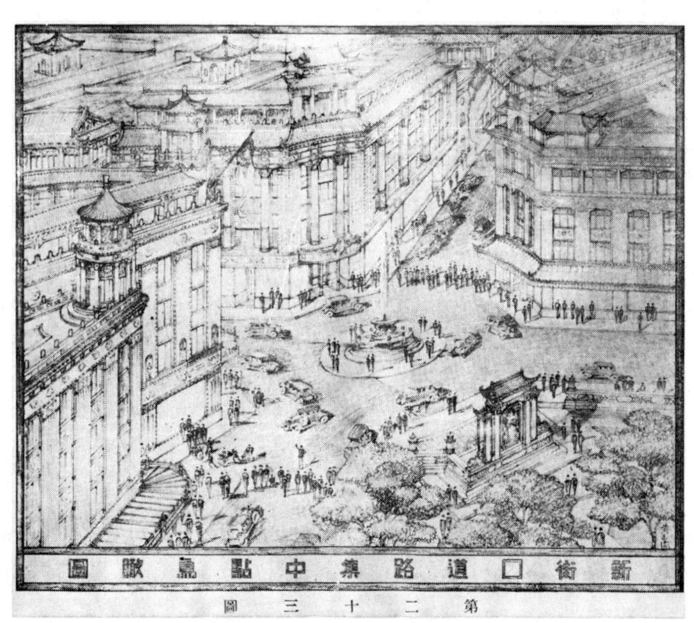

图5-8　南京市《新街口道路集中点鸟瞰图》

资料来源：国都设计技术专员办事处《首都计画》（英文版，1929年），第300页。

三　南京《首都计画》对梁思成规划思想的影响

（一）《首都计画》广泛的社会影响

在中国近代城市规划史上，南京《首都计画》是全面引入欧美城市规划理论的早期规划成果之一；在民国时期及南京城市规划史上，南京《首都计画》也是最为重要的规划案例之一。不仅如此，而且南京《首都计画》还对当时中国其他一些城市的规划工作产生了重要的影响。

除了天津特别市曾登报征集物质建设方案之外，上海特别市也紧随其后，在北部吴淞港开辟了新市区，并于1929年10月1日公开悬赏征集行政中心区及市政府新厦设计方案，赵琛等的设计方案获得第一名，后由董大酉取前三名之设计方案，综合其优点，制定上海特别市行政区规划方案（见图5–9），1931年11月完成《大上海计划图》[①]。1929年，无锡市在都市计划制定工作中将整个城市划分为行政区、工业区、商业区、住宅区和风景区等，其中行政区以无锡旧城厢为中心，集中安置各党政机关及经济机构。[②]1930年，广州特别市也制订了河南地区的都市计划，并将省政府合署区规划在三松冈、得胜冈一带。[③]

（二）梁思成规划思想的发展脉络

作为一个国际知名的重要规划项目，南京《首都计画》的影响很大，不仅对不少城市市政即规划实践，发挥了重要的示范和借鉴作用，而且对一些建筑师和规划师也具有一定的潜移默化的指导作用。墨菲关于中国建筑文艺复兴的思想以及建筑形式的主张，应该说对梁思成关于中国古建筑保护的思想也产生一定的影响，但这并非本书讨论的主题。

① 《上海城市规划志》编纂委员会编《上海城市规划志》，上海社会科学院出版社，1999，第66～74页。

② 同济大学城市规划教研室编《中国城市建设史》，中国建筑工业出版社，1982，第168页。

③ 王俊雄：《国民政府时期南京首都计划之研究》，博士学位论文，第58页。

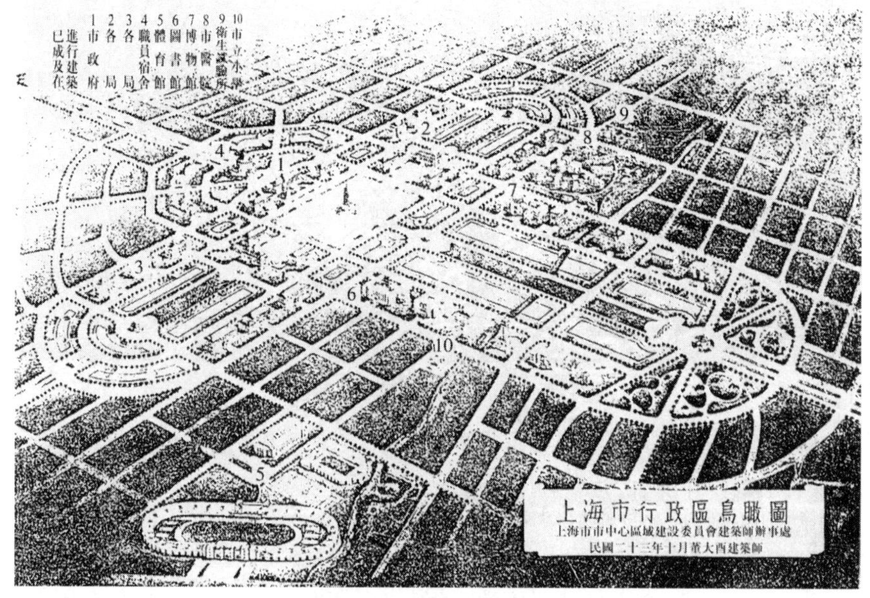

图5-9 《上海市行政区鸟瞰图》（1934年10月）

资料来源：《上海城市规划志》编纂委员会编《上海城市规划志》，上海社会科学院出版社，1999，第70页。

就行政区规划问题而言，值得注意的是，早在1930年与张锐合著《天津方案》时，梁思成就对此有了相当程度的关注，但由于天津并非首都，不存在中央政治区规划的问题，因而其重点是对天津市一级行政中心（图5-10）的规划问题，提出了专业性建议。《天津方案》第十一章中有如下内容：

二、天津市行政中心区之位置

天津市公共建筑之位置分布，应依上项原则规划。就中尤以市行政中心区之设计最关重要。近代都市，对于此点均极注意。其故盖因市行政中心区如规划得宜，不特市行政之经济与能率可以增高，且市民对于此庄严伟丽之市政府将发生一种不可自抑之敬仰爱慕，其爱市之心亦可油然而生。天津特别市政府现在地址比较狭隘。故市政府直辖各局之办公地点，均分散于他处，例如教育局在中山公园内，财政局在河北，土地、工务、社会、卫生四局均在特别二区之内。于办事上既感不便，于建筑上亦有不集中难有大规模的计划之苦。

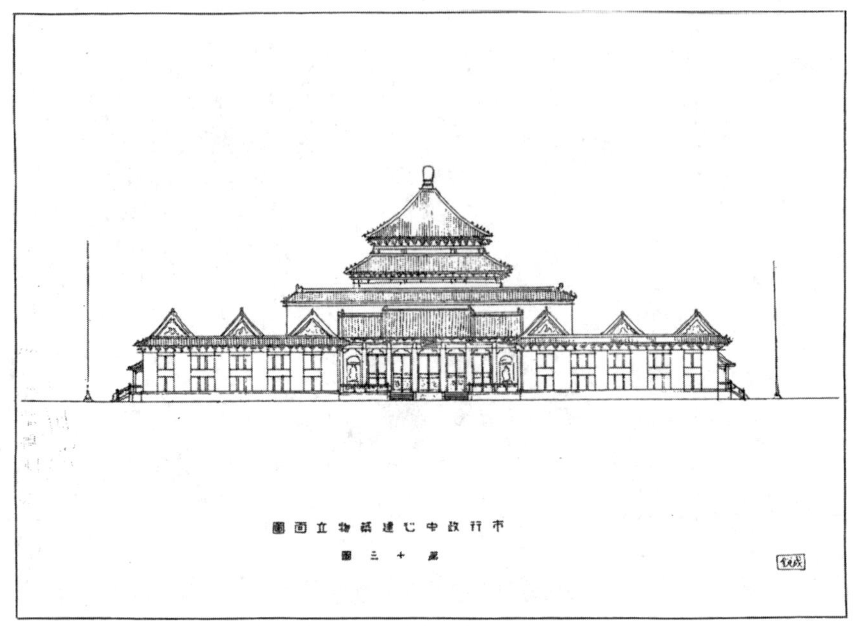

图5-10 《天津方案》提出的《市行政中心建筑物立面图》(1930年)

资料来源：梁思成、张锐《城市设计实用手册——天津特别市物质建设方案》，北洋美术印刷厂，1930；转引自朱涛《梁思成与他的时代》，第237页。

作者等认为市政府直辖各局办公地点，除公安局应有其特殊的位置外，其他各局均应乔迁于集中之地点，俾可形成大规模之天津市行政中心区。此项行政中心区之地点，作者等认为现市政府所在地最为适宜。其故有三：

(1)刻下市内向有公共建筑，当以市政府所在地为最宏大，邻近复多官署衙门，将来较易改建。且此项地段距繁盛商业区域如大胡同一带虽甚近便，而地价则较廉。附近地带，非官署，即民宅。趁此地价不高之时，市政府可酌量购置，以备将来发展地用。较之采取其他地点，代价既廉，手续亦较简单也。

(2)此项地带，前清即为总督衙门，民国以来，地方长官，均以此为衙署，有此攸长之历史，市民心目中已认此为全市精神上之行政中心区域。一经改善，益可增其尊严。

(3)市政府与一般市民具有直接或间接之关系。将来市议会正式成立之后，市民与市府之关系益见亲密。故该区所在地务须交通便利，与主要干道接近而又不致成为车马必经之孔道，以免发生莫须有的拥挤。依此而言，刻下市政府所在地亦为最适宜之市行政中心区域。

有此三点利益，故作者等仅建议采用现在市政府所在地带为将来市行政中心区。①

由此我们可以追索到如下两点：一是早在1930年，梁思成和张锐就已经对行政区规划问题情有独钟，形成了以“各局均应乔迁于集中之地点，俾可形成大规模之天津市行政中心区”为代表的规划思想；二是梁思成和张锐的主要着眼点是“市行政之经济与能率可以增高，且市民对于此庄严伟丽之市政府将发生一种不可自抑之敬仰爱慕，其爱市之心亦可油然而生”，这显然蕴含着现代城市规划的一些基本观念。

1930年参与《天津方案》征集活动的经历对梁思成的意义，或许并不在于《天津方案》成果本身，而在于这一经历对于梁思成规划思想的重要影响。可以讲，正是对南京《首都计画》的学习借鉴，以及对《天津方案》的研究和探索，为青年建筑师梁思成种下了一颗热爱和向往城市规划工作，勇于探索、追求科学理性规划之学术思想的种子。

但是，梁思成早年主要从事建筑教育职业（图5-11）；自1931年九一八事变开始，因日本的侵略，中国时局长期处于动荡不安、民不聊生之困境。中国社会经济状况的现实环境以及自身情况，未能给梁思成城市规划学术思想的种子提供进一步生根、发芽的土壤。

---

① 这里引用的几段文字在原文中为一整段，为便于读者阅读而进行了分段编排。梁思成、张锐：《天津特别市物质建设方案》，载《梁思成全集》第1卷，第32～33页。

图5-11　梁思成（左三）与清华大学建筑系毕业生谈心（1959年夏）

资料来源：鲍世行提供。

1937年全面抗日战争爆发后，梁思成和林徽因南下避难，1940年冬从云南昆明辗转至四川李庄暂住。在李庄期间，梁思成阅读到美国建筑师沙里宁（Eliel Saarinen）于1943年出版的名著《城市：它的生长、衰败和未来》（*The City: Its Growth, Its Decay, Its Future*）深受启发，这是梁思成此后选派助手吴良镛赴美师从沙里宁的一个重要背景。就梁思成个人而言，这本书更重要的意义在于，激化他重新迸发对于城市规划研究的极大兴趣和志向。

1945年8月，梁思成在重庆《大公报》上发表《市镇的体系秩序》一文，对沙里宁等主张的现代城市规划思想颇为推崇：

欧美市镇起病主因在人口之过度集中，以致滋生贫民区，发生车辆交通及地产等问题。最近欧美的市镇计划，都是以“疏散”（Decentralization）为第一要义。然而所谓“疏散”，不能散漫混乱。所以美国沙理能 (Eliel

Saarinen）教授提出"有机性疏散"（Organicdecentralization）之说。而我国将来市镇发展的路径，也必须以"有机性疏散"为原则。

这里所谓"有机性疏散"是将一个大都市"分"为多数的"小市镇"或"区"之谓。而在每区之内，则须使居民的活动相当集中。人类活动有日常活动与非常活动两种：日常活动是指其维持生活的活动而言，就是居住与工作的活动。区内之集中，是以其居民日常生活为准维……①

抗战胜利后，梁思成回到北平，肩负起筹建清华大学营建学系的历史使命。当时的梁思成尽管已有极高的社会声誉并在北平工作和生活了多年，但并没有过多地介入这个城市的规划事务。譬如，1947年5月成立的北平市都市计划委员会（都委会）委员中就没有梁思成。②正是1949年1月北平的和平解放，以及随之而来的新中国首都的规划问题，给梁思成带来了再次从事城市规划实践的时代机缘。

正因如此，在1949年5月8日都市计划座谈会之前，梁思成即组织清华大学营建学系的有关师生，针对首都未来发展及西郊新市区规划的种种问题展开研究，并"费多时讨论"。

考察梁思成的城市规划专业活动历程可见，到1949年时，对其有关学术思想起到重要支撑作用的，主要是早年在美国宾夕法尼亚大学所接受的建筑学专业教育、1929年南京《首都计画》所给予的熏陶，以及探索、完成《天津方案》中所秉持的科学规划的理想和信念。应当说，这些是梁思成于1949年初提出在北平西郊建设首都行政区这一规划构想的

---

① 梁思成：《市镇的体系秩序》，载《梁思成全集》第4卷，第304～305页。

② 当时北平市都委会的主任委员为北平市市长何思源，副主任委员为工务局局长谭炳训；委员包括：陶葆楷（清华大学教授）、余昌菊（冀北电力有限公司副经理）、张镈（基泰公司工程师）、黄觉非（市政府法律顾问）、杜衡（北平市党部代表）、王云程（市参议员）、罗英（公路总局第八区公路局局长）、钟森（中国市政工程学会代表）、许鉴（平津区铁路局工务处处长）、常文照（市商会理事长）、邓继禹（市政府秘书长）、马汉三（民政局局长）、韩云峰（卫生局局长）、傅正舜（财政局局长）、张道纯（地政局局长）、王季高（教育局局长）、张鸿渐（公用局局长）、汤永咸（警察局局长）、温崇信（社会局局长）。北平市工务局：《北平市都市计划委员会委员名单》，载北平市工务局编《北平市都市计划设计资料》第一集，第79页。

思想渊源。

对于首都行政机关的具体位置，即首都行政区的选址，梁思成一直主张在北平老城之外的西郊地区，规划建设一个首都行政区，这一“城外建城”的规划选址思路，与1929年南京《首都计画》中关于中央政治区的选址原则如出一辙。这一点，能否被认为是1929年南京《首都计画》对梁思成的规划思想产生重要影响的一个方面呢？

再就首都行政区规划的一些细节进行考察，如行政机关房屋的层数，梁思成的思想认识与《首都计画》也保持高度的一致，而显著有别于同时期的同辈建筑师杨廷宝、刘敦桢和童寯等（详见第八章的有关讨论）。即便从梁思成1949年前后完成的规划图纸中，也可观察到借鉴《首都计画》的一些痕迹（见图5–12～图5–15）。

图5–12 《围城林荫大道及城上大道鸟瞰图》（1929年）

资料来源：国都设计技术专员办事处《首都计画》（英文版，1929年），第315页。

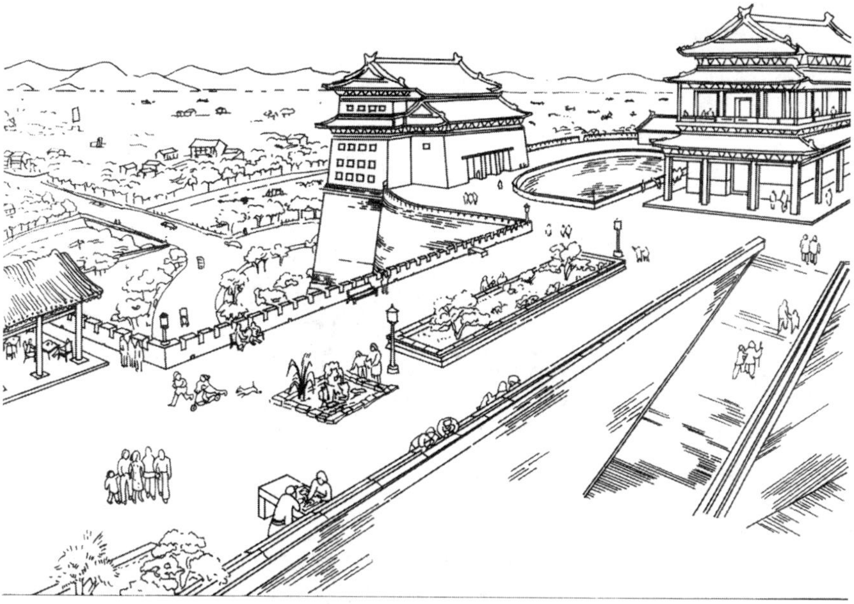

图5-13 《北京的城墙还能负起一个新的任务》——梁思成关于利用北京城墙改建城市花园的设想（1951年）

资料来源：梁思成《北京——都市计划的无比杰作》,《新观察》第2卷第7、8期，1951；转引自《梁思成全集》第5卷，第112页。

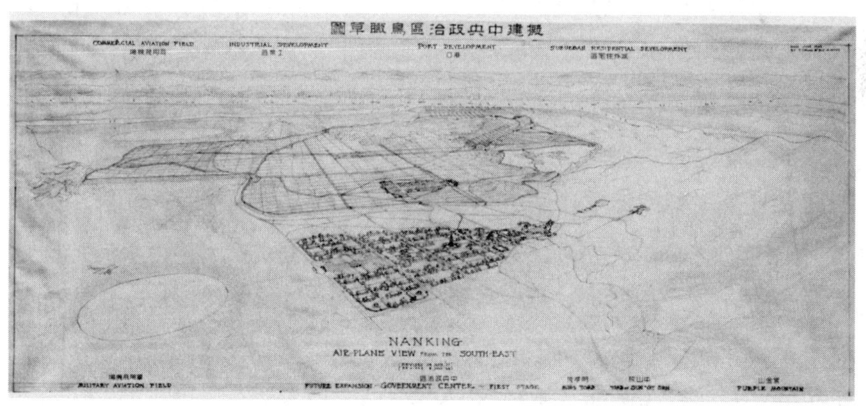

图5-14 《拟建中央政治区鸟瞰草图》（1929年6月）

资料来源：国都设计技术专员办事处《首都计画》（英文版，1929年），第119页。

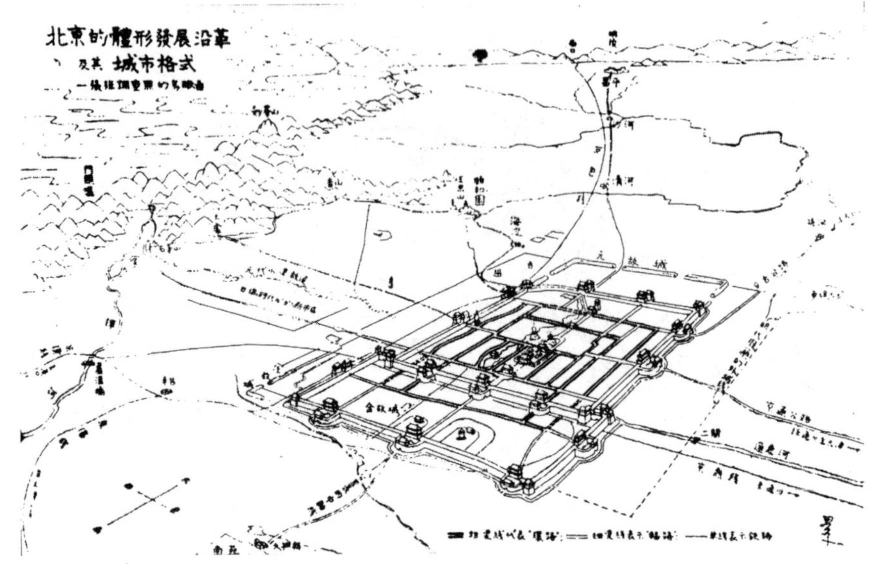

图5-15　梁思成手绘图《北京的体形发展沿革及其城市格式》（1951年）

资料来源：梁思成《北京——都市计划的无比杰作》，《新观察》第2卷第7、8期，1951；转引自《梁思成全集》第5卷，第104页。

四　南京中央政治区规划的修订及实施情况

城市规划是一项社会实践活动，对有关城市规划问题的关注和讨论，不能仅限于规划设计方案层面，还应进一步深入考察其付诸实施和实现的情况。备受关注的南京《首都计画》，特别是其中央政治区规划，后来的实施情况究竟如何呢？有史料表明，在《首都计画》制定完成后的次月，国都处因工作结束并遭撤销。仅仅2日后，即1930年1月18日，国民政府下发第18号训令，命令首都建设委员会[①]将中央政治区地点改在明故宫，并尽速制定、公布城厢区域之道路系统，档案中该训令后附一张“陆海空军总司令部用笺”，上面明确批示：“行政区域决定在明故宫，全城路线应即公布为要。”[②]

毫无疑问，中央政治区地点的变更，几乎推翻了国都处1929年制

① 成立于1928年8月，早期名为“建设首都委员会”。

② 王俊雄：《国民政府时期南京首都计划之研究》，第223页。

定的中央政治区规划，这对《首都计画》有着极为重大的影响。董鉴泓认为：“‘首都计划’虽然是我国最早的一次城市规划工作，但在内容与形式上，基本搬用当时欧美城市规划的理论及方法。由于‘首都计划’的主要目的在于政治宣传，因此没有什么实际的意义，在以后的建设中，基本上没有按计划进行。”①这样的一种结果，正应验了上文曾引述的墨菲在承接此项规划工作之初的预感，即“墨菲也是认为他的梦想将不会立即完全实现，直到他死后的百年后”。

那么，南京《首都计画》为何未能付诸实践呢？这仍然要回顾此方案的时代背景。简而言之，在《首都计画》“瑰丽的规划论述背后，其实隐含着复杂的权力运作”，“规划者在首都计画过程中引进‘都市计画’和建构民族论述的目的，并非如他们表面所称的，想籍此让民众在精神、形体、经济方面均得利益；反而是与国民政府和掌握这些论述的专业者之显示利益有关”，《首都计画》“因为国民政府某些领导人士间的权力竞逐，而一再发生变迁、最终沦为几个零星计画的组合。尤其作为统治权力中心空间的‘中央政治区’规划，所经历的变迁过程不但最转折复杂，而且紫金山南麓和明故宫二种地点选择，和几种不同的计画图，也为当时国民政府内部权力竞逐留下了空间上的注脚”。②

中央政治区选址在紫金山南麓的规划方案，对于《首都计画》最高负责人而言，似乎较之他人更具意义，“将国民党中央党部建筑置为‘中央政治区’中心端景，又位于中山陵之下，且又采用同一建筑风格”，这不啻将孙文主义中的领袖崇拜的意识具现在空间之中；从实际政治利益来看，透过对如此空间的塑造来具体呈现对《首都计画》最高负责人之父亲地位之尊崇，似乎亦有凸显其在国民党革命道路中处于正统地位之作用。③然而就国民政府最高领导人而言，早在1928年秋天就已“同意以明故宫为中央政治区地点”，对于《首都计画》最高负责人替以紫金山南麓为中央政治区的提议，他亦从未真心同意过，他只是在

---

① 同济大学城市规划教研室编《中国城市建设史》，第176页。

② 王俊雄：《国民政府时期南京首都计划之研究》，第279～280页。

③ 王俊雄：《国民政府时期南京首都计划之研究》，第182页。

等待一个适当时机加以“更正”而已。[①]

正因有这样一种政治和权力运作的特殊背景，早在《首都计画》制定的过程中，由国民政府最高领导人任主席的首都建设委员会的机关刊物《首都建设》，才于1929年10月刊出了中山陵设计竞赛首奖获得者吕彦直[②]所做的规划方案，此规划方案主张以明故宫为中央政治区地点。[③]

中央政治区地点正式变更后，首都建设委员会于1930年4月召开第一次全体会议，此期间孙科和德籍专家舒巴德（首都建设委员会顾问）[④]各提出一份以明故宫为地点的中央政治区规划设计方案[⑤]（见图5-16、图5-17），首都建设委员会对这两个方案进行审议后，决定“应采舒巴德案所提原则办理”，此后的一些公文中，便将舒巴德的这一方案称为经批准的“乙种总图”。

不过，当该规划方案呈交由孙科主导的首都建设委员会工程建设组实施时，工程建设组指出该方案的8点缺陷，遂又提出另一份《中央政治区建筑布置计画图》（见图5-18）。

---

① 王俊雄：《国民政府时期南京首都计划之研究》，第222～223页。

② 吕彦直（1894～1929），山东东平人（出生于天津），1911～1913年在（北京）清华学校学习，1911～1918年入美国康奈尔大学建筑系学习。自1918年开始，进入美国纽约墨菲建筑事务所工作，随后转入上海墨菲建筑事务所分所工作；1922年3月离职；此期间曾参与墨菲主持的燕京大学和金陵女子学院的校园规划设计。1925年9月获得南京中山陵设计竞赛首奖，开办（上海）彦记建筑事务所。1926年9月获得广州中山纪念碑、纪念堂设计竞赛首奖。1929年3月18日因肝肠癌逝世，享年35岁。

③ 吕彦直：《规划首都都市区图案大纲草案》，《首都建设》1929年第1期。

④ 1929年以前曾任南京市政府顾问。

⑤ 两个方案的主要区别在于：孙科方案主张在中山路以南建设中央政治区；舒巴德方案则主张在中山路南北两侧建设此区。更耐人寻味的是，舒巴德的方案一举推翻了他本人于不久前刚刚提出并公开发表的以历史保存为中心的中央政治区之规划构想：“应将原明宫城遗址全区辟为公园，其中不容许建任何房屋；并将原御道辟为干道，其作法为沿御道大石路面两旁各建新路，以让人行经过时感觉古人之伟大。至于必须新建的诸种中央机关建筑，包括国会及各院部会，应沿此宫城公园外围环绕。而这些机关建筑时，除应整齐画一外，也以高度两层为宜。”舒巴德撰《中央政治区之布置及其发展之趋向》，任鼒干译，《首都建设》1930年第3期；转引自王俊雄《国民政府时期南京首都计划之研究》，第259页。

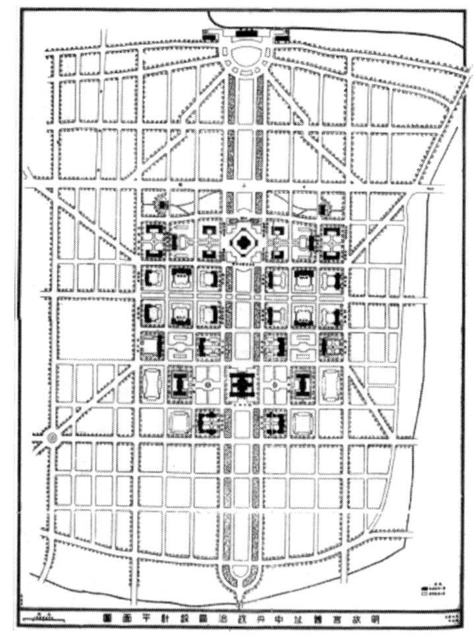

图 5-16 《明故宫旧址中央政治区设计平面图》（孙科方案，1930年4月）

资料来源：王俊雄《国民政府时期南京首都计划之研究》，第258页。

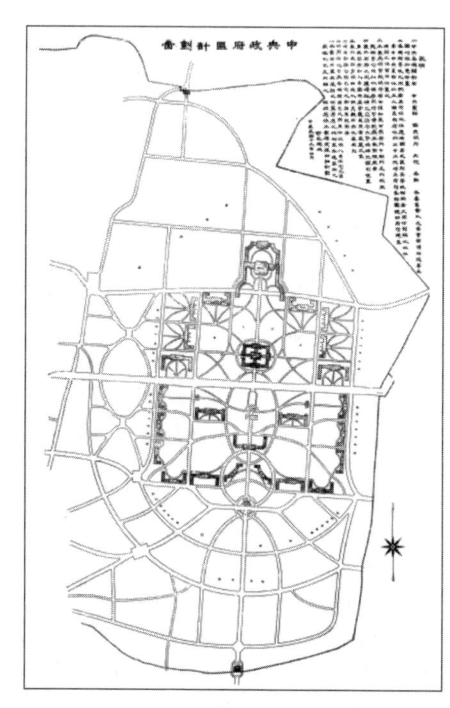

图5-17 《中央政府区计划图》（舒巴德方案，1930年4月）

资料来源：王俊雄《国民政府时期南京首都计划之研究》，第260页。

此后，由于种种原因，中央政治区规划工作一度陷入停滞。1933年4月，主导中央政治区规划工作的首都建设委员会也被裁撤。1933

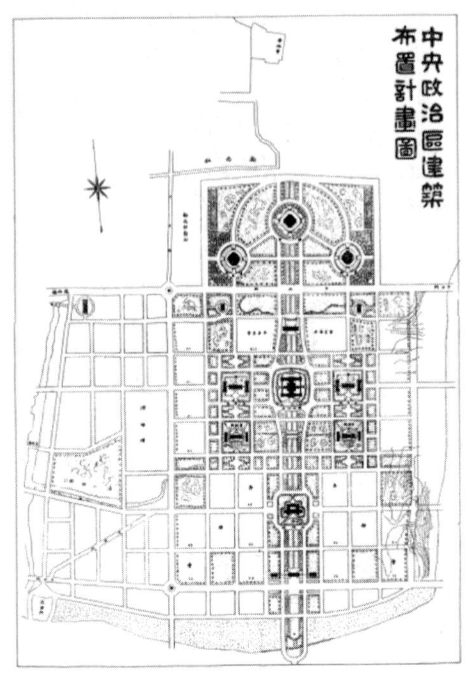

图5-18 《中央政治区建筑布置计画图》（首都建设委员会工程建设组，1930年夏）

资料来源：王俊雄《国民政府时期南京首都计划之研究》，第263页。

年9月，鉴于"京市住房不敷，所有居住城南之检察院、立法院各机关职员为数甚多，均苦无地建造住宅"，国民政府在明故宫中央政治区南部，划出2500余亩用地规划为住宅区。[①]1934年6月6日，行政院召开中央政治区案审查会议，对关颂声所做的规划设计方案[②]进行审议，并决定结合南部住宅区规划，对中央政治区规划进行修订。

1935年1月，国民政府成立了直属于行政院的中央政治区土地规划委员会（行政院副院长兼财政部部长孔祥熙任主席），"于本年

① 南京市政府训令《奉行政院令转饬划政治区南部为公务员建造住宅之用业经中央政治会议核准特令遵照仰望遵照办理由》（1933年），南京市档案馆藏，档案号：10010030307（00）0003。

② 这次审查会上，张剑鸣发言指出："关于方才讨论之问题，均为以前所送经讨论者，以前迭次讨论之结果，曾经作成图案，送呈蒋委员长，以后迄无下落，现在卷内之图，均非前此最后审查确定之图，不过大体无甚悬殊而已。该图为关颂声所作成，大约关君尚有底本，不难寻出。现在住宅区案，既已经中央核准，自不便完全变更，致损政府威信。惟关于政治区之图案，仍以参考以前之图案为宜，因以前曾经迭次讨论，于种种方面，均已稍为顾全也。"行政院：《中央政治区域案审查会议》（1934年），南京市档案馆藏，档案号：10020052562（00）0005。

[1935年]三月五日召集会议，按照原定‘中央政治区域’乙种图案，将其中尚未划定地址之机关，暨需地较多之机关，酌量分配补充，草拟‘中央政治区域’各机关建筑地盘分配图，附具说明”，“复于五月八日召集会议，将关于征收地价及土地初步整理工程，暨地价低借支付等事，逐一讨论，分别拟订办法，并拟定‘中央政治区域’附近土地使用支配修正图及说明”。1935年6月29日，国民政府发布训令，正式公布《中央政治区各机关建筑地盘分配图》（见图5–19）和《中央政治区附近土地使用支配图》，这标志着中央政治区规划的最终定案。

1936年10月，南京市政府工务局在实地测量的基础上，拟定出具体的《国府及四院建筑基地界址》（见图5–20）并上报审查。[①]

此后，由于1937年抗日战争的全面爆发，关于中央政治区的各项规划建设活动即告中断。

中央政治区规划虽早已制定，但不能及时并有效付诸实施，甚至还阻碍了南京市民的日常建设活动，损害了他们的切身利益。1933年5月2日，国民政府收到南京皇城区农会干事林庆隆等5人提交的陈情书，该陈情书恳请政府允许他们在中央政治区计划区域内暂时建设临时房屋，因为“‘中央政治区’不准住民建筑房屋迄今五载，既未规定何处为某部某院之界址，又未见内政部征收皇城区土地之公告。在中央计画未经确定或有犹豫之苦衷，在小民长此拖延实有不能忍受之痛苦。若欲增加房屋则碍于不准建筑之明文，若欲觅地迁移又苦征地给价之无日，原有房屋倒塌难修，人口增加无法栖住，进退维谷，日夕难安”[②]。

---

① 南京市政府工务局：《为签发依据中央政治区各机关建筑地盘分配图制就国府及四院建筑基地界址图请核示函由》（1936年），南京市档案馆藏，档案号：10020052134（00）0008。

② 《南京市皇城区土地预划为中央政治区迄今五载收用无期请准暂建房屋》（民国22年5月3日），《中央政治区域及划定路线》，台北：“国史馆”藏，档案号：0511.20/5050.01–02；转引自王俊雄《国民政府时期南京首都计划之研究》，第266页。

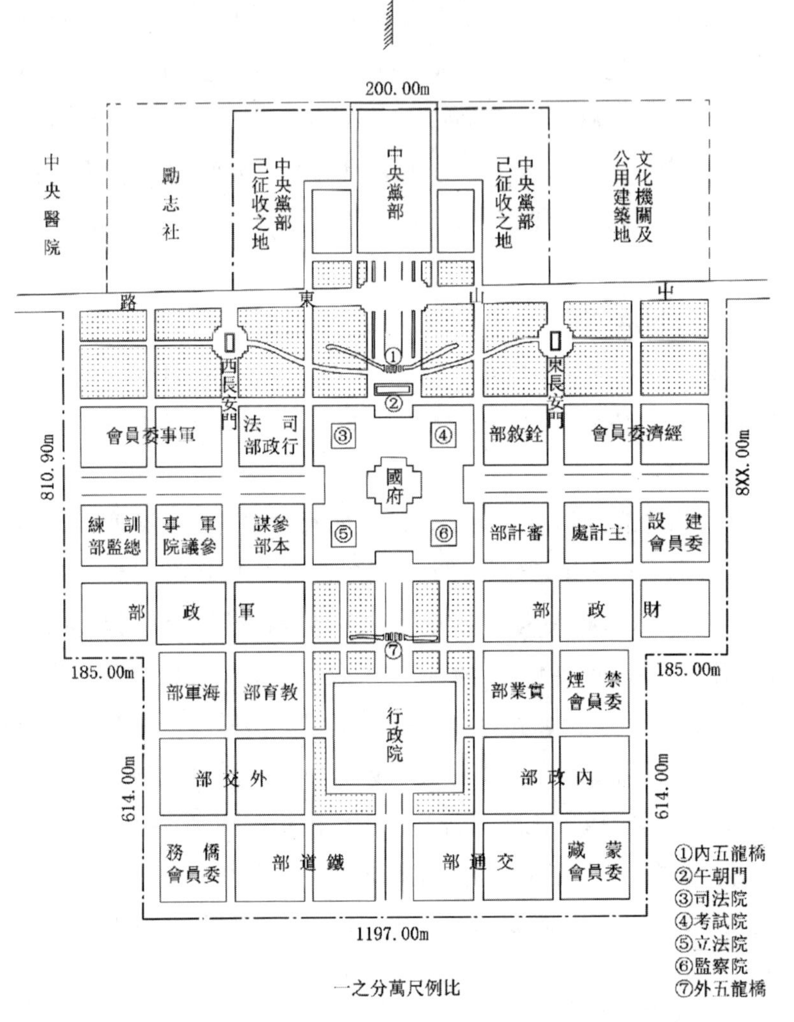

图5-19 国民政府公布的《中央政治区各机关建筑地盘分配图》（1935年6月）

注：因原图字迹模糊，特予重绘；图中各地块面积及细部尺寸从略。

资料来源：国民政府《关于颁布中央政治区设计方案的训令》（1935年），南京市档案馆藏，档案号：16-10050010027（00）0005。

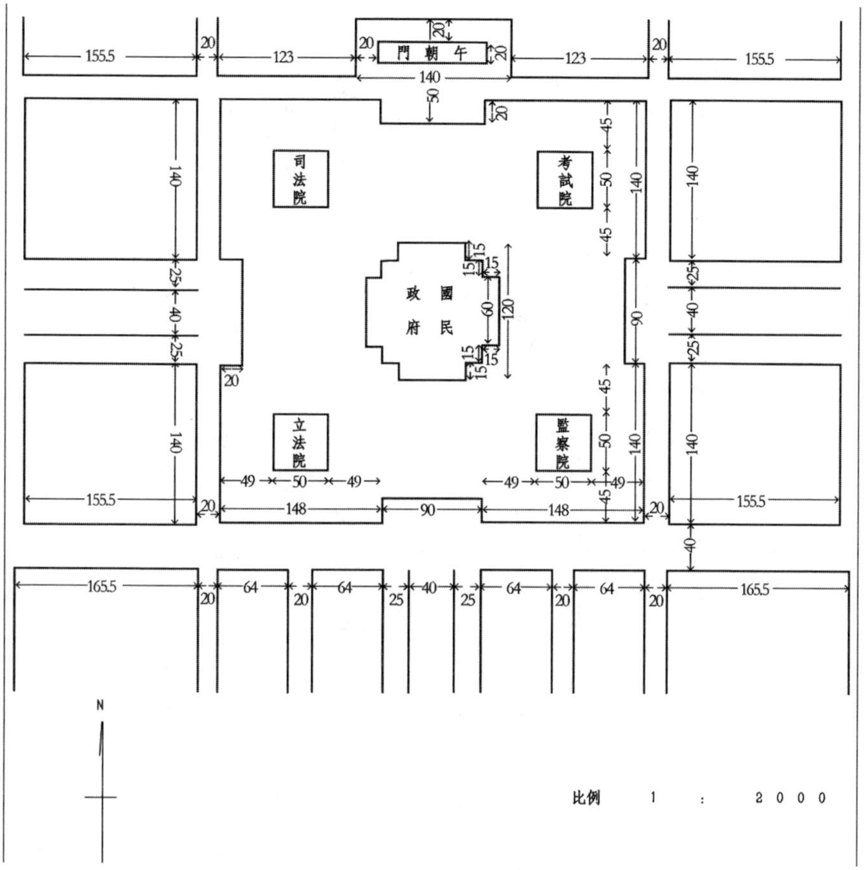

图5-20 《国府及四院建筑基地界址》（1936年10月）

注：原图为蓝图，因字迹模糊，特予重绘。

资料来源：南京市政府工务局《为签发依据中央政治区各机关建筑地盘分配图制就国府及四院建筑基地界址图请核示函由》（1936年），南京市档案馆藏，档案号：10020052134（00）0008。

此后，林庆隆等又多次上书请愿。1937年5月5日的请愿书（见图5-21）反映的情况如下：

……会员等在秦淮河以东之土地，自民十八年经刘前市长划为中央政治区，坑陷至今已有八载，并叠呈早决以抒民困，讵于该区土地分配图与附近土地使用图公布后，仍未见予解决，使我等土地久受限制，不能自由买卖与建筑，以致经济陷落枯阱之境，再如本市一般生活均被提高，则各处之地价亦随之高涨，而我等之生活自不能低于一般，独我等

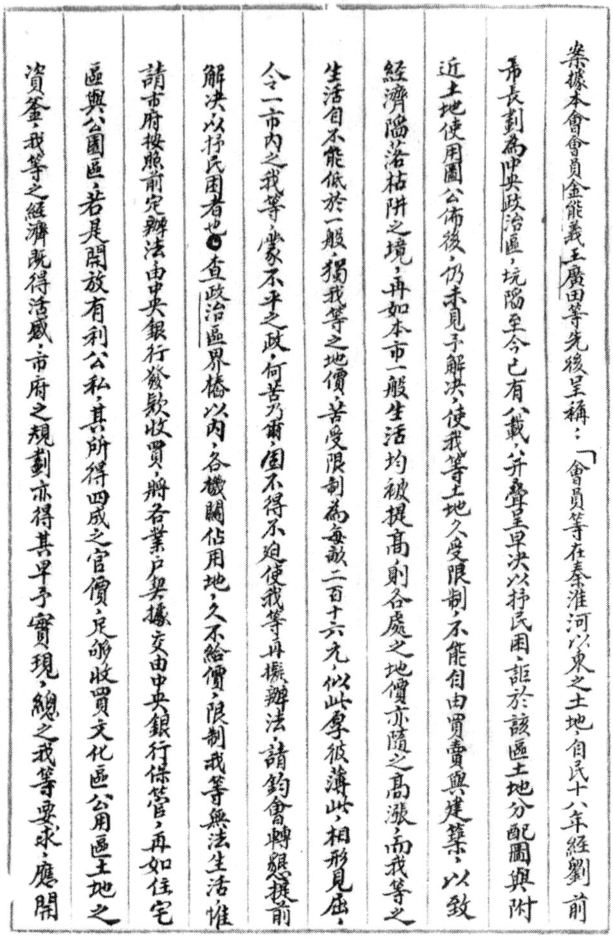

案據本會會員金能義王廣田等先後呈稱：「會員等在秦淮河以東之土地，自民十八年經劃前市長劃為中央政治區，坑陷至今已有八載，八年屢呈早決以抒民困，詎於該區土地分配圖與附近土地使用圖公佈後，仍未見予解決，使我等土地久受限制，不能自由買賣與建築，以致經濟陷落枯阱之境，再如本市一般生活均被提高，則各處之地價亦隨之高漲，而我等之生活自不能低於一般，獨我等之地價，若受限制為每畝二百十六元，似此厚彼薄此，相形見屈，令一市內之我等，蒙不平之政，何苦乃爾，固不得不迫使我等再擬辦法，請鈞會轉懇提前解決，以抒民困者也。查政治區界樁以內，各機關佔用地，久不給價，限制我等無法生活，惟請市府按照前定辦法，由中央銀行發款收買，將各業戶契據交由中央銀行保管，再如住宅區與公園區，若是開放有利公私，其所得四成之官價，足夠收買文化區公用區土地之資金，我等之經濟既得活感，市府之規劃亦得其早予實現，總之我等要求，應開

图5-21　林庆隆等人的请愿书（1937年5月5日）

资料来源：林庆隆等《呈为据情转恳提前解决中央政治区土地以苏民困事》（1937年），南京市档案馆藏，档案号：10010011275（00）0003。

之地价，若受限制为每亩二百十六元，似此厚彼薄此，相形见屈［绌］，令一市内之我等，蒙不平之政，何苦乃尔，固不得不迫使我等再拟办法，请钧会转恳提前解决，以抒民困者也。

查政治区界桩以内，各机关占用地，久不给价，限制我等无法，惟请市府按照前定办法，由中央银行发款收买，将各业户契据交由中央银行保管，再如住宅区与公园区，若是开放有利公私，其所得四成之官价，足够收买文化区、公用区土地之资金，我等之经济既得活感，市府之规划亦得其早予实现，总之我等要求，应开放则即予开放，应保留亦应请市府给价征收保留，不应使我等饱受保留之困苦。又如政治区北部未定区，靠近军事委员会、卫生署、中央医院、励志社、军官学校、中央博物院等机关，我等不能自由变更，蒙受损失甚巨。[①]

以上对南京《首都计画》之中央政治区规划实施情况的简要回顾，主要是出于史学分析和历史发展认知的需要。就梁思成而言，由于他主要就职于高等学校，且远离南京这座城市，对于政府实务层面的南京中央政治区规划有关实施情况及症结等的了解，必然是极为有限的。正因如此，所带给梁思成影响的，主要是南京《首都计画》规划成果这一文本；更准确地说，主要是作为南京《首都计画》承载对象和表现方式的中央政治区规划设计方案，以及其所蕴含的一种科学理性的规划思想。

① 林庆隆等:《呈为据情转恳提前解决中央政治区土地以苏民因事》(1937年)，南京市档案馆藏，档案号：10010011275（00）0003。标点符号有修订。

第六章
志同道合：陈占祥对梁思成的支持及与其的合作

众所周知，“梁陈方案”是由梁思成与陈占祥合作完成的，第四、五章已经对梁思成的规划思想脉络做了初步梳理，本章有必要对陈占祥的相关情况加以讨论。既然梁思成早在1949年5月时就已经形成了在北平市西郊建设首都行政区的规划设想，有清华大学营建学系师生作为团队技术支撑，1949年9月初曾向北平市都委会汇报阶段性成果，并完成《西郊将来行政中枢设计》和《西郊区行政中心计画》等10余幅规划草图，那值得思考的问题是：为何他还要谋求与陈占祥的合作呢？

其中的缘由不难推想：北平市西郊“新北京计划”并非一个普通的规划项目，而是关于首都行政区规划的重大问题，绝不可草率行事。就梁思成而言，他在城市规划方面的实践探索及经验积累是较为有限的，关于首都未来发展基础性资料的不足，对规划设计工作也有一定的制约。在1949年5月8日的座谈会上，梁思成在发言中曾表露出对这方面的忧虑：

一切的计划，我们得有统计的数目和对于将来发展的推测，然后才能开始计划。这一部分工作，不单是我们作体形计划的人的工作，需要各方面供给我们资料，让我们计划有所依据。当然，这是一个新的市区，原来没有任何基础，所以对于将来的计划，不必依赖现状调查，而纯粹由推测的预计而设计的（至少推测五十年后的发展情形）。所以，尽一方面来说，问题很简单，而另一方面说起来，凭空推测也是相当困难的事情。①

① 详见北平市建设局《北平市都市计划座谈会记录》（1949年），第13~28页。

另外，由于1949年9月苏联市政专家团抵京后逐渐涉入首都规划工作，这也迫使梁思成寻求有一定分量的专家与之合作。梁思成的合作者，即“在英国随名师研究都市计划学”、在国际上具有一定知名度，并且有首都行政区规划实践经验的青年规划师陈占祥。

一　梁思成对陈占祥的器重

1949年时，梁思成48岁，陈占祥33岁，两人相差15岁，这是一个接近一代人的年龄差。此时的梁思成，在北平已经生活和工作了数十年，对这个城市是熟悉且饱含感情的，而陈占祥则远在千里之外的上海，尚未到过北平这座城市。尽管两人从未谋面，但梁思成对陈占祥却甚为器重。

1949年9月19日，梁思成曾致信给北平市市长，详述邀聘有关专家来北平共谋城市规划之事，其中对陈占祥颇有特别之赞许：

与都市计划有不可分划的关系，就是如何罗致建筑设计人才来北平的问题。朱[德]总司令对于北平建设非常关切，不久以前，他曾垂询我关于建设的计划，并嘱咐我协助公营建筑公司之设立，嘱咐我尽力罗致专材，他是很明白地认识我们需要建筑师之迫切的。

……我因朱总司令的关怀，又受曹言行局长的催促，由沪宁一带很费力的找来了二十几位青年建筑师。此外在各部门做领导工作的，也找来了几位，有拟聘的建筑公司总建筑师吴景祥先生，拟聘的建设局企划处处长陈占祥先生，总企划师黄作燊先生，以及自由职业的建筑师赵深先生等。①各人在建筑学上都是有名誉的人才。陈占祥先生在英国随名师研究都市计划学，这在中国是极少有的。

在开办之初，政府必须确定他们可以在技术上发展他们的才能、不受过去营造厂商而兼“打图样”者的阻碍，才有办法。我所介绍来的几

① 这封信中提到的一些人，只是意向性的人选，后来其中的部分专家实际上并未正式选用。譬如，吴景祥就一直在同济大学工作，并未到北京就职。

位建筑师对于这点最感疑，来后都因没有确定机构及工作地址，也不明了工作性质范围，也没有机会与各方面交换意见，一切均极渺茫着困惑的感觉。我诚恳的希望，关于这一点，各机关的直接领导者和上级能认识清楚，给他们一点鼓励和保证。

此外还有一些枝节的小问题：如受政府聘请北来人员，人地生疏，带着眷属，困于居住的问题。北来旅费及参考书籍的运费等，亦使他们为难。事情虽小，但在个别的人来平之前，总要我为他们打听情形，看来我们总应该有个原则上的决定。[①]

梁思成之所以对陈占祥甚为器重，主要原因在于陈占祥的科班出身及从师经历，即信中所言的“在英国随名师研究都市计划学，这在中国是极少有的”。也正因如此，陈占祥虽然年纪轻轻，却早已声名远播。就梁思成正在关注的首都规划问题而言，陈占祥无疑是难得的人才。

在此情形下，梁思成接到陈占祥关于北上意愿的来信，他自然是十分欣喜的，很快给陈占祥回信，力邀其北上共事，而陈占祥也迅速回应，并于1949年10月底正式北上。陈占祥（见图6–1）曾在1986年回忆说：

我遗憾的是没有受教于梁思成教授的荣幸。1938年，我赴英国利物浦大学学习建筑学时，书箱里就装着梁先生的《清式营造则例》等著作。1945年，在梁先生的著作的启发下，我写了《中国建筑理论》一文，后来发表在1947年7月英国《建筑评论》的“中国专刊”。但直到1949年10月，我从上海到北京工作，才有幸见到梁先生。

……1949年5月上海解放了，使我看到了祖国的光明前途。我第一次给梁先生写信，说明我的情况，并表示愿同梁先生一起从事首都城市规划工作。梁先生很快回了信，热情地邀我北上共事。终于，在当年10月底我率全家到北京落户。在北京，我第一次见到了梁思成和林徽

① 梁思成：《梁思成致聂荣臻信》（1949年9月19日），载梁思成、陈占祥等著，王瑞智编《梁陈方案与北京》，第67～68页。

因两位先生，虽然初次见面，但一见如故。人的一生中能遇知音是最大的幸福。我庆幸有此幸福。

……那时，我除了在都委会任职外，还在清华兼课，往往是前一天下午从城里到清华，晚上在梁先生家住宿，第二天中午再返回城里。梁先生与林先生这一对夫妇有深刻的相爱的基础，并分享共同的理想。①

图6-1　陈占祥与任震英等在昆明考察时的留影（1979年）

左起：任致远、陈占祥、陪同人员、刘诗峋、任震英。

资料来源：任致远提供。

1990年接受《城市规划》杂志访谈时，陈占祥又曾谈道：

1949年初秋，我在上海接到梁思成先生从北京来信，邀我北上。我于是在十月二十六七日到了北京，十一月一日就开始上班，任北京市都市计划委员会企划处处长。仅仅几个星期以后，我就碰到一个巨大问

① 陈占祥：《忆梁思成教授》，载《梁思成先生诞辰八十五周年纪念文集》编辑委员会编《梁思成先生诞辰八十五周年纪念文集》，第51~56页。

题，我接到通知参加市长召集的一个会议，听取当时在我国作友好访问的第一个苏联人民友好代表团成员之一巴里［兰］尼科［克］夫工程师为北京建设提出的总图初步方案。[①]

由上可见，陈占祥到达北京的时间为1949年10月26日或27日，他开始在北京市都委会上班的时间为11月1日。档案表明，1949年11月11日，北京市建设局局长曹言行和副局长赵鹏飞，向市领导提交关于该局企划处成立及拟聘陈占祥为企划处处长的请示报告（见图6–2）。陈占祥上述回忆中谈到的“市长召集的一个会议”，显然是1949年11月14日苏联专家巴兰尼克夫的专题报告及讨论会，这次会议的时间，即陈占祥刚刚履职北京市都委会企划处处长的前后。

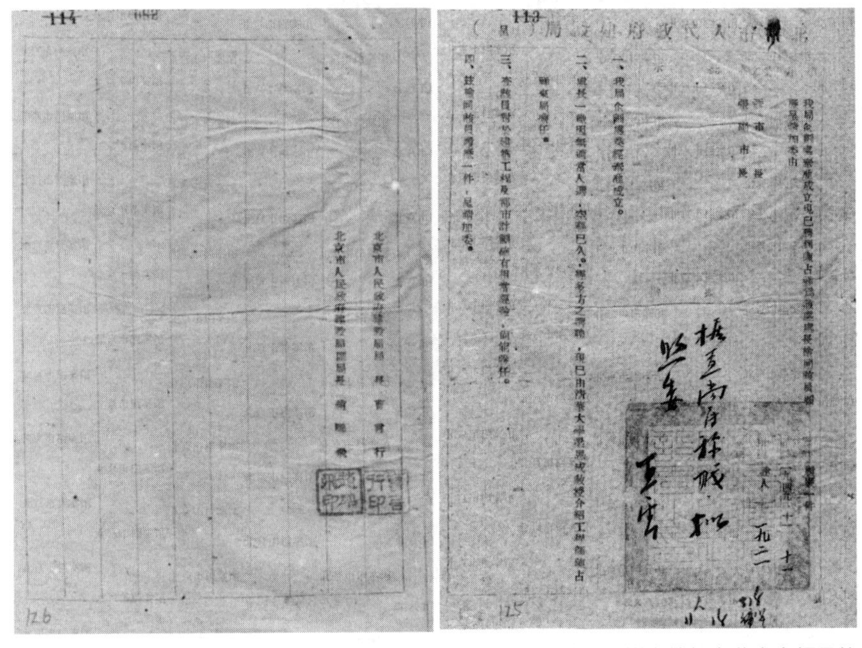

图6–2　曹言行和赵鹏飞关于北京市建设局企划处成立及拟聘陈占祥为处长向北京市领导的请示报告（1949年11月11日）

资料来源：北平市建设局《市建设局工作人员任免材料》（1949年），北京市档案馆藏，档案号：123–001–00024，第125页。

① 《城市规划》编辑部：《陈占祥教授谈城市设计》，《城市规划》1991年第1期。

不难想象，在陈占祥到达北京后，梁思成或许第一时间就与之见面并畅谈，两人一见如故，对北京城市规划的有关问题迅速达成共识。两周以后，两人共同参加巴兰尼克夫的报告会，并在会上发表了不同意见。

梁思成对陈占祥的器重，蕴含着对他的充分信任，而陈占祥对梁思成的协助，既是一种道义的支持，也蕴含着一种职业的责任感。

1949年12月前后，陈占祥撰文向梁思成报告1950年预算问题（见图6-3）：

梁先生：

这是白斌南编的预算，经常费少了交际费及委员车马费的津贴、旅费三项，前二项可否请您补入？我想我们每月可能需要二千斤小米的旅费，这是仅为每月往上海跑两次所需旅费，当然我们有跑上海的必要，然而明年我们可能由上海请来的同仁需要有这笔费用的准备。除车费外，还得准备照料他们一时，所以我想二千斤一月或许不多。

预算里没有考虑到汽车，我想这亦是必需的，明年我们得好好的到各处去跑，我这希望有二辆车子，最好都是吉普，或许这希望太高些！

占祥叩[1]

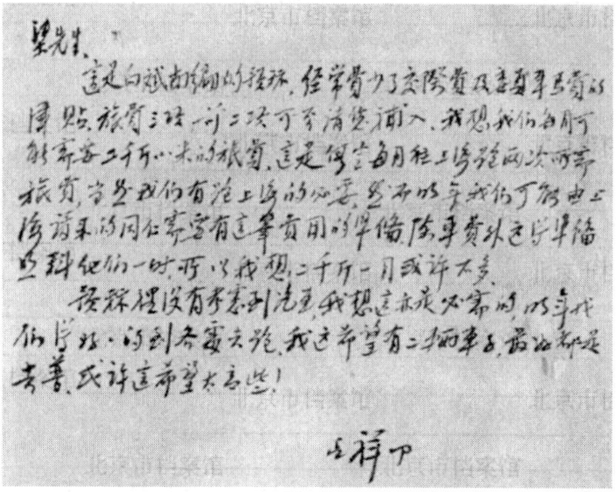
梁先生：

這是白斌南編的預算，經常費少了交際費及委員車馬費的津貼、旅費三項，前二項可否請您補入，我想我們每月可能需要二千斤小米的旅費，這是僅為每月往上海跑兩次所需旅費，當然我們有跑上海的必要，然而明年我們可能由上海請來的同仁需要有這筆費用的準備，除車費外還得準備照料他們一時，所以我想二千斤一月或許不多。

預算裡沒有考慮到汽車，我想這亦是必需的，明年我們得好好的到各處去跑，我這希望有二輛車子，最好都是吉普，或許這希望太高些！

占祥叩

图6-3　陈占祥致梁思成的书信（约1949年12月）

资料来源：北京市都市计划委员会《北京市都委会组织规程草案》（1949年），北京市档案馆藏，档案号：150-001-00012，第23页。

① 北京市都市计划委员会：《北京市都委会组织规程草案》（1949年），第23页。

通过以上简短的文字，我们不难体会初到北京的陈占祥，对未来充满憧憬，准备大干一番，施展抱负，他有一种积极乐观的心情。信中所谈“明年我们可能由上海请来的同仁”，即受梁思成所托，另外再邀聘一些专家到北京市都委会工作。1951年10月30日，梁思成经北京市人民政府秘书长薛子正，转呈张友渔和吴晗两位副市长一份关于邀聘专家的请示（见图6–4），其中谈道：

一、查华揽洪曾在法国马赛担任建筑设计工作，能力和实际经验都相当好，政治水平亦较高，前经呈准争取他返国工作，并汇给旅费，现华揽洪已于本年国庆节前由法返京，并自本月中旬到会工作。

二、上海圣约翰大学毕业生周文正，有一年的实地工作经验，前经我会企划处长陈占祥于本年暑假前在沪争取来会，暂以实习名义参加工作，他的技术水平及政治品质亦比较好，现经中央人事部分配到府，由人事处介绍来会工作。

三、复查我会前曾请准增加编制三人，其中副建筑师白德懋系因工作迫切需要，临时向圣约翰大学借用一年，明年暑假即须返回原校工作，且其爱人陈咏芝（现为本会办事员）届时亦将随之离职同去。白陈两同志，实际上均系临时编制。为切合本会目前及将来实际工作需要，拟请准在现有编制外，另添技术干部两人，即以华揽洪为第二总建筑师，周文正为学习建筑师。

接到这份请示后，薛子正圈阅说“因该会工作繁重，同意增加，请张副市长批示”；张友渔副市长批示：“华[揽洪]（见图6–5）、周[文正]可任用，打字员增添问题，[①]俟编制会议后决定（现正开会）。”[②]

① 1951年10月30日梁思成所写报告中，第4项内容是增加一个打字员。

② 以上所引见北京市都市计划委员会等《市都委会、财委会、郊委会、园委会工作人员任免材料》（1951年），北京市档案馆藏，档案号：123–001–00200，第31～34页。

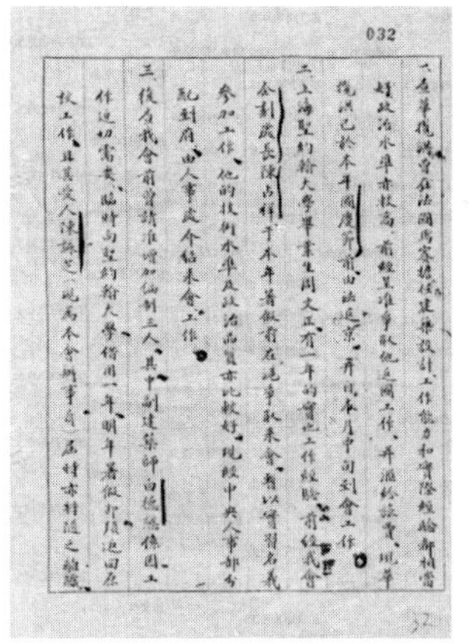

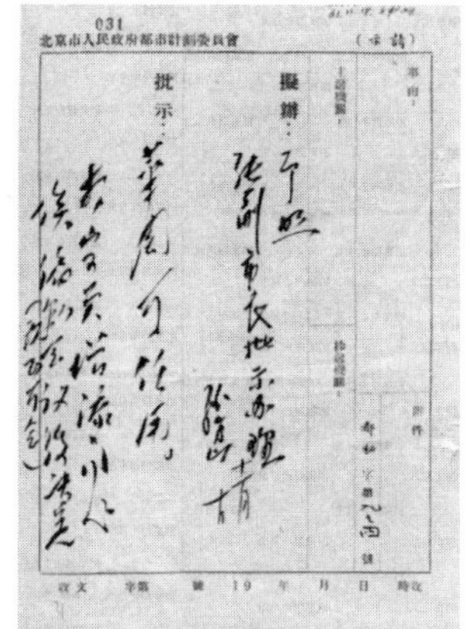

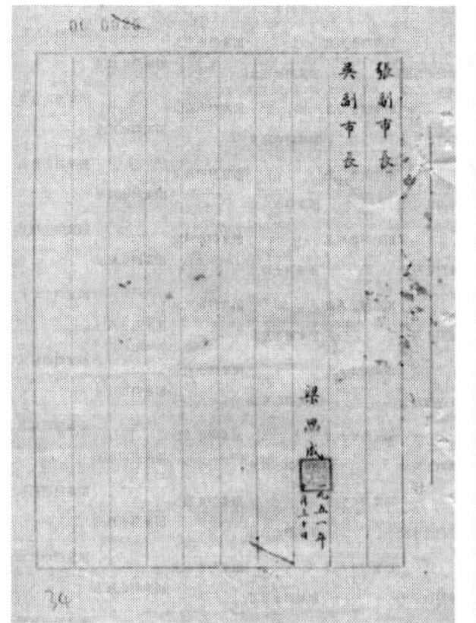

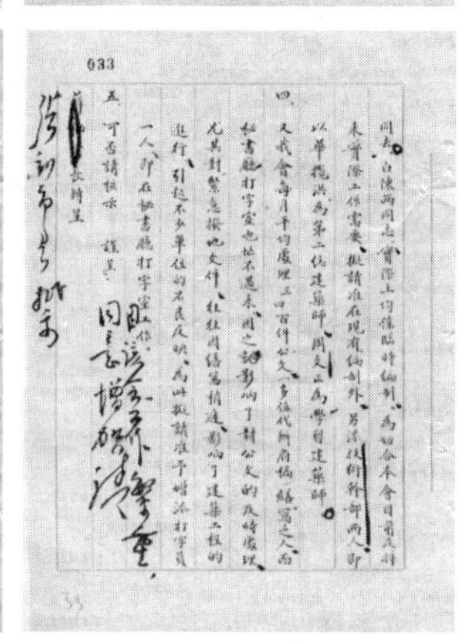

图6-4　梁思成起草的关于聘任华揽洪等事宜的请示报告（1951年10月）

资料来源：北京市都市计划委员会等《市都委会、财委会、郊委会、园委会工作人员任免材料》（1951年），第31～34页。

图6-5　华揽洪（左）和陈占祥（右）正在讨论规划工作（1954年3月）

资料来源：华新民提供。

二　陈占祥师从阿伯克龙比的经历及1944年的大伦敦规划

在1949年9月19日致北平市市长的信中，梁思成曾谈及“陈占祥先生在英国随名师研究都市计划学”，这里的“名师”，即英国城市规划专家阿伯克龙比（Patrick Abercrombie）。阿伯克龙比之所以被称为“名师”，主要在于其曾主持1944年大伦敦规划——国际城市规划史上一个著名的重大规划项目。

（一）1944年英国大伦敦规划概况

作为现代城市规划思想的发源地，英国在19世纪开创了通过立法[①]来确定相应公共政策的城市规划思路。1898年霍华德（Ebenezer Howard）所著《明日》（1902年再版时更名为《明日的田园城市》）、1912年昂温（Raymond Unwin）所著《拥挤无益》和1915年格迪斯（Patrick Geddes）所著《进化中的城市——城市规划与城市研究导论》等，是城市规划方面的经典文献。[②]

就规划实践而言，英国城市规划工作中长期贯穿的一个重要思想，即“新城（新区）”规划思想。在《明日》一书中，霍华德提出了著名的“三种磁力”说，倡导建设既吸取农村生活有利因素，同时又避免城市生活不利因素的一种城乡结合的新城市，我们称之为“田园城市”或“社会城市”。在霍华德关于“田园城市”或“社会城市”的图解（见图6-6）中，25万人或更大规模的人口聚居在一个由中心城即母城以及环绕其周边的多座新城共同组成的城市组群（或城镇聚集区）之中。正因如此，霍华德的“田园城市”或“社会城市”理论又被称为“新城”规划理论。

继霍华德之后，格迪斯在《进化中的城市——城市规划与城市研究导论》一书中，提出要把城市规划建立在客观现实研究的基础上，即周密分

① 如《公共卫生法》（1848年）、《消除污害法》（1855年）和《环境卫生法》（1866年）等。

② 李浩：《城镇化率首次超过50%的国际现象观察——兼论中国城镇化发展现状及思考》，《城市规划学刊》2013年第1期。

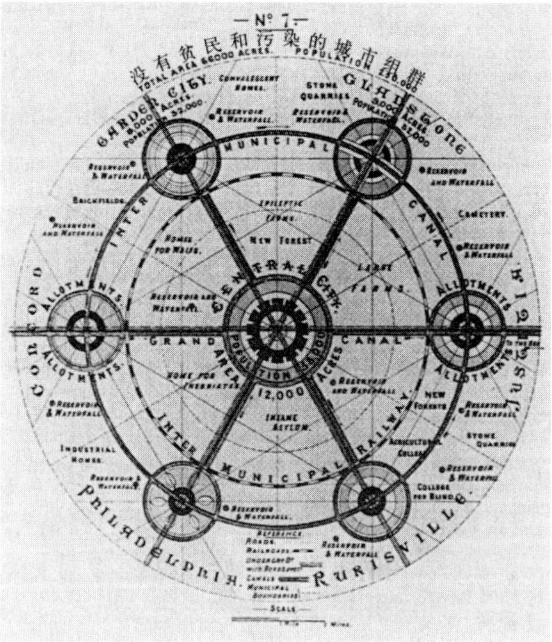

图6-6　霍华德的“田园城市”或“社会城市”图解

资料来源：〔英〕彼得·霍尔、马克·图德-琼斯《城市和区域规划》（原著第五版），邹德慈、李浩、陈长青译，中国建筑工业出版社，2014，第35页。

析地域环境的潜力及其限度对于居住地布局形式与地方经济体系的影响；并强调应把自然地区作为城市规划的基本框架；这些思路为区域规划的理论体系的形成奠定了基础。①

作为霍华德的忠实追随者之一，昂温于1903年前后设计了第一座田园城市莱奇沃思，后来又于1905～1909年在伦敦西北的戈德斯格林建设了田园式城郊汉普斯特德。②

“阿伯克龙比的伟大成就是把从霍华德通过格迪斯到昂温的思想融合在一起，勾画出一幅以一个大城市为核心向各方向延伸30英里（50km），并且包含1000万人口以上的广大地区未来发展的蓝图”③。这里所谈到的“蓝图”，即1944年的大伦敦规划。

大伦敦规划是在第二次世界大战趋于结束的时代背景下，英国政府指

① 〔英〕帕特里克·格迪斯：《进化中的城市——城市规划与城市研究导论》，李浩等译，中国建筑工业出版社，2012。

② 〔英〕彼得·霍尔、马克·图德-琼斯：《城市和区域规划》（原著第五版），邹德慈、李浩、陈长青译，第35～40页。

③ 〔英〕彼得·霍尔、马克·图德-琼斯：《城市和区域规划》（原著第五版），邹德慈、李浩、陈长青译，第47页。

定由阿伯克龙比（见图6–7）牵头，于1944年完成的一项规划工作。1945年正式出版了《1944年大伦敦规划》（*Greater London Plan 1944*）一书（见图6–8）。在该书的绪论中，作者对3个相关概念进行了简要的说明：

自当前的战争开始以来，已经制定了涉及伦敦部分地区的3个彼此相关的规划：伦敦城区（City of London）规划，已经制定了大都市中心区1平方英里内的重建规划方案；1943年制定的《伦敦郡规划》（“County of London Plan”），规划范围延伸至伦敦市行政边界；从伦敦市行政边界向外、距市中心约30英里的范围，即目前这份《1944年大伦敦规划》（*Greater London Plan 1944*）主要关注的研究范围。但这3个互为补充的规划，都是对一个不可分割的大都市地区的部分研究成果，其边界是肉眼无法看见的，是普通公民无法意识到的——除非以利率需求来表示——对规划者来说毫无意义。[①]

图6-7　在《伦敦郡规划》（“County of London Plan”）讨论会上的阿伯克龙比（主席台左一）（1943年）

资料来源：P.K.M. van Roosmalen, “London 1944: Greater London Plan,” in K. Bosma and H. Hellinga, *Mastering the City: North-European Town Planning 1900-2000* (Rotterdam: NAi Publishers/EFL Publications, 1997), p.258。

① Patrick Abercrombie, *Greater London Plan 1944* (London: His Majesty’s Stationery Office, 1945), p.1.

GREATER LONDON PLAN
1944

GREATER LONDON
PLAN 1944

By
PATRICK ABERCROMBIE

LONDON
HIS MAJESTY'S STATIONERY OFFICE

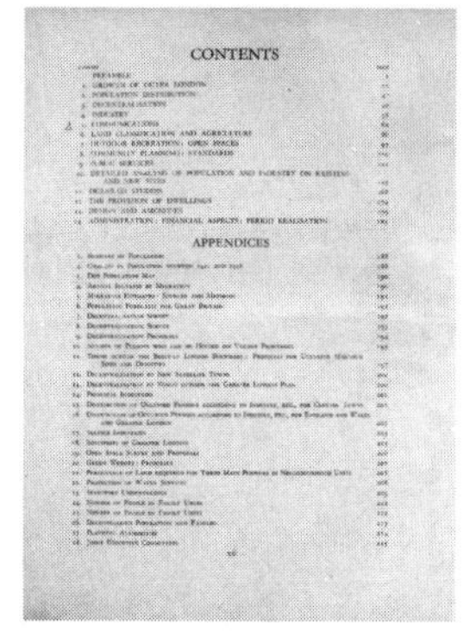
CONTENTS

APPENDICES

图6-8 《1944年大伦敦规划》封面（左）、扉页（中）及目录（右）

资料来源：Patrick Abercrombie, *Greater London Plan 1944*, pp.1–3.

这里针对伦敦城区、伦敦郡及大伦敦所做的规划，从概念上讲，大致能与中国的北京主城区规划、北京市域规划及京津冀地区规划相对应。1944年的大伦敦规划，其目的主要是应对英国首都伦敦及其周边地区日益严重的区域性问题，如传统工业地区衰退、部分地区人口过度增长、住房问题严重和环境状况恶化等。从本质上讲，1944年的大伦敦规划是一个大国首都地区的区域规划（见图6-9），类似于近年来中国制定的“京津冀协同发展规划”①。

由于英国城市规划理论与实践有其传承关系，因此，1944年的大伦敦规划“要求达到的主要目标基本上是霍华德的［思想］：就是有计划地从过度拥挤的大城市［中］疏散几十万人口，把他们重新安置到许多经过规划的新城去，而这些新城从一开始就能就地工作和居住。规划方法基本上是格迪斯的：进行地区调查，包括历史上可以看到的发展趋向，接着是对问题的系统分析，然后是方案的制订。但是，汇其研究之大成及其独特而清晰的见解和信念的，则基本上是阿伯克龙比自己”②。

① 2015年4月30日，中共中央政治局召开会议，审议通过《京津冀协同发展规划纲要》。该纲要指出，推动京津冀协同发展是一个重大的国家战略，核心是有序疏解北京非首都功能，要在京津冀交通一体化、生态环境保护、产业升级转移等重点领域率先取得突破。

② 〔英〕彼得·霍尔、马克·图德-琼斯：《城市和区域规划》（原著第五版），邹德慈、李浩、陈长青译，第47页。

图6-9 《大伦敦规划范围内的地方行政主体示意图》

资料来源：Patrick Abercrombie, *Greater London Plan 1944*, p.22。

大伦敦规划是根据英国政府控制工业布局的要求，在人口预测的基础上，从英国总人口增长不多为出发点，将伦敦市区过于拥挤的人口疏散到外围地区的规划方案。当时，伦敦中心城区有60多万过剩人口，伦敦城区以外还有40万过剩人口，共约100万人口需要做出规划安排。为此，大伦敦规划提出，在伦敦市区四周设置一条平均宽度约为8公里的绿带，在绿带之外规划了8个新城，每个新城距伦敦35～60公里，平均人口规模约5万人，共计容纳40万人；对于需要做出规划安排的其余60万人，该规划则提出应该将其迁往现有的一些城镇或小村镇，并对之加以扩建[①]（见图6–10至图6–13）。

1944年的大伦敦规划，不仅对此后的英国城市规划、发展产生了重要影响，而且也对世界其他国家的城市规划工作起到了重要的示范作用。“二战”结束后，以法国巴黎和日本东京为代表的首都城市，在世界范围内掀起一波声势浩大的新城建设运动（见表6–1）。

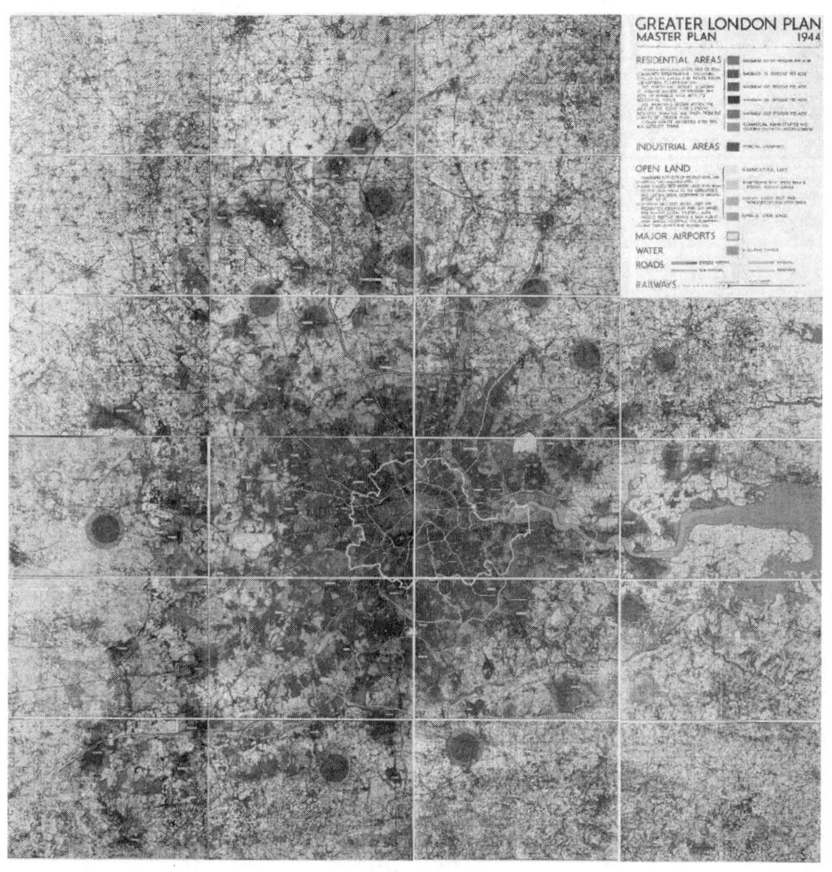

图6–10　英国城市规划专家阿伯克龙比主持制定的《大伦敦规划总图》（1944年）

资料来源：Patrick Abercrombie，*Greater London Plan 1944*，p.222。

① 〔英〕彼得·霍尔、马克·图德–琼斯：《城市和区域规划》（原著第五版），邹德慈、李浩、陈长青译，第71页。

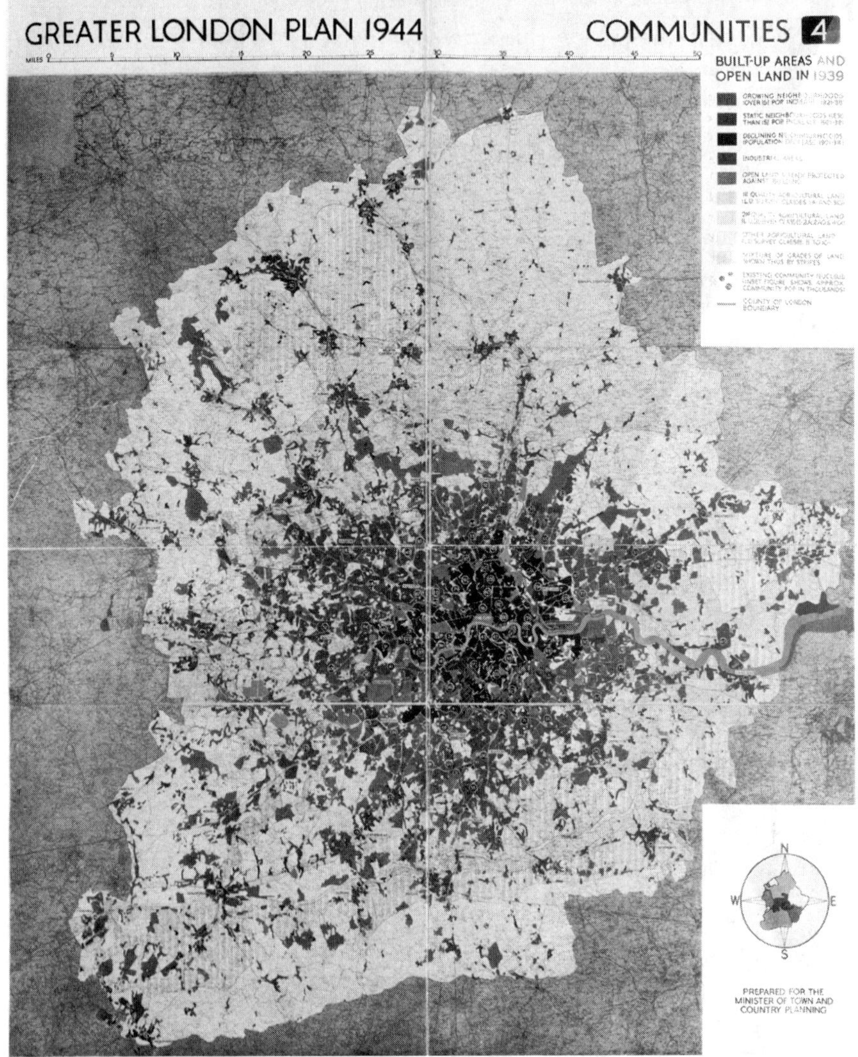

图6-11 《1944年大伦敦规划》中的《社区分析图》

资料来源：Patrick Abercrombie, *Greater London Plan 1944*, p.38。

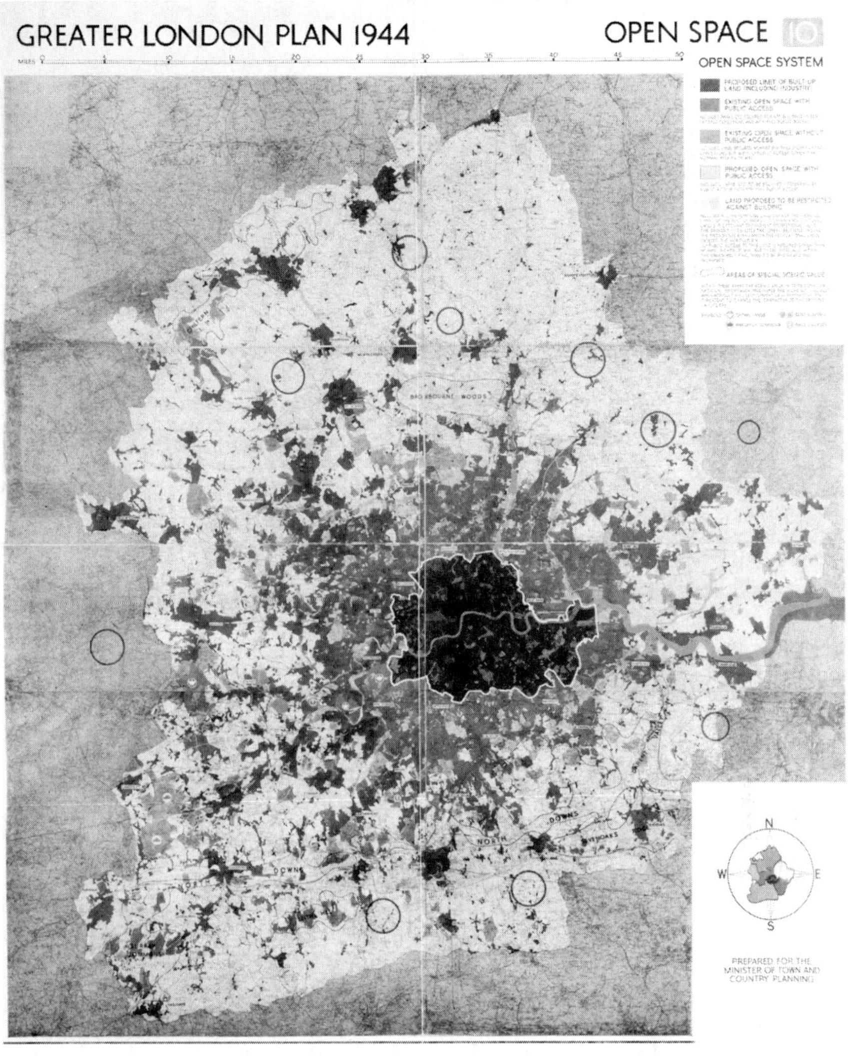

图6-12 《1944年大伦敦规划》中的《开敞空间分析图》

资料来源：Patrick Abercrombie, *Greater London Plan 1944*, p.69。

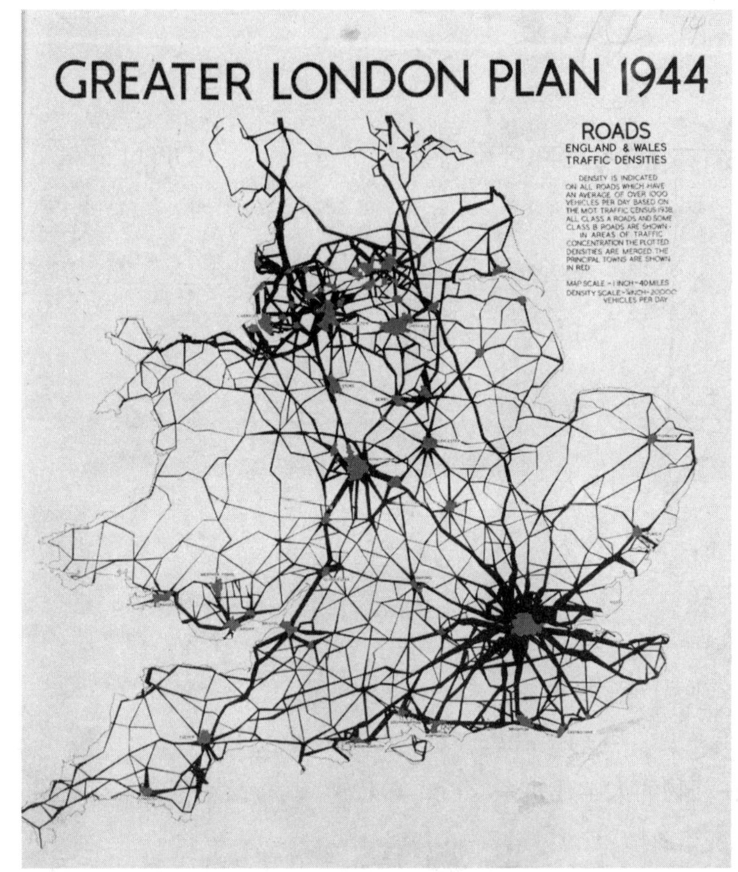

图6-13 《1944年大伦敦规划》中的《英格兰和威尔士交通密度分析图》

资料来源：Patrick Abercrombie, *Greater London Plan 1944*, p.112。

表6-1 “二战”后世界各国新城运动概览

时期	1946～1980年	1965～1994年	1950～1976年	1955～1976年	1952～1995年	1962～1990年
国家	英国	法国	瑞典	荷兰	日本	韩国
新城建设数量（座）	32	9	11	15	39	24
城市（地区）	伦敦	巴黎	斯德哥尔摩	兰斯塔德地区	东京	首尔
新城建设数量（座）	11	5	6	13	7	13

资料来源：肖亦卓《规划与现实：国外新城运动经验研究》，《北京规划建设》2005年第2期。

由于大伦敦规划的国际知名度极高，梁思成对此有相当程度的关注。1945年8月，在重庆《大公报》上发表的《市镇的体系秩序》一文中，梁思成即曾谈道："现在伦敦市政当局正谋补救，而其答案则为'有机性疏散'。但是如伦敦纽约那样大城市，若要完成'有机性疏散'的巨业，恐怕至少要五六十年。"[①]当时的梁思成或许不曾预料到，与大伦敦规划主持者阿伯克龙比有师生关系的一个中国留学生，将会在4年之后与他开启一段协同规划北京的机缘。

（二）陈占祥师从阿伯克龙比的有关情况

陈占祥，祖籍浙江奉化，1916年6月13日出生于上海，[②]1932～1934年在苏州省立高中和上海工务局华童公学学习，1934～1937年在上海雷士德工学院建筑构造专业学习。[③]1938年陈占祥（见图6-14）赴英国留学，8月起在利物浦大学建筑系学习，1942年10月至1943年6月任该校学生会主席，1943年5月本科毕业后，于同年10月进入利物浦大学都市计划系城市设计（Civic Design）专业攻读硕士学位，1944年5月通过论文答辩，题目为《利物浦"中国城"设计》。[④]

图6-14　青年时期的陈占祥（1938年）

资料来源：百度百科，https://baike.baidu.com/item/%E9%99%88%E5%8D%A0%E7%A5%A5/641258?fr=aladdin，最终访问日期：2019年1月20日。

硕士研究生毕业后，陈占祥短期工作了几个月（1944年6～12月），主

① 梁思成：《市镇的体系秩序》，载《梁思成全集》第4卷，第304～305页。

② 引自陈占祥个人档案及《陈占祥先生生平》（中国城市规划设计研究院陈占祥先生治丧小组，2001年3月）。另，1950年代初的一些档案中，陈占祥的出生日期多为"1916年5月13日"（该日期应为农历）。

③ 中国城市规划设计研究院陈占祥先生治丧小组：《陈占祥生平》，2001。

④ 《陈占祥自传》，载陈占祥等著，陈衍庆、王瑞智编《建筑师不是描图机器——一个不该被遗忘的城市规划师陈占祥》，第4～9页。

要是在利物浦市伯肯海德（Birkenhead）[①]区都市计划处，协助设计了伯肯海德规划。1944年12月，陈占祥获得英国文化委员会奖学金，转赴伦敦，进入伦敦大学学院都市计划系攻读博士学位，此后有幸师从阿伯克龙比。对此，陈占祥曾在自传中做了如下回忆：

在[英国利物浦大学]城市设计系当硕士研究生时，系主任贺尔福教授告诉我，都市计划的实施要“都市计划立法”和“区划法”（Zoning Ordinance）来实现，这些是都市计划的“施工手段”。因此，1944年底我获得英国文化委员会奖学金进入伦敦大学大学学院（University College，University of London）[②]后，即随阿伯康培[阿伯克龙比]爵士（Prof. Sir Patrick Abercrombie）读Ph.D.［即］博士学位，研究都市计划立法。当时二战胜利在望，英国政府开始作战后重建准备。伦敦市已完成了市区计划，即“London County Council Plan”，或“L.C.C.Plan”。这是由伦敦总建筑师福赛斯（Forsyth）主持，我的导师阿伯康培[阿伯克龙比]教授任顾问［的一个市区计划］。这一伦敦市区计划后来传入我国，学习的人很多。但随之而来的是阿伯康培[阿伯克龙比]教授主持的“大伦敦计划”（Greater London Plan）在国内却少有人过问。这是一个城市/区域规划或者“大都市圈计划”（Metropolitan Region Planning）……[③]

大伦敦规划是1944年制定的，“战时政府在1945年初公布了阿伯克龙比的1944年大伦敦规划方案（Greater London Plan）”[④]。陈占祥师从阿伯克龙比时，大伦敦规划的制定工作已基本完成。作为刚入学的一名博士研究生，有不少基础理论课和专业课需要学习，这会占用不少时间，但陈占祥对此规划及其实践相当重视，1945年1～11月在阿伯克龙比事

① 又译“伯肯黑德”“盘根汉”等。

② 应该是“伦敦大学学院（University College London）”。

③ 《陈占祥自传》，载陈占祥等著，陈衍庆、王瑞智编《建筑师不是描图机器——一个不该被遗忘的城市规划师陈占祥》，第11页。标点符号有所修改。

④ 〔英〕彼得·霍尔、马克·图德-琼斯：《城市和区域规划》（原著第五版），邹德慈、李浩、陈长青译，第71页。

务所[①]兼职，协助阿伯克龙比设计了伯恩茅斯（Bournemouth）、克赖斯特彻奇（Christchurch）和普尔（Poole）3个城镇的都市计划。[②]这段工作经历，使他获得一些当面聆听阿伯克龙比指教的机会。

1945年下半年，正当陈占祥即将进入博士学位论文开题论证环节之时，他的个人命运却因时代形势的改变而发生了重大变化。

（三）弃学回国

1945年8月15日，日本宣布投降，中国的抗日战争宣告结束。面对全新的国际国内政治、社会、经济形势，当时的重庆国民政府，迎来了一场有政界及学界相关人士广泛参与的，关于定都问题的激烈大讨论。在这场讨论中，北平也是建都的重要备选城市之一。1945年12月，《中央日报》和《申报》等主流媒体，就曾报道对北平市市长熊斌的采访，他在非正式会晤记者时说，"北平有十分之七希望成为中国未来国都"[③]，其重要的现实依据即"敌前在平西郊兴筑之'新北京'业完成五分之一，当局决定筹款续建以完成大北平计划"[④]。

为了开展"大北平计划"，北平市市长熊斌特别邀请国民政府中央设计局设计委员兼公共工程组召集人谭炳训，于1945年10月出任北平市工务局局长。[⑤]谭炳训履职之初的一个重要举措，即第一时间向在英国留学的陈占祥发出了回国主持"大北平计划"的邀请。

接到谭炳训的邀请后，陈占祥于1945年12月10日回信，并以航空邮件发出（见图6-15、图6-16），全文如下：

① 地点为"34，Welbeck Street, London W.1"。

② 据陈占祥个人档案。

③ 佚名：《故都转向新生，有希望成为未来国都，决续建西郊"新北京"》，（南京）《中央日报》1945年12月24日，第2版。

④ 佚名：《熊市长非正式声称，奠都北平有可能，大北平计划决继续完成》，《申报》1945年12月23日，第1版。

⑤ 《谭炳训自传》，载《谭炳训学术文集》，科学出版社，2019，第335页。

图6-15　陈占祥给谭炳训的航空邮件（信封，1945年12月）

资料来源：北平市工务局《北平市工务局代市政府起草的关于在英国聘陈占祥为本府计正请准结购外汇的呈及行政院的指令等》，北京市档案馆藏，档案号：J017-001-03086，第10～11页。

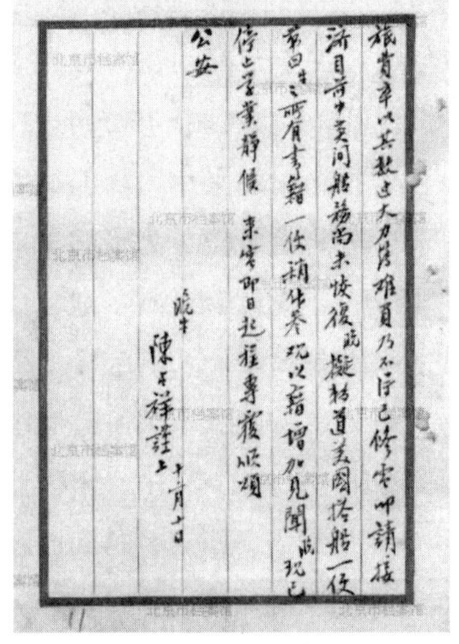

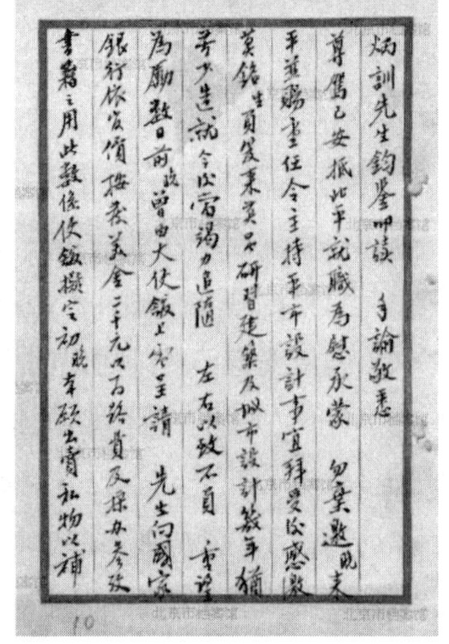

炳訓先生鈞鑒　叩讀　手諭敬悉
尊駕已安抵北平就職為慰承蒙　勿棄邀晚來
平並賜重任令主持平市設計事宜拜受後感激
莫銘　生負笈來英研習建築及城市設計數年猶
苦少造就　今後當竭力追隨　左右以致不負　重望
為勵　數日前　晚曾由大使館上電呈請　先生向國家
銀行依官價按發美金二千元以為路費及採辦參考
書籍之用此數係使館擬定　初晚本願出貲私物以補

振貴市以其數過大乃難負乃不得已修電叩請核
濟目前中英間船務尚未恢復　晚擬於道美國搭船一俟
東回時所有書籍一併攜作參攷以為增加見聞　晚現已
停止學業靜候　來電即日起程專覆順頌
公安
晚　陳占祥謹上　十二月十日

图6-16　陈占祥致谭炳训的回信（1945年12月10日）

资料来源：北平市工务局《北平市工务局代市政府起草的关于在英国聘陈占祥为本府计正请准结购外汇的呈及行政院的指令等》，第10～11页。

炳训先生钧鉴：

叩读手谕，敬悉尊驾已安抵北平就职为慰，承蒙勿弃，邀晚来平并赐重任，令主持平市设计事宜，拜受后感激莫铭［名］。生负笈来英虽研习建筑及城市设计几年，犹苦少造就，今后当竭力追随左右，以致不负重望为励。

数日前，晚曾由大使馆上电，呈请先生向国家银行依官债按发美金二千元，以为路费及采办参考书籍之用，此数系使馆拟定。初晚本愿出卖私物以补旅费，卒以其数过大，力薄难负，乃不得已修电叩请接济。

目前中英间船务尚未恢复，晚拟转道美国搭船，一便带回生之所有书籍，一便稍作参观，以藉增加见闻。

晚现已停止学业，静候来电，即日起程。

专复，顺颂

公安

晚生：陈占祥谨上

十二月十日

收到陈占祥的信件后，北平市政府以市长熊斌的名义，于1946年1月2日向国民政府行政院呈报《为拟定大北平都市计画须延聘陈占祥为本府技正请电财政部准购外汇美金两千元由》。[①]获得北平市政府的旅费资助后，陈占祥于1946年2月底前后离开英回国。

陈占祥离开英国时，即将进入博士学位论文开题论证阶段，此时放弃学业，无疑是巨大的损失。然而，自1938年夏起，陈占祥已经在英国留学了8年，此期间又经历了第二次世界大战，海外游子留恋祖国的心境不难想象。而抗战胜利后，中国正百废待兴，重建事业亟待推进，回到祖国怀抱并以实际行动参与国家建设大业，对海外学子来说，也是一个十分诱人的现实选择。

三　陈占祥与娄道信等合作的南京“首都政治区计划”（1947年）

（一）陈占祥回国前三年的工作概况

1946年2月底自英国启程后，陈占祥开始了漫长的回国之旅，途中“有四十余日在新加坡”[②]，同年9月初才抵达香港，后转飞上海。

① 以上引文均见北平市工务局《北平市工务局代市政府起草的关于在英国聘陈占祥为本府计正请准结购外汇的呈及行政院的指令等》，第10～11页。

② 据陈占祥个人档案。

1946年9月25日，陈占祥写信给谭炳训报告有关情况，全文如下：

炳训先生赐鉴：

敬启者：

晚于九月九日抵香港，翌日寻访张湖生先生，如嘱，并暂借港币捌佰元。航机票计伍佰伍拾元，余数贰佰伍拾元，晚以偿还船上借贷及吾茶房小资。此次船程过长，一路费用浩大，而□□无法，以致借台小筑，实为惭愧。

晚于十三日起飞来沪，今已一周余。远离八年，亲友应酬，难免东寻西访，以致握笔不易。本拟早日来书，左右俟今日始如愿，此祈宽恕。晚现俟“格兰司屈号”离沪，即整顿行装来平。该船大约明后日可到。

晚自去年此时拜读尊函至今，几乎一年，而犹迟迟未到，此实非私心所欲。奈战后旅行不便，而迟误甚不幸。追随在即，临笔神驰。

专复，敬颂

公安

晚：陈占祥 谨叩

八月廿五日[①]

依信中所言，在1946年9月25日时，陈占祥正在上海等候“格兰司屈号”船转赴北平，“该船大约明后日可到”。他本应在1946年9月底即可到达北平，但实际上，陈占祥当时却并未能到北平市工作，而是被截留在了南京。对此，陈占祥曾回忆说：

1946年，国民党北平市政府邀聘我负责北平都市计划工作，经我的导师阿白康乐培[艾伯克龙比]爵士的同意，我从伦敦大学回国赴任。但当时，国民党中央政府留我在南京，任内政部营建司简任正工程师，

① 这封信中前后有几个日期存疑，据分析，应为不同的计日标准，如正文中的“九月九日”和“十三日”为公历，落款中的“八月廿五日”系农历（对应的公历为1946年9月25日）。北平市工务局：《北平市工务局代市政府起草的关于在英国聘陈占祥为本府计正请准结购外汇的呈及行政院的指令等》，第39页。

所以，我未能到北平就任。解放前的三年，我就这样留在南方，回国的初愿似已无望实现。那三年的岁月真是绝望和痛苦。①

陈占祥之所以被截留在南京，有一个重要的时代背景，即抗战胜利后关于定都问题的大讨论，以南京的胜出而告终，国民政府于1946年5月正式还都南京。

自1946年10月在南京任职，到1949年10月底从上海北上北京，回国之初的3年时光，陈占祥先后在南京和上海两地工作。

档案表明，陈占祥于1946年10月至1947年8月任国民政府内政部营建司简派正工程师兼技术室主任，1947年1～8月兼任中央大学建筑系讲师；1947年8月转赴上海，1947年8月至1948年5月任上海市政府都市计划委员会总图组代组长，1948年5月至1949年7月任上海“五联营建计划事务所”合伙建筑师，1949年6～10月任上海圣约翰大学建筑系副教授。②

在这3年时间内，陈占祥在专业领域的一个最重要的经历，即受命与娄道信等合作完成了南京“首都政治区计划”。这是一个与“梁陈方案”极为相似的规划方案，也正是梁思成对陈占祥颇为器重的关键因素所在。

（二）陈占祥与娄道信等合作的“首都政治区计划”

1946年5月，国民政府从战时的陪都重庆迁回南京。恢复首都地位后，南京再次迎来城市规划建设的契机，已经搁浅多年的中央政治区规划工作被重新提上议事日程。“复员伊始，奉主席蒋手谕指定该地[明故宫]为首都政治区”③。1946年5月，行政院明确“首都政治区计划”工作由内政部主办，④并于同年8月底发布关于《暂缓在首都明故宫新政治区

① 陈占祥：《忆梁思成教授》，载《梁思成先生诞辰八十五周年纪念文集》编辑委员会编《梁思成先生诞辰八十五周年纪念文集》，第51～56页。

② 据陈占祥个人档案。

③ 内政部：《首都政治区设计原则坐[座]谈会纪录》（1948年），南京市档案馆藏，档案号：10030160014（00）0013。

④ 内政部：《首都政治区设计原则坐[座]谈会纪录》（1948年），南京市档案馆藏，档案号：10030160014（00）0013。

兴建房屋由》的训令[①]（见图6–17）。1946年11月，内政部营建司司长哈雄文在北平考察时曾透露：“现在国府对南京极为重视，明故宫政治区之计画，亦交营建司研究中，并有美国专家即日来京协助办理。”[②]

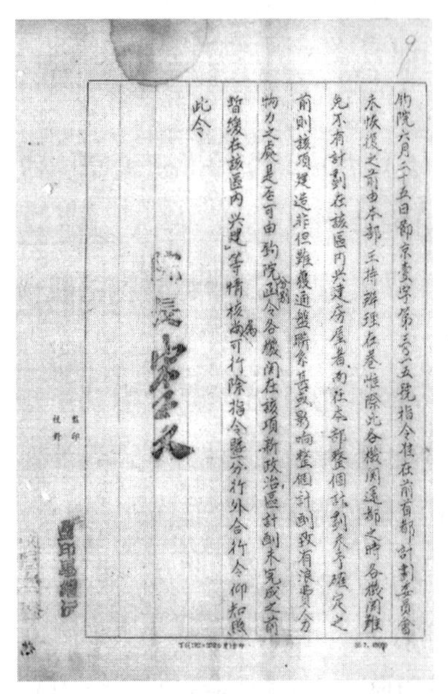

鈞院六月二十五日節京壹字第壹二五號指令准在首都計劃委員會未恢復之前由本部主持辦理在卷惟除先各機關遷都之時各機關難免不有計劃在該區內興建房屋者，而在本部整個計劃未予確定之前則該項建造非但難覆通盤籌劃並且影響整個計劃致有浪費人力物力之處是否可由鈞院令各機關在該項新政治區計劃未完成之前暫緩在該區內興建等情核尚可行除指令暨分行外合行令仰知照

此令

行政院訓令

事由：暫緩在首都明故宮新政治區興建房屋由

令南京市政府

據內政部呈稱「查首都明故宮新政治區計劃……

图6–17　国民政府行政院关于《暂缓在首都明故宫新政治区兴建房屋由》的训令（1946年8月）

资料来源：行政院《暂缓在首都明故宫新政治区兴建房屋由》（1946），南京市档案馆藏，档案号：10030081753（00）0002。

和“大北平计划”一样，南京的“首都政治区计划”也急需城市规划设计方面的专门人才。由于南京和上海邻近，信息互通便利，在机缘巧合下，国民政府内政部也物色到了刚刚自英国留学归国、即将赶赴北平就职的陈占祥。于是，1946年10月，陈占祥被内政部营建司聘为简派正工程师。

目前，南京市档案馆保存有“首都政治区计划”的原始档案。其中，文字稿《首都政治区建设计划大纲》（见图6–18）完成于1947年1

① 行政院：《暂缓在首都明故宫新政治区兴建房屋由》（1946年），南京市档案馆藏，档案号：10030081753（00）0002。

② 北平市工务局：《北平市公共工程委员会座谈会记录》，载北平市工务局编《北平市都市计划设计资料》第一集，第86页。

月。[①]“首都政治区计划”中有《首都政治区计划图》（见图6–19），内附图共计5张，包括《鸟瞰图》（见图6–20）[②]、《首都政治区地形图》、《首都政治区计划总图》（见图6–21）[③]、《分区图》（见图6–22）和《道路系统图》（见图6–23）。这些图纸应当同样完成于1947年1月。[④]陈占祥为“首都政治区计划”的制定工作了3个多月。

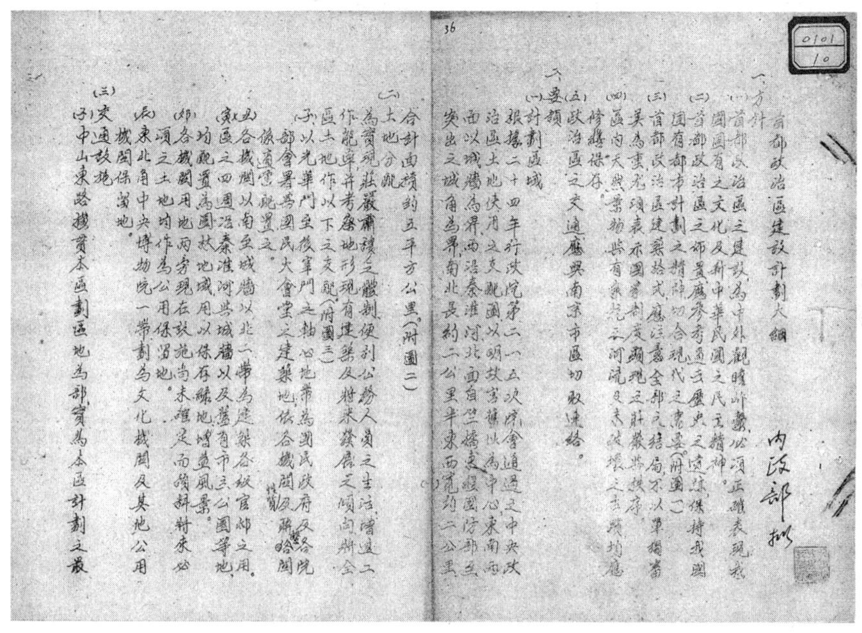

图6–18 《首都政治区建设计划大纲》（1947年1月）

资料来源：内政部《首都政治区建设计划大纲》（1947年），南京市档案馆藏，档案号：10030160041（00）0006。

① 1947年6月在《公共工程专刊》第二集上刊出《首都政治区建设计划大纲草案》，其尾页注有“[民国]三十六年一月稿”。由于该出版稿与《首都政治区建设计划大纲》档案内容基本上吻合，可判断后者的档案稿文字的完成时间同样在1947年1月。

② 参见陈占祥和娄道信等合作的“首都政治区计划”之《鸟瞰图》[陈明宽绘，1947年1月；内政部《首都政治区计划图》（1947年1月），南京市档案馆藏，档案号：10030160041（00）0002]。

③ 参见：陈占祥和娄道信等合作的《首都政治区计划总图》[陈占祥设计，1947年1月；内政部《首都政治区计划图》（1947年1月），南京市档案馆藏，档案号：10030160041（00）0002]。

④ 主要依据是，在1947年1月完成的《首都政治区建设计划大纲》档案原稿中，在相应文字处标注了有关各附图的名称以及图文配套的编排方式。在《公共工程专刊》第二集上刊出的《首都政治区建设计划大纲草案》中，则删除了对附图的标注。

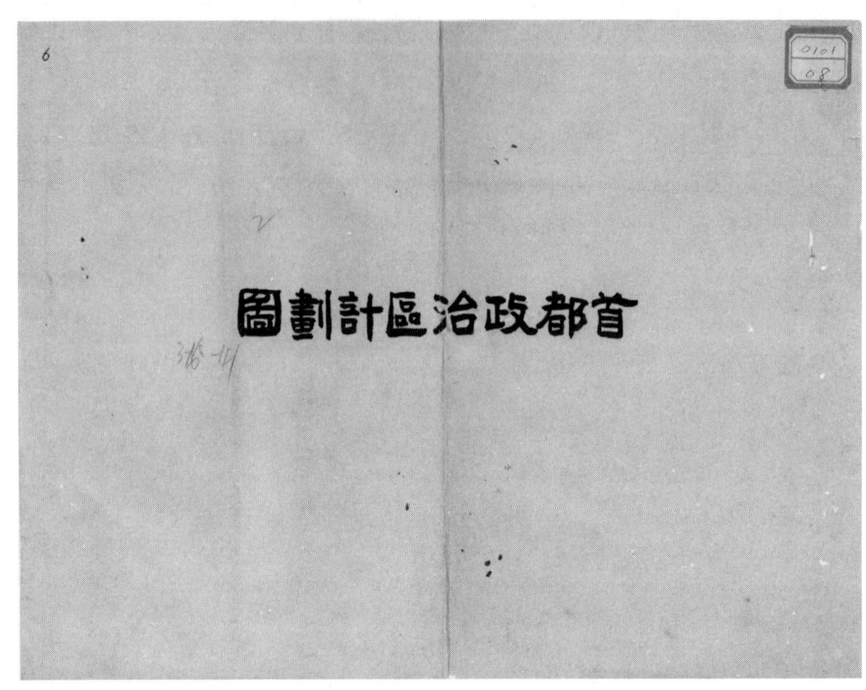

图6-19 《首都政治区计划图》封面（1947年1月）

资料来源：内政部《首都政治区计划图》（1947年），南京市档案馆藏，档案号：10030160041（00）0002。

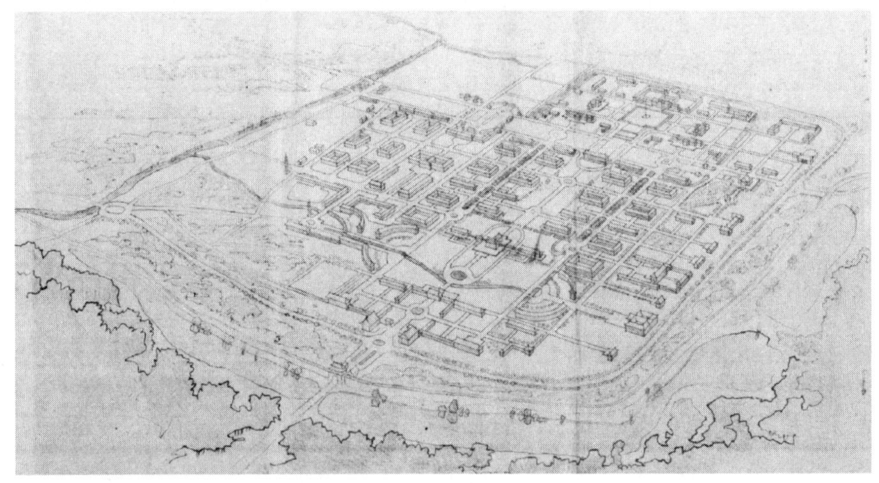

图6-20 “首都政治区计划”之《鸟瞰图》（陈明宽绘，1947年1月）

资料来源：内政部《首都政治区计划图》（1947年1月），南京市档案馆藏，档案号：10030160041（00）0002。

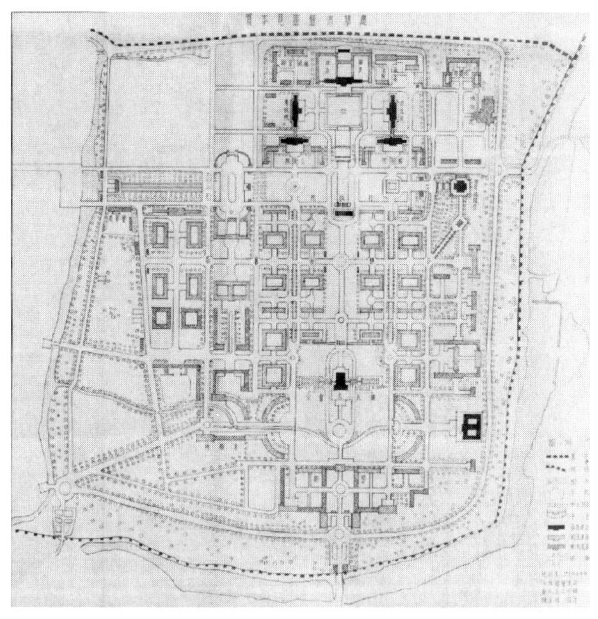

图6-21 “首都政治区计划”之《首都政治区计划总图》(陈占祥设计，1947年1月)

资料来源：内政部《首都政治区计划图》(1947年1月)，南京市档案馆藏，档案号：10030160041(00)0002。

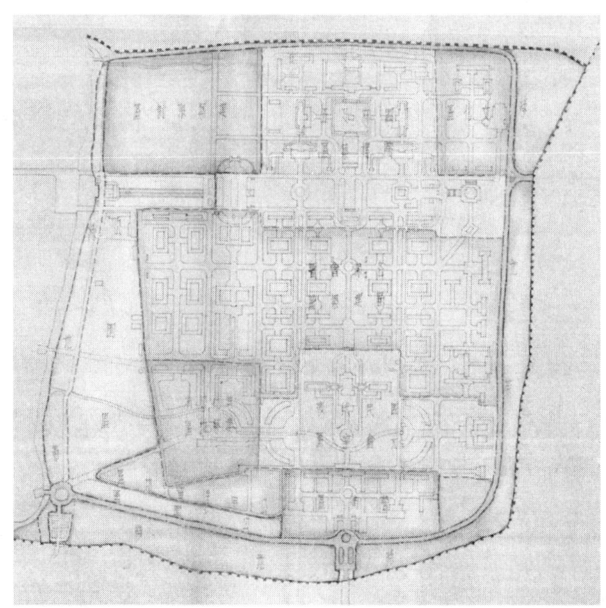

图6-22 “首都政治区计划”之《分区图》(1947年1月)

资料来源：内政部《首都政治区计划图》(1947)，南京市档案馆藏，档案号：10030160041(00)0002。

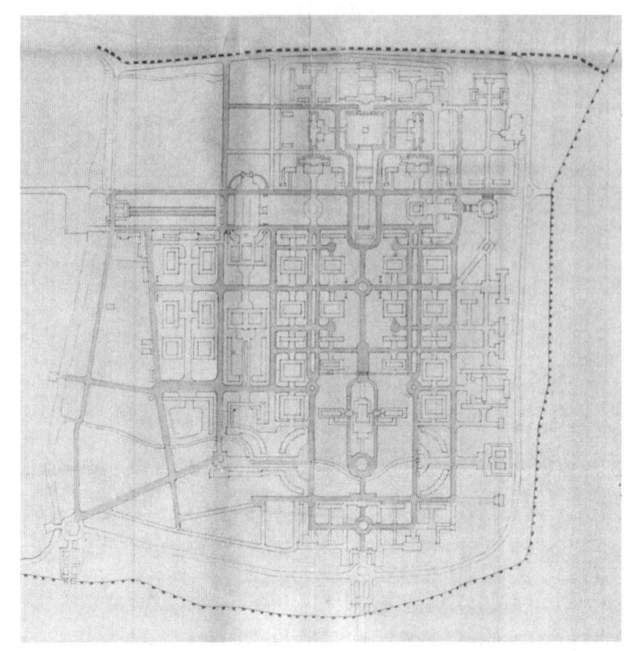

图6-23 “首都政治区计划”之《道路系统图》(1947年1月)

资料来源：内政部《首都政治区计划图》(1947)，南京市档案馆藏，档案号：10030160041(00)0002。

陈占祥在南京工作期间，北平市工务局曾多次致函催促其早日来平。1947年1月11日，陈占祥曾给谭炳训写信进行解释说明（见图6-24），这封信中的一些内容可对南京“首都政治区计划”的工作情况有所佐证：

炳训先生惠鉴项读：

周宗莲[①]先生来书，悉先生以占祥未到北平为念，读后私心不胜惭愧。初占祥返国急欲来平到差，后因私事来京，适遇哈司长[②]介绍张部长[③]晤面，蒙示部内工作之重要，并指为国服务之义，留占祥在此任

① 周宗莲（1920～？），男，湖南汉寿人，曾赴英留学深造，获工程博士学位，回国后曾任中央设计局设计委员兼工程立案人等。《周宗莲》，汉寿县人民政府网，https://www.hanshou.gov.cn/zjhs/rwhs/hsmr/content_53446，最终访问日期：2019年1月20日。

② 指哈雄文，时任内政部营建司司长。

③ 指张厉生（1900～1971），字少武，河北乐亭人，早年任国民党中央执行委员、中央组织部部长、行政院秘书长等，时任内政部部长。

事。考虑再三，深觉部内工作极宜需尽棉［绵］力，是以应本部派令，任职此间。

今来此达三月，占祥对北平工作无时或忘，曾与哈司长对此事商讨多次，决定俟此间工作告一段落时，本司可令占祥来平追随左右，从事平市计划二三，或不时来平协助亦非不可，以期两全其义。

占祥现正作首都中央政治区计划，月内或二月初旬尚可告一段落。同时又在中大[①]兼课，将来来平工作，中大课务不得不暂告停止。总之，二、三月内若先生能函本司催令占祥来平，即当整装来平。

占祥此次弃平留京，旨在服务，不作私利之见，因此而罪先生，实为惶恐至止。希今春能稍尽吾力，以补过失，并期宽恕为荷。临池惶恐非常。

专此，敬颂

公安

陈占祥谨上

一月十一日[②]

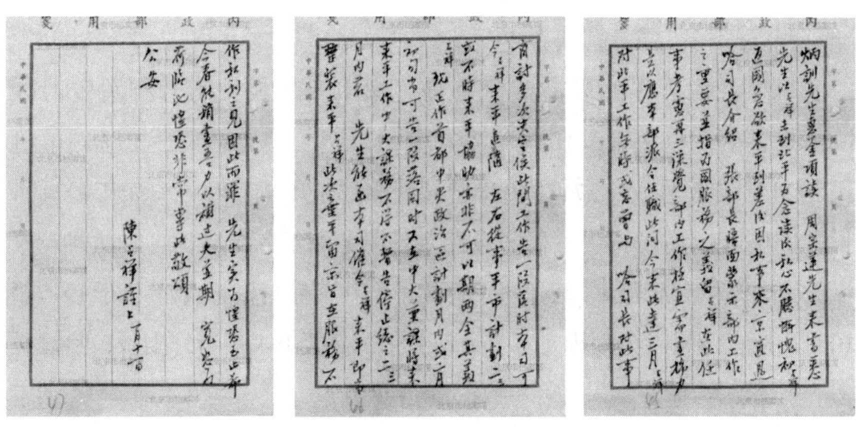

图6-24　陈占祥致谭炳训的信（1947年1月11日）

资料来源：北平市工务局《北平市工务局代市政府起草的关于在英国聘陈占祥为本府计正请准结购外汇的呈及行政院的指令等》，第66～67页。

① 指（南京）中央大学。

② 北平市工务局：《北平市工务局代市政府起草的关于在英国聘陈占祥为本府计正请准结购外汇的呈及行政院的指令等》，第45～47页。

与之前的信件相比，陈占祥在这封信的落款已不再有“晚生”或“晚”等谦称，这显示出此时其心态的微妙变化。关于赴北平就职一事，陈占祥的回应与之前也截然不同，如他说“二、三月内若先生能函本司催令占祥来平，即当整装来平”。这样的变化，当然源自他在中央政府机关为首都规划服务的一种自豪感，已经失去首都光环的北平，自然不能与南京相提并论。

陈占祥被截留在南京工作一事，系由公事所致。正因如此，北平市政府为邀请陈占祥回国工作而支付借款一事，经北平市政府和国民政府行政院反复沟通，最终由行政院支付了结，这里不予赘述。

就当时完成的《首都政治区建设计划大纲》文本而言，该档案首页注有“内政部拟”（见图6-18），但并未列出作者。该稿后于1947年6月刊载于由内政部编印的《公共工程专刊》第二集[①]中，但标题中增加了“草案”一词，署名为“陈占祥、娄道信”。

就“首都政治区计划”的几张附图而言，《首都政治区计划总图》的右下角明确注明由“内政部营建司简派正工程师陈占祥设计”[②]，其他几张附图未注明绘制者。据陈占祥回忆，当时的《鸟瞰图》系陈明宽绘制。[③]

与陈占祥合作的娄道信，今日之学术界不大熟悉。有关资料表明，娄道信，字之常，1904年生，安徽合肥人，北京大学工学院电机科1924年级学生[④]，1927~1940年曾任汉阳兵工厂工程师、安庆工务局科长、安庆电话局局长、安徽省公路主任、芜湖工务局局长、安徽建设厅科长等。[⑤]内政部编印、营建司发行的《公共工程专刊》，第一集于1945年10月出版，编辑者为哈雄文、娄道信；第二集于1947年6月出版，哈雄文

---

① 该刊同期还刊载了林徽因所著的《现代住宅设计之参考》一文。

② 陈占祥和娄道信等合作的《首都政治区计划总图》（陈占祥设计，1947年1月）；内政部：《首都政治区计划图》（1947年1月），南京市档案馆藏，档案号：10030160041（00）0002。

③ 陈占祥在自传中指出：“现在台湾的著名建筑师陈明宽先生当时也在营建司工作，为此设计他画了精湛的鸟瞰图。”《陈占祥自传》，载陈占祥等著，陈衍庆、王瑞智编《建筑师不是描图机器——一个不该被遗忘的城市规划师陈占祥》，第13页。

④ 北京大学工学院：《1921年–1930年院友》，北京大学工学院网站，http://yuanyou.coe.pku.edu.cn/shou/s/139/2.html，最终访问时间：2019年1月20日。

⑤ 资源委员会编《中国工程人名录》第一回，商务印书馆，1941，第344页。

为主编，娄道信、卢绳为编辑。另外，考察当时内政部营建司的一些会议记录档案可知，娄道信也多次参加会议。据此可判断，娄道信应当同在内政部营建司任职，并在文字编辑工作方面经验较为丰富。

综上可以推测：1947年1月完成的“首都政治区计划”，应当是由陈占祥主持并具体负责总图设计工作的；文字材料《首都政治区建设计划大纲》则可能由娄道信具体起草，陈占祥参与讨论并协助完成。这一合作及分工情况，与后来“梁陈方案”的形成情形大致类似。

1947年1月完成的《首都政治区计划总图》方案，与1929年南京《首都计画》方案及1935年6月由国民政府正式公布的《中央政治区各机关建筑地盘分配图》和《中央政治区附近土地使用支配图》相比，最显著的变化莫过于原来居于地段北部正中，以及对中央政治区全局起到重要统帅作用的中央党部办公楼，被国民政府大楼所取代，其东、西两侧分别为最高法院和总统官邸建筑。南部地段最重要的建筑则是国民大会堂（见图6–21）。

就道路系统而言，“首都政治区计划”方案的主要特点是，地段内“环区大道”的增加（见图6–23）以及区内一些道路设计对于“主权、宪法”和“三民主义”等的象征意义：

（三）交通设施

（子）中山东路横贯本区，划区地为二部，实为本区计划之最大障碍。我国重要建筑，例须南向，若中山东路不予变更，则仅路北之地适于建筑，路南机关必须背后出入，此不便者一。中山路为首都最重要之干路，车辆往来频繁，不但嚣浊喧哗，有背政治区庄严肃穆之旨，且来往横过之车辆必动遭梗阻，亦足以延误公务，此不便者二。兹为补救此项缺陷，拟自竺桥起，沿小营向东，经半山寺折南至中山门，再自中山门沿城向南，经光华门至通济门止，筑一宽达四十公尺之环区大道，其设计按林荫大道之布置。如是，则不但各机关皆可自南而入，政治区与市区因此得有显明之隔离，而城北一带与中山门外之交通，可改自竺桥经北半环路直达，城南一带与中山门交通，可改自大中桥经南半环路畅行，区内自无嘈杂之病。

（丑）政治区车辆出入总口，拟分五处，俾与市区联络……

（寅）区内交通，以光华门至后宰门后之旧御道街为轴心干线，宽四十公尺。东西各辟与轴心平行纵干道二条，各宽二十公尺，象征主权、宪法。与轴心垂直修筑等宽之横干道二条，一即利用原有中山东路（惟入口处设桥梁二座，一利用逸仙桥，一于逸仙桥南新建。二桥间水面予以拓宽，中设游船码头，使秦淮河之游船，可在西华门前停泊。自新桥向东筑阅兵大道，以达励志社前之阅兵场。俾阅兵时军队可由此路入，转由中山路退出）；一自复成桥横贯区中，一自大中桥横贯各机关用地与官邸用地之间；以上三路象征三民主义。至于支路及人行道路，皆就建筑地段情形在便利交通与增进美观之原则下，适宜配置之（附图四①）。②

（三）“首都政治区计划”的审查与研究

对于1947年初完成的“首都政治区计划”，内政部审查后从三个方面提出了意见，全文如下：

内政部对于审查“首都政治区”案之意见

一、政治区范围必须确定。政治区内公私建筑早经遵令从缓兴建，公私土地纠纷迭，据呈请解释到部，诚以范围未能确定，不但公私俱蒙损失，所有人民请求亦无法答复，亟应早日确定，俾中外咸知而免多所揣议。

二、土地处理办法必须公布。政治区内土地，目前国家财政困难固非一时所能征收，但长此悬而不决，私人产业终不得正当解决，故亟应公布处理办法，分别征收或保留征收及限制使用，俾人民有所遵循。

三、计划大纲可暂不审查。政治区计划经纬万端，本部所拟大纲虽系初步草案，绝非少数人临时所能置其可否，自应交由各院部会组织设

---

① 即“首都政治区计划”之《道路系统图》。

② 内政部：《首都政治区建设计划大纲》（1947年），南京市档案馆藏，档案号：10030160041（00）0006。

计委员会作长时间讨论，并征求专家意见，以期尽善。[1]

上述审查意见，并无具体的时间标示，据其内容及相关史料，可判断应在1947年8月前后。在南京市档案馆所藏档案中，该意见后还附有一份《首都政治区土地处理办法草案》（共10条）[2]，并注有“审查会修正本”，应属在内政部审查后所拟（见图6-25）。该办法草案将首都政治区内私有土地划分为征收区域、保留征收区域和限制使用区域3种类型，并明确了相应的管制政策。

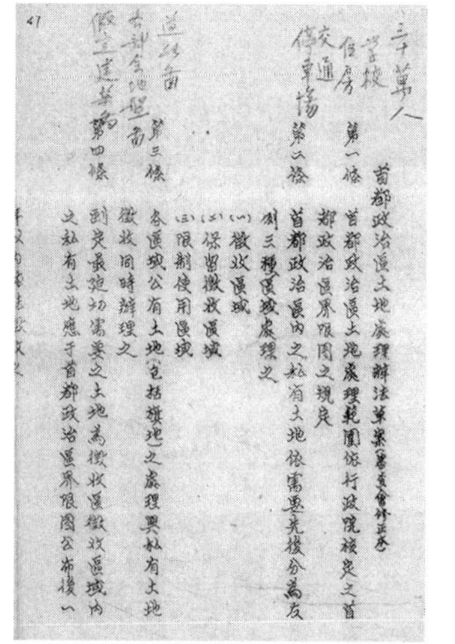

首都政治區土地處理辦法草案（審查會修正本）

第一條　首都政治區土地處理範圍依行政院核定之首都政治區界限圖之規定

第二條　首都政治區內之私有土地依需要先後分為左列三種區域處理之

（一）徵收區域

（二）保留徵收區域

（三）限制使用區域

第三條　各區域公有土地（包括旗地）之處理與私有土地徵收同時辦理之

第四條　劃定最迫切需要之土地為徵收區徵收區域內之私有土地應于首都政治區界限圖公布後一

內政部對於審查首都政治區一案之意見

一、政治區範圍必須確定　政治區內公私建築早經遵令從緩興建，公私土地糾紛迭據呈請解釋到部，誠以範圍未能確定，不但公私俱蒙損失，所有人民請求亦無法答復，亟應早日確定，俾中外咸知，而免多所揣議。

二、土地處理辦法必須公布　政治區內土地目前國家財政困難，固非一時所能徵收，但長此懸而不決，私人產業終不得正當解決，故亟應公布處理辦法，分別徵收或保留徵收及限制使用，俾人民有所遵循。

三、計劃大綱可暫不審查　政治區計劃經緯萬端，本部所擬大綱雖係初步草案，絕非少數人臨時所能置其可否，自應交由各院部會組織設計委員會作長時間討論，并徵求專家意見，以期盡善。

图6-25 《内政部对于审查“首都政治区”案之意见》（右）及附件首页（左）（约1947年8月）

资料来源：内政部《内政部对于审查“首都政治区”案之意见》（1947），南京市档案馆藏，档案号：10030160041（00）0008。

内政部的审查意见，内容相当简略，由此透露出两个方面的重要信息：（1）尽管中央政治区规划早在1929年即已开始谋划，但经过10多年的变迁，特别是经历全面抗日战争，到1947年前后，形势已经发生

① 内政部：《内政部对于审查“首都政治区”案之意见》（1947年），南京市档案馆藏，档案号：10030160041（00）0008。标点为本书作者所加。

② 内政部：《首都政治区土地处理办法草案》（1947年），南京市档案馆藏，档案号：10030160041（00）0008。

巨变，因此“首都政治区计划”已成为一个全新的命题，故而需要对首都政治区的区域范围和土地使用办法等重新做研究与审核；（2）尽管是一份审查意见，但其具体内容却明确指出“计划大纲可暂不审查”，“政治区计划经纬万端……绝非少数人临时所能置其可否”，这表明，对于1947年初完成的《首都政治区建设计划大纲》，由于规划工作的前提条件（如区域范围等）尚不明确，以及事情特别重大，内政部实际上无法提出具体的审查意见。

1947年9月29日，国民政府行政院召开“首都政治区计划”审查会。会议由行政院秘书长甘乃光主持，娄道信以张厉生委员的代表身份出席，[①]但参会人员中并无陈占祥，原因何在？

1946年底前后，由于陈占祥迟迟未能赴北平就任，北平市工务局局长谭炳训除多次催促陈占祥之外，还数次与国民政府内政部营建司司长哈雄文联系催促。1947年1月21日，哈雄文曾回函谭炳训致歉（见图6–26），内容如下：

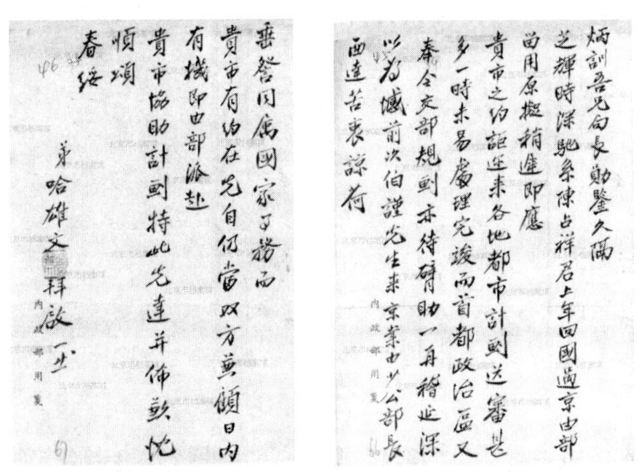
炳訓吾兄局長勛鑒：久隔
芝輝，時深馳系。陳占祥君上年回國過京，由部
留用，原擬稍遲即應
貴市之約，詎近來各地都市計劃送審甚
多，一時未易處理完竣，而首都政治區又
奉令交部規劃，亦待臂助，用稽延，深
以為憾。前次伯謹先生來京，業由少公部長
面達苦衷，諒荷
垂詧。同屬國家公務，而
貴市有約在先，自仍當雙方兼顧，日內
有機即由部派赴
貴市協助計劃，特此先達，并佈歉忱。
順頌
春綏
弟哈雄文拜啟 一、廿一

图6–26 哈雄文致谭炳训的信（1947年1月21日）

资料来源：北平市工务局《北平市工务局代市政府起草的关于在英国聘陈占祥为本府计正请准结购外汇的呈及行政院的指令等》，第66~67页。

---

① 这次会议的参会人员如下：“张委员厉生（娄道信代）、杨委员会永竣、俞委员鸿钧（徐柏图代）、周委员诒春、李委员敬斋、白委员崇禧（黄镇球代）、俞委员大维（谭伯明代）、蒋委员匀田、王委员世杰（陈司长代）、沈市长怡、甘秘书长乃光。”行政院：《审查会纪录》（1947年），南京市档案馆藏，档案号：10030160041（00）0006。

炳训吾兄局长勋鉴：

久隔芝辉，时深驰系。陈占祥君上年回国过京，由部留用，原拟稍迟即应贵市之约，讵迩来各地都市计划送审甚多，一时未易处理完竣，而首都政治区又奉令交部规划，亦待臂助，一再稽延，深以为憾。前次伯谨先生来京，业由少公部长面达苦衷谅荷。垂察同属国家事务，而贵市有约在先，自仍当双方兼顾。日内有机，即由部派赴贵市协助计划。特此先达并布歉忱。

顺颂

春绥

弟：哈雄文拜启

一廿一[①]

在这封信中，哈雄文提及陈占祥“由部留用，原拟稍迟即应贵市之约”，这表明，陈占祥在南京的任职具有短期借调的性质，并非长期的任命。正是由于这样的原因，陈占祥在内政部营建司的工作，主要是“首都政治区计划”，而当这一规划任务完成之后，陈占祥的任务也就终结了。

此时的陈占祥，本应转赴北平市工务局就职，但被内政部营建司留任。北平市工务局在该市都市计划工作十分紧迫，而陈占祥则迟迟不能到任的情况下，只得改聘在美国留学的冯缵美主持北平市都市计划。1947年4月19日，谭炳训在给哈雄文的信中写道：“雄文司长吾兄勋鉴：陈占祥君自经贵部留用后，本市都市计划已由本局改聘在美之冯缵美君担任……”[②]

陈占祥在南京的短期工作结束后，失去了赴北平工作的机会。在无奈的情况下，陈占祥不得已改去上海工作。“1947—1949年，我与陆谦受、王大闳、黄作燊、郑观萱等五位朋友在上海办了‘五联建筑与计划

① 北平市工务局：《北平市工务局代市政府起草的关于在英国聘陈占祥为本府计正请准结购外汇的呈及行政院的指令等》，第66～67页。

② 谭炳训：《致哈司长雄文（稿）》，载北平市工务局《北平市工务局代市政府起草的关于在英国聘陈占祥为本府计正请准结购外汇的呈及行政院的指令等》，第68～69页。

研究所'[①]，但只做了一项工程：上海渔管处渔码头及冷库。当时国民政府腐败，恶性通货膨胀，建设事业陷于停顿。此时期内，我被借调到上海建设局都市计划委员会任代总图组组长[②]。因而与这些朋友相遇，由于志同道合，成立了'五联'。"[③]

1947年9月29日的审查会，经讨论形成关于首都政治区的具体范围等4项结论，[④]并明确"建设政治区先从道路水电等着手，并注意职员宿舍学校及其他有关问题，设计原则，由本次出席人另开审查会研究"。1947年12月19日，行政院第十四次临时院会审议通过上述决议，并呈国民政府核准照办，同时要求"第四项所载之设计原则，由内政部与南京市政府拟议呈核"。[⑤]

四　南京"首都政治区计划"的后续发展

（一）由南京市都委会主导的另一版本的"首都政治区计划"

在国民政府有关部门对"首都政治区计划"进行审查的同时，"南京市政府于三十六年[1947年]五月组织[成立了]南京市都市计划委员会，内分土地、交通、卫生、公用、工务、区划、财务七组，分别研究，经几个月之努力"，至1947年12月[⑥]时，"首都政治区计划"的"初

---

① 应该为"五联营建计划事务所"。

② 应该是"上海市政府都市计划委员会总图组代组长"。

③ 《陈占祥自传》，载陈占祥等著，陈衍庆、王瑞智编《建筑师不是描图机器——一个不该被遗忘的城市规划师陈占祥》，第13页。

④ 这次会议决议的事项如下："（一）首都政治区以二十四年本院院会通过之中央政治区土地使用支配图，加入励志社中央医院一带为范围（即以明故宫为中心，东南两面以城墙为界，西沿秦淮河，北自竺桥，东经国防部，至突出之城角为界）。（二）在政治区界限内私有土地（包括旗地）一次征收，并将应发地价，列入明年度预算，在被征收区域内民有建筑物，如政府一时不需用者，可仍准原所有人使用。（三）以后政府机关需要建筑时，应就政治区范围内建筑。（四）建设政治区先从道路水电等着手，并注意职员宿舍学校及其他有关问题，设计原则，由本次出席人另开审查会研究。"行政院：《审查会纪录》（1947年），南京市档案馆藏，档案号：10030160041（00）0006。

⑤ 内政部：《首都政治区设计原则坐[座]谈会纪录》（1948年），南京市档案馆藏，档案号：10030160014（00）0013。

⑥ 依据该文献出版时间可知，即《首都建设》的刊印时间为"中华民国三十六年十二月"。

步调查工作大致完成，即将进入计划阶段”[①]。

1947年12月至1948年初，南京市都市计划委员会完成了一批规划成果，内容涵盖南京市域及首都政治区两个空间范围，规划图纸包括《南京市土地使用现状》、《南京市土地使用现状举例》、《南京市城区棚户分布图》、《南京市标准地价图》、《首都城内分区图》、《南京市城区道路系统计划图》、《南京市用地分类图》、《南京市官署分布图》和《首都政治区计划总图》等。

这一时期“首都政治区计划”的主要成果即《首都政治区计划总图》（见图6-27），该图原件现藏南京市城市建设档案馆，系手绘图纸，完成于1947年12月25日[②]。

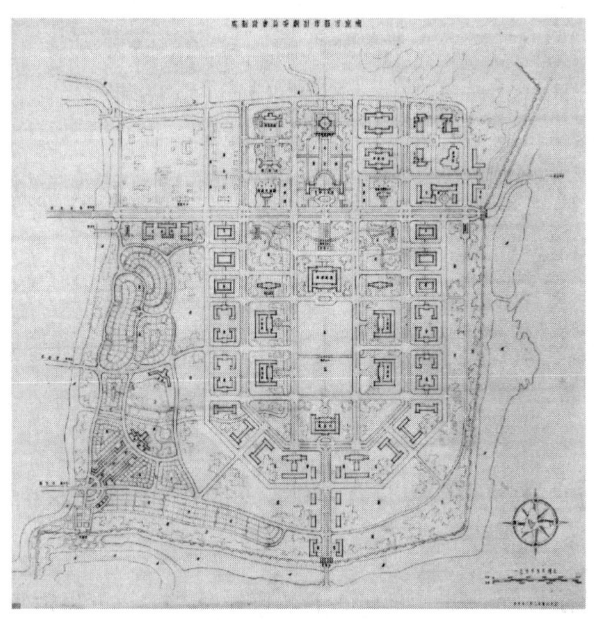

图6-27 南京市都市计划委员会计划处完成的《首都政治区计划总图》（1947年12月25日）

资料来源：南京市都市计划委员会计划处：《首都政治区计划总图》（1947年12月25日），南京市城市建设档案馆藏，档案号：C210028。

---

① 行政院新闻局：《首都建设》，1947，第20页。

② 参见南京市都市计划委员会计划处完成的《首都政治区计划总图》（1947年12月25日）；南京市都市计划委员会计划处：《首都政治区计划总图》（1947年12月25日），南京市城市建设档案馆藏，档案号：C210028。

与之前陈占祥设计的《首都政治区计划总图》相比，南京市都委会主导的“首都政治区计划”方案出现一些新的重大变化：国民政府及五院（行政院、立法院、考试院、司法院和检察院）建筑群的位置，从中山东路以北调整至中山东路以南，占据了整个首都政治区中部的庞大区域，其中央为矩形大广场，东、南、西三侧为各部会署建筑群所环绕；国民大会堂的位置移至中山东路北侧，其北部（原国民政府大楼位置）为中华民国纪念馆，在这两栋建筑的东西两侧，布置了科学院、音乐院、美术院、博物馆、国史馆和开国文献馆等建筑。这样，中山东路以北成为文化类建筑的集中区域。除此之外，在整个区域的西南部，规划了官邸区、住宅区、宿舍区、商业区和公园、学校等，并通过绿地与行政类建筑相隔离，成为相对独立的生活区域。

在南京市都委会完成“首都政治区计划”修订方案后，有关方面也曾召开过一些审查讨论会。当时的规划主管部门内政部即于1948年4月27日，召开过一次首都政治区设计原则座谈会。这次座谈会由内政部营建司司长哈雄文主持，他首先报告了“首都政治区计划”工作进展情况，杨廷宝、刘敦桢、童寯、董大酉、陈登鳌和娄道信等10余位专家，出席会议并参与了讨论（见图6-28）。这次会议以首都政治区的设计原则为主题，加上与会人员多为建筑及规划设计领域的专家，讨论及发言内容主要聚焦于规划设计方面（会议记录详见附录E）。

首先值得注意的是，参加这次座谈会的专家对政治区内建筑物的布置方式提出了一些意见。刘敦桢提出：“建筑物应以国民大会堂、立法院、总统府为重心，列于轴心线上，以示庄严。”童寯指出：“政治区建筑务求伟大，以壮观瞻，不妨以数单位集中于一个建筑，切不可形成新村形式，如欲尝试花园式设计，似觉过于冒险，实在[讲]只要路宽亦即增加绿地面积……建筑物单位不宜过多，面积不应小于现有之中央医院，必要时应合并数单位于一建筑物之内。”

建筑物的布置方式显然是首都政治区规划设计的一个核心问题，而从专家发言来看，当时的设计方案尚有“尝试花园式设计”及“新村形式”等倾向，尚不甚理想。

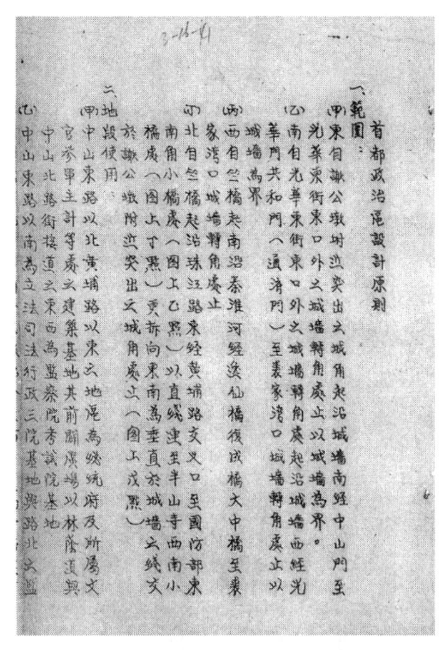

首都政治區設計原則

一、範圍：

(甲)東自鐘公墩附近突出之城角起沿城墻南經中山門至光華東街東口外之城墻轉角處止以城墻為界。

(乙)南自光華東街東口外之城墻轉角處起沿城墻西經光華門共和門（通濟門）至袁家灣口城墻轉角處止以城墻為界

(丙)西自竺橋起南沿秦淮河經逸仙橋復成橋大中橋至袁家灣口城墻轉角處止

(丁)北自竺橋起沿珠江路東經黃埔路交叉口至國防部東南角小橋處（圖上乙點）以直綫達至半山寺西南小橋處（圖上丁點）更折向東南為垂直於城墻之綫交於鐘公墩附近突出之城角處止（圖上戊點）

二、地段使用：

(甲)中山東路以北黃埔路以東之地區為總統府及所屬文官參軍主計等處之建築基地其前闢廣場以林蔭道與中山北路銜接道之東西為監察院考試院基地

(乙)中山東路以南為立法司法行政三院基地與路北之監

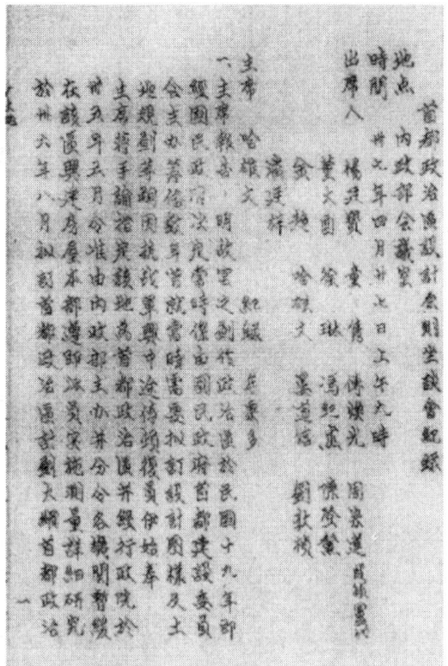

首都政治區設計原則坐談會紀錄

時間 卅七年四月廿七日上午九時

地點 內政部會議室

图6-28 《首都政治区设计原则》首页（左）及《首都政治区设计原则坐［座］谈会记录》首页（右，1948年4月27日）

资料来源：内政部《首都政治区设计原则坐[座]谈会纪录》（1948），南京市档案馆，档案号：10030160014（00）0013。

杨廷宝（见图6-29）的发言表明，早年他也曾参与过中央政治区的规划工作，并透露了1945年以后中央党部建筑布置与之前的规划方案存在显著差异，其原因为："本人战前曾拟制政治区设计计划，因当时政府机构与现在行宪不同，依林故主席①主张，沿中山东路以北划为属于党的机关，以南属于政府机关，且仅计入五院，附属机关概未列入，今后自须改变。"②也就是说，1945年以后，宪法性质③的变化影响到了首都政治区的规划布局。

---

① 指原国民政府主席林森。

② 以上引文均见内政部《首都政治区设计原则坐[座]谈会纪录》（1948年），南京市档案馆藏，档案号：10030160014（00）0013。

③ 1931年5月12日，国民议会曾通过《中华民国训政时期约法》，该约法是在孙中山军政、训政、宪政学说基础上，以蒋介石的"以党治国"为方针制定的。全面抗战胜利后，经过中国共产党的倡议和努力，1946年1月在重庆召开了政治协商会议，通过了《政协关于宪草问题的决议》，确定了实行国会制、内阁制及省自治制等制度。40天后通过的《中华民国宪法》提出实行国会制与责任内阁制，并对五权（行政、立法、司法、监察及考试）分立机构的设置和权限等基本政治制度做了原则性的规定。

图6-29　杨廷宝、刘敦桢和哈雄文等的留影（1960，广州）

左起：刘敦桢（左一）、徐中（左三）、哈雄文（右二）、杨廷宝（右一）。
资料来源：童明提供。

在发言中，杨廷宝重点阐述了运用"形势思维"来开展规划设计的基本思路："依现在看法，政治区设计应先将道路系统确定，以为全部设计之章法，不能凭空划出某机关地点。路线决定后，并应先安路牙。俾不知设计者亦有实际上之大体观念，庶易于每一地段中想像其建筑物应有之形势，然后再以各机关性质分配地段，配合建筑。"①

（二）南京"首都政治区计划"进退两难的尴尬处境

南京市首都规划工作自1928年底启动，到1948年时已历时20年左右，其具体实施情况如何呢？

1948年初前后，南京市都委会曾绘制完成一批城市规划图，其中的《南京市官署分布图》表明，截至当时，国民政府各个首都机关在南

① 内政部：《首都政治区设计原则坐[座]谈会纪录》（1948年），南京市档案馆藏，档案号：10030160014（00）0013。

京市的分布，仍呈现出相当分散的格局，明故宫范围内的新建筑仍寥寥无几；[①]而当时的城市现状用地分析图，则仍在空想式地呼吁在首都政治区集中布局。[②]值得思考的是，导致南京首都政治区规划形成这一局面的原因何在？

让我们回顾1948年4月27日由内政部召开的首都政治区设计原则座谈会。就杨廷宝的发言而言，除了上文所述内容之外，还有其他一些值得关注的问题。以建筑物具体布置为例，杨廷宝建议："沿城墙一带土地较高，任何建筑物，无论自西向东或自高向下看去，皆不易壮观。故于离城墙过近地带不宜建筑，只可作为园林，今昔仍当一致"，"国大会堂如在光华门内，正当低洼之地，应尽量向北移"。[③]杨廷宝的这些发言，显然揭示了以明故宫作为首都政治区选址方案的一些固有缺陷。

实际上，这次会议的主持人哈雄文在最早发言时，即曾谈及选址在明故宫的几个缺点："至个人意见，以为政治区土地缺点有四：（一）无超然地势，如建筑物依中国传统坐北向南习惯，不易配合；（二）东南两面城墙高耸，扩展不易，区内建筑物亦不易壮观；（三）现有交通为东西向，与南北向房屋亦不易配合；（四）已成建筑物甚多，无须保存，古迹、飞机场又不能即时迁去，设计不无困难。"

除此之外，在这次座谈会研究讨论所形成的结论性意见中，首要的一条即："应向行政院建议，政治区内除国大会堂、总统府及五院外，各部会是否全部设在区内，不作硬性规定；除必要时，各部会建筑均应另设其他地点。"[④]这一结论，显然意味着各类首都行政机关不必全部集

---

① 参见《南京市官署分布图》（1948年）；南京市都市计划委员会：《〈南京市土地使用现状图〉之〈南京市官署分布图〉》（1948年），南京市城市建设档案馆藏，档案号：C210028。

② 参见南京都委会《南京市土地使用现状图》（1948年），南京市城市建设档案馆，档案号：C210028；《南京市土地使用现状举例》之《中央行政机关散乱，应照计划集中》（1948年），南京都委会《土地使用现状举例（1：25000）》（1948年），南京市城市建设档案馆藏，档案号：C210028。

③ 内政部：《首都政治区设计原则坐[座]谈会纪录》（1948），南京市档案馆藏，档案号：10030160014（00）0013。

④ 以上引文均见内政部《首都政治区设计原则坐[座]谈会纪录》（1948年），南京市档案馆藏，档案号：10030160014（00）0013。

中于首都政治区之内——这与人们通常所理解的“中央行政区”概念存在着显著的差异。

其实，自1929年南京《首都计画》提出中央政治区规划方案以后，关于中央政治区规划一直有各种各样的不同意见，对中央政治区规划方案的制定及其付诸实施具有显著的制约作用。

以1947年9月29日由国民政府行政院召集的“首都政治区计划”审查会议为例，这次审查会的记录中特别附具了篇幅远远超过会议“决议事项”的“说明”文字（见图6-30）：

说明：本案经详加研讨，佥以首都政治区之设置，在国防及财政观点上言，虽非当务之急，但为国都长远建设计，不能不预为规划，以免蹈欧美各国当初无计划、不能适应现在发展而致整个城市改造之覆辙。至顾虑空袭一节，国际战争将来发展至如何程度，尚难逆料，实属防不胜防。又，划定政治区与建设政治区，应为二事，目前先将区域确定，区内建设并非立时举办，对国库支出影响不大。

政治区原则上既有划设必要，则其界限及界限以内土地之处理，则须赶速确定、公布，以释人民疑虑。且各机关陆续建筑房屋，零碎兴工随时而有，均系各自为政，并无整个计划，各处一隅，互相隔离，对行政效率亦有妨碍，如此迁延下去，年代久远，建设方面造成既定形势，再加改良，殊不易易。现政治区既有大量空地，而公有土地又占大多数，正可利用，以后政府机关兴建房屋，即可在政治区内指定地带令其建筑，并先将政治区内交通道路水电工程完成初步计划，俾办公不至发生困难，照此办理，在初期零零落落，难具规模，但行之既久，建筑渐多，自能蔚然壮观，完成全部计划。

关于土地之处理，内政部所定处理办法，分政治区土地为征收区、保留征收区及限制使用区，在政治区界限公布以后，其保留征收区及[①]限制使用区，仍处在不确定状态，人民对其享有之地权，仍不免有犹豫之感，不如一次征收，较为截断。况实施政治区计划，亦非一次征收不

① 原稿为“界”。

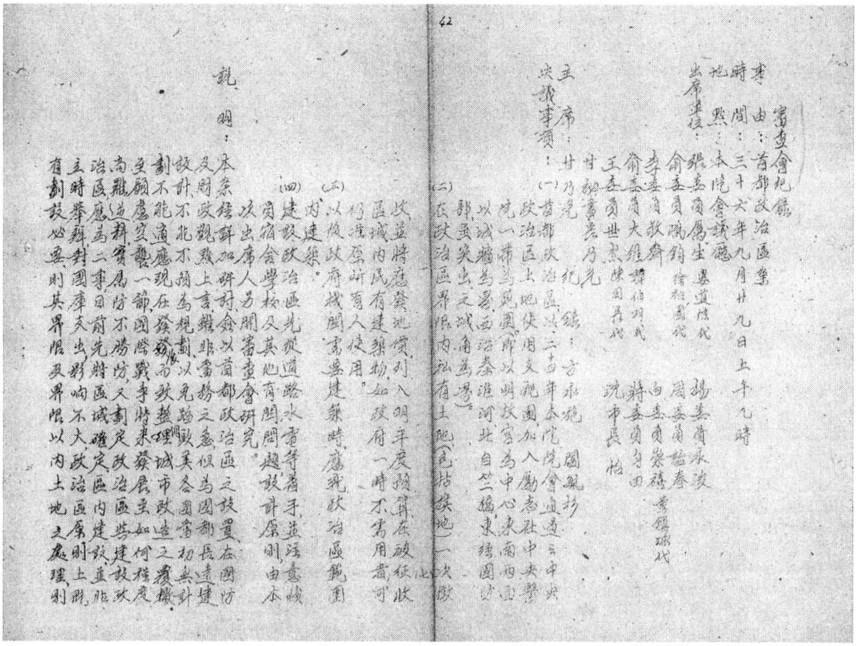

图6-30 “首都政治区计划”之《审查会记录》(首页，1947年9月29日)

注：这次审查会的决议事项即档案中缝区域的几行文字所述之内容，自左侧中部开始全部为说明性文字。

资料来源：行政院《审查会纪录》(1947)，南京市档案馆，档案号：10030160041（00）0006。

能着手，故内政部所订处理办法，可无须颁行。现约略估计该区域土地面积八千余亩，除公有土地及旗地公有部分外，属私有者约三千余亩，一次征收所支出之地价，不过五六百亿元，国库尚可担负。决定之后，应列入明年度预算之内。

至于政治区建设计划，如交通道路、职员宿舍、住宅、学校等，尚待研究之处甚多。又如首都政治区设计委员会之设立，与首都建设计划委员会如何取得联系，如何统筹，亦有待讨论。应留俟下次再行开会审查研讨。兹似可先将决议各项大原则提请院会决定。[①]

① 原稿中，该部分内容为一个段落，为便于阅读而做分段编排。行政院：《审查会纪录》(1947年)，南京市档案馆藏，档案号：10030160041（00）0006。

由上面文字，不难体会到当时的南京“首都政治区计划”，正处于受各方面因素制约而进退两难的尴尬境地。

实际上，与早年的中央政治区规划机构国都处直属国民政府领导，首都建设委员会主席由蒋委员长担任等相比，1946年以后“首都政治区计划”则由内政部营建司来主持，其组织级别已显著降低，再加上当时的国民政府正深陷解放战争的洪流之中，自然没有过多的精力来关注和推动首都政治区规划建设，首都政治区规划难以付诸实施也就不难理解了。

或许正是由于上述种种原因，对于当年所主持的“首都政治区计划”，陈占祥在自传中的回忆和评价内容相当简略，情感也很平淡：“在南京国民政府内政部营建司任职时，我做了‘明故宫的行政中心’，纸上谈兵，白费功夫。”[①]

五　陈占祥对“梁陈方案”的贡献

梁思成和陈占祥在年龄上以及在对北京城的了解和生活体验等方面存在差异，这对于后来联名提出的“梁陈方案”而言，在分工及所体现的规划思想方面两人也是不同的。可以讲，“梁陈方案”更多地体现出以梁思成的规划思想为主导的特点。

尽管如此，但陈占祥对“梁陈方案”的影响和贡献也不容小觑。能够获得梁思成的赏识，并与之在《梁陈建议》中联合署名，实乃不少专家学者乐于接受却难得遇到的荣幸之事，这本身就说明了陈占祥对“梁陈方案”具有特殊意义。不仅如此，陈占祥与娄道信等合作完成的“首都政治区计划”，是与首都北京的城市规划工作非常对口的一个重要实践经历，陈占祥的这一专业经历，必然对提升“梁陈方案”的专业水准有极大的帮助。

1949年以前，梁思成的专业研究主要集中在建筑学方面，其中尤

① 《陈占祥自传》，载陈占祥等著，陈衍庆、王瑞智编《建筑师不是描图机器——一个不该被遗忘的城市规划师陈占祥》，第13页。

以古建筑的测绘、调查以及中国建筑史等为他研究的重点领域，在当时全国抗战的时代背景下，他难以获得城市规划实践的机会。不难想象，师从世界规划大师阿伯克龙比的青年城市规划师陈占祥的加盟，使梁思成获得一种巨大的精神力量；或者更确切地讲，陈占祥对相关规划工作的大力支持，使梁思成在首都城市规划方面显著增强了学术信心。

时隔30多年后，在深圳经济特区总体规划等一些重大规划项目的制定过程中，规划行业的一些领导者如周干峙等，也曾特别邀请陈占祥、任震英和吴良镛等知名专家全程参与，对规划工作进行指导和把关，大概也是同样的用意——权威的规划需要权威专家的支持和参与。[①]

“梁陈方案”的具体分工为，梁思成主要负责文字报告的撰写，而陈占祥则主要负责规划图纸的绘制，“开会[②]以后我做规划，梁先生写文章，这就是方案出来的经过”[③]。清华大学营建学系的一些师生也协助、参与有关规划图纸的绘制。

除此之外，陈占祥对“梁陈方案”还有一个重要贡献，即西郊中央行政区位置的调整——“东移”。对此，陈占祥曾回忆说：

1949年，在我到达北京之前，梁先生对首都城市规划已有一个初步方案，那是以日本军国主义者在侵华战争中已惨淡经营过的“居留民地”（今北京西郊五棵松一带）为基础而设计的一个市中心方案。梁先生的指导思想是要保护北京历史名城。我完全赞成梁先生的这一指导思想，但对原有的初步方案发表了我的意见。我认为日本侵略者在离北京

① 2016年11月18日，宋启林（1984年版“深圳经济特区总体规划”项目负责人）在接受笔者访谈时，曾谈道：“周干峙很聪明，他知道自己压不住阵，所以每次开会，他都带上陈占祥和任震英两个人坐在旁边，他们两个人一坐在那里，就算不说话，也能震住这些人。城市规划就有这个问题，必须压得住台，不然什么毛病都给你找出来，光这些毛病就够你受的。我们做深圳特区规划，之所以很顺畅，也就在于这个地方，因为周干峙、陈占祥、任震英往那一坐，情况就不一样了。陈占祥在1940年代就去了英国留学，他在英国规划界是老前辈了，他还有英国皇家规划师学会的会员资格。他在英国待了十多年，他的英文比中文说的还溜，而且说的都是1940年代的英语，那个时候的英语就像我们中国的文言文似的。”

② 指1949年11月14日苏联专家巴兰尼克夫的报告会。

③ 陈占祥口述，王军、陈方整理《陈占祥晚年口述》，载梁思成、陈占祥等著，王瑞智编《梁陈方案与北京》，第80页。

城区一定距离另建"居留民地"，那是置旧城区的开发于不顾。我主张把新市区移到复兴门外，将长安街西端延伸到公主坟，以西郊三里河作为新的行政中心，象城内的"三海"之于故宫那样，把钓鱼台、八一湖等组织成新的绿地和公园，同时把南面的莲花池组织到新中心的规划中来。我们经过反复的讨论和研究，终于形成了新北京城的规划方案。[①]

在日本侵略者制定的1938年版"北京都市计画"方案中，西郊新市区的位置是在公主坟以西的，范围大致是今天北京西三环至西五环之间的区域。1949年5月8日，在北平市都市计划座谈会上发言时，梁思成所设想的西郊新市区行政中心，其位置和范围大致与"北京都市计画"方案相同。1950年2月，在梁思成和陈占祥共同提出的"梁陈方案"中，西郊行政中心区的位置已经迁移到了公主坟以东，其范围大致是今天北京西二环与西三环之间的区域。

① 陈占祥：《忆梁思成教授》，载《梁思成先生诞辰八十五周年纪念文集》编辑委员会编《梁思成先生诞辰八十五周年纪念文集》，第51～56页。

第三篇　争论解析

第七章
1949年9月首都规划形势的重大变化

早在1949年5月8日的座谈会上，梁思成所提出的在北平市西郊建设首都行政区的规划设想，既有明确的规划理论依据（城市功能分区及有机疏散等）和实践范例（南京中央政治区规划），也有北平市西郊新市区近10年建设所形成的现状条件，因而获得各方面的普遍支持及明确的规划授权。此事经《人民日报》等权威媒体报道后，被公众所周知。然而，梁思成主持的"新北京计划"研究工作，却并非一帆风顺，形势的重大变化发生在1949年9月前后。一方面，梁思成规划构想的职能主体首都行政机关，纷纷且迅速地在北京老城内驻扎，脱离了"新北京计划"的理想轨道；另一方面，首都规划研究工作的组织格局也悄然发生了变化。这些使梁思成的规划研究工作陡增了变数。

一　中共中央驻地从西郊迁至中南海

早在北平解放前夕，中共中央直属机关供给部副部长范离，就受命于1949年1月18日离开河北西柏坡前往北平，为中共中央机关驻地进行前期的勘察工作。[①]1949年3月底，中共中央驻地从西柏坡迁至北平，并在西郊的香山安营扎寨。当时中共中央之所以在香山安置住所，主要原因是北平刚刚解放，城区治安尚不稳定，敌特还未肃清，环境也尚未整顿，而香山一带不仅山青水绿、环境宜人（见图7-1），而且也便于安全保卫。

---

① 吕春:《建国前夕中共中央移居香山内幕》,《党史纵横》2010年第10期。

图7-1　北京西郊香山风貌（约1950年）

资料来源：北京市城市规划管理局编《北京在建设中》，北京出版社，1958，第20页。

然而，中共中央在香山停驻的时间并不长久。1949年6月15日，新政治协商会议筹备会第一次会议在北平召开，参加这次会议的各党派和各方面代表及民主人士共计134人，[①]由于会议规模庞大，西郊地区没有相应的会议场所，只得在城内（中南海勤政殿）举行。为此，毛泽东不得不白天在中南海菊香书屋临时办公，晚上则仍回香山双清别墅居住。[②]由于中央领导频繁往返于城区和香山两地，交通、通信、供应、安全等各方面保障颇为不便，经中央召开会议研究决定，毛泽东方于1949年9月9日搬进中南海。[③]

① 当代中国研究所：《中华人民共和国史编年（1949年卷）》，当代中国出版社，2004，第412页。

② 孟昭庚：《毛泽东在香山双清别墅》，《文史精华》2009年第9期。

③ 顾保孜著，杜修贤摄影《红镜头中的毛泽东》，贵州人民出版社，2011，第4～8页。

随着毛泽东等中共中央领导入驻中南海，之前关于在北平市西郊建设中央行政机关的设想，包括“新六所”建设等在内，便发生了重要的变化。自1949年9月份起，在中央和北京市的各类文件及有关领导的讲话中，几乎再未出现在西郊地区建设中共中央机关的提议或工作部署。

从历史的角度看，香山作为中共中央的办公地，只是特殊时代条件下的一个临时过渡地点而已。在1949年的中国，各方面的形势急剧变化，中共中央驻地从西郊向城内的搬迁，并无可厚非。当然，这也显现出北平市建设局、中直修建办事处以及有关领导，早期在西郊建设中央行政机关区这一决策意向上预见性不足。

在现实情况已经发生重大变化的情况下，梁思成关于在西郊新市区建设首都行政中心的规划设想，是否会随之而有所变化呢？由于史料所限，无法对此做深入的解析。但种种迹象表明，梁思成在此问题上的态度是相当坚定的。

二　首都各行政机关在城区内的“见缝插针”驻扎

就首都行政机关而言，中共中央机关只是其中的一小部分，除此之外，还有规模大的政务院及各部委系统等。新政治协商会议筹备会自1949年6月开始经过研究及反复讨论，终于“在9月20日召开的筹备会常委会第八次会议上，才最终将成立中央人民政府的日期定在了10月1日。其时，距举行开国大典只有10天时间”[①]。在中华人民共和国中央人民政府即将宣告成立之际，各类首都行政机关的设立以及对人员、组织、办公场所等的必要安排，自然是不可或缺的重要前提。在当时时间十分紧迫的情况下，各首都行政机关采取了应急方式，即在北京城区内利用现有房屋及设施进行安置。

对此，董光器回忆说：

① 刘明钢:《开国大典的日期是何时确定的?》,《党史博采（纪实）》2009年第7期。

北平刚解放时，成立过一个“清理敌产管理局”，专门接收国民党政府在北平的财产。清管局就把那些接收下来的王府和衙署分配给正在筹建的各部，满足了建国的需要……一直到现在，教育部还是在以前的郑王府；在当时，卫生部在醇亲王府，内务部在九爷府，华联在八大人胡同那儿，外交部在东总部胡同那儿。[①]

1949年中华人民共和国成立时，解放战争仍在持续，首都各行政机关及各方面工作尚未步入正轨，有关土地划拨、房屋使用和市政建设等，势必处于盲目、无序的状态。即便利用旧有的房屋，也一度呈现极为紧张的房荒局面。1951年4月15日，政务院《关于解决北京市政府各机关团体及党派与群众团体住房问题的通报》中有如下描述：

北京市城内房屋据统计105万间（连故宫、天坛在内），其中公房占10万间左右。1949年11月政务院成立房屋统筹分配委员会，负责统一管理机关、团体、学校房屋的租售和分配。此后机关、团体、学校不断地增加和扩大，用房日多，房价激涨，尤其房主常赶住户搬家，以图售房取利，市民颇感住房的困难，虽经政务院迭令禁止租售有居民的房屋，但并没有将此种混乱情形基本改变。据近调查，政府军政各机关、学校、党派、群众团体占用房屋已达20万间，除极少数单位外，大多均住得很挤，常有七八人挤在一小间房内办公，甚至机关成立数个月还没有房子，只能租住旅馆。据统计必须增加房屋5万7千余间，以上困难才能初步解决。[②]

为了避免“与民争房”，政务院和北京市人民政府花费大量精力，发布了一大批关于中央行政用房及解决房荒问题的报告、通报、办法，其内容从1950年9月的政务院停购房屋，到不得任意占用寺庙、不得占

① 董光器2018年3月19日对笔者的谈话。

② 北京市档案馆档案；转引自左川《首都行政中心位置确定的历史回顾》,《城市与区域规划研究》2008年第3期。

用或合并京市私立学校、不准因建筑新房而拆毁旧房、不得包租旅馆，再到再次限制公家购租民房，等等。①

这种状况，使得之前关于在北平市西郊建设中央行政区这一较为从容的规划设想，瞬间被打乱。梁思成为之而焦虑不安的心情，不难想象。1949年9月19日，即新北平市市长刚好到任一个月之时，梁思成给他写信，就北平市都委会工作提出若干建议，信中对当时的复杂心情有明确的表露：

北京都市计划委员会成立之初，我很荣幸地被聘，忝为委员之一，我就决心尽其棉[绵]力，为建设北京而服务。现在你继叶前市长之后，出来领导我们，恕我不忖冒昧，在欢欣拥戴之热情下，向我的市长兼主任委员略陈管见。

都市计划委员会最重要的任务是在有计划的分配全市区土地的使用，其次乃以有系统的道路网将市区各部分联贯起来，其余一切工作，都是这两个大前提下的部分细节而已。

在都市计划委员会成立以后，各方面都能与该会合作，来建立一个有秩序有计划的，而不是混乱无计划的新首都，所以有新的兴建，或拟划用土地时，都事先征询市划会[即北平市都市计划委员会]的意见。大者如人民日报社新厦的地址问题，小者如西郊新市区小小一个汽油库的地址问题，都尊重市划会的意见，是极可钦佩的表现。近来听说有若干机关，对于这一个主要原则或尚不明了，或尚不知有这应经过的步骤，竟未先征询市划会的同意，就先请得上级的批准，随意地兴建起来。这种办法若继续下去，在极短的期间内，北平的建筑工作即将呈现混乱状态，即将铸成难以矫正的错误。②

欧美许多城市，在十九世纪后半工业骤然发达的期间，就因这种疏忽，形成极大的错误，致使工业侵入住宅区，工业不能扩展，住宅不得

① 北京市档案馆档案；转引自左川《首都行政中心位置确定的历史回顾》,《城市与区域规划研究》2008年第3期。

② 原稿中下一段文字于此处接排，为便于阅读而作者做分段处理。

安宁，交通拥塞，以及其他种种混乱状况，使工作效率减低，人民健康受害，车祸频仍，全局酿成人力物力、时间效率上庞大不堪设想的损失。例如伦敦、纽约两市，就计划以五十年的长时间和数不清的人力物力来矫正这错误。追究其源始，也不过最初一处一处随时随地无计划的兴建累积起来的结果。

我们人民的首都在开始建设的时候必须“慎始”。在“都市计划法规”未颁布之先，我恳求你以市长兼市划会主任的名义布告各级公私机关团体和私人，除了重修重建的建筑外，凡是新的建筑，尤其是现在空地上新建的建筑，无论大小久暂，必须事先征询市划会的意见，然后开始设计制图。这是市划会最主要的任务之一（虽然部分是消极性的），若连这一点都办不到，市划会就等于虚设，根本没有存在的价值了。①

毋庸置疑，为数庞大的首都行政机关在北平城区见缝插针地安营扎寨，是1949年9月前后对北平古城（见图7–2）风貌产生巨大威胁的最为突出的因素。梁思成作为一个古建筑保护和研究专家，对北平古城及其建筑风貌极为热爱，且有特殊的感情，从他的角度出发，当然不希望各类行政机关的驻扎对北平古城风貌产生破坏作用。为了避免这一悲剧的发生，在城市规划方面可能采取的一项应对措施就是，在西郊规划建设一个专门的首都行政区，此亦即梁思成在1949年5月8日座谈会上发出过的呼吁！

在此后与陈占祥联名提出的《梁陈建议》中，梁思成仍在不断发出这样的呼吁：

北京城之所以为艺术文物而著名，就是因为它原是有计划的壮美城市，而到现在仍然很完整地保存着。除却历史价值外，北京的建筑形体同它的街道区域的秩序都有极大的艺术价值，非常完美。所

① 梁思成：《梁思成致聂荣臻信》（1949年9月19日），载梁思成、陈占祥等著，王瑞智编《梁陈方案与北京》，第66～67页。

图7-2 北京城之影像（1951）

资料来源：北京市城市规划设计研究院《北京旧城》，北京燕山出版社，2003，第1页。

以北京旧城区是保留着中国古代规制，具有都市计划传统的完整艺术实物……

为北京文物的单面着想，它的环境布局极为可贵，不应该稍受伤毁。现在事实上已是博物院，公园，庆典中心，更不该把它改变成为繁杂密集的外国街型的区域。静穆庄严的文物风景，不应被重要的忙碌的工作机关所围绕，被各种川流不息的车辆所侵扰，是很明显的道理。大众人民能见及这点的很普遍。①

① 梁思成、陈占祥：《关于中央人民政府行政中心区位置的建议》（1950年2月），第7～20页。

客观而论，梁思成所倡导的这样一种对城市建设所做的合理规划布局，不仅是近现代城市规划工作的一个核心使命，而且也是北平古城风貌保护的一个千载难逢、稍纵即逝的机会！

这一使命与机会，正是梁思成在1949年9月首都规划形势发生重大变化以后，依然坚持和固守之前在西郊建设首都行政区的规划设想的一个最重要原因。

事情的发展不止于此。1949年9月前后，在北平的城市规划形势发展过程中，如果只出现一些城市建设活动的规划管理问题的话，那么，只需采取一些必要的管制措施就可以有所应对或予以解决了，但此时出现一个重要问题，那就是首批苏联市政专家团来到北平，并逐渐介入城市规划工作之中了。

三　苏联市政专家来华并介入城市规划工作

众所周知，中华人民共和国成立之初，苏联曾给予大力援助，中苏两国在20世纪50年代经历了相当长的一段“蜜月期”，但在1949年这个特殊年份，中苏两国之间的关系却尚未达到亲密无间的程度，处在一种相当微妙的舆论氛围之中。一方面，中俄之间曾经签署过如《中俄伊犁条约》①这样的一些不平等条约，中苏之间也发生过像“中东路事件”②这样的一些军事冲突；另一方面，解放战争期间，苏联在中国东北地区的一些活动对广大的中国民众造成一定程度的困扰，而苏联当时

① 1881年（光绪七年）2月24日，清政府与沙皇俄国在圣彼得堡签订了有关归还新疆、伊犁地区的条约，又称《中俄改订条约》或《圣彼得堡条约》。根据该条约及其子约，中国虽收回了伊犁九城及特克斯河流域附近的领土，但仍割让了塔城东北和伊犁、喀什噶尔以西7万多平方公里的领土给沙皇俄国。

② 指1929年中国为收回苏联在中国东北铁路的特权而发生的中苏军事冲突。1929年7月，在南京国民政府“革命外交”的背景下，国民政府委员、东北政务委员会主席、东北边防军司令长官张学良，以武力强行收回当时为苏联掌控的中东铁路部分管理权；17日，苏联政府宣布从中国召回所有官方代表，要求中国外交官迅速撤离，断绝外交关系；9月至11月，苏联远东特别集团军进攻中国东北边防军，东北军战败；12月22日，东北地方当局代表蔡运升受张学良委派与苏联代表谈判，达成《伯力议定书》。这场冲突持续近5个月，双方动用的一线兵力超过20万，使用了重炮、坦克、飞机和军舰等重型装备。

派遣专家支援中共的行为，在一定程度上也具有借中共的力量来制约国民党和对抗美国等特殊目的。[①]到1949年新中国即将成立之时，中苏之间依然还存在着一些非常敏感的问题，譬如，苏联在旅顺驻兵和维护外蒙古独立等。当时的中国民众，对于苏联专家并不是完全信任的。

透过当时的一些档案文件，譬如，1949年12月3日中共北京市委向中共中央和华北局呈报的《关于苏联专家来京工作的情况的报告》[②]，也可以获悉首批苏联市政专家团与中国同志之间存在的某种复杂而微妙的关系。

就1949年来华的苏联市政专家团而言，其成员大多来为北京的市政建设提供援助的，但由于种种原因，他们也对北京的城市规划问题发表了一些意见，这样一来，客观上就造成这样一个事实：1949年9月以后由苏联市政专家所主导的一些“规划咨询”工作，与之前（1949年5月）早已有明确授权的由梁思成团队所承担的“新北京计划”工作，形成一种相当微妙的竞争关系。

早在3个多月前，梁思成团队承担“新北京计划”的授权已经十分明确，《人民日报》等权威媒体还广而告之，不料，到1949年9月时，又有一个新的团队以一种颇为神秘的方式来到北京，对城市建设进行广泛调研并发表规划意见。对于新形成的这种相当微妙的竞争关系，梁思成团队能否心平气和地接受呢？

反观梁思成、林徽因和陈占祥对巴兰尼克夫建议的评论即《梁林陈评论》，可捕捉到一些线索。该文前一部分中第二项和第八项要点，分

---

① 张柏春等：《苏联技术向中国的转移（1949—1966）》，山东教育出版社，2005，第11页。

② 这份报告指出：“在二个多月工作中，干部与苏联专家间关系很好，绝大多数都是以老实虚心的态度，告给他们各种情况，并共同商定了工作计划，我们的干部向他们学了很多东西，最后彼此都很满意。只有个别干部，如汽车厂杨渺同志对苏联专家采取虚伪的应付和傲慢态度。只有一小部分旧技术专家和他们不很融洽……工人和职员中的进步分子，对苏联派遣专家来中国帮助我们进行建设，甚为兴奋。中间分子，特别是技术人员，开始时认为苏联的技术水平未见得比英美高明，不大服气。落后分子则认为苏联专家来中国的目的和过去日、美专家来中国的目的是一样的，抱着不欢迎的态度，有些技术人员在思想上存在着敌对态度，企图以苏联专家不了解中国国情来对付专家的建议。”中共北京市委：《市委关于苏联专家来京工作的情况向中央、华北局的报告》（1949年12月3日），载中共北京市委政策研究室编《中国共产党北京市委员会重要文件汇编》（一九四九年·一九五〇年），第198～203页。

别是“需要有关城市情况资料”和“考虑附近其他区域的发展”，这两者都是城市规划活动中需要重视的问题或工作方法，但并非规划思想所指向的实质性重大原则问题，在对苏联市政专家的建议进行评论时，为何要专门将其列为赞同要点之一？作为一篇评论文章，似乎应该是以“驳”为主的，但《梁林陈评论》中却列出很多赞同项，这是为何？从内容来看，评论对象原本是苏联市政专家的建议，但其中有些内容实际上却是在介绍评论者所开展的一些工作，①其用意何在？

由此，我们可以体会到，在《梁林陈评论》一文中隐藏着一种情绪。苏联市政专家巴兰尼克夫的一些建议，是在梁思成以及北京市都委会其他一些人员大力支持与配合的基础之上才得以提出的，但结果是，巴兰尼克夫却提出了与梁思成意见相左的建议，这不免令人难以释怀。

不仅如此，1949年苏联市政专家团对北京城市规划问题发表意见，是苏联城市规划理论向中国的首次输入，当时中国的知识分子，特别是建筑和规划界的专家学者，乃至政府各系统中的一些专业技术人员，对于苏联城市规划理论与实践情况，自然都是缺乏了解的。在未能开展较充分的沟通、交流和研讨之前，对于苏联城市规划建设的一些做法，也自然是难以理解、难以认同的。

比如，在1949年11月14日的报告会上，苏联市政专家巴兰尼克夫曾按照基本人口、服务人口和被抚养人口来作分类，即以“劳动平衡法”来分析和预测北京未来人口的发展情况，这对苏联市政专家来讲，似乎是早已习以为常的方法，但对于当时参会的中国同志而言，恐怕是

---

① 以“需要有关城市情况资料”为例，其内容如下：“巴先生说：‘发展城市的论述可以在马恩列斯的著作中找到。为了作成改进城市的总计划，需要大量有关城市现有的经济和技术情况的资料；总的和分区的各种资料。’更使我们对这原则增加信心。因为我们已在一九四九年暑假中，利用大学学生的假期发动北京市典型调查和普查数种，参加的有清华大学营建学系同地理系师生，北大教授及唐山交大建筑系师生，并由各区政府取得户口资料，由地政局得到房产基线地图等。我们的目的是全北京市人口分配的准确数字，北京市人口各种职业的百分率和北京土地使用的实况。我们在同巴先生第一次见面时，就告诉他我们当时工作的方向正在努力取得资料，了解北京的情况方面，并将典型调查资料给他看，告诉他那是北京人口及房屋实况，第一次有可靠的数字，用科学的图解分析表现了出来供给参考的。在巴先生来京以前，我们曾介绍许多优秀的青年建筑师加入建设局工作，巴先生来后不久，他们就不断地将巴先生所要了解的资料赶制各种设色大图，供他参考过。”详见本书附录C。

只听得一头雾水，不知所云。

正是这次对苏联规划理论的引入，为中国一些知识分子对此做大胆质疑及做自由讨论提供了可能。在这样的一种情况下，梁思成和陈占祥等作为中国知识分子的杰出代表，作为具有欧美留学背景的国际知名的建筑和规划专家（见图7–3、图7–4），面对“初来乍到”的苏联市政专家给出的建议，提出不同意见，直抒个人见解，这不应当被看作具有对立思想的行为，而应被视作中国建筑规划师的责任与担当，他们体现出中国知识分子勇于向权威挑战的胆量和魄力。

让我们再来看《梁林陈评论》前一部分的最后一项要点：

（九）参考书籍

巴先生曾提到建设城市的工作需要适当参考书籍的问题。我们非常

图7–3　梁思成与世界建筑大师柯布西耶等在一起讨论联合国总部大厦设计（1947年）

左起：恩斯特·考米尔（Ernest Cormier，左一）、勒·柯布西耶（Le Corbusier，左二）、符拉迪莫·包迪安斯基（Vladimer Bodiansky，左三）、梁思成（左四）、劳·方坦纳（Raul Fontaina，右三，后排）。

资料来源：楼庆西《建筑学者梁思成不是神》，新浪历史，2014年4月13日，http://history.sina.com.cn/bk/lszh/2014-04-13/211787425.shtml，最终访问日期：2019年1月20日。

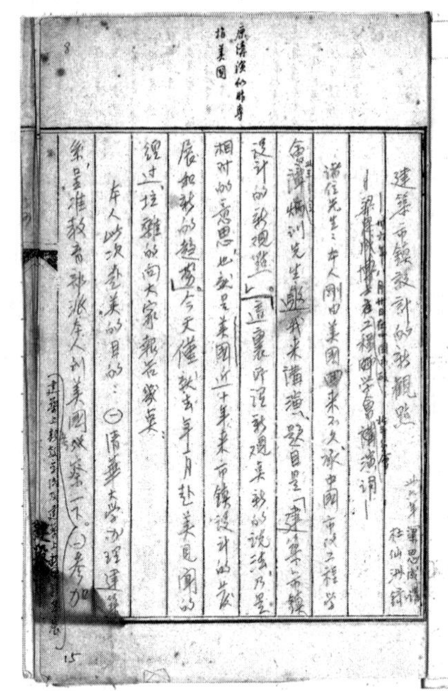

图7-4　建筑市镇设计的新观点——梁思成1947年8月30日在中国市政工程学会北平分会介绍其参与联合国大厦设计等有关情况的记录档案（前两页，杜仙洲记录）

注：这次演讲时，梁思成刚从美国回国不久；演讲中讲述了以顾问身份参与联合国大厦设计等有关情况；该演讲记录未被编入1982年版《梁思成文集》及2001年版《梁思成全集》。

资料来源：《梁思成对首都建设的意见》（1947年），北京市城市规划管理局档案，第15～22页。

希望得到苏联建筑学院出版的书籍。现时我们的参考书大部是英美出版的，但关于近三十年来的都市计划的趋向及技术是包括世界所有国家的资料的——苏联的建设情形也在内。在参考时，各方面工程技术及所定标准的比较是极有价值的。各国进行的步骤，采用的方法，当然因各国的不同情形，气候，地理，民族方面，政治，经济制度方面，而有许多不同；但有一大部分为社会人民大众解决居住，工作，交通及健康的方面，在技术，工程及理论上，原则很相同。有许多苏联的计划原则也是欧美所提倡，却因为资本主义的制度，所以不能够彻底实现，所以他们只能部分地，小规模地尝试。这些尝试工程资料还是有技术上的价值的。我们常常参考北欧及荷兰，瑞士，英国诸国资料，是根据马列的社会主义学说，以批判的眼光，选择我们可以应用于自己国家的参考资料的。

现时中国优秀的建筑师们大多是由英文的书籍里得到世界各种现代建筑技术的智慧。他们都了解自己新民主主义趋向社会主义的主场，且对自己的民族文化有很深的认识。他们在建设时采用的技术方面都是以批判的态度估价他们所曾学过外国的一切。

他们都是要用自己的技术基础向苏联学习社会主义国家建设的经验的。近来我们也得到了苏联的许多建筑书籍和杂志。我们希望巴先生再多多介绍一些苏联书籍。①

由上面的这些内容不难理解，梁思成等一方面介绍其正在学习苏联的规划理论和资料，并希望多了解和得到一些苏联方面的书籍；另一方面，也在阐明世界各国的规划理论“在技术，工程及理论上”的一致性，并强调在国外学习过的“中国优秀的建筑师们”是“以批判的态度估价他们所曾学过外国的一切”的。这是一种相当微妙的立场和态度。直接地说，就是梁思成等对当时国家所倡导的学习苏联规划理论表示赞同，但是并非唯苏联规划理论马首是瞻。

四　1949年10月6日北京市委领导与苏联专家的座谈

综上所述，在1949年9月，首都规划形势发生了骤然的变化，原有的关于在西郊建设一个首都行政区的规划设想，其前提条件发生了重大的变更。在此情况下，梁思成仍然坚持之前关于在西郊建设一个首都行政区的规划设想，其驱动因素包括对科学规划理想的追求、对保护北京古城风貌的诉求以及与苏联市政专家之间特殊而微妙的关系等。

史料表明，在1949年11月14日苏联市政专家巴兰尼克夫报告会之

① 梁思成、林徽因、陈占祥：《对于巴兰尼克夫先生所建议的北京市将来发展计划的几个问题》（1950年2月），中央档案馆藏，档案号：Z1-001-000286-000001。

前，梁思成与巴兰尼克夫已经有过一些接触。对于梁思成有关北京规划的一些设想，巴兰尼克夫也是清楚的。苏联市政专家为此而采取的工作方法，即向北京市有关领导征求意见。

1949年10月6日，首批苏联市政专家团团长阿布拉莫夫偕同巴兰尼克夫、凯列托夫，在考察了玉泉山、颐和园等地的水源之后，与中共北京市委书记彭真晤谈。谈话的内容主要是了解北京市在城市建设、市政管理、组织机构等问题上的想法。在与彭真的交谈中，阿布拉莫夫提出以下问题："一是我们希望建设一个什么样的北京？是否要工业化？北京附近工业化的条件如何？二是政府机关的房子问题如何解决？三是梁思成博士计划的新北京的根据和都市计划委员会的任务与组织问题"。针对这几个问题，彭真分别做了答复，大意如下：

我们希望能建立一个工业的北京，我们要求全国工业化，首都当然不能例外。所谓首都，应该是政治、文化、工业的中心，三者缺一不可。

关于房子问题，北京房子很缺。政府机关所用房子，本打算新建一批，限于时间和财政上的困难，一时还不能完全实现。将来非大量新建房子不可。

关于梁博士的计划问题，彭真表示：北京市政府有一个都市计划委员会，由市长兼主任，建设局局长任副主任，梁思成博士等为常务委员。这个委员会成立的目的，在于团结全市的建设和工程人才，从事建设北京市的设计。新北京的建设计划，是从前日本人搞的。梁博士的新北京计划也还是学术上研究，没有成为政府的计划。①

10月6日的这次交谈，尽管没有更详细的内容，但已经透露出一些相当关键的信息。一方面，苏联专家在调研活动开始时，曾向有关领导了解过中国方面对于首都未来发展和城市建设的一些基本设想和政策主张，并非仅凭他们的一些主观判断或苏联城市规划的实践经验来进行技

---

① 以上引文见申予荣《前苏联专家援京工作情况》，载北京市规划委员会、北京城市规划学会《岁月回响——首都城市规划事业60年纪事（1949—2009）》下册，2009，第1145页。

术援助；另一方面，来到北京之初，苏联专家就已经关注到了梁思成的规划研究工作，并询问了政府方面的评价意见，而中共北京市委主要领导的回复意见也相当明确："梁博士的新北京计划也还是学术上研究，没有成为政府的计划"。

北京市委领导的这一回复，对于苏联专家而言，自然是消除了他们的一些疑虑和顾忌，他们大可以放开手脚大胆谋划，畅所欲言。但对于梁思成而言，就是另外一种含义了。市委领导所评价的"也还是学术上研究，没有成为政府的计划"，已经反映出了1949年9月以后，政府层面对梁思成早期规划设想的基本态度。政府层面的这一基本态度，梁思成也应当是了解的。那么，他又会做出何种反应呢？

第八章
中苏规划专家思想的首次交锋

讨论至此，是时候重新回到1949年11月14日苏联专家巴兰尼克夫的报告会了。这次报告会，是梁思成和陈占祥与苏联专家唯一的一次面对面的争论，也是之后两人联名提出《梁陈建议》的重要诱导因素，可谓至关重要。那么在这次会议上，梁思成和陈占祥与苏联专家究竟是如何进行争论的？面对梁思成和陈占祥的质疑，苏联专家又是如何回应的？

遗憾的是，由于有档案利用限制等因素，迄今仍未能查阅到这次报告会上各位专家学者和有关领导发言的完整记录，无法就这些疑问展开深入的解析和讨论。不过，关于这次会议有一份记录稿对部分内容有所披露，是可供讨论的，那就是首批苏联市政专家团团长阿布拉莫夫的发言记录《市政专家组领导者波·阿布拉莫夫在讨论会上的讲词》。这份会议记录尽管并非苏联市政专家巴兰尼克夫本人的发言记录，但在一定程度上代表了苏联市政专家团对北京城市规划问题的一些基本立场和态度，对于"梁陈方案"及相关问题的深入认识具有重要的史料价值。

一　1949年11月14日报告会中苏专家的讨论情况

与苏联市政专家巴兰尼克夫关于北京城市规划问题建议的报告一样，首批苏联专家团团长阿布拉莫夫的发言记录《市政专家组领导者波·阿布拉莫夫在讨论会上的讲词》（以下简称《阿布拉莫夫讲词》）也有多个不同的版本。让我们来看《中共党史资料》第76辑公布的一个相对原始和完整的版本：

梁教授曾发表过几项很有意义的意见，对于这些意见让我来发表一些意见。

（1）梁教授曾提到：中心区究竟是在北京旧址还是在新市区的问题，尚未决定，所以对各区域的分布计划工作，为时尚早。

市委书记彭真同志曾告诉我们，关于这个问题曾同毛主席谈过，毛主席也曾对他讲过，政府机关在城内，政府次要的机关是设在新市区。

我们的意见认为这个决定是正确的，也是最经济的。

行政中心区迁移能变为怎样一种情形呢？

那是要建筑为机关用的房屋和工作人员的眷属住宅。你们也是这样设计[的]，收获是什么呢？

譬如陈工程师和齐工程师都是在政府工作，齐工程师在城内有住房，陈工程师没有住房，他才来到北京不久。你的建议是在城外建筑两所房屋来替代一所房屋。城市中心区移出城外，就是承认市内一百三十万的人口对政府[是]没有益处的。在哪里建筑房屋比较经济，在城里还是在城外？

当然，建筑一、二层的房屋，[如果]不要自来水、下水道、电灯、电话、道路、学校、医院、浴池、剧院、电影院、商店，在城外是比较经济的。

在苏联设计城市的建筑经验中，建筑行政住宅的房屋不能超出建筑城市全数经费的百分之五十。其余的百分之五十是使用在城市技术设施（我是说自来水、下水道、道路及其他现代城市中应有的设备）和一般公共性质的房屋建筑（学校、浴池、商店等）。

我们在莫斯科拆毁房屋（比较这里更有价值的房屋）不超出新[建]房屋的建筑全数百分之二十至百分之二十五，这里还算入为拆房迁移的人口建筑的房屋费用。

在城内已有现成的上下水道等的设备及必需（学校、医院等）的设备，一部分政府工作人员已有了住房，为什么为了解决这问题而耗用了余外的金钱。

我们也有过这样的建议，将莫斯科旧城保存为陈列馆，在他［它］的旁面［边］建设新的莫斯科，被我们拒绝了。并将莫斯科改建。结果并不坏。

拆毁北京的老房屋，你们［是］早晚必须做的，三轮车夫要到工厂工作。你们坐什么车通过胡同呢？

北京是好城，没有弃掉的必要，需要几十年的时间，才能将新市区建设［成］如北京市内现有的故宫、公园、河海等的建设［水平］。所以我们对于建设行政中心的问题是完全清楚的。

（2）梁教授指出将住宅区划在城东北或东方，离中心区远，要行走长的时间。但这是为了工业区的工作人员的住宅区。一般的情形是城市发展［了］，距离中心区就要远的。这是不可避免的，尤其是建筑少［低］层的房屋。但是要将道路和运输改善。

（3）梁教授说在工业区和住宅区没有标示栽植绿地的地方。在这张图上没有标示的很多。道路也没有标示，这不是设计更不是略图，这是城市各种区域分配的标明（工业区、住宅区等）。

（4）关于城郊乡村发展的问题，这不是主要的问题。首先解决城市计划，然后再作乡村及其周围的发展计划。主要的意义要看农业发展的方向。城郊的农民要耕种城内所需用而由远处输运困难的食粮。大米、小米、高粮［粱］、玉米容易由其他省份输运。新鲜的菜蔬水果的输运比较困难而又昂贵。此外并不希望耕种，而将城市附近变为泽地的稻田。

（5）我们同意梁教授所说需要利用旧有传统的建筑，但适合现代的技术和新的要求。这完全正确。

（6）我所了解的，梁教授是建筑二三层房屋的拥护者。在我们苏联的经验和所作的统计内证明：五层房屋是最合算的房屋。（如果建筑生活必需的设备在内）一平方公尺的面积的价值是最便宜的。其次是八九层的房屋。我看不出在天安门广场要建筑二三层的房屋而不建设五层楼房的理由。在莫斯科克林姆宫附近［已］开始建筑三十二层的房屋，但克林姆宫并不因与这所房屋毗邻，而减色。为什么北京不建筑五六座十五到二十层的房屋。现在城内没有黑夜的影像，只有北海的白塔和景山是突出的。为什么城市一定要平面的。谁说这样很美丽？

中国旧技术只能在人工筑成的假山或山上起造比城还高的房屋。我相信人民中国的新的技术要[能]建筑很高的房屋。这些房屋的建筑将永久证明人民民主国家的成就。

斯大林同志说过：历史教导我们，住的最经济的方式办法，是节省自来水,下水道,电灯,暖气等的城市。

梁教授认为建筑房屋不要方向朝北，取暖的问题太不合算,你怎能看出房屋都向北呢？应当建筑朝南的和朝北的，当中是甬道，将来建筑的房屋就像[北京]市政府现在的房屋。

梁教授对于在美国的联合国建筑物的暖气设备所为[做]的估计，是徒然无益的计算。全世界上的城市内房屋建筑的方向朝南，朝北，朝东，朝西都有，在你们国内也是这样。

在东长安街和天安门建筑房屋停放汽车的地方问题，你的意见是正确的，但是停放汽车用的地方只要想办法就会够用的。正确的办法是设计改筑街道的另一方面，坏的房屋将来要改建移动，完成上部的建筑或改建他［它］的正面。

我不同意梁教授的意见是所有建筑的窗户都要朝向著[着]南方。这只能在北极，实确[确实]能节省冷气的设施的费用，但暖气的设备则超出很多的用费。房屋的正面方向要随着街道的方向，可是街道的方向在你们这里东南西北的都有。

我们很满意中国建筑学家和北京市的博识家梁教授同意巴兰尼柯[克]夫同志报告的原则，我也相信技术上的问题，我们意见是一致的。

王教授问对于作总计划是怎样的作一般的准备计划工作。

我讲一讲我们是怎样进行的计划工作，那便可以清楚了。

成立很多的委员会，例如：专门研究确定的人口增加委员会、地区研究委员会、工业发展研究委员会、电力供应研究委员会、燃料及瓦斯供应研究委员会、上下水道研究委员会、城内道路交通研究委员会、铁路运输[委员会]、水路运输[委员会]，建筑面粉厂、面包厂、牛奶及肉类等[委员会]，建筑库房、谷房、冷房及有关城市人民需要的企业、住宅、学校、医院、电信（邮政、电话、电报、无电线[线电]）、绿地等的房屋[委员会]。

各委员会由总会领导，总会的主任委员就是市长；委员会由市政府总建筑师、城市工作计划委员会主任委员（就是你们的财经委员会[领导]）等人组成之。

所有委员会都是由各部院及市政府各局的专家所组成，他们依照自己的科门研究问题，研究并解决各种不同的问题，应统计十年的建筑规模，计算新的必要经费，新技术和各种必要专门人员的数量。

主要问题解决的关键是在工业的发展和人口的数量，这些问题由上级指示解决，在莫斯科已停止建设新的工业建设。

这样可以限制外省的人到莫斯科，而不使人口增加，每年自然长成而增加的人口，统计生出和死亡的人口，便不难计算出。

很多问题是依政治的方向来决定的，譬如政府决定了必须学习四年的教育制度改为七年的制度，在这里就能核算出来，要增建若干学校；很多问题要依整个人民经济发展的计划来决定的（巴兰尼柯[克]夫同志已举出莫斯科—伏而加运河的例子），作了很多平衡的计算，譬如决定了建筑的规模，要计算需用多少砖，在[再]能作出建筑新砖窑的计划，在建筑时对燃料耗用也要合理的研究等。每个委员会工作，是由研究现时代的形势来作起，在自己的部门中研究世界的大城市在技术上有什么新的出现，曾成立有建筑计划事务所，研究怎样放宽街道，那[哪]里建筑大的行政房屋，哪里开辟水园和穴洞。

最后作成红线，就是新房屋建筑线，各委员会的工作，都互相联系着。

现在莫斯科正在制作新的总计划，明年可能公布总计划工作的结果，我们期待着它对中国的同志们改建自己的首都工作是有利益的。[①]

以上讲词中，前一部分谈到的“梁教授”和“陈工程师”，显然就是梁思成和陈占祥；后一部分谈到的“王教授”也不难推断，即担任北京市都委会委员的清华大学王明之教授。这份记录表明，阿布拉莫夫在

① 中共中央党史研究室、中央档案馆编《中共党史资料》第76辑，中共党史出版社，2000，第18~22页。

1949年11月14日会议上的发言，主要是对梁思成和王明之这两位中国专家所提有关问题的回应，其中又以对梁思成的回应为主。

关于这次报告会，亲历者李准[①]曾回忆："北京城市总体规划中'行政中心'的争议，是在1949年9月，以阿布拉莫夫为首的前苏联专家组来京协助研究北京城市规划和建设时开始的。这个专家组抵京先做了一些调查了解后，在市政府东大厅由巴兰尼克夫作了关于北京市将来发展计划的报告"，"梁思成就此提出了包括'行政中心'在内的几点意见。前苏联专家组组长阿布拉莫夫针对梁思成的意见又作了深入的阐述。此后，'行政中心'在西郊和旧城内的两种意见都有进一步的研究和论述"。[②]

在阿布拉莫夫的发言中，还提到一个"齐工程师"，但是，当时北京市都委会委员中却并没有一个姓齐的人士，[③]而在前北平市建设局等政府机关工作的一些技术人员中，也没有一位姓齐的比较著名的工程师。[④]对于这一疑问，李准有如下回忆：

> ……这次会议在座的有梁思成、陈占祥等中国专家，市政府有关人员和我们（郑祖武、陈干和我）。在谈到长安街一带建设问题时，梁公立即站了起来，提出在西郊建设行政中心的意见；[过了些]时候还正式提出了《关于中央人民政府行政中心区位置的建议》，并送中央领导同志。

---

① 李准，祖籍福建福州，1923年出生于北京，1945年毕业于北京大学工学院建筑系。中华人民共和国成立后，先后在北京市都市计划委员会、北京市都市规划委员会、北京市城市规划管理局工作，先后任组长、处长、副局长、总建筑师、顾问总建筑师等。

② 李准：《旧事新议京城规划》，载《紫禁城下写丹青——李准文存》，2008，第89页。

③ 北京市人民政府：《市府关于任命薛子正等二十八人为市府秘书长、各局局长、各区区长、郊区委员会、都市计划委员会名单》，北京市档案馆藏，档案号：002-002-00005，第1~9页。

④ 之所以做出如此界定，是因为当时只有符合一定标准的人员才能参加苏联专家的报告及座谈会。

会上，苏联市政专家组组长阿布拉莫夫谈到两点：1.“市委书记彭真同志曾告诉我们，关于这个问题曾和毛主席谈过，毛主席也曾对他讲过，政府机关在城内，政府次要机关设在新市区。”苏联专家认为这个意见是正确的，也是最经济的。2.还说“譬如陈工程师和齐工程师都在政府工作……”我记得当时参加会议的有一位翻译叫岂文彬[①]，并无姓齐的工程师，不了解为什么在会议纪要中发生这样的差错，这一点是否应予以明确，以免以讹传讹，日后难以纠正。[②]

作为这次会议的参加者，李准认为会议记录中出现“齐工程师”属于“差错”，并表示“不了解为什么在会议纪要中发生这样的差错”，而实际上，他的回忆已经提供出了一个答案——“齐”乃同音字“岂”的误写，参加这次会议的“齐工程师”应该就是中国翻译人员岂文彬[③]（见图8–1）。在当年的工作环境中，苏联专家与中国的一些翻译人员接触最多，也对他们最为熟悉，但由于工作分工的不同，负责会议记录的有关人员或许对岂文彬并不熟悉，因而在记录时出现了文字差错，这是一个正常现象。

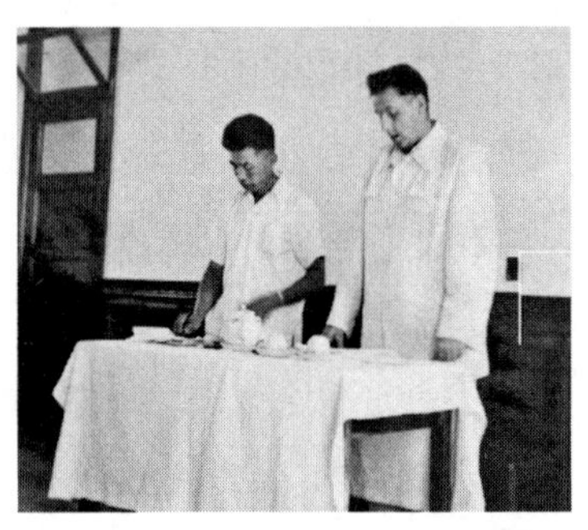

图8–1 岂文彬正在为苏联专家演讲口译（约1956年）

注：左为岂文彬，右为苏联规划专家组组长勃得列夫。

资料来源：北京城市规划学会《岁月影像——首都城市规划设计行业65 周年纪实（1949—2014）》，2014，第37页。

对于《阿布拉莫夫讲词》，首先值得注意的是前一部分的末尾所谈的“我们很满意中国建筑学家和北京市的

---

① 原稿为“斌”。

② 李准：《关于规划“行政中心”的争论和发展》，载北京市规划委员会、北京城市规划学会《岁月回响——首都城市规划事业60年纪事（1949—2009）》上册，第117页。

③ 苏联专家巴兰尼克夫书面报告《北京市将来发展计画的问题》正是由岂文彬翻译的（见图1–6，首页右侧注有“翻译：岂文彬”）。岂文彬（1908～1980），曾用名廖凯、祁文凯、进道罗夫，1928年考入哈尔滨工业大学学习，中华人民共和国成立初期在北平市城市建设局工作，1954年翻译出版的《城市规划》（依据1952年俄文修订版翻译，建筑工程出版社出版）一书，是当时国内学习苏联规划理论的重要著作之一。

博识家梁教授同意巴兰尼柯[克]夫同志报告的原则，我也相信技术上的问题，我们意见是一致的”。这一点，可以印证第二章关于《梁林陈评论》研究的基本结论，即对于苏联专家巴兰尼克夫报告的绝大部分内容，梁思成等是表示赞同的。同时，对于梁思成等与巴兰尼克夫的一些争议，在苏联专家阿布拉莫夫来看，则属于“技术上的问题”。

二　梁思成等与苏联专家争论的两个主要问题：行政机关位置及房屋修建层数

进一步阅读《阿布拉莫夫讲词》，依档案记录中所标明的序号，阿布拉莫夫对梁思成的回应主要涉及6个方面的内容。其中，第一项和第六项篇幅较大，是阿布拉莫夫发言的重点所在。而其他4个方面，如东北部住宅区与东南部住宅区交通不太方便等，阿布拉莫夫的回应则相当简略，正如第二章已经讨论的，它们多属于技术方面的一些误解问题，并非梁思成与苏联专家争论的焦点所在。

就上述阿布拉莫夫发言的两项重点内容而言，第一项是行政中心区位置问题，第六项则是关于在天安门广场一带修建行政房屋的意见，特别是房屋的层数问题。而这两者又是密切相关的：梁思成不赞成把天安门广场一带规划为城市中心区，同样也不赞同在该区域内修建行政房屋，不赞成修建5层房屋（梁思成主张修建二三层房屋）。

1949年12月3日，中共北京市委向中共中央和华北局呈报关于苏联专家来京工作情况的报告，其中就明确指出：“在讨论中，中国专家与苏联专家在技术问题上曾发生过一些争论，在其中有一部分意见尚未一致。如在首都建设计划方面，苏联专家主张中央政府建设在东西长安街一带，并可建五层楼；梁思成则坚持反对，争论较烈，双方意见迄未一致。”[①] 由此可以判断，梁思成对苏联专家的意见也主要集中在两个问题上：其一是中央政府的位置，梁思成反对“建设在东西长安街一带”；

① 中共北京市委：《市委关于苏联专家来京工作的情况向中央、华北局的报告》（1949年12月3日），载中共北京市委政策研究室编《中国共产党北京市委员会重要文件汇编》（一九四九年·一九五〇年），第198~203页。

其二是修建行政房屋的层数，梁思成反对“可建五层楼”。同时，在中共北京市委看来，梁思成与苏联专家的分歧同样也是“在技术问题上曾发生过一些争论”，是技术层面的。

反观梁思成、林徽因和陈占祥合著《梁林陈评论》中的一些内容，既可对梁思成与苏联专家的争论有所印证，也可更进一步理解梁思成等的主要立场及其依据：

巴先生文中的第四节“关于建筑行政机关的房屋”，我们赞同巴先生所说的“首先要选择行政机关房屋的位置或决定要什么样的房屋”，在这个方面，巴先生所提的原则是“为了将来城市外貌不受损害”。而他所建议的地址是那样的侵入核心，建筑物的排列方式和楼的层数，所用的材料及所采用的外形，同旧文物是那样不同，都是会损害到北京的城市外貌的。且所引起的交通的繁杂流量会将整个北京文物区的静穆庄严破坏了。

……至于多层建筑物，本身根本就是原有的中国寻常形式。多层高耸的建筑物在一个城市中只有几种特殊的型类，如塔同城楼之类。将来如果为着配合现代实用需要，而创造多层房屋时，它们的高度和平面配置，是必须和同一个城中的其他传统建筑物调和的。不然便必须在同旧文物稍有距离的地区。这个理论想巴先生不至于不同意。

我们的认识是：在配置上，机关房屋第一件必须避免的就是平列于街沿的布置法。因为那是仿欧美城市的建筑形式的；绝不是中国民族特征。中国的城市，只有商店的最外面，所谓市楼，才是那样地安排。这种市楼是安置于商业街市的。至于衙署住宅则都有庄严开朗的前院，合理的衬托着，使房屋同街沿有一些距离，这种前庭广院，同时，解决了停驻车马的地方，也多了一些树木牌楼等美好的点缀。同时也保全了房屋环境的安静，这也是我们的民族形式……[①]

---

① 梁思成、林徽因、陈占祥：《对于巴兰尼克夫先生所建议的北京市将来发展计划的几个问题》（1950年2月），中央档案馆藏，档案号：Z1-001-000286-000001。

论及首都行政机关房屋的层数问题时，值得参照和对比的是南京首都政治区规划工作过程中的一些讨论及学术倾向。

以1948年4月27日由内政部主持召开的首都政治区设计原则座谈会为例，在会前所拟的首都政治区设计原则中提出："建筑物高度除地下层外以四层或五层为度，附属房屋如工友室、锅炉间、厨房、食堂等应设于地下层内。"[①]在会议讨论环节，童寯（见图8-2）发言指出："政治区建筑务求伟大，以壮观瞻"，"建筑物单位不宜过多，面积不应小于现有之中央医院，必要时应合并数单位于一建筑物之内"。[②]另外，这次会议讨论后所形成的结论性意见也明确认为："区内房屋宜以整齐庄严为原则，并采取高大建筑方式（至少不得小于现有中央医院）"，"政治区建筑平均将在五层以上"。[③]

图8-2　中国留学生赴美途中在西雅图大北方车站合影（1925年）

注：前排下蹲者左八正后方的最后一排（高于旁边其他人，戴有眼镜，西服和衬衣黑白对比显著）为童寯，1925～1928年在美国宾夕法尼亚大学建筑系学习。

资料来源：童明《祖父的相簿》，载《民间影像》编委会《民间影像》第3辑，同济大学出版社，2014，第10～11页。

① 内政部：《首都政治区设计原则坐[座]谈会纪录》（1948年），南京市档案馆藏，档案号：10030160014（00）0013。

② 内政部：《首都政治区设计原则坐[座]谈会纪录》（1948年），南京市档案馆藏，档案号：10030160014（00）0013。

③ 内政部：《首都政治区设计原则坐[座]谈会纪录》（1948年），南京市档案馆藏，档案号：10030160014（00）0013。

1948年4月27日座谈会的一些与会专家，如杨廷宝、刘敦桢、童寯和哈雄文等，与梁思成是同龄人，并且大都曾在美国宾夕法尼亚大学留学，在中央行政机关房屋层数这一问题上，他们持有与梁思成相同的一些学术观点，对此应当如何理解呢？

值得注意的是，在1929年南京《首都计画》中，美籍建筑师墨菲所主张的中央行政机关房屋的层数，大多也只有两三层而已（见图8-3至图8-5）；这一点，与梁思成的学术观点是完全一致的。这能否

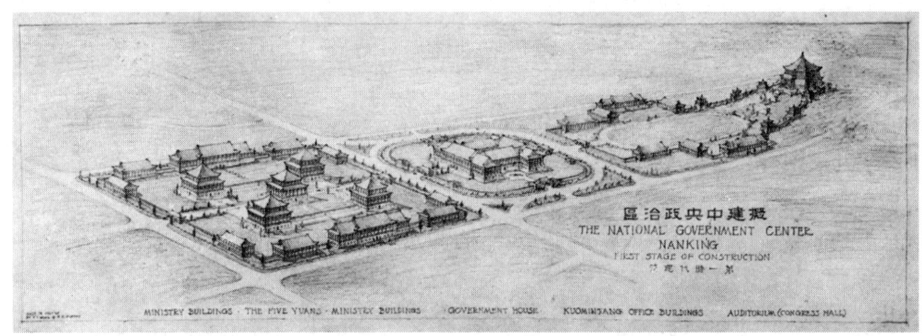

图8-3　南京《首都计画》早期《拟建中央政治区第一时代建筑》（1929，墨菲方案）

资料来源：国都设计技术专员办事处《首都计画》（英文版，1929）第127页。

图8-4　南京《首都计画》早期《拟建国民政府建筑》（1929，墨菲方案）

资料来源：国都设计技术专员办事处《首都计画》（英文版，1929），第133页。

被认为是南京《首都计画》对梁思成学术思想产生深刻影响的另一个重要体现呢?

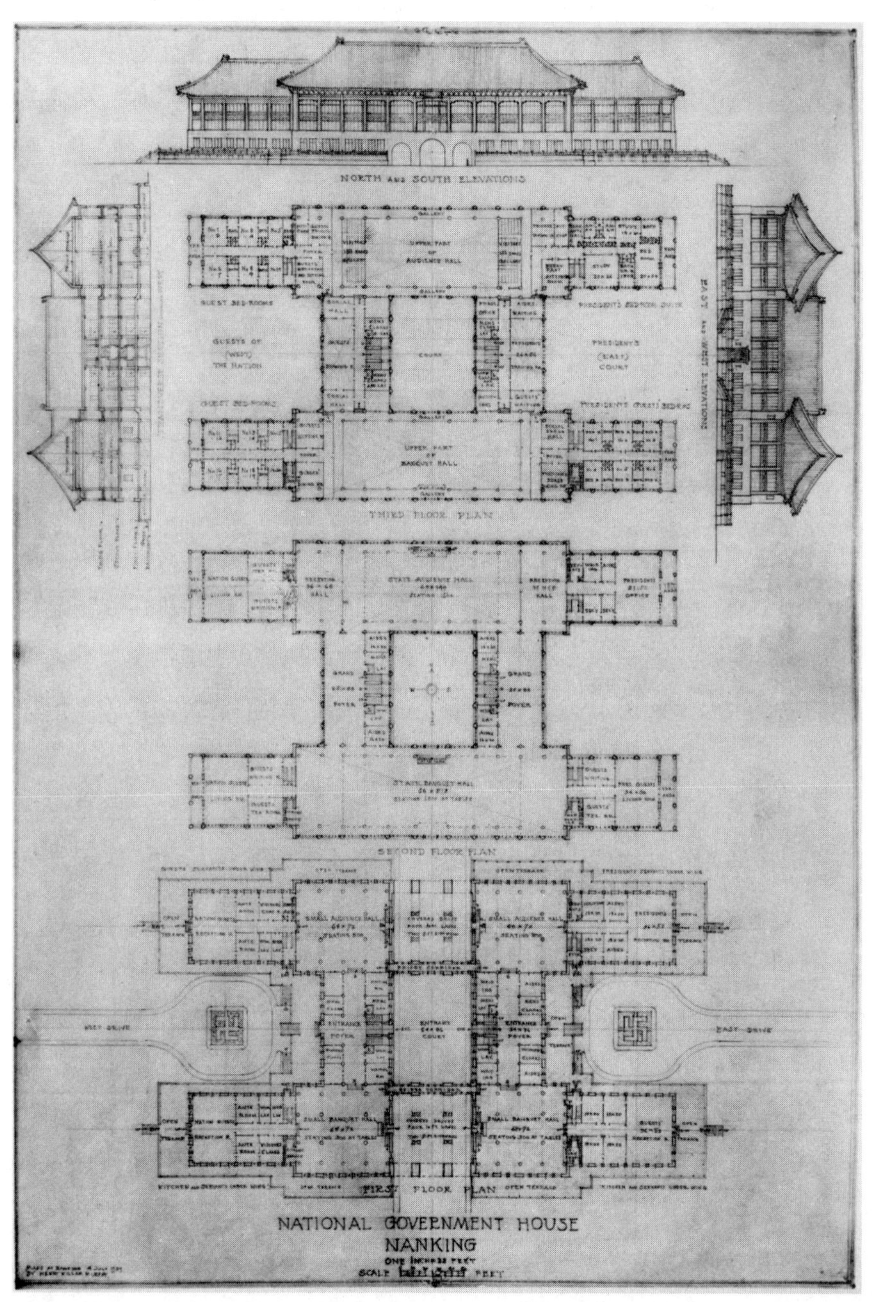

图8-5　南京《首都计画》早期《拟建国民政府建筑之设计方案》(1929，墨菲方案)

资料来源：国都设计技术专员办事处《首都计画》(英文版，1929)，第134页。

三　关于首都行政机关建设的政策考量

作为首批苏联专家团的领导者，阿布拉莫夫在1949年11月14日会议上的发言，是相当重要的。仔细阅读他的发言记录，除了对梁思成等与他们争论的焦点问题有清楚了解之外，我们还可以获悉其他一些非常关键的信息。其中，最重要者当数阿布拉莫夫一开始就讲的：

梁教授曾提到：中心区究竟是在北京旧址还是在新市区的问题，尚未决定，所以对各区域的分布计划工作，为时尚早。

市委书记彭真同志曾告诉我们，关于这个问题曾同毛主席谈过，毛主席也曾对他讲过，政府机关在城内，政府次要的机关是设在新市区。

我们的意见认为这个决定是正确的，也是最经济的。[①]

单行本《北京市将来发展计划的问题》，对阿布拉莫夫谈话中“市委书记彭真同志……”这段内容特意作了放大处理（见图8-6），显现其特别重要。这就是说，对于首都行政机关的地点，中国最高领导人毛泽东曾经做出重要指示，即“政府机关在城内，政府次要的机关是设在新市区”。

1949年11月14日的这次报告会，是由北京市人民政府公开组织的，有关政府机构代表、专家学者及多位苏联专家参与的一次正式的苏联专家专题报告及讨论会，在这样一个十分严肃的会议场合，阿布拉莫夫的发言必然也是慎重而严肃的。阿布拉莫夫的发言被参会人员记录下来后，被编入由北京市建设局局长曹言行、副局长赵鹏飞联名向北京市人民政府提交的书面报告《北京市将来发展计划的问题》中，进而再呈报给更高一层的领导乃至中央领导。由于这样一种官方的、严密的呈报程序，以及其中所必然蕴含的多重纠错机制，决定了阿布拉莫夫关于毛泽东指示的转述具有较高的可信度。不仅如此，这份报告还被收入2000年由中共中央党史研究室和中央档案馆所编《中共党史资料》第

① 中共中央党史研究室、中央档案馆编《中共党史资料》第76辑，第18页。

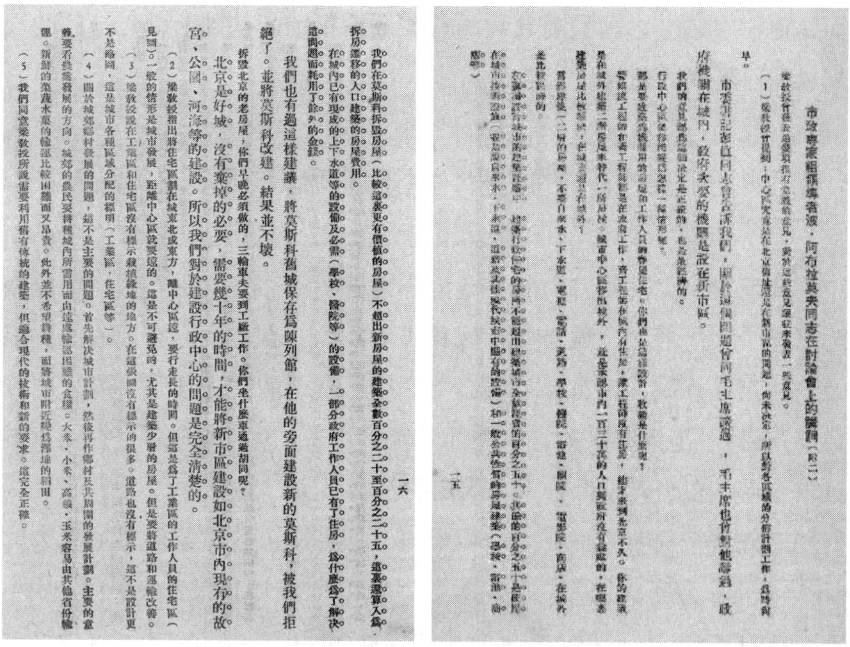

市政專家組領導者阿布拉莫夫同志在討論會上的講詞（附二）

[illegible]意見。

（1）[illegible]：中心區究竟是在北京舊城還是在新市區的問題，尚未決定，所以對各區域的分析計劃工作，為時尚早。

市委書記彭真同志曾告訴我們，關於這個問題曾向毛主席談過，毛主席也曾對他說過，政府機關在城內，政府次要的機關是設在新市區。

我們的意見認為這個決定是正確的，也是最經濟的。

行政中心區要移到城外[illegible]情形呢？

[illegible]住宅。你們[illegible]設計，[illegible]呢？

[illegible]工程師[illegible]工作，[illegible]來到北京不久。[illegible]

是在城外建築二[illegible]房屋來替代一所房屋。城市中心區移往城外，[illegible]市內一百三十萬的人口與政府所在[illegible]的，在經濟[illegible]建築方面是比較[illegible]在城外？

舊的房屋一二層的房屋，不要自來水，下水道，電燈，電話，道路，學校，醫院，[illegible]，劇院，電影院，商店，在城外要比較貴[illegible]的。

[illegible]百分之五十。[illegible]百分之五十[illegible]在城市[illegible]（[illegible]）[illegible]（學校，[illegible]）

一五

我們在莫斯科拆毀房屋（比較這裏更有價值的房屋）不超出新房屋的建築全數百分之二十至百分之二十五，這裏還算入為拆房遷移的人口建築的房屋費用。

在城內已有現成的上下水道等的設備及必需（學校、醫院等）的設備，一部分政府工作人員已有了住房，為什麼為了解決這問題而耗用了餘外的金錢。

我們也有過這樣建議，將莫斯科舊城保存為陳列館，在他的旁面建設新的莫斯科，被我們拒絕了。並將莫斯科改建。結果並不壞。

拆毀北京的老房屋，你們早晚必須做的，三輪車夫要到工廠工作。你們坐什麼車通過胡同呢？

北京是好城，沒有棄掉的必要，需要幾十年的時間，才能將新市區建設如北京市內現存的故宮、公園、河海等的建設。所以我們對於建設行政中心的問題是完全清楚的。

（2）梁教授指出將住宅區劃在城東北或東方，離中心區遠，要行走長的時間。但這是為了工業區的工作人員的住宅區（見圖）。一般的情形是城市發展，距離中心區就要遠的。這是不可避免的，尤其是建築少層的房屋。但是要將道路和運輸改善。

（3）梁教授說在工業區和住宅區沒有標示栽植綠地的地方。在這張圖沒有標示的很多。道路也沒有標示，這不是設計更不是略圖，這是城市各種區域分配的標明（工業區，住宅區等）。

（4）關於城郊鄉村發展的問題，這不是主要的問題。首先解決城市計劃，然後再作鄉村及其周圍的發展計劃。主要的意義，要看農業發展的方向。城郊的農民要耕種城內所需用而由遠處輸運困難的食糧。大米、小米、高粱、玉米容易由其他省份輸運。新鮮的菜蔬水果的輸運比較困難而又昂貴。此外並不希望耕種，而將城市附近變為灌溉的稻田。

（5）我們同意梁教授所說需要利用舊有傳統的建築，但適合現代的技術和新的要求。這完全正確。

一六

图8-6 单行本《北京市将来发展计划的问题》中所附的阿布拉莫夫讲词（前两页）

资料来源：北京市建设局编印《北京市将来发展计划的问题》（单行本），1949，第15～19页；李浩收藏。

76辑中公开出版。

让我们再来仔细品味毛泽东指示的内容——“政府机关在城内，政府次要的机关是设在新市区”。不难理解，这一指示并未反对在北京市西郊新市区布置中央政府机关，而只不过是主张把主要的政府机关布置在城内而已。换言之，该指示并没有否定梁思成等关于在北京市西郊规划建设首都行政机关的设想，即“梁陈方案”的核心思想，而只是对首都行政机关在城内外分布的具体方式持不同的意见而已（梁思成和陈占祥则主张建设一个将各类首都机关集中布局的首都行政区）。

同样值得注意的，还有阿布拉莫夫对这一指示的态度：“我们的意见认为这个决定是正确的，也是最经济的。”这就是说，苏联市政专家关于中国首都行政机关应当在北京城区内布局的建议，其重要依据之一即中国方面的一些政策指示。换言之，在北京城区内推进首都行政机关的规划建设，并非由苏联市政专家单方面主导并提出的建议，而是他们在领会中国最高领导的有关政策指示的基础上融入自己的规划经验而形成的建议。

四 “梁巴之争”的实质：是规划理想与现实之争吗？

从阿布拉莫夫发言中的一些内容来看，如“行政中心区迁移能变为怎样一种情形”、“城市中心区移出城外”、“在城内已有现成的”以及“北京是好城，没有弃掉的必要”等，其中的“迁移”“移出”“现成”“弃掉”等词非常关键，在苏联专家看来，首都行政区[①]在北京城区内布局，在当时已经是一个既定的基本事实。

支持这一判断最重要的一份史料，即苏联市政专家巴兰尼克夫的《中央各部会分布现状图》[②]。该图是1949年11月14日报告会上现场展示的规划图之一，后被编入由北京市建设局编印的《北京市将来发展计划的问题》(单行本)中，为其三张附图中的一张。

这张《中央各部会分布现状图》所反映的内容，正是1949年11月初时，刚刚宣告成立的中华人民共和国的各中央政府机关的空间分布的现状情况。这张图表明，新中国大多数首都行政机关当时已经在北京城区内布局，它已经成为北京城市发展的一种现状，是城市规划工作的一个既定条件。

换言之，梁思成所坚持的，“梁陈方案”所主张的关于在北京市西郊规划建设一个首都行政区的建议，无疑是要用科学、理性的城市规划来改变这种现状。

反观《梁陈建议》的一些具体内容，也可充分体会到梁思成等对于科学规划理论思想明确而具体的强调：

若因东单广场为今日唯一空地，不需移民购地，因而估计以这地址

① 首都行政中心区，或简称“首都行政区”“首都中心区”，或称“中央行政区”。

② 参见《中央各部委分布现状图》(1949年11月)，北京市建设局编印《北京市将来发展计划的问题》(单行本)，1949，“附图三”。另见李浩《“梁陈方案”原点考论——以1949年5月8日北平市都市计划座谈会为中心》，《建筑师》2022年第4期。

开始建造为经济。这个看法过分忽略都市计划全面的立场和科学原则。日后如因此而继续在城内沿街造楼，强使北京成欧洲式的街型，造成人口密度太高，交通发生问题的一系列难以纠正的错误，则这首次决定将成为扰乱北京市体形秩序的祸根。为一处空址眼前方便而失去这时代适当展拓计划的基础，实太可惜。以上这些可能的错误都是很明显的。我们参加计划的人不能不及早见到，早作慎密的考虑。我们的结论是，如果将建设新行政中心计划误认为仅在旧城内建筑办公楼，这不是解决问题而是加增问题。这种片面的行动，不是发展科学的都市计划，而是阻碍。……

简单地说，今日所谓计划，就是客观而科学的，慎密的而不是急躁的，在北京地面上安排这许多区域。使它本身地位合理，同别的关系也合理，且在进行建设时不背弃旧的基础。西郊是经过这样的考虑而被认为能满足客观条件的。……

在一个现代城市中，纠正建筑上的错误与区域分配上的错误，都是耗费而极端困难的。计划时必须预先见到一切的利弊，估计得愈科学，愈客观，愈能解决问题，愈不至为将来增加不可解决的难题，犯了时代主观的错误。①

《梁陈建议》中反复强调的科学规划理想，即“全面的立场和科学原则”“为一处空址眼前方便而失去这时代适当展拓计划的基础，实太可惜”“客观而科学的，慎密的而不是急躁的”“计划时必须预先见到一切的利弊”。

对此，陈占祥也曾回忆：

1949年苏联专家访问团来到中国，非常隆重，到北京后，他们搞了一个规划草图，我们反感。开国大典，苏联专家在天安门城楼上指了指东交巷一带的空地，认为可在那里先建设办公楼，主张一切发展集中

① 梁思成、陈占祥：《关于中央人民政府行政中心区位置的建议》（1950年2月），第12、13、15页。

在天安门周围，第一项工程就在东长安街。当时东交民巷周围是一片绿地，包括东单广场，进深50米，这是保护东交民巷的外围的一圈绿地，苏联专家主张利用这圈绿地造房，建纺织部、煤炭部、外贸部、公安部，这遭到梁思成先生和我的反对。①

《梁陈建议》所谈到的“东单广场为今日唯一空地，不需移民购地”，即苏联市政专家巴兰尼克夫所建议的新中国首都第一批行政机关的修建位置：

第一批行政的房屋：建筑在东长安街、南边由东单到公安街未有建筑物的一段最合理。

第二批行政的房屋：最适宜建筑在天安门、广场（顺着公安街）的外右边，那里大部份是公安部占用的价值不大的平房。

第三批行政的房屋：可建筑在天安门、广场的外左边，西皮市、并经西长安街延长到府右街。建筑第三批房屋要购买私人所有价值不大的房屋和土地。②

在对行政房屋建设提出建议的同时，巴兰尼克夫还特别强调了长安街规划建设的意义：“由东单、到府右街的一段，能成为长三公里宽三〇公尺的很美丽的大街，两旁栽植由一三公尺到二〇公尺宽的树林，树林旁边是行人便道，为我们图上所画的情形。同时在公安街、和西皮市的街道上也栽植树林和建筑宽的行人便道。”③

巴兰尼克夫这里所提“图上所画的情形”，即《东单至府右街干路

---

① 陈占祥口述，王军、陈方整理《陈占祥晚年口述》，载梁思成、陈占祥等著，王瑞智编《梁陈方案与北京》，第79页。

② 〔苏〕巴兰尼克夫：《苏联专家[巴]兰呢[尼]克夫关于北京市将来发展计划的报告》（1949年），岂文彬译，北京市档案馆藏，档案号：001-009-00056。

③ 〔苏〕巴兰尼克夫：《苏联专家[巴]兰呢[尼]克夫关于北京市将来发展计划的报告》（1949年），岂文彬译，北京市档案馆藏，档案号：001-009-00056。

及天安门广场行政建筑建设计划图》[①]，它是1949年11月14日报告会上现场悬挂，后被编入《北京市将来发展计划的问题》三张附图中的另一张规划示意图。

巴兰尼克夫强调："对这条大街必须作成很好的设计，不仅注明行人道和树林，要将建筑房屋的层数注明。我们苏联在设计大街道时，就这样作的。"[②]

除了上面所谈的3批房屋建设用地外，"增加建筑房屋的区域，还可利用崇文门、和东长安街的空地及广安门大街路北的空地。"[③]

虽说梁思成等与苏联市政专家，在长安街规划及首都行政机关房屋层数问题上存在分歧，但其后续的事态发展及规划决策是相当明确的，正如1950年以后曾开展过的多版长安街规划[④]，以及此后长安街逐渐演变为新中国最具代表性的首都规划遗产这一明确事实所表明的，苏联市政专家的意见获得了中国政府有关决策者的采纳。对此无须赘述，故而下文将不再就此问题做进一步讨论。

不难理解，对于苏联专家巴兰尼克夫所提出的建议，最主要的一个着眼点即当时"未有建筑物的""空地"；而在当时，北京城区内最大的空地主要分布在东交民巷一带。

北京东交民巷（旧称"东江米巷"），大致即天安门广场以东至崇文门内大街之间的区域。1860年第二次鸦片战争战败后，清政府被迫与英、法等列强签订《北京条约》和《天津条约》，允许西方各国公使驻京，各国自1861年起陆续在东交民巷一带修筑使馆，与使馆建筑相

---

① 《东单至府右街干路及天安门广场行政建筑建设计划图》（1949年11月），北京市建设局编印《北京市将来发展计划的问题》（单行本），1949，"附图二"。笔者藏有此图。另见左川《首都行政中心位置确定的历史回顾》，《城市与区域规划研究》2008年第3期。

② 〔苏〕巴兰尼克夫：《苏联专家[巴]兰呢[尼]克夫关于北京市将来发展计划的报告》（1949年），岂文彬译，北京市档案馆藏，档案号：001-009-00056。

③ 〔苏〕巴兰尼克夫：《苏联专家[巴]兰呢[尼]克夫关于北京市将来发展计划的报告》（1949年），岂文彬译，北京市档案馆藏，档案号：001-009-00056。

④ 现状和规划模型参见李浩《北京城市规划（1949—1960）》，中国建筑工业出版社，2022，第158～159页。

配套的还有各国的跑马场、操场和兵营等。[①]1949年1月31日，北平和平解放，中国人民解放军入城时特别通过了东交民巷，洗刷了半个世纪以来中国武装人员不得进入东交民巷的耻辱史。1950年1月6日，北京市军管会颁发布告，宣布将北京市内被帝国主义兵营所占地一律收回，其建筑全部征用。而一些与新中国建立正常外交关系的国家，则继续在东交民巷一带设立使馆。自1959年开始，按照中国政府的安排，各国使馆先后迁往东郊建国门外，东交民巷建立使馆的历史自此结束。

相关档案表明，东交民巷空地利用问题早已有之。1949年5月22日，在北平市都委会成立大会上，“东单操场问题”就是上午专门报告的“当前三个问题”之一。该会议记录中明确记载“东单操场问题，包括：（1）东单大操场；（2）由东单至三座门林荫大道南宽约四十公尺空地；（3）东公安街东侧空地，以上三项呈U字形地应如何利用”，对此，与会人员经过研究提出了“东单大操场应保留作为公园”等8个方面的意见。[②]

就房屋建筑而言，空地当然是最方便利用的。“要盖房子，首先是先找空地盖。当时长安街的空地就是东单练兵场和东交民巷外面的空地”，“为什么说东长安街盖了几个部呢？就是因为那条路是东单练兵场，是空地，可以不搞拆迁”，“首先就在空地拉成一条线，盖了几个部”。[③]

不过，按照梁思成等人的观点，在北京城区内特别是天安门广场一带建筑首都行政机关办公房屋，是错误之举，因而提出要按照科学规划原则，相对独立地专门规划一个首都行政区（亦可称为新区或新城），

---

① 参见：（1）《京师全图之东交民巷使馆区图》（1901年），王亚男著《1900—1949年北京的城市规划与建设研究》，东南大学出版社，2008，第50页；（2）《京都市内外城地图之东交民巷地区各国兵营操场图》（1916年），王亚男著《1900—1949年北京的城市规划与建设研究》，第52页；（3）《北京市内外城区全图》（北京特别市公署卫生局印制，1940年前后），中国城市规划设计研究院档案室藏，档案号：0268。

② 该会议记录中载“各委员意见归纳如下：（1）东单大操场应保留作为公园；（2）该空地先植树林；（3）该公园内可有游憩性质之建筑（如剧场）；（4）中山公园内音乐堂应搬家；（5）报馆可在贡院；（6）行政机关可以利用旧有建筑，如旧王府宅地、东四附近大宅，及地方法院改造等；（7）利用故宫东北角作行政机关；（8）东单作人民集会广场考虑，设立托儿所。建议：将上列意见交起草都市计划规章委员考虑”。北平市都市计划委员会：《北平市都委会筹备会成立大会记录及组织规程》（1949年），第18页。

③ 陶宗震2012年5月前后的口述。根据吕林提供的录音磁带（电子文件）整理，2018年7月。

才是最合理的做法。

值得进一步追问的是，按照这样一种逻辑分析下来，梁思成等与苏联市政专家的分歧，能否被归结为科学规划理想与现实主义思路之争呢?

如果仅仅从前述内容进行思考，似乎可以得出以上结论。然而，这还只是一种表层的认识。如果拓展城市规划的视野，在国际城市规划史中，对苏联城市规划理论与实践的发展情况做深入了解和认知的话，那么就可以获悉在苏联市政专家巴兰尼克夫和阿布拉莫夫等人关注“未有建筑物的”“空地”等现实因素的背后，其实还有更深层的苏联城市规划的理论，以及首都莫斯科改建规划实践经验的支撑。

第九章
大城市内改扩建：首都规划建设的苏联经验

在第二篇的讨论中，不论1929年南京《首都计画》之中央政治区，还是1938年版“北京都市计画”之西郊新街市，它们的主张都是在老城区之外开辟的新市区，而在1944年英国首都大伦敦规划中，建设新城也是其主要规划模式之一。对于首都规划而言，是否只有新城建设这一种规划模式呢？

应当注意到，上述几个规划案例都是欧美规划理论主导下的产物。就世界城市规划发展而言，除了欧美有规划理论之外，其他国家也有一些规划理论，比如，苏联就有以社会主义城市建设为特点的规划理论。尽管苏联规划理论具有较强的政治色彩，但其科学技术方面的内涵及价值是毋庸置疑的。就首都规划问题而言，苏联探索出以1935年莫斯科改建规划为范例的另一种典型的规划模式，即在既有大城市内实行改扩建的方式。

一　苏联“社会主义城市”理论指导下的首都莫斯科规划

作为世界上第一个社会主义国家，苏联于1922年12月30日正式成立后，经过国民经济的恢复与调整，在1928～1932年实施第一个“五年计划”，建立了高度集中的计划经济体制，制定大规模工业化和农业集体化等政治经济政策。与此同时，在城市规划建设方面也形成了有关社会主义城市规划建设的理论，其主要内容包括：废除资产阶级私有制，着力改善工人阶级的居住生活状况；积极推动文化福利设施建设，加强对资产阶级生活习惯的改造；促进生产力发展和新城市建设的相对均衡布局，努力消灭城市与乡村之间的对立；等等。[①]

以社会主义城市规划建设理论为指导，苏联开展了具体的城市规划实践（见图9–1）。“科学的城市规划不仅仅是一个抽象的理论问题，它［还］是一个重大的实际问题”，“以莫斯科为例，我们所拟定的关于建筑50万人的住宅及自来水、电车和地下铁道系统等巨大计划必须在一个统一的总计划中联系起来，我们必须明确在什么地方建造和如何建造的问题”。[②]

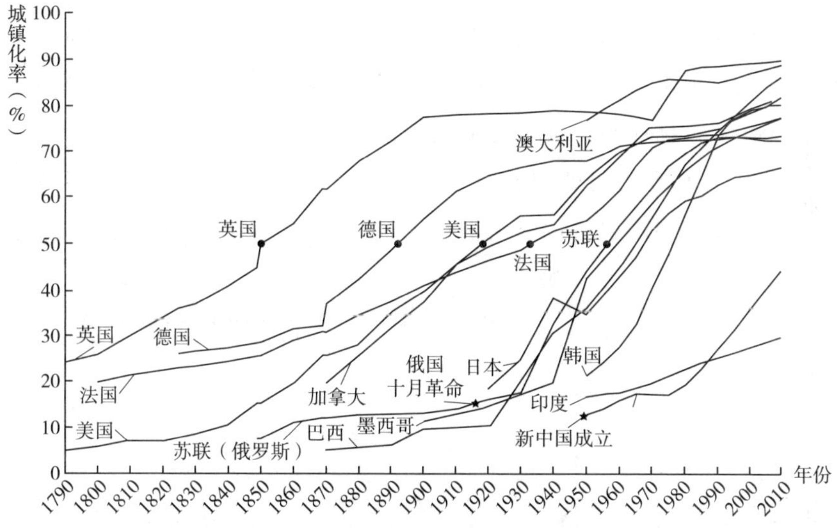

图9–1　苏联及世界部分主要国家的城镇化历程

数据来源：1950年以前的城镇化率数据，欧洲国家取自*The Making of Urban Europe, 1000-1994*（Paul Hohenberg, Lynn Lees，Cambridge: Harvard University Press，1995）；苏联主要取自《城市规划：技术经济指标和计算》（1947年版；雅·普·列普琴柯著，刘宗唐译，1953）；其他国家则通过查询有关统计公报等进行甄别获取；1950年以后的城镇化率数据统一取自联合国“World Urbanization Prospects,” the 2009 Revision, United Nations，2010。

① 李浩：《1930年代苏联的“社会主义城市”规划建设——关于“苏联规划模式”源头的历史考察》，《城市规划》2018年第10期。

② 1931年6月，时任联共（布）中央政治局委员兼莫斯科市委第一书记的卡冈诺维奇（Ла́зарьМоисе́евичКагано́вич，1893.11.22–1991.07.13），在联共（布）中央委员会全体会议上所做的题为《莫斯科和苏联其他城市的社会主义改造》的报告。资料来源：〔苏〕卡冈诺维奇：《莫斯科和苏联其他城市的社会主义改造——卡冈诺维奇在1931年6月苏联共产党（布）中央委员会全体会议的报告》，载程应铨编译《苏联城市建设问题》，龙门联合书局，1954，第12～14页。

自1931年6月开始，莫斯科当局即遵照联共（布）中央全会的有关精神，开展莫斯科城市规划工作。规划工作启动之初，莫斯科当局组织了关于“莫斯科改建总体规划”（又译“莫斯科改建总计划”）的设计竞赛，[①]大量建筑师和城市规划师，如L.柯布西耶（Le Corbusier）、M.金斯堡（Mosei Ginzburg）等，均提交了设计方案。

考察苏联的城市规划史可知，在苏联推进社会主义城市建设的早期，欧洲众多的现代主义建筑师和规划师，都与苏联的城市规划活动保持着密切的联系，如法国的L.柯布西耶、德国的E.梅（Ernst May）、瑞士的H.梅耶（Hannes Meyer）以及荷兰的M.施泰姆（Mart Stam）等，都曾受邀赴苏联参与规划设计。[②]以柯布西耶为例，他曾于1928年10月、1929年6月和1930年3月3次前往莫斯科，他为莫斯科所做的规划设计方案，为后来的规划名著《光辉城市》（1933年）奠定了重要基础；而他为莫斯科苏维埃宫所提交的设计方案（见图9-2）最终未能入选，入选者为鲍里斯·伊奥凡设计的方案（图9-3），这也成为1932年国际现代建筑协会（CIAM）取消将其“功能城市”第四次会议安排在莫斯科举行的一个重要因素。[③]

图9-2 柯布西耶的苏维埃宫设计方案

资料来源：http://imgkid.com/palace-of-the-soviets-le-corbusier.shtml，最终访问日期：2019年1月20日。

① 〔苏〕H.贝林金：《斯大林的城市建设原则》，载程应铨编译《苏联城市建设问题》，第45页。

② 侯丽：《社会主义、计划经济与现代主义城市乌托邦——对20世纪上半叶苏联的建筑与城市规划历史的反思》，《城市规划学刊》2008年第1期。

③ 后来国际现代建筑协会大会临时改在去雅典的一艘游船上举行，并在该船上发表了著名的《雅典宪章》。侯丽：《社会主义、计划经济与现代主义城市乌托邦——对20世纪上半叶苏联的建筑与城市规划历史的反思》，《城市规划学刊》2008年第1期。

图9-3　苏联苏维埃宫入选方案

注：在272个建筑方案中，设计师鲍里斯·伊奥凡提交的设计方案脱颖而出，其最为独特的结构是"摩天大楼顶部有列宁雕像"。苏维埃宫的建造开始于1937年，如果成功建造，它将成为世界上最高的建筑物（415米）；事实上，由于德国入侵，该建筑不得不停止建造；1942年为了战争防御和桥梁建设，该建筑最初的钢铁结构被拆除。

资料来源：http://www.darkroastedblend.com/2013/01/totalitarian-architecture-of-soviet.html，最终访问日期：2019年1月20日。

二　新城建设或城内改建：莫斯科规划模式之争

值得特别关注的是，在"莫斯科改建总体规划"方案征集过程中，既有在莫斯科城以外另建新城市的规划方案，也有对莫斯科城进行彻底改造的规划方案。（见图9-4）实际上，这两类较为激进的设计方案均未获得苏联的认可。

对于这两种不同的规划思路，时任联共（布）中央政治局委员兼莫斯科市委第一书记的卡冈诺维奇[①]曾发表讲话，他的讲话代表了苏联政

① 拉扎尔·莫伊谢耶维奇·卡冈诺维奇，出生在俄国基辅省卡巴纳村一个贫苦的犹太人家庭，"十月革命"期间任俄罗斯苏维埃社会主义联邦共和国全俄执委会委员，1925~1928年任乌克兰共产党中央委员会第一书记，1930年初任莫斯科市委第一书记和中央政治局委员，领导、主持了莫斯科的住宅工程、地铁工程等重大市政建设，在城市建设方面具有丰富的实践经验。

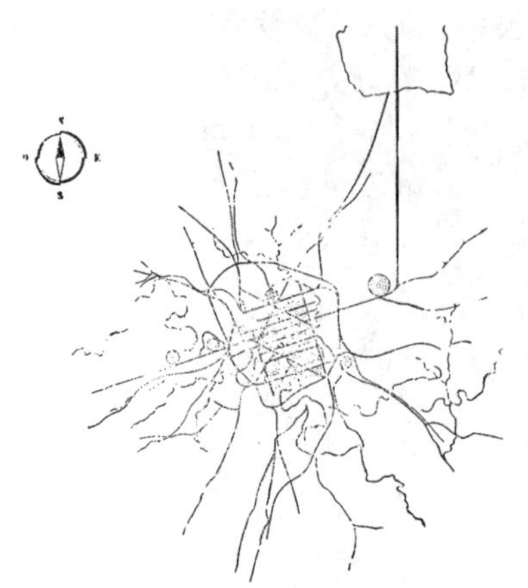

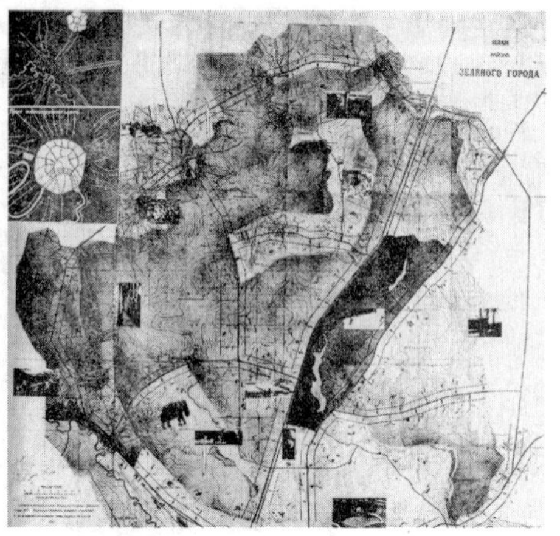

图9-4 “莫斯科改建总体规划”征集的部分设计方案

注：左图为现代主义者L·柯布西耶提交的设计方案，它展示了功能分区和运动轴线的设置思路，就好像城市生理肌体中的一张切片；右图为反城市主义者M.金斯堡提交的方案，该方案将所有人口和工厂迁出莫斯科，将旧城作为由公园环绕的行政中心。

资料来源：[1]〔法〕L.柯布西耶：《光辉城市》，金秋野、王又佳译，中国建筑工业出版社，2011，第289页。[2] http://www.oginoknauss.org/blog/?p=3034，最终访问日期：2019年1月20日。

府当时的基本立场。1932年，联共（布）莫斯科州委员会讨论“莫斯科改建总体规划”的相关问题，卡冈诺维奇在会上做《莫斯科布尔什维克为胜利完成五年计划而斗争》的报告，阐述了“莫斯科改建总体规划”的指导思想和具体内容，其中明确指出：

首先我们应该反对两种极端倾向：一方面是保守主义，企图将莫斯科圈在甲和乙两个环状路的范围内，保持其旧样子，以便把所有的新建筑物都修在现有的市区之外，或者在郊区；而另一方面，有些建筑师，特别是激进分子所表现的意图，他们不考虑城市现状，以及其建筑物和街道，企图一定要“坚决地”、“革命地”解决改建莫斯科的问题。他们为了建立新的街道系统，而不考虑历史上形成的城市。

卡冈诺维奇提出：

我们应该善于结合历史上形成的城市来处理改变莫斯科旧面貌的问

题，必须指出，如果能更深入地、更详细地了解一下实际情况，不用彻底拆毁旧城，就可以将莫斯科的放射式街道和环行路改成统一的中央环状放射式的街道系统。不但如此，还可以把很多胡同并到系统统一的街道和环行路。①

经过两年左右的紧张工作，改建莫斯科的总体规划于1935年完成（见图9-5）。1935年7月10日，苏联人民委员会和联共（布）中央委员会通过了《关于改建莫斯科的总体计划》的决议。决议的前言部分指出："多少年来，莫斯科一直是自流地发展着的。街道狭窄、弯曲，街坊为无数街巷和死胡同所［被］切断，城市中的建筑呈不平衡状态，市中心满是仓库和小的企业，破旧而低矮的房屋住着过多的人，工厂企业和铁路运输等的分布是混乱的，这一切都妨碍蓬勃发展着的城市的正常

图9-5 《莫斯科改建总体规划》封面（左）和扉页（右）

资料来源：Генеральный план реконструкции города Москв (Московский: Московский рабочий, 1936). pp.1-2.

---

① 以上引文详见〔苏〕卡冈诺维奇《莫斯科布尔什维克为胜利完成五年计划而斗争》（1932年），载苏联中央执行委员会附设共产主义研究院编《城市建设》（马克思列宁主义参考资料），建筑工程部城市建设总局译，建筑工程出版社，1955，第193~197页。

生活，特别是妨碍城市的交通。”[①]

莫斯科改建规划的出发点是：“不宜建造特大城市，不宜在现有的大城市中心安置大量企业，不准在莫斯科继续建造新的工业企业”，“根据这一原则，要限制莫斯科的发展，把大约500万人口和为500万人口生活文化需要进行完善的服务（住宅、城市运输、供水、排污、学校、医院、商店、食堂等等）作为莫斯科市区发展的依据”。[②]

《关于改建莫斯科的总体计划》的决议明确：“联共（布）中央和苏联人民委员会不同意把莫斯科作为古城博物馆保存下来而在莫斯科外面建造一个新城市的方案，也不同意毁掉现在的莫斯科市按照全新的计划原地建市的意见”，“联共（布）中央和苏联人民委员会认为，在确定莫斯科的建设计划时，必须立足于保留这个在历史上形成起来的城市的基础，但要坚决整顿街道和广场网络，进行彻底的再规划”，“实行再规划的重要条件是：正确配置住房、工业、铁路和仓库，引水入市，疏松和合理组织住区，为市民创造正常的良好的生活条件”。[③]这一决议“给予那些形式主义的和空洞无物的建议，给予1932年举行的竞赛设计草案中对改建莫斯科工作的偏向和曲解以决定性的打击”[④]。

苏联建筑科学院通信院士H.贝林金指出，1935年《莫斯科改建总体规划》，“提出保留历史上形成的城市计划结构，指出必须对城市的民族特点及其建筑传统采取尊敬和爱护的态度，因为它们反映了俄罗斯国家许多世纪来的历史”，“同时要求改正它所有的缺点，使它完全适合现

---

① 转引自〔苏〕H.贝林金：《斯大林的城市建设原则》，载程应铨编译《苏联城市建设问题》，第43～44页。图请参见《莫斯科城原有城市肌理及1812年火灾受损情况示意图》（图中深色部分），http://map.etomesto.ru/base/77/mosfire1812.jpg，最终访问日期：2019年1月20日。另见李浩《八大重点城市规划——新中国成立初期的城市规划历史研究》，中国建筑工业出版社，2019，第454页。

② 苏联人民委员会和联共（布）中央决议《关于改建莫斯科的总体计划》（1935年7月10日），载《苏联共产党和苏联政府经济问题决议汇编》第二卷（1929—1940），中国人民大学出版社，1987，第592～593页。图请参见《莫斯科改建总体规划总图》（1935，ГенеральныйпланреконструкциигородаМосквa，p.278）和《莫斯科改建总体规划干道系统规划》（1935，ГенеральныйпланреконструкциигородаМосквa，p.280）。另见李浩《八大重点城市规划——新中国成立初期的城市规划历史研究》，第434～451页。

③ 苏联人民委员会和联共（布）中央决议《关于改建莫斯科的总体计划》（1935年7月10日），载《苏联共产党和苏联政府经济问题决议汇编》第二卷（1929—1940），第592页。

④〔苏〕H.贝林金：《斯大林的城市建设原则》，载程应铨编译《苏联城市建设问题》，第45页。

代城市在卫生、便利、美观方面的要求，为劳动人民创造最优良的居住条件”；“这个原则将建筑艺术中特别是城市建设中的优良传统与改造活动相结合的复杂问题作了辩证的解决”，“这个原则也成为建筑艺术的现实主义原则”。①

三 莫斯科的道路广场规划及城市空间艺术设计

莫斯科改建规划中，有很大的篇幅是在论述街道与广场的有关问题，具体内容包括沿河堤岸大街、全市大街、新街道和调节性街道的建设，中心广场、市区广场的改造，交通环线和调节线路建设等多个方面。“为了方便车辆和行人的交通，将现有的放射形和环形大干线拓直加宽，使宽度至少达到30—40米”，“把莫斯科河两边的堤岸建成莫斯科市的大干线，河堤用花岗岩铺砌，沿岸建起宽广的四通八达的街道”，“城市规划以历史形成的环形放射式街道为主，补充以新的街道，用以分担市中心的交通并能在各区之间建立直接的运输关系而不必穿越市中心区的大马路”；“将红场拓宽一倍，将诺金、捷尔任斯基、斯维尔德洛夫和革命等中心广场在3年之内改造完毕并形成它们的建筑景观”，“在10年内，开展三条贯通全市的大街的建设，办法是连接、拓直和加宽一些街道和小巷”，“除各中心广场外，还要改造一些市区广场并首先在这些广场建造有艺术观赏价值的建筑物”。②

莫斯科改建规划对城市空间艺术设计也相当重视。“应当使广场、主要街道、堤岸和公园在建筑艺术上形成浑然一体的格局，在建造住宅楼和公用楼房时要运用古典建筑和新建筑艺术的优秀造型以及建筑技术的各项成就”，“莫斯科地形岗峦起伏，莫斯科河、雅乌扎河从莫斯科市

① 详见〔苏〕H.贝林金《斯大林的城市建设原则》，载程应铨编译《苏联城市建设问题》，第42～53页。

② 苏联人民委员会和联共（布）中央决议《关于改建莫斯科的总体计划》（1935年7月10日），载《苏联共产党和苏联政府经济问题决议汇编》第二卷（1929—1940），第594～598页。图请参见《莫斯科改建的城市空间艺术》，Генеральныйпланреконструкциигорода Москв,p.1。

区纵横流过，市内公园（列宁山、斯大林公园、索科尔尼基公园、奥斯坦基诺公园、希姆金水库所在地的波克罗夫－斯特列什涅沃公园）遍布，这一切可以把形形色色的各城区连成一片，建成一个真正的社会主义城市”。①

在苏联强有力的计划经济体制的保障下，莫斯科改建规划获得了顺利的实施。

四　大城市内改扩建及新城建设：首都规划的两种不同模式

综上所述，大国首都的规划建设，并非只有新城（新区）建设这一种模式，在既有大城市内实行改建和扩建，也是一种可供选择的规划模式。不仅如此，1935年莫斯科改建规划的实践，还为之提供了真实的可借鉴的历史经验和范例。

正因如此，1949年来华的苏联市政专家巴兰尼克夫对于中国应在天安门地区规划建设首都中心区这一建议，就表现出一种较为明确的立场：“中华人民共和国成立的光荣典礼和人民的游行，更增加了他的重要性，所以这个广场成了首都的中心区，由此，主要街道的方向便可断定，这是任何计画家没有理由来变更也不能变更的。”②而阿布拉莫夫对梁思成所做的回应性发言，其实也暗含一种颇具自信的态度：“我们对于建设行政中心的问题是完全清楚的。”③

反观苏联首都莫斯科改建规划，其之所以能够采取在大城市内进行改建和扩建的规划模式，当然源于政府方面对城市建设活动的话语权威和组织能力：整个国家的土地都是国有的，可以有计划地进行调配，首都规划建设各个方面的具体内容，以及各个阶段的建设实施，都可以纳入国民经济计划，获得经济政策和管理体制等各方面的良好保障。这也

① 苏联人民委员会和联共（布）中央决议《关于改建莫斯科的总体计划》（1935年7月10日），载《苏联共产党和苏联政府经济问题决议汇编》第二卷（1929—1940），第592页。

② 〔苏〕巴兰尼克夫：《苏联专家[巴]兰呢[尼]克夫关于北京市将来发展计划的报告》（1949年），岂文彬译，北京市档案馆藏，档案号：001-009-00056。

③ 中共中央党史研究室、中央档案馆编《中共党史资料》第76辑，第19页。

是莫斯科改建规划的历史经验。

到1949年时，1935年批准的莫斯科改建规划已经实施了10多年，尽管有苏德战争的爆发，莫斯科的建设遭受到了很严重的损坏，但其城市规划建设的基本原则和立场仍是坚定的。在来华开展技术援助工作的苏联市政专家看来，他们可以给中国方面提供的城市规划经验，无疑是社会主义城市规划建设的理论与实践；其中，最具代表性的，也是他们最引以为豪的规划范例，无疑就是莫斯科改建规划。从这个意义上讲，苏联市政专家主要依据莫斯科改建规划的实践经验，对北京城市规划问题提出可供借鉴的建议，既是自然而然的，也是无可厚非的。

比较首都规划的两种不同模式——新城（新区）规划模式与大城市改扩建模式便可见，在既有大城市内实行改扩建的规划模式，体现出较强的政府主导特点。其实，这点正是社会主义初期国家的独特优势所在。中华人民共和国成立后，借鉴苏联城市建设经验，以政府主导的改扩建方式来推动首都规划建设，同样具有这个优势。

而历史的诡异之处则在于，在1949年11月这个时间节点，中国方面对于苏联城市规划理论与实践的认识是极为浅薄的，因而对莫斯科改建规划案例是难以完全了解的，这就有了中苏两国专家在规划思想上的交锋以及种种的误解与误会。

更富喜剧性的是，1932年前后，在苏联组织制定莫斯科规划的工作过程中，也曾有一个在城区之外另建新区的规划方案，但未被采纳。正因如此，阿布拉莫夫才在1949年11月14日的发言中谈道："我们也有过这样的建议，将莫斯科旧城保存为陈列馆，在他的旁边建设新的莫斯科，被我们拒绝了，并将莫斯科改建。结果并不坏。"而时隔多年，这样的一种历史情形在新中国的首都北京再次出现。

第四篇　决策审视

第十章

规划研究决策、《梁陈建议》的提出及进一步的争论

前九章从不同视角对“梁陈方案”有关的一些重要史实进行了梳理，对梁思成、陈占祥和苏联市政专家所持意见的基本立场、规划理论及其渊源、双方的根本分歧，以及各自的依据等进行了解读。那么，在1949年11月14日巴兰尼克夫的报告会以后，面对苏联市政专家提出的关于北京城市规划的建议，以及梁思成和陈占祥的一些不同意见，规划管理部门及有关领导是如何做决策的呢?

目前，这方面的档案资料存在查阅、利用的困难，但通过一些当事者的回忆，仍可对此有所观察。2012年9月7日，北京市规划委员会和北京城市规划学会曾组织召开一次专家座谈会，该座谈会特别邀请到一位亲历者马句对当年的有关情况进行了回顾。马句的口述对于“梁陈方案”的相关决策的认识具有重要的学术价值。

1949年11月时，马句在中共北京市委政策研究室工作，并任秘书组副组长，[①]后曾任彭真同志的机要秘书[②]，对“梁陈方案”有关情况较

---

① 在北平解放初期，中共北京市委政策研究室是对中共北京市委有关决策提供重要智力支持的一个机构，邓拓、张文松分别任主任、副主任，下设工业组、财经组和秘书组。市委研究室:《中共北京市委研究室五十年（1948—1998）》，1998，第59页。

② 马句，1926年12月生，河北保定人。早年在北京大学历史系学习，此期间的1948年3月加入中国共产党，曾任南系地下党北京大学党支部书记、总支委员。中华人民共和国成立后，在中共北京市委政策研究室和办公厅工作，1949～1954年任中共北京市委政策研究室秘书组副组长，1954～1958年任北京市委书记兼市长的机要秘书。“文化大革命”后在中共北京市委党校工作，任校务委员、教授、学术委员会主任、研究生部主任等。马句:《作者简历》，载马句《纪念彭真诞辰110周年》，2012，第101页。北京城市规划学会:《马句同志谈新中国成立初期一些规划事》（2012年9月7日座谈会记录），赵知敬提供，2013。

为熟悉。2012年9月7日的座谈会，是北京规划系统公开组织并经有关领导批准而召开的，马句事先做了认真准备，多位老专家（宣祥鎏、张其锟、申予荣和赵知敬等）以及北京市规划委员会、北京城市规划学会和北京市城市规划设计研究院等单位的有关同志也参会并讨论，会后马句和其他几位主要发言专家还对会议速记稿进行了认真的审阅和校对，定稿后，又呈报给有关领导参阅并交北京市城建设档案馆归档。[①]这一程序，使得马句的这次口述记录稿具有较高的权威性与可靠性。

一　规划研究与决策

（一）相关部门的调查研究

据马句回忆，对于1949年援助北京的首批苏联专家团，“中央指定彭真同志负责接待，彭真同志很重视，亲自去北京站迎接，接待和安排工作由市政府负责，具体工作是薛子正和曹言行负责”，“彭真很关心，专家代表团日程表送给彭真一份，彭真同志不直接参加他们的会议，指定张文松对于专家的活动［由］市委研究室的人跟着，而且每天都写一个书面报告送给彭真。张文松叫我们研究室的同志做，我参加的比较多”。[②]

对于中国专家与苏联专家在城市规划问题上的一些不同意见，当时北京市领导曾指示市委政策研究室及有关部门的同志一起进行调查研究：

我参加了苏联专家的几次主要的座谈会，他们对北京市规划、建筑、道路、河湖下水道各方面都作过调研。他们说：来之前知道北京是

① 上述这些情况，主要依据为赵知敬于2013年12月为2012年9月7日座谈会记录所写的前言《关于马句同志谈新中国成立初期一些规划事材料整理的情况》，以及2018年3月22日与笔者的谈话。

② 北京城市规划学会：《马句同志谈新中国成立初期一些规划事》（2012年9月7日座谈会记录），赵知敬提供，2013。

一个古老的名城，规模大，城墙大，建筑美观，这是听说的。到北京一看果然名不虚传，实际看到的比听到的好的多，北京确实是一个规模宏大、庄严美丽、设计和建设非常科学，是一个卓越的世界上少有的历史名城……

苏联专家认为世界上这么好的城市应该好好保存、利用和发展，这就出了一个难题，保存北京古城和现代化建设怎么结合？这个难题开始就有，现在还存在。北京新的行政中心设在哪儿？苏联专家对这个问题很关心，跟北京的建筑专家互相交换意见。

梁思成知道了苏联专家意见是在旧城发展，行政中心设在天安门，梁思成跟陈占祥很不同意，他俩抢先，在1949年11月共同署名写了一份关于中央人民政府行政中心位置的建议……他们两人主张要完整的保存北京，要全部保存城区所有的房屋，不同意在北京内城、外城建新楼房、新工厂。要把旧城完全保存下来成为一个历史博物馆。他俩建议北京新的行政中心建在月坛以西公主坟以东这一带。他俩说话很硬，说北京城全部房屋都要保存，不许伤。

彭真同志看到他两人的建议以后，就让张文松调查回答两个问题：第一个问题，北京的房屋值不值得全部保存？第二个问题，梁思成、陈占祥提议新的北京行政中心设在月坛以西、公主坟以东这一带行不行？张文松就找我，说：马句，你去找沈勃同志研究。沈勃当时是北京市政府房地产局副局长和党组书记，局长是民主人士。

我就去找沈勃，沈勃说：回答这两个问题，咱们得实地调查，我现在说不了，咱们调查以后说。当时就找了三个工程技术人员。沈勃说：马句，你跟着他们三个，首先去调查月坛以西、公主坟以东这一带，然后你们骑自行车把内城、外城主要的街道和胡同的房屋都看一遍。然后向我汇报，咱们共同研究这两个问题。

我就跟着这三个人，首先从西单出复兴城［门］（见图10-1）。当时西单跟复兴城［门］没打通，是个很窄的胡同，两辆车都不能并开。我们去看了，看的结果［是］，这一带，西边是石景山钢铁厂、石景山发电厂、门头沟，南边是两个庙：白云观和天宁寺，一片空地，北边确实是空闲地比较多。好处是挨着城墙，挨着城门楼，空地比较多。但

图10-1　复兴门内旧刑部街（上，从西单路口向西拍摄，1954年）和复兴门门洞（下，1954年）

资料来源：北京市城市规划设计研究院《北京旧城》，北京燕山出版社，2003，第107～108页。

是，我们看到，这个地方太狭窄了，南边不好发展，西边不好发展（见图10-2），只能上北边发展。

我们给彭真同志汇报时候说：南边、西边都不好发展，只能向北发展，地方狭小，远不够建设新北京之用。这是第一个问题。

第二个问题，当时北京市的房屋共有2000万平方米，80%都在内城和外城，城区共有1600万平方米。我们四个人用三天时间，骑自行车在内城、外城转。然后向沈勃汇报，说：我们四个人对［把］城区房屋都看完了，城区房子大体上可以分三类：

第一类是必须保存的古建筑，就是现在的内一环。围绕着内一环，我们加了两个地区，北边加什刹海，一直到城边；西边加阜内大街。把

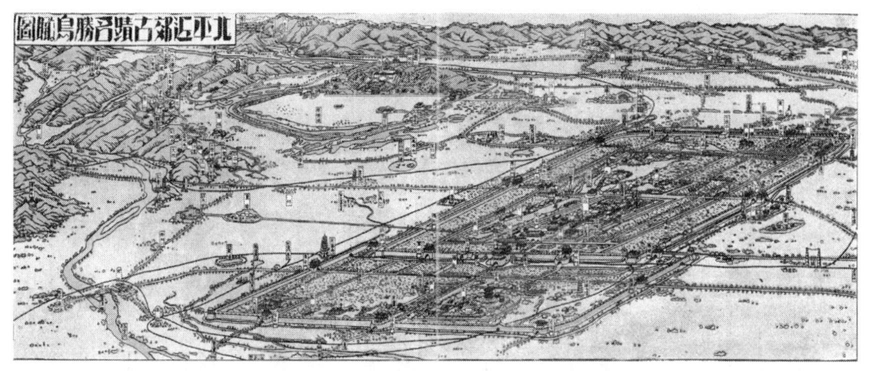

图10-2 《北平近郊古迹名胜鸟瞰图》（1949年《北平市街详图》之附图）

资料来源：宗绪盛《老北京地图的记忆》，中国地图出版社，2014，第260~261页。

什刹海三个海和北海、中南海包括在里面，阜内大街那边有白塔寺、广济寺和帝王庙，这些是古建筑，是必须保存的，古建筑的精华都在这儿，故宫、庆王府、恭王府都在这，是必须保存的。大概占城区1600万平方米房屋的30%，相当于500万平方米。

第二类是沿主要大街的两排房子，主要是宣武门内、宣武门外、崇文门内、崇文门外，东单到北新桥东边，西单到新街口西边，前门大街、珠市口大街两边的房屋。前门大街东边那片草厂胡同的房屋，在外城是建的［得］比较好的。大栅栏房屋建的［得］不规则，主要是商业房。北京主要大街两旁的房屋比较好，可以保存。这一带房屋约占1600万平方米的30%。

第三类房屋是内城、外城四边的房屋，外城宣武区西南方向，崇文门东南方向。这一带没什么四合院，是随便盖的房子，很不规则，不少是窝棚、棚子，大多年久失修、破烂不堪，没有保留价值。约占城区房屋的40%，有600万平方米。

我们观察城区房屋，必须保存的是500万平方米，可以保存的是500万平方米，600万平方米是不值得保存的。

沈勃同意这个意见，让我向张文松同志汇报。我给文松同志汇报后，他向彭真同志做了汇报。

张文松说："彭真同志对你们的调查比较满意，说你们的调查情况符合他的印象，北京市需要保存的房屋只有1000万平方米，相当于全市2000万平方米的一半。”彭真同志说：“听了你们调查，我对梁思成的建议，心里有底了。”彭真当时曾跟市政府薛子正同志说：“在内一环、什刹海加阜成门内大街这一带，不要盖新建筑。”

苏联专家看到梁思成的建议后，加紧写建议……写出了《北京市将来发展计划的问题》……送给市委、市政府。专家主张在［将］天安门广场作为新的行政中心。苏联专家说，北京古城建设的这么好，既要保存，也要利用和发展……

彭真同志看到苏联专家报告，很赞成。当时文松同志跟我们聊天，大家说梁思成主观，没有调查清楚就说要把北京城全部房屋都保存；梁思成缺乏眼光，月坛以西、公主坟以东这么狭长的地带，怎么能够盖一个新北京呢？

聂荣臻市长看到了专家建议，非常高兴，说了两句话：专家的建议很实际；这个建议是苏联经验结合中国实际。他马上让曹言行、赵鹏飞召集北京市主要的建筑人员、市政负责同志共30人召开座谈会。张文松让我参加，对会议做了记录。会上，大家一致表示赞成［苏联］专家的意见。[①]

马句的上述回忆，部分内容尚需做进一步核证。比如，其中谈到梁思成、陈占祥“1949年11月共同署名写了一份关于中央人民政府行政中心位置的建议”，这里如若无误，那么于1950年2月正式提交的《梁陈建议》，其实早在1949年11月就有一个草稿了，但笔者目前尚未查到相关佐证史料。另外，曹言行、赵鹏飞召集的30人座谈会，按道理也应当有档案留存，但迄今尚未查阅到。当然，与规划决策有关的一些档案往往被纳入限制利用范围而难以查阅，这是正常的现象。

尽管如此，但马句回忆所反映出的一个史实基本上是可信的，那就是：北京市有关部门和领导对于苏联市政专家的建议以及梁思成和陈占祥的不同意见，还是相当慎重的，为此而开展过一些实际的调查研究工

① 为便于阅读，笔者对马句的口述记录做了一些分段处理。北京城市规划学会：《马句同志谈新中国成立初期一些规划事》（2012年9月7日座谈会记录），赵知敬提供，2013。

作，并专门开会研究和讨论，在一定程度上达成了一些共识。

（二）规划部门曹言行、赵鹏飞的联名报告

在专门调查研究和会议研讨的基础上，由当时北京市城市规划方面的主管部门，同时也是北京市都市计划委员会的挂靠部门北京市建设局出面，就梁思成和陈占祥与苏联专家的意见分歧进行了专题研究，提出书面意见，并上报北京市有关领导，进而呈报给中央有关领导，供决策参考：

12月19号，曹言行跟赵鹏飞向聂市长写了书面报告，说苏联专家提出的方案，是在北京市已有基础上，考虑到整个国民经济的情况和现实的需要与可能的条件提出来建设新首都的合理意见。

聂市长看了他们的报告之后，[于1950年]1月初召开了北京市市政府委员会[会议]。张文松派我参加，做记录。会上，一致同意[苏联]专家的意见。梁思成在这种情况下没吭声。

聂市长开完市政府委员会[会议]以后，给彭真同志打了一个电话，报告市政府开会一致同意专家建议。聂荣臻同志跟彭真说：我可要向毛主席和周总理报告了！彭真说：好啊，你快点报告吧。

聂市长向毛主席和周总理报告后，2月初，中央口头通知同意北京市接受苏联专家的建议。①

上述回忆中所谈到的“曹言行跟赵鹏飞向聂市长写了书面报告”，即时任北京市建设局局长兼北京市都委会副主任的曹言行和北京市建设局副局长赵鹏飞联名，于1949年12月19日撰写了《对于北京市将来发展计画的意见》（以下简称《曹赵报告》；见图10-3）。这份意见共1200余字，全文如下：

① 为便于阅读，笔者对马句的口述记录做了一些分段处理，标点符号略有调整。北京城市规划学会：《马句同志谈新中国成立初期一些规划事》（2012年9月7日座谈会记录），赵知敬提供，2013。

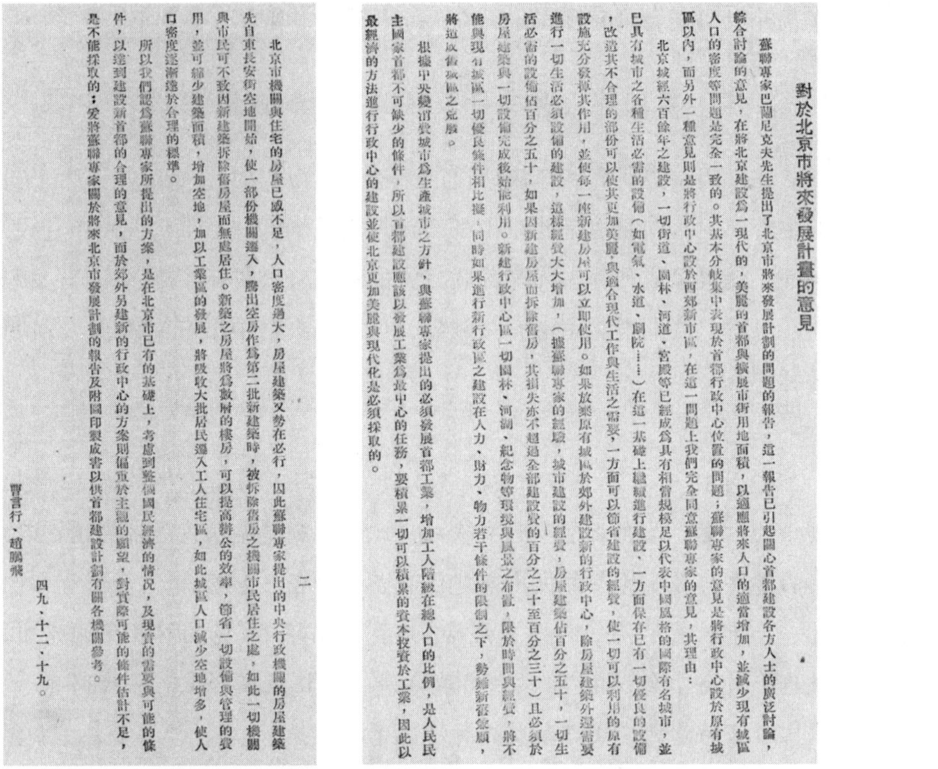

對於北京市將來發展計畫的意見

蘇聯專家巴蘭尼克夫先生提出了北京市將來發展計劃的問題的報告，這一報告已引起關心首都建設各方人士的廣泛討論，綜合討論的意見，在將北京建設爲一現代的，美麗的首都與擴展市街用地面積，以適應將來人口的適當增加，並減少現有城區人口的密度等問題是完全一致的。其基本分歧集中表現於首都行政中心位置的問題；蘇聯專家的意見是將行政中心設於原有城區以內，而另外一種意見則是將行政中心設於西郊新市區，在這一問題上我們完全同意蘇聯專家的意見，其理由：

北京城經六百餘年之建設，一切街道、園林、河道、宮殿等已經成爲具有相當規模足以代表中國風格的國際有名城市，並已具有城市之各種生活必需的設備（如電氣、水道、劇院……）在這一基礎上繼續進行建設，一方面保存已有一切優良的設備，改造其不合理的部份可以使其更加美麗，與適合現代工作與生活之需要，一方面可以節省建設的經費，使一切可以利用的原有設施充分發揮其作用，並使每一座新建房屋可以立即使用。如果放棄原有城區於郊外建設新的行政中心，除房屋建築外還需要進行一切生活必須設備的建設，這樣經費大大增加，（據蘇聯專家的經驗，城市建設的經費，房屋建築佔百分之五十，一切生活必需的設備佔百分之五十，如果因新建房屋而拆除舊房，其損失亦不超過全部建設費的百分之二十至百分之三十）且必須於房屋建築與一切設備完成後始能利用。新建行政中心區一切園林、河湖、紀念物等環境與風景之布置，限於時間與經費，將不能與現有城區一切優良條件相比擬，同時如果進行新行政區之建設在人力、財力、物力若干條件的限制之下，勢難新舊兼顧，將造成舊城區之荒廢。

根據中央變消費城市爲生產城市之方針，與蘇聯專家提出的必須發展首都工業，增加工人階級在總人口的比例，是人民民主國家首都不可缺少的條件，所以首都建設應該以發展工業爲最中心的任務，要積累一切可以積累的資本投資於工業，因此以最經濟的方法進行行政中心的建設並使北京更加美麗與現代化是必須採取的。

二

北京市機關與住宅的房屋已感不足，人口密度過大，房屋建築又勢在必行，因此蘇聯專家提出的中央行政機關的房屋建築先自東長安街空地開始，使一部份機關遷入，騰出空房作爲第二批新建築時，被拆除舊房之機關市民居住之處，如此一切機關與市民可不致因新建築拆除舊房屋而無處居住。新築之房屋將爲數層的樓房，可以提高辦公的效率，節省一切設備與管理的費用，並可縮少建築面積，增加空地，加以工業區的發展，將吸收大批居民遷入工人住宅區，如此城區人口減少空地增多，使人口密度逐漸達於合理的標準。

所以我們認爲蘇聯專家所提出的方案，是在北京市已有的基礎上，考慮到整個國民經濟的情況，及現實的需要與可能的條件，以達到建設新首都的合理的意見，而於郊外另建新的行政中心的方案則偏重於主觀的願望，對實際可能的條件估計不足，是不能採取的；爰將蘇聯專家關於將來北京市發展計劃的報告及附圖印製成書以供首都建設計劃有關各機關參考。

四九、十二、十九。

曹言行、趙鵬飛

图10-3　曹言行和赵鹏飞联名所写的《对于北京市将来发展计画的意见》（1949年12月19日）

资料来源：北京市建设局编印《北京市将来发展计划的问题》（单行本），1949，第1～2页。

对于北京市将来发展计画的意见

苏联专家巴兰尼克夫先生提出了北京市将来发展计划的问题的报告，这一报告已引起关心首都建设各方人士的广泛讨论，综合讨论的意见，在将北京建设为一现代的，美丽的首都与扩展市街用地面积，以适应将来人口的适当增加，并减少现有城区人口的密度等问题是完全一致的。其基本分歧集中表现于首都行政中心位置的问题；苏联专家的意见是将行政中心设于原有城区以内，面［而］另外一种意见则是将行政中心设于西郊新市区，在这一问题上我们完全同意苏联专家的意见，其理由：

北京城经六百余年之建设，一切街道、园林、河道、宫殿等已经成为具有相当规模足以代表中国风格的国际有名城市，并已具有城市之各种生活必需的设备（如电气、水道、剧院……），在这一基础上继续进行建设，一方面保存已有一切优良的设备，改造其不合理的部分可以使其更加美丽，与适合现代工作与生活之需要；一方面可以节省建设的经费，使一切可以利用的原有设施充分发挥其作用，并使每一座新建房屋可以立即使用。如果放弃原有城区于郊外建设新的行政中心，除房屋建筑外还需要进行一切生活必须设备的建设，这样经费大大增加（据苏联专家的经验，城市建设的经费，房屋建筑占百分之五十，一切生活必需的设备占百分之五十，如果因新建房屋而拆除旧房，其损失亦不超过全部建设费的百分之二十至百分之三十），且必须于房屋建筑与一切设备完成后始能利用。新建行政中心区一切园林、河湖、纪念物等环境与风景之布置，限于时间与经费，将不能与现有城区一切优良条件相比拟，同时如果进行新行政区之建设，在人力、财力、物力若干条件的限制之下，势难新旧兼顾，将造成旧城区之荒废。

根据中央变消费城市为生产城市之方针，与苏联专家提出的必须发展首都工业，增加工人阶级在总人口的比例，是人民民主国家首都不可缺少的条件，所以首都建设应该以发展工业为最中心的任务，要积累一切可以积累的资本投资于工业，因此以最经济的方法进行行政中心的建设并使北京更加美丽与现代化，是必须采取的。

北京市机关与住宅的房屋已感不足，人口密度过大，房屋建筑又势在必行，因此苏联专家提出的中央行政机关的房屋建筑先自东长安街空地开始，使一部分机关迁入，腾出空房作为第二批新建筑时，被拆除旧房之机关市民居住之处，如此一切机关与市民可不致因新建筑拆除旧房屋而无处居住。新筑之房屋将为数层的楼房，可以提高办公的效率，节省一切设备与管理的费用，并可缩少［小］建筑面积，增加空地，加以工业区的发展，将吸收大批居民迁入工人住宅区，如此城区人口减少、空地增多，使人口密度逐渐达于合理的标准。

所以我们认为苏联专家所提出的方案，是在北京市已有的基础上，考虑到整个国民经济的情况，及现实的需要与可能的条件，以达到建设新首都的合理的意见，而于郊外另建新的行政中心的方案则偏重于主观的愿望，对实际可能的条件估计不足，是不能采取的；爰将苏联专家关于将来北京市发展计划的报告及附图印制成书以供首都建设计划有关各机关参考。

四九、十二、十九

曹言行、赵鹏飞①

除了以上内容之外，《曹赵报告》还有3个附件和3张附图。3个附件分别是：（1）苏联市政专家巴兰尼克夫在1949年11月14日报告会后，进一步整理成完整的书面报告《北京市将来发展计划的问题》；（2）苏联市政专家团对北京技术援助工作的总报告《苏联专家团关于改善北京市政的建议》中，有关城市规划问题的部分内容《建筑城市问题的摘要》；（3）1949年11月14日报告会上，苏联市政专家团团长阿布拉莫夫的发言记录《市政专家组领导者波·阿布拉莫夫同志在讨论会上的讲词》。3张附图则包括《北京市分区计划及现状略图》《东单至府右街干路及天安门广场行政建筑建设计划图》《中央各部会分布现状图》②。

《曹赵报告》是以当时北京市规划主管部门的名义上报给北京市人民政府，进而呈报给中共中央及有关领导的，它实际上代表了中共北京市委和北京市人民政府的基本立场和态度。

（三）规划决策

在2012年9月7日的座谈会上，马句曾回忆说，1950年“2月初，中央口头通知同意北京市接受苏联专家的建议”。遗憾的是，迄今尚未查阅到中央的有关批复文件。

不过，《彭真传》中有文字明确指出：“一九五〇年二月，毛泽东、

① 本文转录时个别标点符号略有调整。北京市建设局编印《北京市将来发展计划的问题》（单行本），1949，第1～2页。

② 图见前文之注释，即1949年11月14日苏联市政专家巴兰尼克夫报告会现场展示的几张规划图。

党中央批准了北京市以北京旧城为中心逐步扩建的方针。”[①]《彭真传》系由中央权威部门组织编写、中央文献出版社正式出版的，该书中的这句表述具有相当的权威性。

此外，当时在北京市建设局工作的孔庆普[②]的笔记也有所记载：

1950年2月下旬，北京市人民政府召开北京城市建设规划工作会议，会议的主要内容是贯彻中央关于“改北京消费城市为生产城市”的指示精神，彭真同志在会上传达中央关于北京城市建设的方针和周总理的指示精神。张友渔副市长报告市委和市政府关于北京城市建设规划的几点决定如下。第一，北京是以政治、文化、科技、教育为主，以轻工业和手工业为辅的城市。第二，关于城市建设的总布局：①中共中央和中央人民政府设在老城里。城区大部分是居民，均布幼儿园和小学、中学，及服务业。②东南郊为工业区……第三，国家各部委和北京市各职能局，以及各民主党派等大机关分布在城外近郊区。近郊区的居民区内，分设幼儿园和中小学校，以及商业等服务业。第四，道路建设……[③]

谈及首都规划问题的决策，有必要对新中国成立初期中共中央与各级政府的决策体制，以及与之相关的报告制度等有所认识。当时，国家特别强调党中央的集中统一领导，反对各级政府“各自为政”的“分散主义”现象，最高领导者毛泽东也多次强调过这个问题。譬如，1953年8月12日在全国财经工作会议上的讲话中，毛泽东即强调指出：

为了保证社会主义事业的成功，必须实行集体领导，反对分散主义，反对主观主义。

……我们历来是反对分散主义的。一九四一年二月二日，中央给各

① 《彭真传》编写组：《彭真传》第二卷（1949—1956），中央文献出版社，2012，第808～809页。

② 孔庆普，1928年生，1945年考入北京大学工学院土木系，1948年11月休学，后就读于公费学校，1950年初分配到北京市建设局工作。

③ 孔庆普：《北京的城楼与牌楼结构考察》，东方出版社，2014，第78页。

中央局、各将领发出指示，规定凡有全国意义的通电、宣言和对内指示，必须事先请示中央。五月间，中央发布了关于统一各根据地对外宣传的指示。同年七月一日，在纪念党成立二十周年的时候，中央发布了关于增强党性的决定，着重反对分散主义。一九四八年，中央发的反对分散主义的指示更多了。一月七日，中央发出了关于建立报告制度的指示；三月，又发了补充指示。同年九月，政治局会议作了关于向中央请示报告制度的决议。九月二十日，中央作了关于健全党委制的决定……

集中与分散是经常矛盾的。进城以来，分散主义有发展。为了解决这个矛盾，一切主要的和重要的问题，都要先由党委讨论决定，再由政府执行。比如，在天安门建立人民英雄纪念碑，拆除北京城墙这些大问题，就是经中央决定，由政府执行的。次要的问题，可以由政府部门的党组去办。①

毛泽东的上述讲话中，值得特别关注的是这句话："在天安门建立人民英雄纪念碑，拆除北京城墙这些大问题，就是经中央决定，由政府执行的。"无疑，首都行政区规划的重要性绝不亚于拆除北京城墙等问题，在当时的政治环境中，关于首都行政区规划问题的决策，北京市不可能擅自做主，中央做出一些指示是完全正常而且必要的。

综上所述，1950年2月时，中央已经就首都行政机关规划问题做出了重要指示或决策，但是，这样的指示或决策又是局限在一定范围之内的，并没有公开、明确地向梁思成和陈占祥等传达。其原因也不难理解，中华人民共和国自成立开始，就特别强调中国共产党与各民主党派、无党派民主人士、各人民团体以及各界爱国人士进行多党合作与民主协商的政治制度，而梁思成和陈占祥是享有很高社会声誉的无党派民主人士和爱国人士，是中国知识分子中的杰出代表，与围绕首都规划问题发生争论的大致同一时期，梁思成还以"初选委员会顾问"的身份参加全国政协组织的国旗和国徽设计工作等。从统战要求出发，不便于直接向两人传达有关指示或决策。

---

① 毛泽东在1953年夏季全国财经工作会议上的讲话。中共中央党校编《马列著作毛泽东著作选读（党的学说部分）》，人民出版社，1978，第401～402页。

这样一种规划决策的方式，在首都行政中心区规划问题上造成了一种相当隐晦的认知关系，进而又引发了事态的持续发展，以及对这一问题的进一步争论。

二 《梁陈建议》的提出及呈报

梁思成和陈占祥合著《关于中央人民政府行政中心区位置的建议》正文尾页落款时间为“一九五〇年，二月”（见图10-4）。考虑到文稿写就后尚需打字、排版、校对和印刷等工序，《梁陈建议》手写稿完成的准确日期，以及印刷稿正式面世的准确日期，尚不得而知。

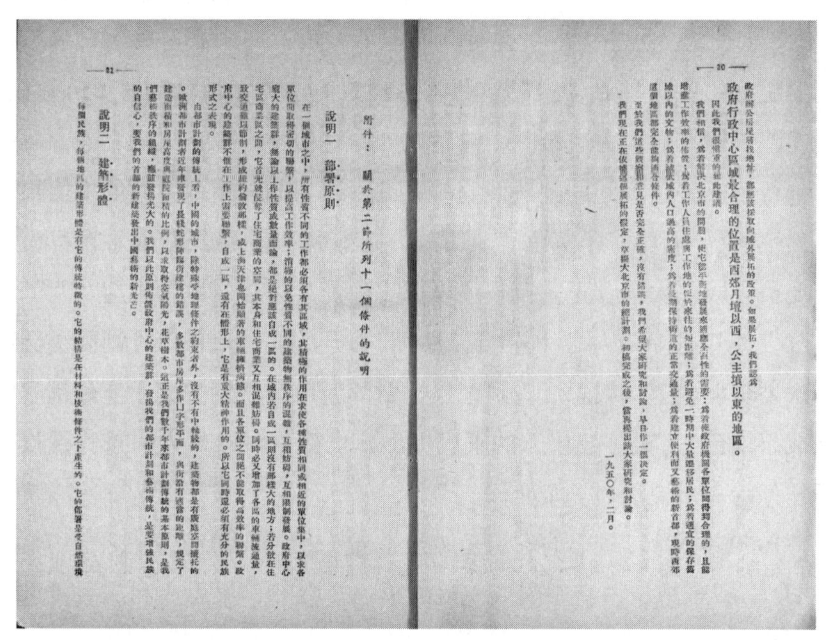

—— 20 ——

政府辦公房屋將找地址，都應該採取向城外展拓的政策。如果展拓，我們認為

政府行政中心區域最合理的位置是西郊月壇以西，公主墳以東的地區。

因此我們很慎重的如此建議。

我們相信，爲着解決北京市的問題，使它能平衡地發展來適應全面性的需要；爲着使政府機關各單位間得到合理的，且能增進工作效率的佈置；爲着工作人員住處與工作地的便於來往的短距離；爲着避免一時期中大量遷移居民；爲着適宜的保存舊城以內的文物；爲着減低城內人口過高的密度；爲着長期保持街道的正常交通量；爲着建立便利而又藝術的新首都，現時西郊這個地區都完全能夠適合條件。

至於我們這些觀察和意見是否完全正確，沒有錯誤，我們希望大家研究和討論，早日作一個決定。

我們現在正在依據這個展拓的假定，草擬大北京市的總計劃。初稿完成之後，當再提出請大家研究和討論。

一九五〇年，二月。

—— 21 ——

附件：關於第二節所列十一個條件的說明

說明一 部署原則

在一個城市之中，所有性質不同的工作都必須各有其區域，其積極的作用在求使各種性質相同或相近的單位集中，以求各單位間取得密切的聯繫，以提高工作效率；消極的以免性質不同的建築物無秩序的混雜，互相妨礙，互相限制發展。政府中心龐大的建築群，無論以工作性質或數量而論，都是絕對應該自成一區的。在城內若自成一區則沒有那樣大的地方；若分散在住宅區商業區之間，它首先就侵奪了住宅商業的空間，其本身和住宅商業又互相混雜妨礙。同時必又增加了各區的車輛流通量，致交通難以節制，形成紐約倫敦那樣，或上海天津也開始顯著的車輛擁擠病態。而且各單位之間絕不能取得高效率的聯繫。政府中心的建築群不但在工作上需要聯繫，自成一區，還有在體形上，它是有重大精神作用的。所以它同時還必須有充分的民族形式之表現。

由都市計劃的傳統上看，中國的城市，除特殊受地理條件之約束者外，沒有不有中軸線的，建築物都是有庭院空間襯托的。歐洲都市計劃者近年來發現了長條蛇形陣隊街建樓的錯誤，多數都市房屋多作凵字形平面，與街沿有適當的距離，規定了建築面積和房屋高度與庭院面積的比例，以求取得空氣陽光，花草樹木。這正是我們數千年來都市計劃傳統的基本原則，是我們藝術秩序的組織，應該發揚光大的。我們以此原則佈置政府中心的建築群，發揚我們的都市計劃和藝術傳統，是要增強民族的自信心，要我們的首都的新建築發出中國藝術的新光芒。

說明二 建築形體

每個民族，每個地區的建築形體是有它的傳統特徵的。它的結構是在材料和技術條件之下產生的。它的佈署是受自然環境

图10-4 《关于中央人民政府行政中心区位置的建议》正文尾页（右）及附件首页（左）

资料来源：梁思成、陈占祥《关于中央人民政府行政中心区位置的建议》（1950年2月），国家图书馆藏，第20—21页。

就《梁陈建议》的提出时间而言，有一份史料与之密切相关，即梁思成于1950年4月10日致周恩来的书信。在该信中，梁思成谈道：“在您由苏联回国后不久的时候，我曾经由北京市人民政府转上我和陈占祥

两人对于中央人民政府行政中心区位置的建议书一件，不知您在百忙之中能否抽出一点时间，赐予阅读一下？”“我很希望政府能早点作一决定。我们的建议书已有一百余份分送给中央人民政府、北京市委会和北京市人民政府的各位首长。我恳求您给我一点时间，给我机会向您作一个报告，并聆指示”。[①]

这封信中谈到周恩来出访苏联一事，准确的时间为1950年1月10日离京赴苏，3月4日返抵北京。[②]据信中所述“由苏联回国后不久的时候”来判断，梁思成经由北京市人民政府向中央领导转呈《梁陈建议》的时间，应在1950年3月中旬前后。《梁陈建议》落款中所记“一九五〇年，二月”，应当是这份文件的手写稿完成时间。

1950年2月，正是中央就首都行政机关位置问题做出重要决策的时间。《梁陈建议》的提出，在时间上迟了一步，向中央有关领导的呈报则要更晚一些。那么，梁思成和陈占祥为何还要坚持撰写《梁陈建议》呢？除了两人对中央决策并不清楚之外，这份文件以正式的书面方式就首都行政机关位置问题阐述他们的意见，还与苏联市政专家的书面报告《巴兰建议》有学术争鸣之意。另外，自1949年5月22日北平市都市计划委员会成立大会“正式授权梁思成先生及清华建筑系师生起草西郊新市区设计”[③]以后，尽管1949年9月1日召开的北平市都市计划委员会第一次委员大会上，梁思成曾经汇报过西郊新市区规划方案，但只是阶段性成果而已，《梁陈建议》的正式提出，也算是对政府方面正式授权委托任务的一个说法，一个交代。

1950年2月，对应的农历是腊月十五（2月1日）至正月十二（2月28日）。不难想象，新中国成立后的第一个春节，梁思成和陈占祥过得并不轻松。

梁思成女儿梁再冰曾回忆：

① 梁思成：《梁思成致周恩来信》（1950年4月10日），载梁思成、陈占祥等著，王瑞智编《梁陈方案与北京》，第73页。

② 中共中央文献研究室编《周恩来年谱（一九四九——一九七六）》上卷，中央文献出版社，1997，第21、27页。

③ 详见北平市都市计划委员会《北平市都委会筹备会成立大会记录及组织规程》（1949年），第13～20页。

> 在我的记忆里，有那么一段时间里，每当我回家的时候，总感觉爹爹和妈妈有些闷闷不乐。他们与我聊天的时间也少了，注意力都集中在他们的规划问题上。我当时并不知道他们做了一版城市保护设计方案……在那段时间里，我觉得他们非常苦恼，总在讨论、揣摩党和国家领导人对于他们关于北京市的都市规划的意见赞成与否。[①]

目前，在中央档案馆、国家图书馆和清华大学建筑学院资料室等单位，都收藏有《梁陈建议》的原始文件。《梁陈建议》的内容包括文字报告和附图两大部分，文字报告在《梁思成全集》和《梁陈方案与北京》等著作中已有完整刊载，附图主要有两张，即“附图一”《行政区内各单位大体部署草图（附与旧城区之关系）》和“附图二”《各基本工作区（及其住区）与旧城之关系》。在国家图书馆收藏的版本中，这两张附图是彩色的，建议书最后还另外附有一张《北京城区面积与政府干部工作及居住所需面积比较图》（见图10–5）。

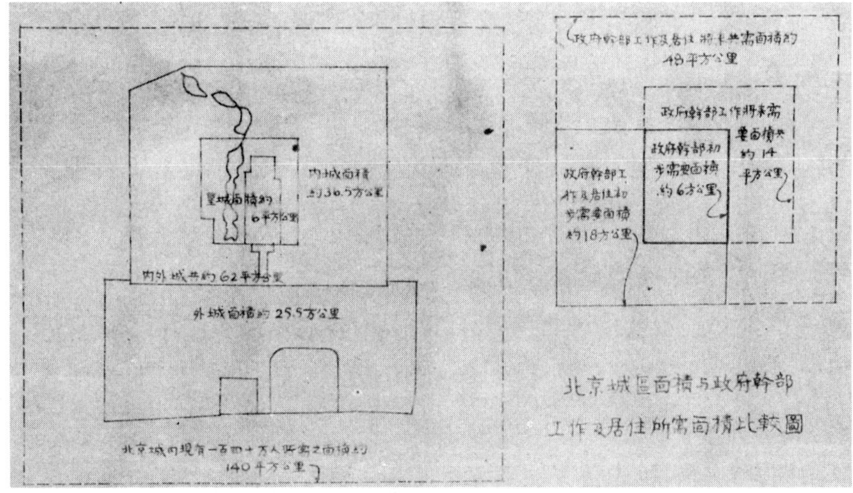

图10–5 《北京城区面积与政府干部工作及居住所需面积比较图》

资料来源：梁思成、陈占祥《关于中央人民政府行政中心区位置的建议》（1950年2月），国家图书馆藏单行本，第28页。

① 梁再冰口述，于葵执笔，庞凌波、潘奕整理《梁思成与林徽因：我的父亲母亲》，中国建筑工业出版社，2021，第238页。

梁思成1950年4月10日致周恩来的信中曾提及“除建议书外，我还绘制了十几张图作扼要的解释，届时当面陈。如将来须开会决定，我也愿得您允许我在开会时列席”[①]。这里所讲“十几张图”，即关于《梁陈建议》的一些图解，具体包括：

（1）《北京市产生由来图》；

（2）《北京城之变迁及中心移动情形图》；

（3）《内外城区现有文物及广场绿地分布图解》；

（4）《北京城的中轴线布置》；

（5）《内外城人口分布及东西横贯交通量图》；

（6）《各基本工作区及旧城之关系》；

（7）《北京市土地使用及干道系统计划草图》；

（8）《行政区内各单位大体部署草图》；

（9）《北京市行政区鸟瞰图》和《中央人民政府行政中心区鸟瞰图》（两张）；

（10）《部平面布置设计草图》；

（11）《北京城和巴黎凡尔赛在设计上的比较》；

（12）《邻里单位土地使用图解》。[②]

在上述图纸中，第6图（见图10-6）和第8图（见图10-7）即通常所见《梁陈建议》的两张附图，但也存在一些明显差异，特别是第6图与《梁陈建议》“附图二”《各基本工作区（及其住区）与旧城之关系》相比，各个功能分区的数量明显较少，而与苏联市政专家巴兰尼克夫1949年11月提出的《北京市分区计划及现状略图》内容则较为接近。据此，正式刊印的《梁陈建议》中的两张附图应是在此二图（第6图和第8图）基础上进一步加工的图。

笔者查档过程中曾查阅到一份《北京市干路系统计划草图》（见图10-8），从图中内容推测此图也应是《梁陈建议》的一份图解。

① 梁思成：《梁思成致周恩来信》（1950年4月10日），载梁思成、陈占祥等著，王瑞智编《梁陈方案与北京》，第73页。

② 左川：《首都行政中心位置确定的历史回顾》，《城市与区域规划研究》2008年第3期。

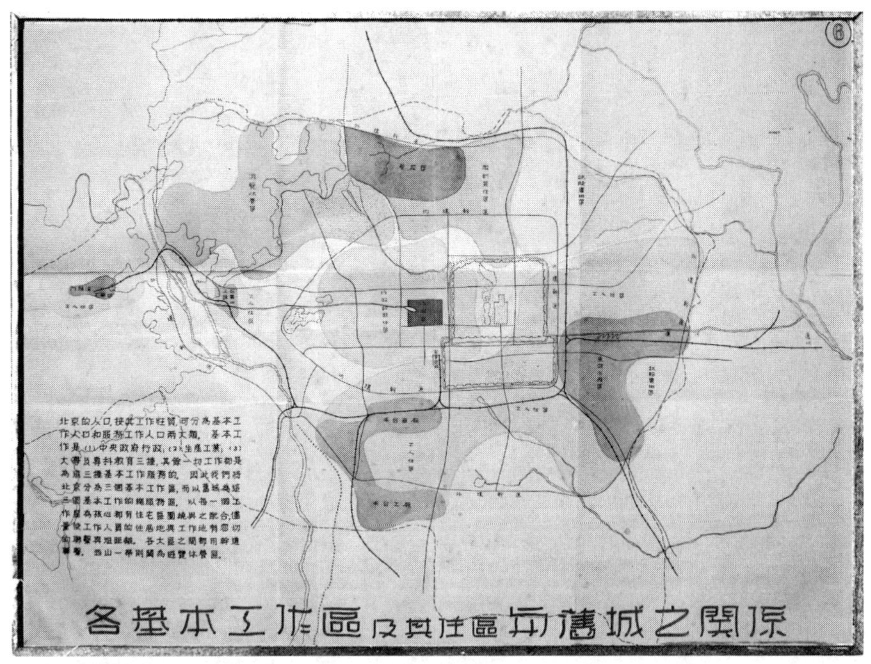

图10-6 《梁陈建议》图解之《各基本工作区（及其住区）与旧城之关系》

资料来源：北京市规划管理局《北京总体规划历史照片（1949—1957.3）》，北京市城市规划管理局档案，第3页。

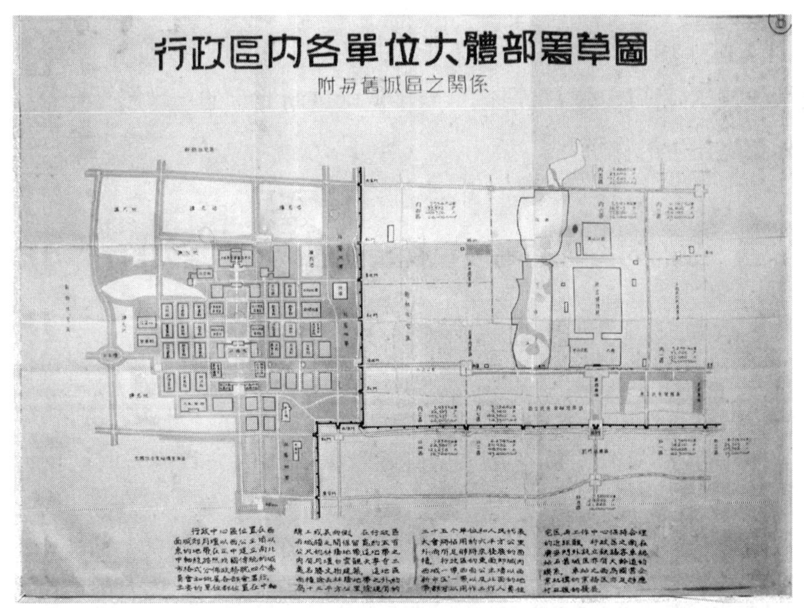

图10-7 《梁陈建议》图解之《行政区内各单位大体部署草图（附与旧城区之关系）》

资料来源：北京市规划管理局《北京总体规划历史照片（1949—1957.3）》，第2页。

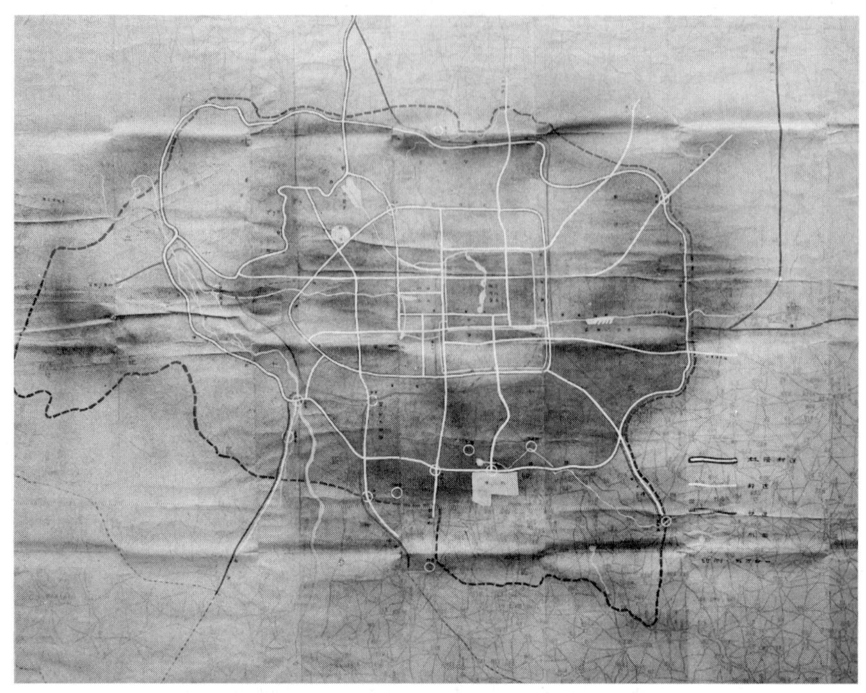

图10-8 《北京市干路系统计划草图》(约1950年3月)

资料来源：北京市都市计划委员会《北京市干路系统计划草图》(1950年)，北京市都市计划委员会档案。

就第9图中的《中央人民政府行政中心区鸟瞰图》[①]而言，“据清华大学建筑学院汪国瑜教授回忆，当年他画过新北京的鸟瞰图，还曾得到过林徽因先生的称赞”[②]。

三 政府对梁陈的高度重视及梁思成的据理力争

《梁陈建议》提出后，政府方面对梁思成和陈占祥高度重视，两人在北京市都委会中的地位得以显著提升。

1950年1～2月，即在与《梁陈建议》提出的大致同一时间内，北

① 请参见梁思成等《关于中央人民政府行政中心区位置的建议》之图解，北京市都市计划委员会档案；转引自乔永学《北京城市设计史纲（1949–1978）》，硕士学位论文，清华大学建筑学院，2003，第44页。

② 左川：《首都行政中心位置确定的历史回顾》，《城市与区域规划研究》2008年第3期。

京市人民政府对包括都市计划委员会在内的一批组成部门进行了改组，北京市都委会这一机构的性质有了全新的变化。“［北京市］建设局改组，并从文津街（现国务院北门）迁出，都委会便从建设局内分出，改组为北京市人民政府都市计划委员会，迁往西单横二条，成为独立单位”[①]。

机构调整后，原由北京市建设局承担的规划管理和行政审批职能，改由北京市都委会承担。这样，北京市都委会就从之前的一个议事性组织（挂靠北京市建设局开展工作）转变为北京市人民政府的一个实权部门。改组后北京市都委会的“任务不仅仅是做规划，还要应付‘门市’——要审批土地，要审批建筑设计，等等”[②]，其角色类似于今天的市规划局。这种情况，一直持续到1955年2月中共北京市委专家工作室（对外称北京市都市规划委员会）的成立。[③]

值得注意的是，早在1949年9月19日致聂荣臻市长的信中，梁思成即郑重建议赋予北京市都委会以实权：“我恳求你以市长兼市划会主任的名义布告各级公私机关团体和私人，除了重修重建的建筑外，凡是新的建筑，尤其是现在空地上新建的建筑，无论大小久暂，必须事先征询市划会的意见，然后开始设计制图”，“若连这一点都办不到，市划会就等于虚设，根本没有存在的价值了”。[④]梁思成的建议和呼吁，得到了北京市人民政府的积极采纳。

在机构调整的同时，北京市规划部门的领导人员也进行了大幅度的调整。原北京市建设局局长兼北京市都委会副主任曹言行，于1950年1月改任北京市卫生工程局局长（北京市建设局局长由王明之担任）[⑤]，

---

① 张汝良：《市建设局时期的都委会》，载北京市城市规划管理局、北京市城市规划设计研究院党史征集办公室编《规划春秋（规划局规划院老同志回忆录）》（1949—1992），第136页。

② 张其锟2018年3月20日与笔者的谈话。

③ 到1957年10月，北京市都市规划委员会与北京市城市规划管理局合署办公。1958年1月以后，北京市城市规划管理局与北京市都市规划委员会统称为北京市城市规划管理局，北京市都市规划委员会这一名称逐渐退出历史舞台。

④ 梁思成：《梁思成致聂荣臻信》（1949年9月19日），载梁思成、陈占祥等著，王瑞智编《梁陈方案与北京》，第67页。

⑤ 北京市人民政府：《市府关于任命薛子正等二十八人为市府秘书长、各局局长、各区区长、郊区委员会、都市计划委员会名单》（1950年），第1～2页。

原北京市建设局副局长赵鹏飞于1950年4月改任北京市公营企业公司经理。

1950年2月7日，北京市人民政府委员会通过新的都委会组成人员名单，“主任委员聂荣臻，副主任委员张友渔、梁思成，委员彭真、吴晗、薛子正等三十二人”[①]（见图10–9），曹言行不再兼任北京市都委会副主任。

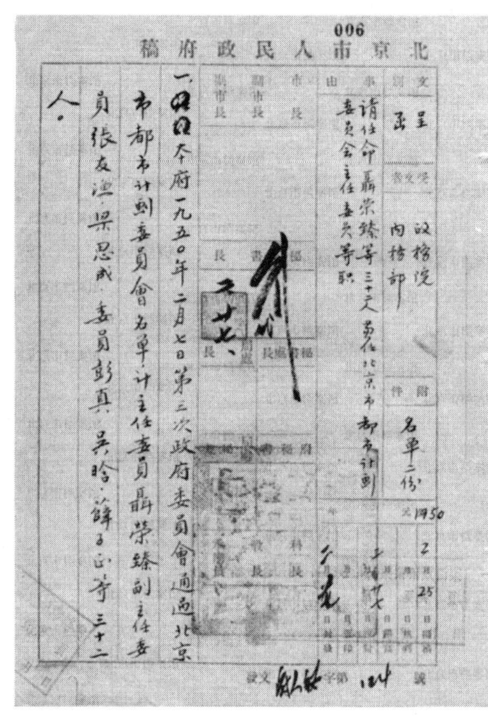
北京市人民政府稿

请任命聂荣臻等三十一人为北京市都市计划委员会主任委员等职

本府一九五〇年二月七日第三次政府委员会通过北京市都市计划委员会名单，计主任委员聂荣臻，副主任委员张友渔、梁思成，委员彭真、吴晗、薛子正等三十二人。

图10–9　北京市人民政府委员会关于1950年2月7日通过都委会新组成人员名单提请政务院审批的请示报告

资料来源：北京市人民政府《市政府、政务院、公安局局长处长级干部任免》（1950年），北京市档案馆藏，档案号：123–001–00103，第7页。

1950年6月14日，北京市市长聂荣臻、副市长张友渔和吴晗签署同意，批准梁思成、陈占祥、华南圭、吴景祥、王明之、曹言行、林是镇、钟森、戴念慈9人，为北京市都委会常务委员会委员；梁思成、陈占祥、华南圭、吴景祥、张开济、戴念慈、曾永年、林徽因、庄俊、周卜颐、刘致平、朱兆雪、陈植、赵琛14人，为北京市都委会审查委员

① 北京市人民政府：《市政府、政务院、公安局局长处长级干部任免》（1950年），第7页。

会委员；[①]这两份名单中，梁思成和陈占祥均位列首次位（见图10-10）。

由此，梁思成在北京市都委会中的身份，由之前的常务委员升格为副主任兼常务委员、审查委员，成为都委会三大核心领导之一。

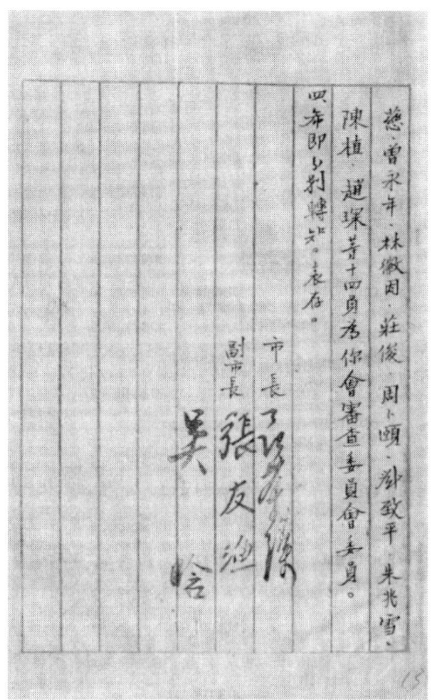

聘曾永年、林徽因、莊俊、周卜頤、鄧致平、朱兆雪、陳植、趙琛等十四員為你會審查委員會委員。

希即分別轉知。表存。

市長 聶榮臻

副市長 張友漁 吳晗

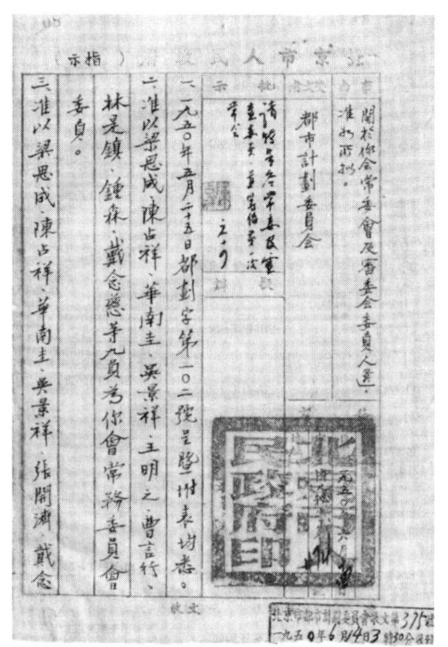

北京市人民政府（指示）

事由：關於你會常委會及審委會委員人選，准如所擬。

受文者：都市計劃委員會

一、一九五〇年五月二十五日都劃字第一〇二號呈暨附表均悉。

二、准以梁思成、陳占祥、華南圭、吳景祥、王明之、曹言行、林是鎮、鍾森、戴念慈等九員為你會常務委員會委員。

三、准以梁思成、陳占祥、華南圭、吳景祥、張開濟、戴念

北京市都市計劃委員會收文第375號 一九五〇年6月14日3時30分收到

图10-10 北京市市长副市长关于北京市都委会常务委员和审查委员名单的批复（1950年6月14日）

资料来源：北京市都市计划委员会《北京市都委会聘请委员及顾问名单》（1950年），第12～13页。

自1950年2月梁思成被任命为副主任委员以后，他开始对都委会工作投入更多的时间和精力。尽管当时的梁思成仍然在清华大学任教并主持营建学系的工作，在都委会的职务仍然是兼职的身份，但由于北京市都委会的另外两个核心领导聂荣臻和张友渔分别是市长和副市长，他们的工作无疑要更为繁忙，在此情形下，梁思成无形中逐渐承担起“执行主任委员”（类似于今天的常务副局长）的工作。这一点，在梁思成于1950年10月27日在致北京市有关领导的信中也有明确的反映：

① 北京市都市计划委员会：《北京市都委会聘请委员及顾问名单》（1950年），北京市档案馆藏，档案号：150-001-00004，第12～13页。

彭真同志，聂［荣臻］市长，张［友渔］、吴［晗］副市长，薛［子正］秘书长：

十月初薛秘书长嘱我在十五日以前提供一些关于都划会工作的意见，因为病后执笔不便，以至未能及时写出，至以为歉。最近吴副市长两次来谈，我对于领导方面所提意见完全同意。现在再按我所了解，和个人补充的意见综述如下：

（一）机构健全化。a.委员会改组，充实人选；最好能增聘政务院代表一人（如房屋统筹委员会主任）为委员，为它与中央间的联系。b.常委会改组，增聘与市政建设有关的各局长为常务［委员］，定期举行会议。c.最好能取得中央与市府的双重领导，以取得与中央和与各局间密切联系合作。d.设立一个设计委员会，研讨重要建设的设计大纲，交企划处设计。

（二）任务、方针明确化。a.都划会必须成为一个有实权的决策机构。b.因此，建设局、卫生工程局、清管局、地政局、郊委会（部分工作）、公园管委会、坛庙管委会、市管的各企业公司和建筑公司等单位的代表都是组成本会的骨干，共同会商建设方针，通过本会集中领导各单位中一切有关本市建设计划的工作。c.无论中央或地方的公家或私人建筑，在地址之选择上及有关市容的建筑样式上，都必须受本会所组织的各专门部门的审核。凡是中央或地方的建筑所遭遇的困难，都可反映到本会来，以便全面考虑解决问题，不至于头绪纷纭，各行其是。

（三）人选问题：委员会改组时，因钟森先生已不在北大，应加聘北大朱兆雪教授为委员；中直修建处范离同志和清华营建系周卜颐教授应聘为委员。如全部改组另聘，请先将人选名单见示，一同好好商讨一下。现任委员中，林徽因对于都市计划学有深切的认识，且不断的参加企划处技术工作，拟请聘为常务委员，对于本会工作可能有不少的帮助。吴华庆先生在企划处内工作最积极，最有成绩，此次在天安门广场工作[①]中，充分地表现了他的才能，所以推荐他为企划处副处长。

（四）自我检讨：我个人因为能力不够，经验缺乏，加上清华教学时间没有排好，住在城外交通不便，等等原因，以致对于本会工作多所疏忽，做得很不好，在行政和技术方面都不能适当地处理，发生许多问题，使工作受到阻碍及损失，自己检讨，深为歉愧。今后必努力纠正，尤望诸位不断的领导与批评。待我健康恢复之后，当好好安排时间，每周可在城内住三天为本会工作。

此外，因为总建筑师吴景祥不能北来，我愿自兼总建筑师职务，在技术上与企划处诸同志一起细心共同研究，以求作出切合实际的计划来。[②]

在履新之初，梁思成对首都规划事业满怀憧憬和抱负，即便《梁陈建议》未获认可，他对北京的都市计划工作仍然热情不减，如上信中坦言“愿自兼总建筑师职务”等。查阅北京市都委会的历史档案可以发现，1950～1954年都委会的很多决策，包括相当烦琐的人事任命等在内，梁思成都肩负了十分重要的职责（见图10–11）。

就陈占祥而言，1950年北京市都委会改组后，他继续担任企划处处长（类似于今天的规划处处长），再加上都委会常务委员和审查委员等职务，其地位显然也是相当重要的。譬如，1951年1月15日至5月21日，北京市都委会曾召开19次工作汇报会议（平均每周一次），其中有记录可查的为18次；在这18次会议中，有14次会议的主席（即主持人）是陈占祥。[③]在第一代首都规划工作者的记忆中，当时的北京市都

① 指1949～1950年开展的天安门广场改建规划工作，当时的工作重点主要是研究三个问题：东西三座门影响长安街交通问题（此后三座门被拆除），结合群众游行需求对天安门广场进行改建问题，以及组织开展人民英雄纪念碑设计问题。

② 梁思成：《致彭真、聂荣臻、张友渔、吴晗、薛子正信》，载《梁思成全集》第5卷，第90～91页。

③ 北京市都市计划委员会：《北京市都委会工作汇报》，北京市都市计划委员会档案，北京市档案馆藏，档案号：150–001–00027。

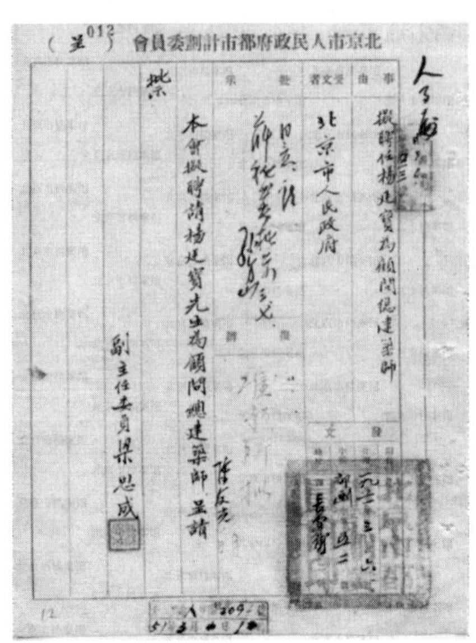
北京市人民政府都市計劃委員會（呈）

擬聘任楊廷寶為顧問總建築師

北京市人民政府

本會擬聘請楊廷寶先生為顧問總建築師 呈請

鑒

副主任委員梁思成

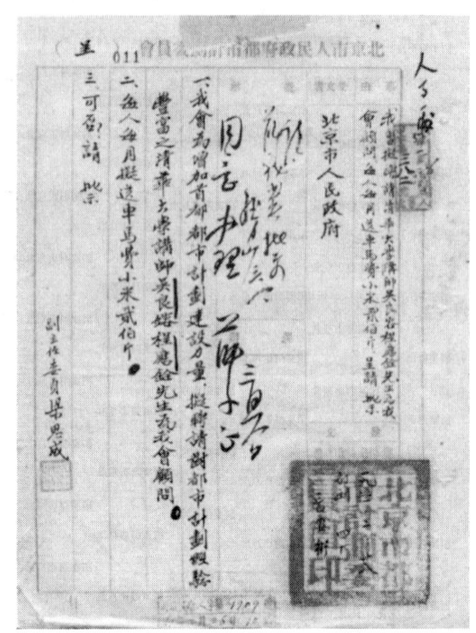
北京市人民政府都市計劃委員會（呈）

北京市人民政府

一、我會為增加首都都市計劃建設力量，擬聘請對都市計劃經驗豐富之清華大學講師吴良鏞程應銓先生為我會顧問。

二、每人每月擬送車馬費小米貳佰斤。

三、可否？請

鑒

副主任委員梁思成

图10-11　梁思成起草的关于北京市都委会拟聘请杨廷宝为顾问总建筑师（左）以及吴良镛、程应铨为顾问（右）的请示报告（1951年）

资料来源：北京市都市计划委员会等《市都委会、财委会、郊委会、园委会工作人员任免材料》（1951年），北京市档案馆藏，档案号：123-001-00200，第11～12页。

委会也是“由梁思成先生和陈占祥同志负责”[①]的。

与梁陈不同的是，之前北京市规划部门的一些重要领导却被调离了岗位。这些情况明确反映出，对于梁思成和陈占祥，在他们提出《梁陈建议》之后，当时北京市人民政府等有关领导不仅没有采取排斥的态度，而且还给予了充分的尊重，赋予了相当大的权力，并寄予了厚望。

在此种背景下，1950年3月中旬前后呈报给各级领导的《梁陈建议》，却未能及时获得有关方面的反馈意见，这不免令梁思成和陈占祥感到万分焦急。

1950年4月10日致周恩来的信中，梁思成发出呼吁：“我们深深感

---

① 钟汉雄自1949年7月开始就在北平市都市计划委员会工作，他回忆说：“1950年初，我们建设局企划处的同志都从建设局迁出，搬到西单横二条胡同办公，正式挂牌北京市都市计划委员会，由梁思成先生和陈占祥同志负责，在这期间我曾为整理有关北京市的资料，从气象局收集了解放前十年的气象资料……”钟汉雄：《回忆我在都委会时的工作》，北京市城市规划管理局、北京市城市规划设计研究院党史征集办公室编《规划春秋（规划局规划院老同志回忆录）》（1949—1992），第129～133页。

到行政中心区位置之决定是刻不容缓的（这只是指位置要先决定，并不是说要立刻建造）。我很希望政府能早点作一决定"，"北京目前正在发展的建设工作都因为行政中心区位置之未决定而受到影响，所以其决定已到了不能再延缓的时候了。因此不忖冒昧，作此请求，如蒙召谈，请指定时间，当即趋谒"。[①]1950年10月27日，在致彭真等市领导的信中，梁思成再次呼吁：

我们工作的重点：归根的说，我们最主要的任务是制订计划总图；总图的最主要构成因素是分区，以及各区间的道路系统。现在北京三大基本工作区中之二——高等文教区及工业区——大致已确定；唯有中央政府行政区的方位尚悬而未决，因而使我会大部分工作差不多等于停顿。这一年来，中央各机构与我会接洽的事务，大多是：（a）拟用某一块地，向我们要，或（b）拟建某一座建筑，问我们应建在何处。然而我们因为不知行政区定在那里，不能答复。结果是各机关或不能解决问题，或各行其便，在分散在各处的现址上或兴盖起来，或即将兴盖。若任其如此自流下去，则又造成"建筑事实"，可能与日后所定总计划相抵触，届时或经拆除，或使计划受到严重阻碍，屈就已成事实，一切都将是人民的损失。所以我们应该努力求得行政区大体方位之早日决定。[②]

这封书信表明，对于首都行政机构的选址和拨地，在1950年底前后，梁思成的态度仍是"因为不知行政区定在那里，不能答复"。身居规划主管部门要职的梁思成，居然对首都行政机关选址的原则不明就里、不知所措，这必然会对北京市都委会的一些实际业务工作产生重大的影响，结果便是"各机关或不能解决问题，或各行其便，在分散在各处的现址上或兴盖起来，或即将兴盖"，出现一种自流发展的局面。

---

① 梁思成：《梁思成致周恩来信》（1950年4月10日），载梁思成、陈占祥等著，王瑞智编《梁陈方案与北京》，第73~74页。

② 梁思成：《致彭真、聂荣臻、张友渔、吴晗、薛子正信》，载《梁思成全集》第5卷，第90~91页。

四　进一步的争论

在梁思成为“梁陈方案”大声疾呼之时，一些持有不同看法或意见的专家学者，也以各种不同的方式各抒己见。

早在1949年9月北平市各界代表会议期间，梁思成就曾上交一份《加强北平市都市计划委员会案》的提案，而华南圭则呈交了包括《西郊新市区计划纲要案》在内的16项提案（见图10–12）。对于北平市西郊新市区规划而言，尽管华南圭的建议与梁思成的设想并非截然相左，但也体现出一种不同的规划思路。①

建2

號數	原案號數	提案人	案由	理由	實施辦法	審查委員會意見	大會決議	備考
		趙毅之、畢厚田、						
建3	乙57	梁思成	加強北平市都市計劃委員會案。		（另附原案）	原則通過，提大會報告，送請市府酌量辦理。	照審查意見通過。	
建4	乙30	馬志遠 周達夫	建立革命先烈陵園紀念館，以表揚忠烈，而資瞻仰案	革命先烈，以其忠貞血肉，貢獻於革命事業，使中華人民得到解放，應表彰其忠烈事蹟，並安厝其忠骨，以慰先烈，並使後人景仰。	(一)將天安門東之舊太廟，修建為先烈紀念館，陳列其遺物，遺文，並繪製圖像，以資瞻仰。(二)請撥西郊日本神社，改築為烈士陵園，以安厝烈士遺骸忠骨。	提大會通過送請華北人民政府統籌辦理。	照審查意見通過。	
建5	甲18	華南圭	廣設小公園及小廣場，以供人民游憩案。		利用原荒蕪的餘地，改建整理。	送請市政府注意逐步實施。	同上	
建6	甲18	華南圭	規定空地之用途案。		如東交民巷東口，崇內大街至東公安街北頭，在長安街南邊，可作人民劇場及公園	送請市政府按實際需要辦理。	同上	
建7	甲18	華南圭	西郊新市區計劃綱要案			同上	同上	

—29—

图10–12　北平市各界代表会议秘书处编的《北平市各界代表会议专辑》（1949年9月）的封面（左）及部分提案列表（右）

资料来源：华新民提供。

在《梁陈建议》上报各级领导后不久，朱兆雪和赵冬日于1950年

---

① 华南圭在提案中指出：“西郊新城市，事在必行；梁思成先生是‘城郊规划’建筑师，必能提出具体的议案，故鄙人不再详论，目前先作笼统的规划，约有数事如下：（1）规划新城市地面。（2）规划道路网及其宽度。（3）规划工商区及文教区。（4）规划行政机关及议会并新红场之地盘。（5）规划公共建筑之地盘。（6）规划大小公园及大小广场。（7）规划人民剧场及运动场、游泳场之地盘。（8）规划邻里单位之地盘（包括托儿所、小学校、幼稚园、小公园等等）。（9）规划下水道之干枝大纲（用大扫制、与自来水管同埋于步道之下，对面地道之下，则埋煤气管、电话线等等）。（10）规划地下电车道（在大街道之下）。（11）规划树林、湖池地盘。（12）规划火车站地盘。（13）规划密林公厕。（14）规划冰窖及暖气总厂之地盘（一切公私房屋所需之暖气，由十余个总厂输送供给，于街道下设干管，由各房内设枝管）。（15）规划固体垃圾场（在三公里以外）。”此资料由华新民提供。

4月20日联名提出《对首都建设计划的意见》（见图10–13、图10–14），内容主要包括“北京市的规模”、“土地使用分区计划”、“中心区与东西郊中心区”和“交通问题”四大部分。该意见书提出城市“中心区”，“决定在市区中心，以旧城为界，面积约六十二平方公里”。[①]对于中央行政区、市行政区以及东西郊中心区规划，该建议书的内容如下：

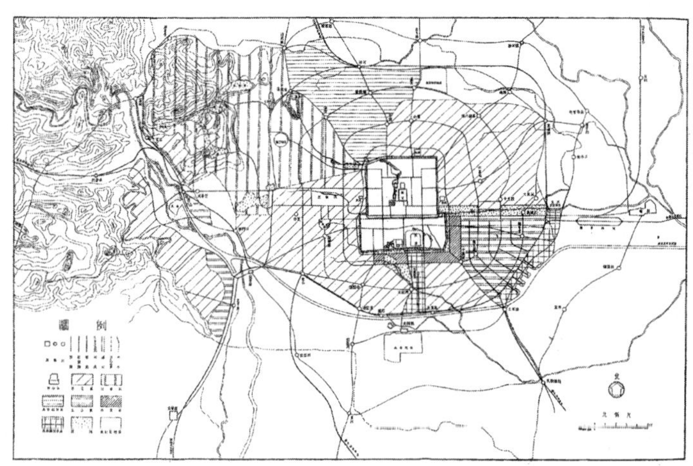

图10–13　朱兆雪、赵冬日方案中的《北京市都市计划要图》（1950年4月）

资料来源：转引自左川《首都行政中心位置确定的历史回顾》，《城市与区域规划研究》2008年第3期。

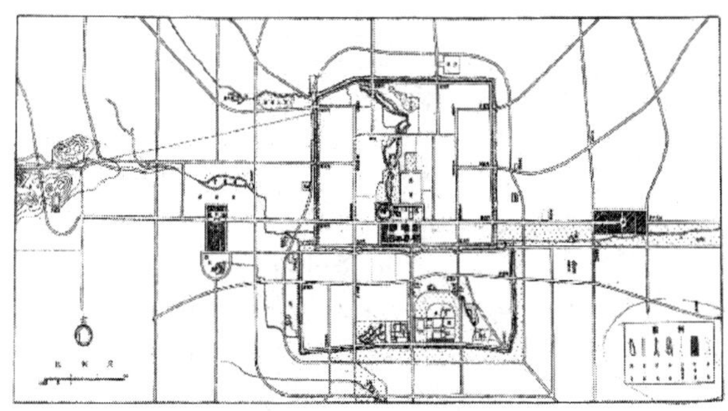

图10–14　朱兆雪、赵冬日方案中的《北京市城区与东西郊关系图》（1950年4月）

资料来源：转引自左川《首都行政中心位置确定的历史回顾》，《城市与区域规划研究》2008年第3期。

① 朱兆雪、赵冬日：《对首都建设计划的意见》，载北京建设史书编辑委员会编辑部《建国以来的北京城市建设资料（第一卷）·城市规划》，第162页。

甲、中心区

（一）行政区

设在全城中心，南至前三门城垣，东起建国门，经东西长安街至复兴门，与故宫以南，南海、中山公园之间的位置，全［区］面积六平方公里，可容工作人口十五万人。因为：

（1）不破坏，也不混杂或包围任何文物风景，不妨害也不影响，同时是发扬了天安门以北的古艺术文物和北京的都市布局与建筑形体。

（2）各行政单位能集中，能取得紧密连系。

（3）适居于全市的中心，与东西南北各住宅区有适当的距离。

（4）利用城内现有的技术设备基础，可节省建设费25%～50%（根据苏联城市建设的经验）。

（5）中央及政务院拟暂设于中南海周围，将来迁至天安门及广场右侧；靠近太庙，南海及中山公园等文物风景，为行政中心；于和平门外设市行政区，适与故宫遥遥相对；靠东因近工商业为财经系统；西就现有基础，划为政法系统与文教系统区域；天安门广场则正为行政中心区所环抱；创新轴，东达市界，西抵八宝山，与南北中心线并美（见图10-15）。

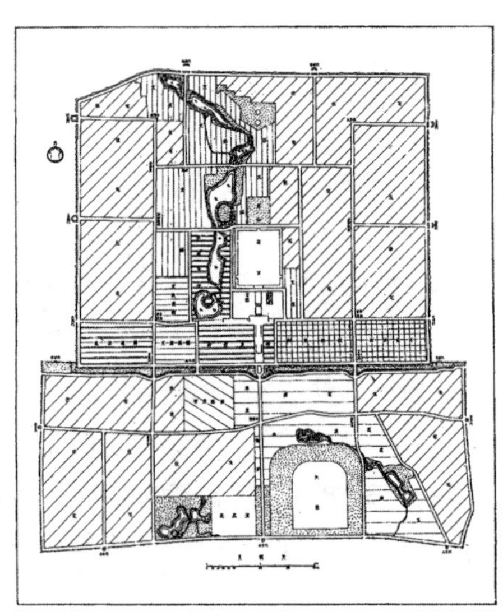

图10-15 《北京市城区分区计划图》（朱兆雪、赵冬日方案，1950年4月）

资料来源：转引自左川《首都行政中心位置确定的历史回顾》，《城市与区域规划研究》2008年第3期。

（二）文化娱乐区

沿故宫以北具有历史、文化、艺术价值的文物风景区，兴建文化娱乐区。因为：

（1）这里拥有花园、空地、湖海，足以衬托古文物，和便利将来的新发展；

（2）虽处在市的中央，城的中央，但没有错杂交通的混乱现象，没有集中的妨害，也没有疏散的阻碍；

（3）足以发扬我国特有的文化和艺术。

（三）市行政区

市政府的位置，应选择与本市人民联系来往便利的地区，拟设于和平门外，前门与宣武门之间，既靠近行政中心及工商业区域，尤有利于中央与地方间的连系。

（四）其他地区

除利用现有商业街道及前门外现有商业地带为商业区，保留天坛金鱼池一带为美观地区外，其他地区作住宅区。

乙、东西郊中心区

在东郊住宅与工业区之间，前八里庄的地点，与西郊罗道庄钓鱼台跑马场莲花池之间的公主坟，建立东西行政文化娱乐中心，以供人民生活的需要。①

朱兆雪、赵冬日在该建议书的最后强调："以上是我们对首都建设计划的意见，因为实践短促，缺乏应有的参考材料，只概略的说明了计划方向；但我们相信，同时已经证明了以旧城建设首都的行政中心区是切合实际而又合理的，是很好的选择，仅提供热心研究首都建设计划的同志参考。"②这样的观点，显然表达了对苏联市政专家巴兰尼克夫有关建议的赞同而与"梁陈方案"相左的意见。

① 朱兆雪、赵冬日：《对首都建设计划的意见》，载北京建设史书编辑委员会编辑部《建国以来的北京城市建设资料（第一卷）· 城市规划》，第164～165页。

② 朱兆雪、赵冬日：《对首都建设计划的意见》，载北京建设史书编辑委员会编辑部《建国以来的北京城市建设资料（第一卷）· 城市规划》，第168页。

值得关注的是，与梁思成和陈占祥一样，朱兆雪（见图10–16）和赵冬日（见图10–17）也具有国外留学背景，[①]所不同者，朱、赵分别在法国和日本留学，与梁、陈所受英美教育存在一定的差异。这种教育背景的差异，可能是导致他们的城市规划学术思想产生分歧的重要因素。

图10–16　朱兆雪、张开济、华揽洪、张镈和陈占祥等中国专家与苏联专家阿谢也夫之留影（1957年）

左起：陈占祥（左一）、张镈（左二）、华揽洪（左四）、阿谢也夫（左五）、张开济（左六）、朱兆雪（右三）。

资料来源：华新民提供。

① 朱兆雪（1904? ~1965），江苏常熟人。1917年在震旦大学学习，1919年赴法国留学，1923年获得法国巴黎大学理科数理硕士学位，曾在比利时根特大学皇家工程师研究院学习。1926年回国，在京汉铁路工务处任工程师，后在（奉天）冯庸大学、北平大学艺术学院、北平中法大学等学校任教，1938年任北京大学工学院建筑工程系系主任。中华人民共和国成立后，任北京市公营建筑公司经理兼总工程师、北京市城市规划管理局总工程师、北京工业大学校长等。

赵冬日（1914~2005），辽宁彰武人。1934年赴日本留学，1941年毕业于日本早稻田大学建筑系。回国后任东北大学工学院教授、系主任。中华人民共和国成立后，任北京市建设局副处长、北京市建筑设计院总工程师、北京市城市规划管理局总工程师、北京市建筑设计院总建筑师等。

图10-17　与同事一起研究天安门广场规划的赵冬日（1960年；顺时针左起：赵冬日、朱家湘、程恩健、黄世华）

资料来源：北京城市规划学会编《岁月影像——首都城市规划设计行业65周年（1949—2014）》，2014，第112页。

不论华南圭、朱兆雪还是赵冬日，他们都是北京规划系统内的专家。除他们之外，还有其他领域的一些专家也曾对首都行政区规划问题发表意见。譬如，当时在交通部运输局任职的萧秉钧[①]，就曾提出一份题为《首都北京建设问题》的建议。

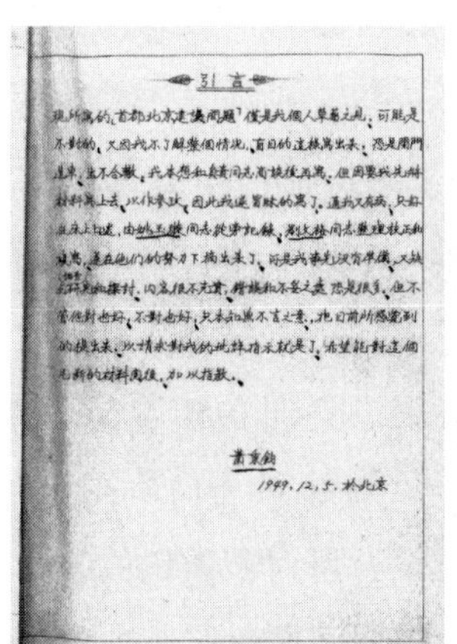

引言

萧秉钧

1949.12.5.於北京

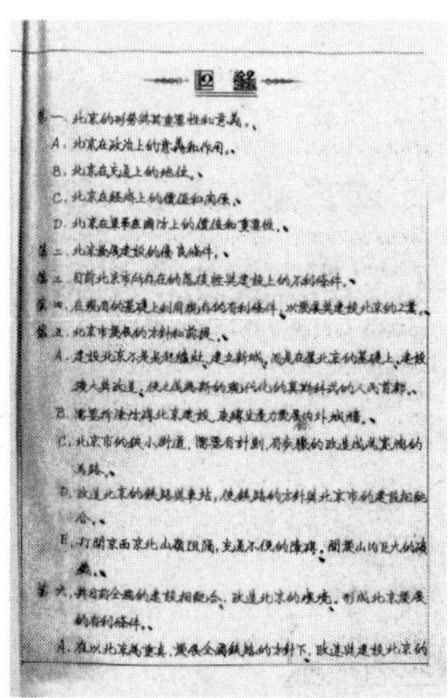

目錄

图10-18 《首都北京建设问题》引言（左）和目录首页（右）

资料来源：萧秉钧《首都北京建设问题》，北京市都市计划委员会档案。

《首都北京建设问题》系北京市都市计划委员会档案，原稿为手写体（见图10-18），共计39页，包括1页引言、4页目录和34页正

① 1956年《中国水利》杂志曾连载萧秉钧的一篇文章。参见萧秉钧《引黄、汉水经北京到冀东配合引滦以开辟华北航运灌溉的意见》与《引黄、汉水经北京到冀东配合引滦以开辟华北航运灌溉的意见》（续），《中国水利》1956年第9、10期。

文。这份建议是作者生病期间在病床上口述，由两名同志协助记录和整理而成的。该建议书的引言如下：

引言

现所写的“首都北京建设问题”仅是我个人草莽之见，可能是不对的，又因我不了解整个情况，盲目的这样写出来，恐是闭门造车，出不合辙。我本想和负责同志商谈后再写，但因要我先将材料写上去，以作参考，因此我遂冒昧的写了。适我又有病，只好在床上口述，由姚玉璇同志从旁记录，刘文裕同志整理校正和复写，遂在他们的努力下搞出来了。可是我事先没有准备，又缺乏调查研究和探讨，内容很不充实，错误和不妥之处恐是很多。但不管他对也好，不对也好，只本知无不言之意，把目前所感觉到的提出来，以请求对我的批评指正就是了。希望能对这个片断的材料阅后，加以指教。

萧秉钧

1949.12.5 于北京[①]

《首都北京建设问题》的落款日期为1949年12月5日，它应该是这份报告口述工作的完成时间，而口述工作的起始时间应在1949年11月前后，此时间大致在梁思成和陈占祥与苏联市政专家巴兰尼克夫产生争论的时期。不过，这份建议一直到1950年5月才由中央人民政府政务院秘书厅转给北京市都委会（见图10–19）。

透过这份建议书的目录，可对萧秉钧的基本观点有所了解。总的来看，他对首都及其行政区规划问题也有相当深入的认识和讨论。由此也可表明，当时对首都行政区规划问题的讨论，其实已经并不局限于城市规划专业领域，而是产生了较为广泛的社会影响。

① 萧秉钧：《首都北京建设问题》，北京市都市计划委员会档案。

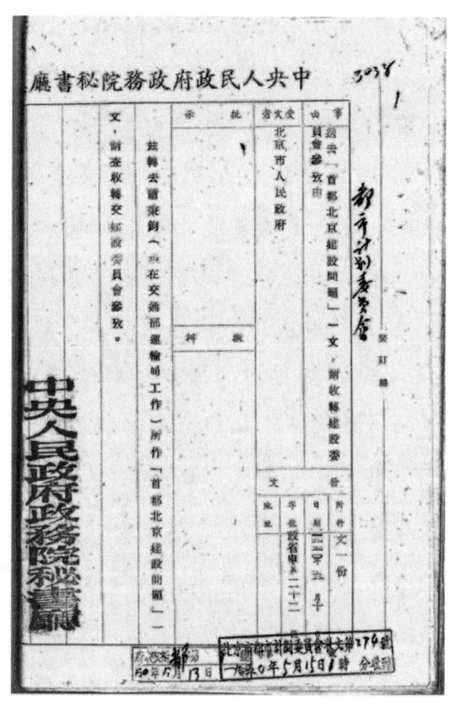

中央人民政府政務院秘書廳

事由：送去「首都北京建設問題」一文，請收轉建設委員會參致由

受文者：北京市人民政府

茲轉去蕭秉鈞（在交通部運輸局工作）所作「首都北京建設問題」一文，請查收轉交建設委員會參致。

附件：文一份

北京市都市計劃委員會收文第274號 一九五〇年5月15日1時 分收到

图10-19　政务院秘书厅将《首都北京建设问题》转给北京市都委会的公函

资料来源：萧秉钧《首都北京建设问题》，北京市都市计划委员会档案。

目录

第一、北京的形势与其重要性和意义

A. 北京在政治上的意义和作用

B. 北京在交通上的地位

C. 北京在经济上的价值和关系

D. 北京在军事国防上的价值和重要性

第二、北京发展建设的优良条件

第三、目前北京市所存在的落后性与建设上的不利条件

第四、在现有的基础上利用现存的有利条件，以发展与建设北京的工业

第五、北京市发展的方针和前提

A. 建设北京不是另起炉灶，建立新城。而是在旧北京的基础上，建设、扩大与改造，使之成为新的现代化的莫斯科式的人民首都

B. 需要拆除妨碍北京建设、束缚生产力发展的内外城墙

C. 北京市的狭小街道，需要有计划、有步骤的改造成为宽阔的马路

D. 改造北京的铁路与车站，使铁路的方针与北京市的建设相配合

E. 打开京西京北山岭阻隔、交通不便的障碍，开发山内巨大的矿藏

第六、与目前全国的建设相配合，改造北京的环境，形成北京发展的有利条件

A. 在以北京为重点、发展全国铁路的方针下，改造与建设北京的铁路，使之成为发展北京市和联系全国各地的重要核心

B. 修筑北京经天津到塘沽的运河，使北京成为水路交通连接点

C. 利用京西、京北的河水，建设水力发电，以发展北京的工业

D. 斟酌目前的情形，科学的规定北京的市街和区域、以逐渐使人民的首都庄严、伟丽、经济、便利

第七、如何发展新北京

A. 确定以发展首都为中心的税收政策

B. 在运价政策上，为了发展北京，应要减低北京货物向外埠推销的运价和运来北京的生产原料的运价

C. 对所需要发展的工商业，施行奖励政策

D. 定期召开展览会

E. 发动小生产者，组织或合并起来，进行科学的管理和经营

F. 鼓励华侨与上海的资本家来京投资与设厂

G. 大量的国家投资要以北京为重点

H. 欢迎苏联与西欧新民主主义国家的技术帮助、投资与借款

I. 首都北京的建设是需要国家的帮助与投资的

J. 组织摊贩、建立市场，取消娼妓赌馆、改造无业游民，使之从事于生产建设

第八、建设的方式、方法与步骤

A. 建设北京需要各方面的协力与政策的配合

B. 建设人民的首都，需使广大的群众认识，是自己的事情、自己的责任，以发挥其自动性、积极性与创造性

C. 人民代表大会需经常的按期召开，结合群众，发挥群众力量，使之成为开展工作、完成任务的主要契机

D. 根据劳资两利的原则，以改善工人生活，增加生产，使劳资双方都有利可图，发挥各方面的积极性

E. 加强国营企业与合作社的领导、推动与模范作用，公私兼顾，相互配合

F. 加强对市民的宣传教育工作，施行政治动员，组织群众，从事于人民首都的建设

G. 改造北京市区街道，需有计划、有步骤的去作

H. 在去掉障碍、建设交通、把市内外连成一片的情形下，鼓励在市外建设工厂

I. 提高技术，减低成本，使北京的货物能大量的销售于国内外的广大市场

J. 优待与改造技术人员，使其与群众结合，为人民服务

K. 加强工厂委员会的工作，配合行政与工会，发挥民主，施行以群众为基础的评议与奖惩制度，发动生产热潮

附注：

第一、目前怎样改造北京的铁路车站

A. 目前北京铁路交通设计应采取的原则

B. 目前首都北京铁路车站，急需改造的情况和原因

C. 如何改造北京铁路车站，使其成为发展北京的重要条件

第二、怎样修筑京塘运河，使北京通航

第三、其他[①]

就《首都北京建设问题》而言，与“梁陈方案”关系最紧密的，主要是第五部分的第一个要点“建设北京不是另起炉灶，建立新城。而是在旧北京的基础上，建设、扩大与改造，使之成为新的现代化的莫斯科式的人民首都”，正文中对该项要点的具体阐述如下：

因为我们是生产落后的国家，不仅与过去日本帝国主义不同，而［且］与现在的社会主义的苏联也不同。前在七七事变后，日本帝国主义拥有雄厚的资本势力，与大量的剩余资本和物资条件，所以它占领华

① 萧秉钧：《首都北京建设问题》，北京市都市计划委员会档案。

北后的方针，是要舍弃原来的北京旧城，而于城西郊野，重新建立起现代化的资本主义的新北京，与建立沈阳、长春一样，是要把空旷的原野，用帝国主义所积累的资本和榨取殖民地的骨血，很快的建设起新的城市。因为他有几十年来帝国主义侵略所积累的资本和物质条件，所以他的方针和我们相反，不是发展旧的而是重新建立。这种方针在目前社会主义国家的苏联也可适用，因为苏联不但可以很快的建立新的城市，而［且］建立的比帝国主义建立的更好，因为它有整个的社会主义的雄厚资本。可是目前我们中国就不允许。我们目前仍是个生产落后的国家，战争的创伤尚未恢复，既没有国家资本的积累，更没有像帝国主义那样的垄断资本主义的巨大力量，也没有苏联那种社会主义资本、先进的优越条件。所以我们必需在原有的基础上，按着新民主主义的方针，发展原有的工业，必需在现有的基础上，建立、发展与扩大和投资，以原有的北京市为基点，由小而大，由无到有，进行逐渐扩大、逐渐发展，克服困难，自力更生的大力建设。因之，我们对应有的北京不是废弃不要，而是改造、发展与建立，这是目前我们建设北京的特点。①

当年萧秉钧在中央政府机关（交通部）工作，与梁思成和陈占祥应该不熟悉。《首都北京建设问题》中的言论，反映出非城市规划领域的知识分子对于首都行政区规划问题的一些意见。从中也可体会到，对于“梁陈方案”所秉持的科学规划思想，在专业以外的人士看来，是那么的难以理解。

在有关专家各抒己见的同时，北京市都委会内部也对首都行政区规划问题进行了多次讨论。譬如，1951年9月26日，北京市都委会总图起草小组举行第二次专题报告会，会议由樊书培报告梁思成、陈占祥二先生之建议，虞锦文报告朱兆雪、赵冬日二先生之建议，吴良镛先生介绍清华同学的建议：“神经中枢在天安门附近、宣武门以东、崇文门

① 萧秉钧：《首都北京建设问题》，北京市都市计划委员会档案，第12～13页。

以西，执行机关则在西郊一带。”[①]此外，与会人士还讨论了一些具体问题，如“所有中央机关集中对于国防方面是否有影响”，“研究一下中央各部间的关系及可能发展的人数”，并决定“可以多做几个方案，作出说明，供中央参考”，“下次多约请一些人参加行政区位置之讨论”，[②]等等。

这一时期一些领导者对相关问题的表态，仍相当谨慎。以张友渔副市长为例，他对《都市计划委员会1950年度工作计划草案》的批示为：“一边准备长期计画、整个计画，一边先做局部计画、具体计画；在宣传方面，不可开不易兑现的支票。”[③]

① 北京市都市计划委员会：《北京市都委会工作汇报》（1951年），北京市都市计划委员会档案，北京市档案馆藏，档案号：150-001-00042。

② 北京市都市计划委员会：《北京市都委会工作汇报》（1951年），北京市都市计划委员会档案，北京市档案馆藏，档案号：150-001-00042。

③ 北京市档案馆档案；转引自左川《首都行政中心位置确定的历史回顾》，《城市与区域规划研究》2008年第3期。

第十一章
“梁陈方案”未获完全采纳之原因

如前一章所述，新中国成立之初，在“梁陈方案”提出后的一段时间内，首都北京的城市规划方面呈现出了一种各抒己见、百家争鸣的活跃状态，这对于首都规划的科学研究及集思广益是有利的。但就是在这样一种背景下，“梁陈方案”却并未被北京市政府完全采纳。对此，陈占祥曾回忆说：“对于梁思成先生和我的建议，领导一直没有表态，但实际的工作却是按照苏联专家的设想做的”。[①]

对此，我们必须做进一步思考和讨论：从城市规划专业的视角，对于“梁陈方案”应当如何认识？“梁陈方案”究竟为何没能获得政府层面的接纳？近年来，笔者曾拜访一批城市规划领域的老专家，不少老专家都对“梁陈方案”发表过意见或评论，尽管部分老专家并非该事的亲历者，但他们的有关议论仍然具有拓展思路及学术争鸣的价值，不同学术观点的呈现有利于对“梁陈方案”做更深入的认识。各方面之所以对“梁陈方案”存在较显著的分歧，一个重要原因正在于议论者的立场和视角不同。为了获得更加清楚、深入的认识，下面我们从几个不同的层面来分别予以解读。

一　规划技术方面

从规划技术的角度，赵瑾曾对“梁陈方案”所建议的新市区的位置

---

① 《陈占祥自传》，载陈占祥等著，陈衍庆、王瑞智编《建筑师不是描图机器——一个不该被遗忘的城市规划师陈占祥》，第35页。

发表不同意见："对于'梁陈方案'，我倒同意它的基本思路。不过，我不太同意'新北京'的方案。新北京太靠近旧城了，也就是三里河这一带。过去这里是日本人计划发展的新区。日本人的房子很小，连着建设，一片一片的，后来全给拆掉了"，"我主张不要放在西边，而是要往东边发展，在东边发展新区要好一点。因为城市的发展有几个诱导因素，必须分析清楚。西边［离山区］太近了"。①

这段谈话代表了一种区位观点，就北京这个特大城市而言，其发展腹地显然是在东部和南部方向，这也是今天国家在推进京津冀一体化发展进程中，之所以选择在北京东部的通州建设副中心以及在北京的南部建设雄安新区的一个重要原因。然而，对这一问题的认识也需要一定的历史视角。考察北京的城市发展史可知，在近现代很长的一段时间内，包括中华人民共和国成立后的几年，北京市行政辖区的范围是相当狭小的，今天的北京市域，主要是1949～1958年经几次行政区划调整的成果（见图11-1）。也正是这一原因，近代北京城市规划工作中，但凡提到新市区规划，大都是就西郊地区而言的。

除了区位以外，有的专家也对"梁陈方案"的具体规划设计方案发表了一些看法，主要是新规划的西郊首都行政区的设计方案，过于依附于北京旧城，不够宏伟，因而应当加强对新区的城市轴线的精心设计。这一思路，更多的是基于城市设计视角而言的。然而，一旦进入城市设计范畴，就涉及城市规划的艺术性，对问题的讨论就复杂起来，设计方案不存在唯一性，往往会见仁见智。陶宗震认为："从规划学术上来说，这个［梁陈］方案不现实。如果按照这个方案实施的话，北京城就成了两个并行的中轴线，这是犯忌的。这叫'二元化'，是主从不分，新的轴线比旧轴线还重。"②

城市轴线"二元化"，是一个专业性相当强的规划技术命题。在1938年日本侵略者制订"北京都市计画"时，恐怕也未曾对此问题有所关注和思考；而当时的"北京都市计画"具有鲜明的侵略性质，对于

① 赵瑾于2014年9月18日与笔者的谈话。参见李浩访问/整理《城·事·人——新中国第一代城市规划工作者访谈录》第二辑，第45页。

② 陶宗震于2012年5月前后的口述，根据吕林提供的录音磁带（电子文件）整理。

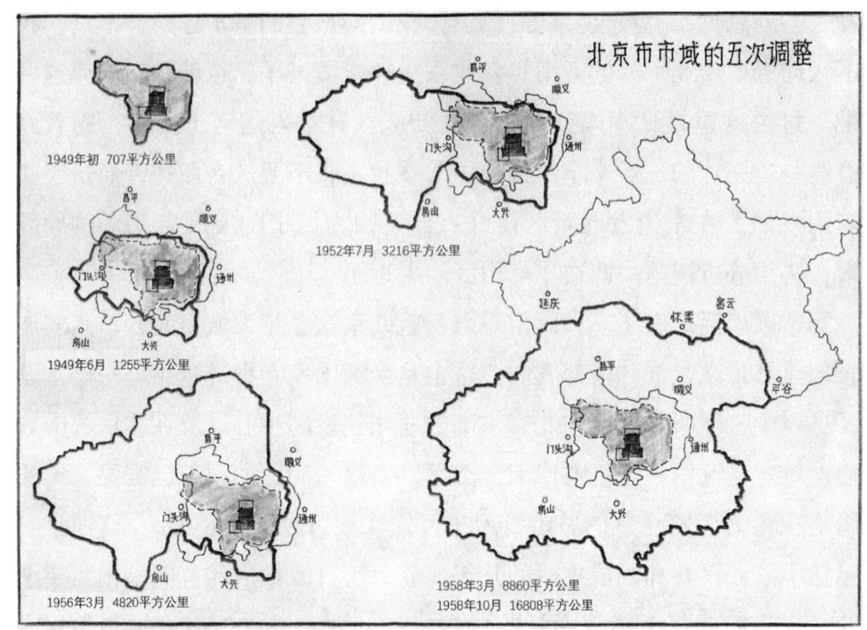

图11-1 《北京市市域的五次调整示意图》

注：底图由北京市城市规划设计研究院提供，数据取自《北京志·城乡规划卷·规划志》一书。

资料来源：北京市地方志编纂委员会《北京志·城乡规划卷·规划志》，北京出版社，2007，第29～30页。

日本侵略者而言，或许并不想强调北京城的传统中轴线，而是蓄意创建出一个为日本人服务的新轴线，自然就不存在“二元化”的问题了。

对于城市轴线的“二元化”，王瑞珠持不同的看法：“东南亚的双轴线是很多的”，“典型的如吴哥城，就有两条平行的东西轴线，一条对王宫，一条对巴戎寺，另有一条南北轴线与之相交。王宫本身往往也不止一条轴线。如曼谷大王宫本身就有三条轴线，相邻的玉佛寺另有一条与它们方向垂直的轴线。金边王宫亦有两条平行轴线，连边上的银阁寺一起共有三条之多”。[①]之所以如此，主要在于这些国家的建筑技术较为落后，“虽然是石结构，但是没有掌握西方高级的拱券技术，建筑本身做不了很大，只能往院落发展”，“所有的吴哥古迹院子一重一重的，跟北京故宫差不多”，靠建筑的群体组合来展示气魄。与东方建筑显著不同，

① 王瑞珠于2019年9月25日与笔者的谈话。

“西方一些国家的建筑技术很先进，又是石建筑，拱券结构很早就使用了，可以把建筑个体做得很雄伟，规划轴线的作用相对就比较弱了”。[①]

就规划技术层面而言，还有一些细节也是值得关注的。

首先是首都中央机关的位置问题。“梁陈方案”建议在西郊新市区规划一个首都行政区，同时又提出“利用旧城区内已建设的基础，作为服务的中心，保留故宫文物区为文娱中心，给两方面的便利，留出中南海为中央人民政府”[②]。这样一来，留在中南海的中央人民政府与西郊规划的首都行政区，两者之间的衔接、配合与协调关系就需要讨论了，而《梁陈建议》并未就此做出进一步的说明。

其次是天安门广场与首都行政区的关系问题。按照“梁陈方案”的思路，首都行政区安排在西郊，那么它与天安门广场又是一种什么关系呢？天安门广场是1919年五四运动的发生地；1949年10月1日，毛泽东在天安门城楼上庄严宣告了中华人民共和国的成立，第一面五星红旗在天安门广场冉冉升起，天安门城楼的形象也已镶嵌在1949年9月第一届中国人民政治协商会议所通过的国徽图案之中；天安门在广大人民的心中已成为新中国的重要象征。不难理解，由于历史和文化方面的原因，天安门广场的群众集会功能在短期内不可能消失，那么，西郊首都行政区是否规划设计了群众集会场所，两者应如何分工？《梁陈建议》也并未就此做出说明或提出应对措施。

最后是西郊首都行政区东移问题。正如第六章所指出的，在“梁陈方案”出台的过程中，陈占祥曾建议把首都行政区规划在公主坟以东，而日本人原来规划的西郊新街市则是在公主坟以西。这一东移的规划技术处理，固然使首都行政区避开了日本人曾经经营的地区，从政治角度降低了“梁陈方案”遭批判的不利因素，并且首都行政区与北京老城的交通更加便利，对旧城的使用也可以兼顾，但会产生了一个重要的理论性问题：西郊规划的新城，是否会与北京老城逐渐发展成一片呢？反观1938年日本侵略者制定的“北京都市计画”方案，西郊新市区与北

① 王瑞珠于2019年9月25日与笔者的谈话。

② 梁思成、陈占祥：《关于中央人民政府行政中心区位置的建议》（1950年2月），第18～19页。

京城区之间有一个重要的功能区域——绿带。“对于城内向城外之发展，拟于城之四周距城墙一公里至三公里处，设置绿地带”[①]。之所以如此，除了将日本人所居住的西郊新市区与中国人居住的北京城区有所隔离这一现实因素之外，还有更重要的考虑，即其理论意义——自1898年霍华德提出“田园城市”理论开始，绿带一直是欧美近代城市规划理论与实践中一个十分重要的要素，是防止城市无序蔓延，建设兼顾城市和乡村两方面的田园城市的重要规划手段。

再来看阿伯克龙比主持的1944年大伦敦规划，其重要规划措施之一，即“在伦敦四周设置一条绿带（见图11-2），其位置正好就在1939年战争爆发时的城镇集聚区的边缘；平均宽度为5英里（8km），构成一个制止城市蔓延的有效屏障，同时这也给伦敦居民提供了很好的游憩地带”[②]。

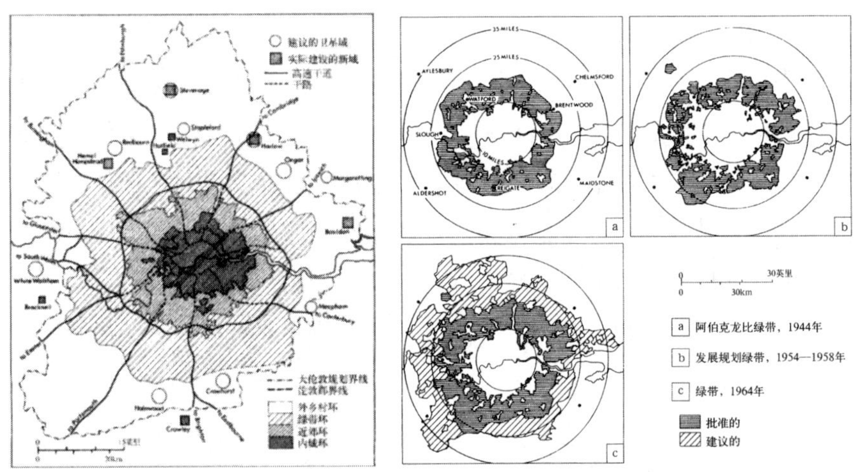

图11-2　1944年大伦敦规划确定的绿带环（左）及其1944～1964年发展情况（右）

资料来源：〔英〕彼得·霍尔、马克·图德-琼斯著《城市和区域规划》，邹德慈、李浩、陈长青译，第72、79页。

---

① 北平市工务局：《北平都市计画大纲旧案之一》，载北平市工务局编《北平市都市计划设计资料》第一集，第60页。

② 〔英〕彼得·霍尔、马克·图德-琼斯著《城市和区域规划》，邹德慈、李浩、陈长青译，第71页。

如第六章所述，1944年大伦敦规划是“梁陈方案”有所借鉴的一个重要规划案例，但在具体的“梁陈方案”中，西郊规划的新城首都行政中心区，却几乎是紧贴着北京城区发展的，两者之间并没有大伦敦规划所强调的绿带。另外，就新城距母城的距离而言，“梁陈方案”提出“新中心的中轴线距复兴门不到二公里”①，而大伦敦规划确定的新城方案是将新城“建在离伦敦20～35英里（35～60km）的地方”②。“梁陈方案”与大伦敦规划的这种显著差异，应如何理解？

二 财政经济方面

以上从规划技术层面对“梁陈方案”做了一些讨论，由于有较强的专业性，此方面因素并不为一般人所了解或认识。就公众而言，大量的议论主要集中在财政经济方面。“这个事情有一个问题，不现实。当时刚刚建立新中国，国家底子很薄很薄。再加上一个问题，1950年就开始抗美援朝了，国家更困难了，就没有这个财力”③；“这个方案，思路很好，但不切实际，在当时不可能完成。那时候，我们的经济水平是什么样？经过八年抗战和三年的解放战争，穷得一塌糊涂。如果另起炉灶，搞个新城，即便搞出来了，也只能因陋就简，到现在恐怕也得拆了重建。那时候，就只能往老城里挤呗”④；“解放初期国家非常穷困，政府这么多机构，人民这么困苦，旧城里有很多王府可以利用，中央不能接受‘梁陈方案’。当时如果按照‘梁陈方案’做起来，要拿出一大笔钱来建设大量的设施，当时不可能那么做”⑤。

---

① 梁思成、陈占祥：《关于中央人民政府行政中心区位置的建议》（1950年2月），第1页。

② ［英］彼得·霍尔、马克·图德-琼斯著《城市和区域规划》，邹德慈、李浩、陈长青译，第71页。

③ 齐康于2016年11月9日与笔者的谈话。李浩访问/整理《城·事·人——城市规划前辈访谈录》第五辑，中国建筑工业出版社，2017，第134页。

④ 彭一刚于2017年7月29日与笔者的谈话。李浩访问/整理《城·事·人——城市规划前辈访谈录》第七辑，中国建筑工业出版社，2021，第11页。

⑤ 黄天其于2018年5月3日与笔者的谈话。李浩访问/整理《城·事·人——城市规划前辈访谈录》第七辑，第233页。

从财政经济方面分析“梁陈方案”难以施行的原因，道理是显而易见的，无须赘言。但仍可以追问的是，在共和国成立初期，国家难道真的没有在西郊规划建设一个新区的财政经济能力吗？

几年前笔者在“八大重点城市规划”历史研究的过程中，将“梁陈方案”与大致同一时期产生的避开旧城建新区的“洛阳模式”进行过对比分析，[①]旨在说明一个简单的事实：在新中国成立初期，国家并非没有足够的财政经济实力来规划建设一个新区，其问题的关键点就在于：要规划建设的新区究竟是一个什么样的新区？

就八大重点城市而言，不仅洛阳的涧西区是规划建设在旧城以外的一个新市区，而且兰州的七里河区、西固区以及包头的新市区也同样是新市区，[②]它们都是在一片空地上建设起来的。不仅如此，与“梁陈方案”提出的新市区紧邻北京城区而便利于建设相比，兰州西固区和包头新市区距离旧城达20公里左右，这些新区建设难度以及在财政经济方面的付出，绝不亚于在北京市西郊的新市区建设，它们为什么会最终被建设起来而成为现实呢？

这显然是有所考虑的。其原因主要是洛阳、兰州和包头等规划建设的新市区中，部署的是一些工业项目，在新中国成立初期，国家一穷二白，新政权亟待巩固，这些新市区是国家十分重要的工业基地，是提升国家国防军事实力的重要依仗，具有突出的战略意义。因而，不论在财政经济方面付出多少代价，无论要经过多么漫长的建设过程，政府都一定要把它们切实地规划好、建设好。在“一五”时期，我国城市建设强调“先生产、后生活”“因陋就简”的指导方针，就是集中力量把有限的物力财力用于生产建设，加速国家工业化和现代化进程，此乃立国之本。

可是，对于“梁陈方案”所建议的在北京市西郊规划建设一个首都

① 参见李浩《“梁陈方案”与“洛阳模式”——新旧城规划模式的对比分析与启示》，《国际城市规划》2015年第3期。

② 参见《兰州市现况图》（上，1954）及《总体规划示意图》（下，1954）和《包头市初步规划总图》（1955年）。李浩：《八大重点城市规划——新中国成立初期的城市规划历史研究》，第598～599、602～603页。

行政区，就要另当别论了，因为它涉及特殊而敏感的中国社会文化。

三　社会文化方面

首都行政区，显然是为一个国家中央一级的各类行政机构服务的，因此，首都行政区中主要是一些中央级行政机构的办公建筑；而就我国城市营建的传统文化来讲，政府行政机构的办公楼的规划建设，是一个极为敏感的话题，而且中国自古就有“官不修衙”的文化传统。回顾近代以来中国的城市规划建设史，尽管在国民政府时期曾经大张旗鼓地开展中央政治区的规划设计工作，但这是一个劳民伤财之举，甚至被指责为民国政府的昏庸腐败之举。

1949年新中国成立后，对于政府行政机构办公楼的修建，一直采取相当严厉的限制措施。比如，政务院总理周恩来就曾多次强调：“在新政府任职，不同于在旧社会做官，现在是人民的政府，是为人民服务。”[①]

1949年11月26日，毛泽东曾就各地修建机场的经费问题告诫聂荣臻和刘亚楼：“各地修机场是一件大事，必须认真办理，只能用必不可少的钱，不能随意开大预算，请你们发一统一指示。”[②]12月5日，毛泽东以中央军委主席名义对刘亚楼等关于各地机场修复问题的报告做出转发批语：“我们同意此种办法。请华东军区及各军区即照此办理，请中财委即照此支付必不可少的一部分经费而拒绝支付一切可以减省的经费。”[③]

当时，解放战争仍在持续，机场修复不可谓不重要，党中央和毛泽东对其尚且明确要求“只能用必不可少的钱”“拒绝支付一切可以减省

---

① 这里引用的是1949年10月11日周恩来总理在黄炎培（中国民主建国会领导人）家里长谈时的讲话。中共中央文献研究室编《周恩来年谱（一九四九——一九七六）》上卷，第4页。

② 中共中央文献研究室编《毛泽东年谱（一九四九——一九七六）》第一卷，中央文献出版社，2013，第49页。

③ 中共中央文献研究室编《毛泽东年谱（一九四九——一九七六）》第一卷，第56页。

的经费”，那么，耗资特别巨大、情况异常复杂的首都行政区建设，是否属于“可以减省”的范畴呢？

作为北平市解放初期负责首都行政机构房屋建设的一个重要单位，中直修建办事处的同志，在回忆录中指出：“中央机关驻地，根据形势的发展和要求，曾有人建议在‘新北京’统筹建造。但中央领导没有采纳，要求利用旧房，从简安排。”①

以上种种情况不仅表明中国共产党领导中国人民所建立的人民政权，具有为人民服务的精神特质，而且也体现出党有与广大人民群众同甘共苦的优良作风。②

即便到了今天，中国的经济实力已显著增强，规划建设一个新的中央行政区，早已不存在财政经济方面的困难，但是，党中央却仍然没有谋划新的中央行政区建设，这是为何呢？这恐怕仍有社会文化方面的考量。

四　政治和外交方面

除了上述方面的因素之外，政治和外交方面的一些情况也是对政府规划决策具有显著影响的重要因素。中华人民共和国宣告成立时，全国还有国土尚未解放。即使已经获得解放的地区，仍处于一种动荡不安的局势中，许多社会问题亟待研究解决。当时国家最为紧迫、最为重要的任务，当然是新中国的成立及政权如何进一步巩固的问题，此时提出规模庞大、标准较高的首都行政区建设，是不合时宜的，新生的人民政府不可能花十几年时间来营建首都行政区。

在1949年底的这一段时间里，还有另一个必须引起特别注意的问题，那就是中苏关系的问题。1949年10月1日中华人民共和国成立后，苏联政府于次日（10月2日）即宣布承认中华人民共和国，两国建立了外交关系，这对新生的人民政权是强有力的支持（见图11-3）。

① 中直修建办事处：《为中直机关修建三年——中共中央直属机关修建办事处回忆录（1949—1952年）》，第36页。

② 董光器：《古都北京五十年演变录》，第14页。

ПРЕЗИДИУМ
ВЕРХОВНОГО СОВЕТА
СОЮЗА СОВЕТСКИХ
СОЦИАЛИСТИЧЕСКИХ
РЕСПУБЛИК

Господину МАО ЦЗЭ-ДУНУ,
Председателю Народного Правительственного Совета
Народной Республики Китай

Господин Председатель,

Желая неизменно содействовать укреплению дружественных отношений, столь счастливо установившихся между Союзом Советских Социалистических Республик и Народной Республикой Китая, и выражая уверенность, что упрочение дружбы между СССР и Китаем отвечает интересам мира и международной безопасности, Президиум Верховного Совета Союза Советских Социалистических Республик постановил назначить при Вас гражданина Николая Васильевича РОЩИНА в качестве своего Чрезвычайного и Полномочного Посла.

Аккредитуя гражданина Николая Васильевича РОЩИНА настоящей грамотой, Президиум Верховного Совета Союза Советских Социалистических Республик просит Вас, Господин Председатель, принять его с благосклонностью и верить всему тому, что он будет иметь честь излагать Вам от имени Правительства Союза Советских Социалистических Республик.

Скрепил:

Заместитель Министра Иностранных Дел СССР

г.Москва, Кремль.
"3" октября 1949 года.

Занесено в Первую Книгу Протоколов за №494

图11-3　中华人民共和国接受的第一份国书

资料来源：《建国初期的外交部》编委会编《建国初期的外交部》，世界知识出版社，2005，第96～97页。

1949年10月5日，中苏友好协会在北京成立，并通过了《中苏友好协会章程》。与此同时，一大批苏联专家正在中国各地开展形式多样的技术援助工作，如1949年来华的200多位苏联专家中，大多是经济技术方面的专家学者，主要被安排在东北地区和北京、上海等城市工作。除此之外，当时在华工作的还有许多军事领域的苏联专家学者，如1950年1月以前至少有海军方面的专家711人、空军方面的专家878人来到中国，给予新生的人民海空军建设各方面的援助。

苏联专家对中国的大规模技术援助，时间长达10年之久，其中又以1949～1950年的这段时期最为特殊，因为新生的人民政权在建立之初，经济建设方面的经验严重缺乏，故而对苏联援助的依赖程度也就极为突出。

於十二月十六日接見中華人民共和國中央人民政府主席毛澤東，接見時蘇聯部長會議副主席莫洛托夫、馬林科夫、布爾加寧及蘇聯外交部部長維辛斯基亦在座。

社論

毛主席訪蘇

图11-4　《人民日报》刊载的关于毛泽东出访苏联的社论《毛主席访苏》（1949年12月18日）

资料来源：《人民日报》1949年12月18日，第1版。

1949年12月6日，毛泽东主席离开北京赴苏联进行国事访问（见图11-4），后又电请周恩来总理访问苏联，在两位领导同志亲自商谈和不懈努力下，中苏双方于1950年2月14日在莫斯科共同签署了《中苏友好同盟互助条约》

等，后于1950年2月17日夜离开莫斯科回国。[①]

由此不难理解，在1949年底前后，中苏关系是涉及新中国建国方略的一个十分特殊而重大的政治和外交问题。正是具有如此重大的政治意义，中苏关系也就在根本上影响和决定了中国的高层领导在对待与苏联专家有关的一些事项上的基本态度。首批苏联专家团于1950年5月结束在华工作返回苏联之后，中国政府方面仍然保持着与他们的沟通、联系和友谊。譬如，1951年12月时，根据彭真的指示，中共北京市委经由外交部向1949年首批苏联专家团的17位专家，每人赠送了一册1951年10月出版的《毛泽东选集》第一卷精装本[②]（见图11-5）。苏联专家收到赠书后，于1952年5月致函中共北京市委，回赠刚出版的《毛泽东选集》第一卷俄文版12册；1952年7月，中共北京市委又致函苏联市政专家团成员，赠送1952年4月出版的《毛泽东选集》第二卷精装本17册[③]（见图11-6）。

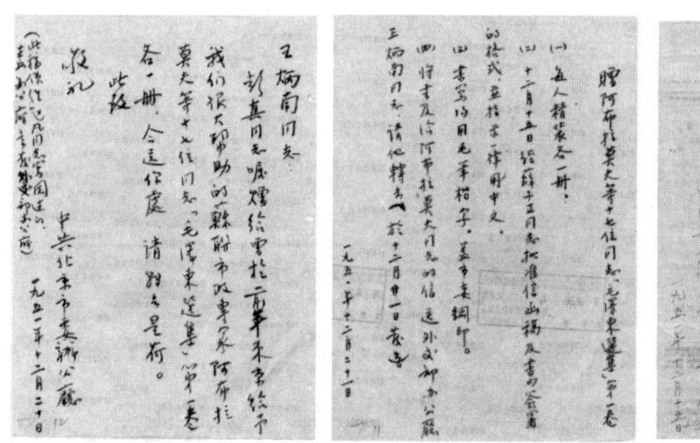

王炳南同志：
彭真同志嘱：鉴于一九五〇年来京给予我们很大帮助的苏联市政专家阿布拉莫夫等十七位同志《毛泽东选集》第一卷各一册，今送你处，请转交是荷。
此致
敬礼
中共北京市委办公厅
一九五一年十二月二十日

赠阿布拉莫夫等十七位同志《毛泽东选集》第一卷
(一)每人精装各一册。
(二)十二月十五日经苏子正同志批准信函稿及书内签字的格式，并于翻译成中文。
(三)书写均用毛笔楷字，盖市委钢印。
(四)将书及给阿布拉莫夫同志的信送外交部办公厅王炳南同志，请他转交（于十二月廿一日发出）
一九五一年十二月二十一日

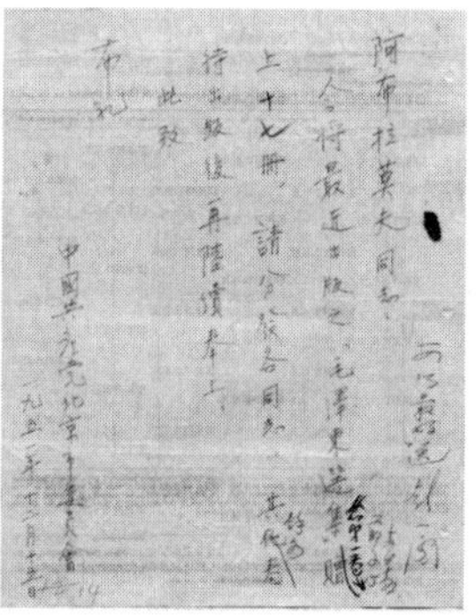

阿布拉莫夫同志：
今将最近出版之《毛泽东选集》……上十七册，请分发各同志，……待出版后再陆续奉上。
此致
敬礼
中国共产党北京市委员会
一九五一年十二月

图11-5　中共北京市委为给首批苏联专家赠送《毛泽东选集》第一卷而给外交部函的档案文件（1951年12月）

资料来源：中共北京市委《关于赠送苏联专家阿巴拉莫夫等人毛泽东选集的文件、工商联、北京市粮食公司庆祝中共诞生三十一周年给彭真同志的贺信》，北京市档案馆，档案号：001-006-00688，第11～14页。

① 详见中共中央文献研究室编《毛泽东年谱（一九四九——一九七六）》第一卷，第57～99页；中共中央文献研究室编《周恩来年谱（一九四九——一九七六）》上卷，第20～27页。《彭真传》编写组编《彭真年谱》第二卷，中央文献出版社，2012，第104页。

② 详见中共北京市委《关于赠送苏联专家阿巴拉莫夫等人毛泽东选集的文件、工商联、北京市粮食公司庆祝中共诞生三十一周年给彭真同志的贺信》，北京市档案馆藏，档案号：001-006-00688，第11～14页。

③ 中共北京市委：《关于赠送苏联专家阿巴拉莫夫等人毛泽东选集的文件、工商联、北京市粮食公司庆祝中共诞生三十一周年给彭真同志的贺信》，第21～22页。

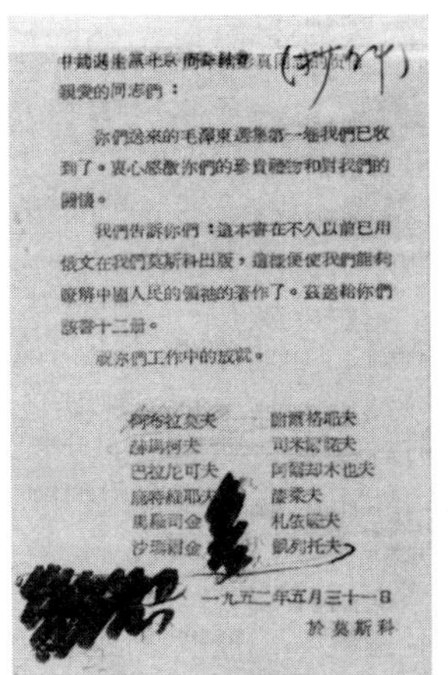

親愛的同志們：

你們送來的毛澤東選集第一卷我們已收到了。衷心感激你們的珍貴禮物和對我們的關懷。

我們告訴你們：這本書在不久以前已用俄文在我們莫斯科出版，這樣便使我們能夠瞭解中國人民的領袖的著作了。茲送給你們該書十二冊。

祝你們工作中的成就。

巴拉尼可夫　司米爾諾夫　札依采夫

一九五二年五月三十一日
於莫斯科

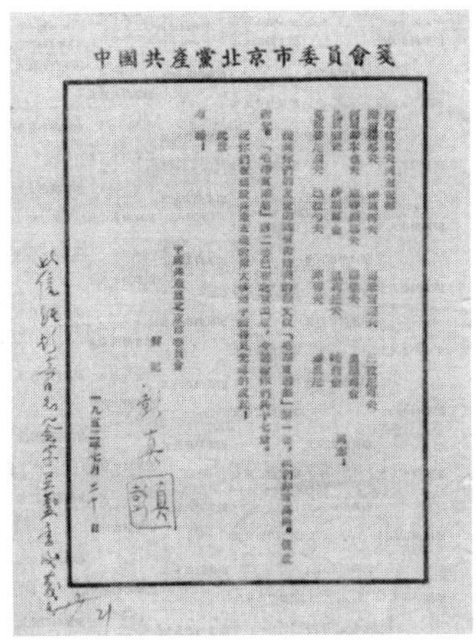

中國共產黨北京市委員會箋

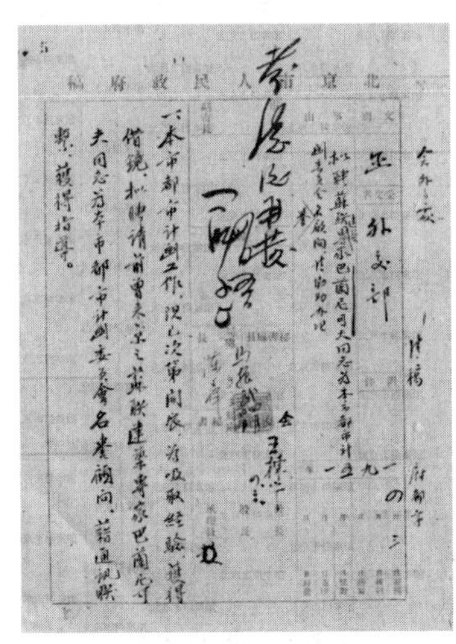

北京市人民政府稿

外交部

图11-6　首批苏联专家收到《毛泽东选集》第一卷后给中共北京市委回信之中译稿（左，1952年5月31日），以及彭真给首批苏联专家致谢并呈送《毛泽东选集》第二卷的信函（右，1952年7月20日）

资料来源：中共北京市委《关于赠送苏联专家阿巴拉莫夫等人毛泽东选集的文件、工商联、北京市粮食公司庆祝中共诞生三十一周年给彭真同志的贺信》，第21～22页。

以苏联市政专家巴兰尼克夫为例，1951年4月初，北京市都委会曾专门研究并致函外交部请求协助，“拟聘苏联建筑专家巴兰尼可［克］夫同志为本市都市计划委员会名誉顾问”①（见图11-7）。

图11-7　北京市都委会为拟聘苏联市政专家巴兰尼克夫为名誉顾问而给外交部的公函（1951年4月）

资料来源：北京市都市计划委员会《关于聘请及任用专家、工程技术人员的报告及有关文件》（1951年），北京市都市计划委员会档案，北京市档案馆藏，档案号：150-001-00050，第5页。

① 北京市都市计划委员会：《关于聘请及任用专家、工程技术人员的报告及有关文件》（1951年），北京市都市计划委员会档案，北京市档案馆藏，档案号：150-001-00050，第5页。

在这样一种中苏两国亲密无间、苏联专家备受尊敬的政治和外交的背景条件下，对于“梁陈方案”所提出的与苏联市政专家建议不尽一致的一些意见，中国一些领导者应当如何考量，又会做出何种决策呢？

此后，陈占祥曾回忆说：“时隔不久，这一《建议》却被视为与苏联专家‘分庭抗礼’，与‘一面倒’方针‘背道而驰’。”①

五　规划决策影响要素的分层现象

城市规划是对城市各项建设事业所做的综合部署，是对一定时期内城市长远发展的整体谋划，因而城市规划的决策必须兼顾各方面因素及其种种潜在的影响，并对之进行综合考虑，做平衡、合理的决策。

以上所讨论的与“梁陈方案”决策有关的各层面因素，对规划决策产生影响力的大小以及获得考虑的次序是截然不同的。在规划技术层面的一些因素，如首都行政区在西郊或其他位置的选址、采用何种城市设计方案及具体的空间艺术等，其影响力大小和所获得的考虑次序，显然不能与财政经济层面的因素相提并论；而与社会文化层面因素相比，财政经济层面因素的影响力大小和所获的考虑次序又不能同日而语。上述各个方面因素的影响力与所获的考虑次序，最终都要受到含外交因素在内的政治因素的制约和统率。

对于这一规律，笔者称为“分层现象”，即对规划决策产生各种影响力的因素，在所获得的考虑次序上具有分层现象（见笔者手绘图11–8）。

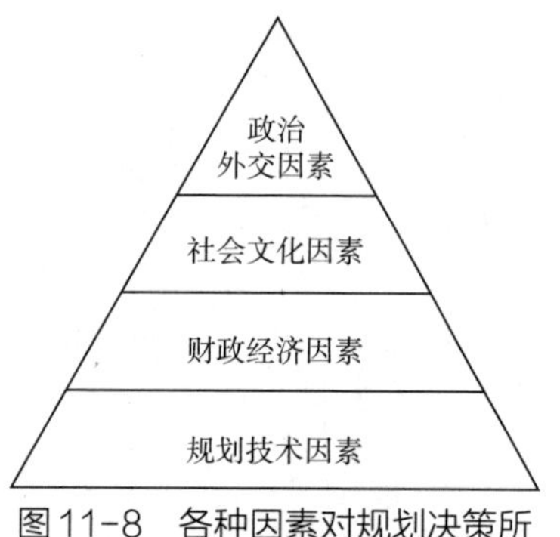

图11-8　各种因素对规划决策所产生影响力的层次示意

这种对规划决策具有影响力之因素的分层现象，反映出城市规划工作的内在本质及固有特点。正如徐钜洲所指出的：“就城市规划工作来讲，应

① 陈占祥：《忆梁思成教授》，载《梁思成先生诞辰八十五周年纪念文集》编辑委员会编《梁思成先生诞辰八十五周年纪念文集》，第53页。

该分为两个部分，一个是规划的政策研究结论，一个是技术研究结论”；“规划的政策研究［阶段］，也就是和政治结合最密切的阶段。所谓政策研究，主要是城市规划的政策、原则、方向，还有其他一些大的方面”，“规划政策研究的这些方面，都是原则性的一些内容，是和政治密切结合的，是党的整个方针政策在规划工作方面的一个深化，这是主要的。与此同时，才是城市规划的手法，或者叫技术方法、技术手段”；“这两个方面是相呼应的，前者也就是在中央领导同志所确定的一些大的方针政策的指导之下，关于城市规划工作的一些基本原则，而城市规划工作的技术手段，［当时］主要就是由［与］苏联专家的建议相配合”。①

从这个角度对“梁陈方案”进行评价，以下评论或许是较为睿智的：“梁思成和陈占祥提出的规划方案，应该说只是他们的一家之言。对于城市规划工作而言，首先是党的方针政策的体现。城市规划不能离开党的方针政策，城市规划不可能是纯技术的工作”，“他们缺少点政治艺术，城市规划不能脱离政治艺术”，“‘梁陈方案’最主要的问题是没有进行综合平衡”。②

六　进一步的追问：高度集中的建设方式本身所存在的问题

以上从几个方面对“梁陈方案”所做的分析和讨论，使我们对“梁陈方案”有了深入的认识。此外，我们还要进一步追问：决定“梁陈方案”命运的是否只有政治因素？科学技术方面的一些因素果真无足轻重吗？

答案当然是否定的。从科学技术的角度看，影响“梁陈方案”命运的有一项至为关键的因素，那就是“首都行政区”概念本身所蕴含的在同一地区内高度集中地分布各类首都行政机关的这一规划和布局方式。

让我们再回顾一下南京中央政治区规划建设的实践问题。历经多轮

① 徐钜洲于2015年10月20日与笔者的谈话。参见李浩访问/整理《城·事·人——新中国第一代城市规划工作者访谈录》第二辑，第207～208页。

② 柴锡贤于2017年4月15日与笔者的谈话。李浩访问/整理《城·事·人——城市规划前辈访谈录》第五辑，第31～32页。

谋划、反复论证、极力推动的南京中央政治区计划（即“首都政治区计划”），到1948年前后时陷入进退两难的尴尬境地。为什么会这样？其中核心原因就在于其高度集中化的建设方式受到广泛的批评和质疑。1934年6月6日，国民政府行政院主持召开“中央政治区域案”审查会议，该次会议记录中，以“附带建议”的方式收录了两位专家卢毓骏和郑华的不同意见：

中央政治区域之完成，将有使首都之繁荣集中于一隅，而不能普遍发展之弊，且首都距离海滨不远，容易感受空军之威胁，为谋政府安全起见，亦以各机关散处全城，而不集中一处为宜。虽空军之来袭，在无政治区域之机关，亦未必不遭损害，但其危险程度，究有差别，所以近时各国，多不采取集中建筑之计划。我国虽早经决定建设中央政治区域，但迄今尚未实行，似可根本取消。无计划实施之必要。（专家卢毓骏）

中央政治区域，如使各机关共集于一处，则关于公务员之上班、散值，势将较上海黄浦滩工人之上工、散工尤为拥挤，似不相宜。且现时各部会多已新建房屋，如一概废弃不用，亦觉可惜，似中央政治区域之范围，以限于行政、立法、司法、考试、监察五院为宜。至于五院以下各部会，及其他附属机关，可仍旧散处，不必集中，于事实上较为便利。（专家郑华）①

上述意见中，最关键的内容是“容易感受空军之威胁，为谋政府安全起见，亦以各机关散处全城，而不集中一处为宜”，即首都政治区建设因容易遭受空袭而存在较大的安全隐患。这实际上就是近现代城市规划活动中经常涉及的防空原则。

20世纪上半叶，世界各国民众饱受战争的摧残和蹂躏，在战争不断爆发的时代背景下，如何应对战争威胁成为各国城市规划建设活动必须考虑的原则。苏联规划名著《城市规划：工程经济基础》指出：“我

① 行政院：《中央政治区域案审查会议》（1934年），南京市档案馆藏，档案号：10020052562（00）0005。

们必须从两方面来研究对城市规划提出的防御要求：A.把城市看作防御的枢纽。B.把城市看作敌人空袭的对象”，“整个规划方案从大问题如选择人口分布的方式开始，一直到方案的细部——街道、广场和个别房屋的布置与形式——对城市的防御来说都具有重大意义”；而“从防御能力的观点来比较人口分布的方式——集中式和分散式”，“分散的方式大都是比较有利的”。①

就中国而言，近代自编教材《都市计划学》一书中有专章论述“现代防空都市计划”问题，②1937年出版的《适应防空的都市计划》（见图11-9）、《防空都市计划学》和《防空建筑工程学》等著作，都对都市计划工作中的防空原则有特别的强调和规定，而1939年国民政府颁布的《都市计划法》则以法律形式明确了防空在城市规划中的地位。③

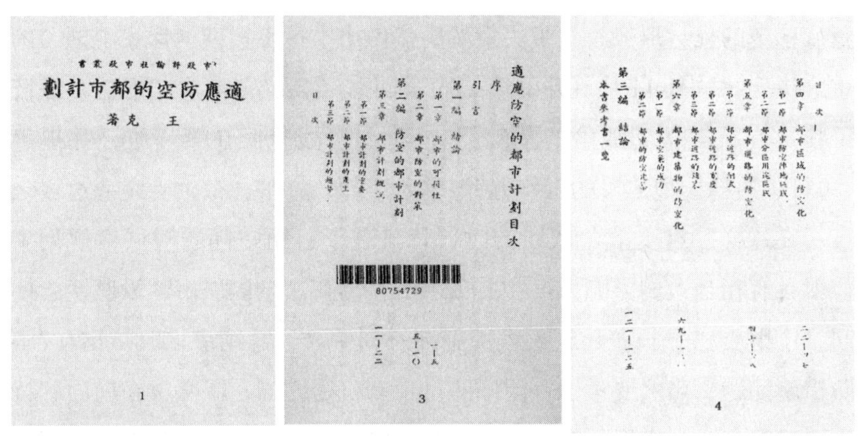

图11-9 1937年出版的《适应防空的都市计划》一书的封面和目录

资料来源：王克著《适应防空的都市计划》，浙江正楷印书局，1937。

正因如此，1948年4月27日由内政部主持召开的“首都政治区设计原则”座谈会做出了各类首都行政机关不必全部集中于首都政治区之内的决议：“应向行政院建议，政治区内除国大会堂、总统府及五院外，

① 〔苏〕大维多维奇：《城市规划：工程经济基础》下册，程应铨译，高等教育出版社，1956，第356～357页。

② 李季、李百浩：《近代自编教材〈都市计划学〉的规划知识体系》，《城市规划》2020年第11期。

③ 邹德侬等：《中国现代建筑史》，中国建筑工业出版社，2019，第85页。

各部会是否全部设在区内，不作硬性规定；除必要时，各部会建筑均应另设其他地点。”①

新中国成立初期，新生的人民政权依然处在严峻的战争威胁之中，逃到台湾的国民党军和美帝国主义相勾结，对上海和北京等地采取封锁、轰炸、武装袭扰等方式进行破坏和捣乱，1949年10月至1950年2月发动的空袭就多达26次，仅1950年2月6日的大轰炸，国民党军就出动飞机17架窜入上海市区上空，对北起吴淞、南至卢家湾一带投弹100余枚，致使杨树浦、闸北、卢家湾地区的电厂、水厂、造船厂遭受严重损失，1400余间民房被毁，1600余人伤亡，5万余人无家可归。②

从财政支出来看，1950年我国军费开支占全国财政收入的41.1%。③1950年6月朝鲜战争爆发后，面对国内十分薄弱的经济基础和亟待稳定的社会形势，党中央毅然决然做出“抗美援朝、保家卫国”的重大决定，同年11月召开的第二次全国财经会议则被迫“把财政经济工作放在抗美援朝战争的基础上”，将支持战争摆在第一位，并提出“边打、边稳、边建”的工作方针。④

在这样一种受战争威胁的时代背景之下，防空问题对城市规划工作就具有相当大的影响力。在1952年9月的首次全国城市建设座谈会期间，中财委秘书长、建筑工程部副部长周荣鑫在总结讲话时指出：“国防措施问题，当然要考虑。但国防是带有机密性的，不必放在前面，特别明显起来；列在后面，并不减低其重要性。”⑤当时国家建设主管部门制定的城市建设规范中，将防空对城市规划建设的要求概括为防备、分

① 内政部：《首都政治区设计原则坐［座］谈会纪录》（1948年），南京市档案馆藏，档案号：10030160014（00）0013。

② 贾彦：《1949-1950：谁为台湾轰炸上海提供了目标？》，东方网，2013年12月17日，http://history.eastday.com/h/20131217/u1a7833902.html，最终访问日期：2020年11月20日。

③ 《当代中国》丛书编辑部：《当代中国财政》上册，中国社会科学出版社，1988，第34页。

④ 金春明：《中华人民共和国简史（一九四九—二〇〇七）》，中共党史出版社，2008，第26页。

⑤ 周荣鑫：《在中财委召集的城市建设座谈会上的总结（摘要）》，载城市建设部办公厅编《城市建设文件汇编（1953—1958）》，1958，第37页。

散和伪装三大要求，其中分散要求即“规划城市总平面时，在不失城市整体性的条件下，应该避免建筑物过分集中的市中心，有条件的城市应根据均匀分布的原则设置若干区中心”①。

史料表明，国防安全因素也影响到了新中国成立初期各类首都行政机关在北京的部署情况。早年任彭真同志机要秘书的马句曾回忆说：“我听彭真同志传达主席的两句话：北京的新建设一要‘天女散花’，二要‘乔太守乱点鸳鸯谱’，不能集中建设，怕美国轰炸。”②1951年9月，北京市都委会总图起草小组举行专题报告会，与会人士也专门讨论“所有中央机关集中对于国防方面是否有影响”③这一问题。

由此不难理解，新中国成立初期，在受战争威胁的时代背景下，北京城市规划建设活动应当重视和考虑防空原则，这是决定“梁陈方案”命运的不容忽视的一项规划技术因素。

① 建工部城市建设局：《有关城市建设方面的三章规范》，建筑工程部档案，档案号：255-2-115: 8。

② 北京城市规划学会：《马句同志谈新中国成立初期一些规划事》（2012年9月7日座谈会记录），赵知敬提供，2013。

③ 北京市都市计划委员会：《北京市都委会工作汇报》（1951年），北京市都市计划委员会档案，北京市档案馆藏，档案号：150-001-00042。

第十二章
争论的终结

首都行政区规划问题并非一个纯粹的理论问题，而是一个必须直面的现实问题，对于“梁陈方案”的争论也不可能永无休止。在《梁陈建议》提出后的一年多时间内，随着首都行政机关各项实际建设活动的不断推进，以及相关规划研究工作的进展，关于首都行政区规划问题的争论渐趋缓和，最后在抗美援朝、思想改造以及“三反”“五反”等政治运动的此起彼伏的浪潮中终结。

一　首都行政区规划的专题研究

在上级部门和有关领导并未公开做出明确指示，而各方面人士议论纷纷的情况下，作为政府主管部门的北京市都市计划委员会，具体工作中究竟该如何应对呢？史料表明，北京市都委会对首都行政区规划问题进行了专题研究，并于1950年12月前后“首次编制了‘北京总图方案’，包括：‘北京市都市计划草图’、‘北京市行政中心区规划草图（甲）’、‘北京市行政中心区规划草图（乙）’”[①]。

1950年底完成的《北京市都市计划草图》，主要内容依然是城市功能分区：“以旧城为中心向四周扩展，根据城市的主导风向，把工业区安排在城市东南郊和西南郊，结合已有的清华大学、燕京大学把文教区

---

① 规划篇史料征集编辑办公室编《北京城市建设规划篇》第一卷《规划建设大事记（1949—1995）》上册，第13页。

放在西北部，毗邻文教区的颐和园、香山一带辟为休养区，住宅区结合工作地点分布在城市四周。”[①]这些功能分区安排，与1949年苏联市政专家巴兰尼克夫所提的建议基本上是一致的。有所不同的是，这份草图将手工业和使馆等用地单列，并“在外城和广安门外一带开辟了一块商务区”[②]，图例中也增加了商务、商店、旅馆等用地类别。

在城市道路系统方面，该方案“基本采用放射和环形相结合，旧城区仍保留方格型系统。围绕城区设内、外两条环行路和通往张家口、热河、山海关、天津、济南、开封等地六条高速国道”；同时，“草案把北部和东部的环城铁路往外迁移，并拆除了西部和前三门的铁路，在广安门外设总车站”。[③]

值得关注的是，1950年底的《北京市都市计划草图》中，在城区内的中南海地区以及西郊的三里河一带，有两处“行政中心”用地安排，后者（西郊三里河一带）面积较大，更为引人注目（见图12-1）。单从图纸表现效果来看，这一规划方案在行政区规划问题上，基本体现了“梁陈方案”的一些主张。同时，这份规划草图的路网结构与“梁陈方案”非常接近。这一点，或许正是由梁思成、陈占祥对北京市都委会具有重要影响力所决定的。

但是，同样是在1950年底，北京市都委会又专门为中央行政区制定了两个规划方案（见图12-2）：“天安门广场附近是主要的中央行政区（具体布置了甲、乙两个方案），次要的行政部门在西郊和新市区。”[④]这一事实似乎又在表明，当时的北京市都委会已经接受了“政府机关在城内，政府次要的机关是设在新市区”的政策主张，即之前毛泽东主席曾指示的并由苏联市政专家所建议的首都行政机关规划布

① 规划篇史料征集编辑办公室编《北京城市建设规划篇》第二卷《城市规划（1949—1995）》上册，第11页。

② 规划篇史料征集编辑办公室编《北京城市建设规划篇》第二卷《城市规划（1949—1995）》上册，第11页。

③ 规划篇史料征集编辑办公室编《北京城市建设规划篇》第二卷《城市规划（1949—1995）》上册，第11页。

④ 北规划篇史料征集编辑办公室编《北京城市建设规划篇》第二卷《城市规划（1949—1995）》上册，第11页。

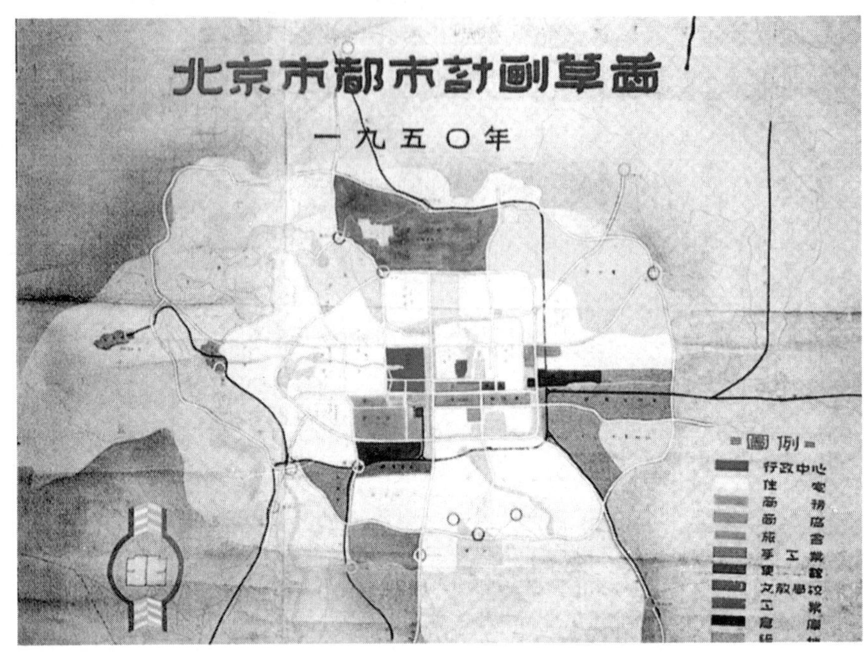

图12-1 《北京市都市计划草图》(1950年)

资料来源：规划篇史料征集编辑办公室编《北京城市建设规划篇》第二卷《城市规划（1949—1995）》上册，第2页。

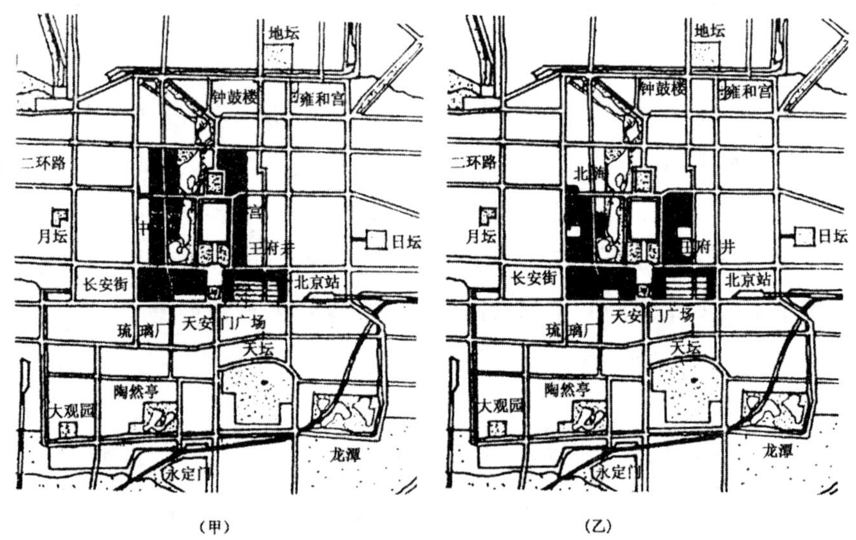

图12-2 中央行政区规划之甲、乙方案（1950年，重绘版）

资料来源：规划篇史料征集编辑办公室编《北京城市建设规划篇》第二卷《城市规划（1949—1995）》上册，第13页。

局的基本思路。

陈占祥曾回忆："当新方案［"梁陈方案"］备受指责时，梁先生却冷静地考虑到新方案突出了新行政中心的规划，但没有注意到旧城区中心的改建的可能性。为此，梁先生又带领我们着手研究以天安门为中心的皇城周围规划，以此作为新方案的补充。这一补充规划方案的设想是以城内'三海'为重点（这是世界各国首都中少有的宽阔水面和大片庭园绿地），其南面与长安街和天安门广场的中轴线相连接，使历代帝王的离宫与城市环境更紧密地结合起来。"① 这里所谈"以天安门为中心的皇城周围规划"，或许就是1950年底开展的中央行政区规划。

1952年2月22日，在北京市都委会常委会第二次会议上，都委会委员、北京市人民政府秘书长薛子正指出："天安门不管它是否是行政区，修整是肯定的，我们先讨论总图，这是个大局问题。关于政府中心，中央去年夏预备开个会，没有成功，而且也没有钱，但看今天建设的情况，我们必要准备成熟的意见提供中央。"②

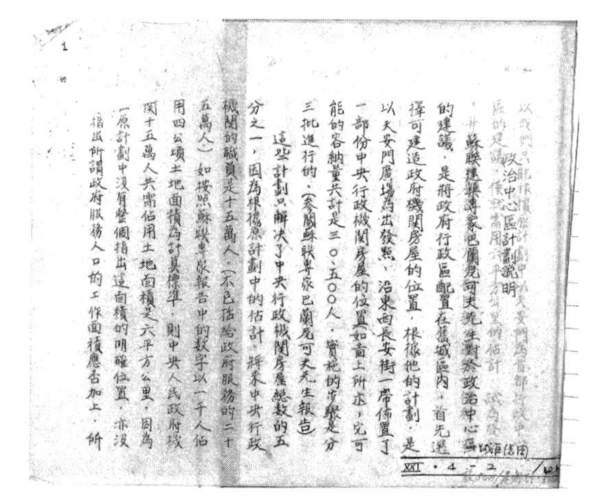

政治中心區計劃說明

蘇聯建築專家巴蘭尼可夫先生對於政治中心區的建議，是將政府行政區配置在舊城區內，首先選擇可建造政府機關房屋的位置，根據他的計劃，是以天安門廣場為出發點，沿東西長安街一帶佈置了一部份中央行政機關房屋的位置，如前上所述，充可能的容納量共計是三〇、五〇〇人。實施的步驟是分三批進行的。（參閱蘇聯專家巴蘭尼可夫先生報告）

這些計劃只解決了中央行政機關房屋總數的五分之一，因為根據原計劃中的估計，將來中央行政機關的職員是十五萬人，（不包括為政府服務的二十五萬人）如按照蘇聯專家報告中的數字以一千人佔用四公頃土地面積為計算標準，則中央人民政府機關十五萬人共需佔用土地面積是六平方公里，因為原計劃中沒有整個指出這面積的明確位置，亦沒指出所謂政府服務人口的工作面積應否加上，所

图12-3 《政治中心区计划说明》的首页

资料来源：北京市都市计划委员会《政治中心区计划说明》（1950年），北京市都市计划委员会档案。

那么，在1950～1951年，北京市都委会对于中央行政区规划究竟有何研究成果？笔者查档过程中曾查阅到一份题为《政治中心区计划说明》的档案（见图12-3），其篇幅不长，全文如下：

① 陈占祥：《忆梁思成教授》，载《梁思成先生诞辰八十五周年纪念文集》编辑委员会编《梁思成先生诞辰八十五周年纪念文集》，第53页。

② 1952年2月22日北京市都市计划委员会常委会第二次会议记录，现藏北京市档案馆；转引自左川《首都行政中心位置确定的历史回顾》，《城市与区域规划研究》2008年第3期。

政治中心区计划说明

苏联建筑专家巴兰尼可夫先生对于政治中心区的建议，是将政府行政区配置在旧城区内，首先选择可建造政府机关房屋的位置，根据他的计划，是以天安门广场为出发点，沿东西长安街一带布置了一部分中央行政机关房屋的位置（如图上[①]所示），它可能的容纳量共计三〇、五〇〇人，实施的步骤是分三批进行的。（参阅苏联专家巴兰尼可夫先生报告）

这些计划只解决了中央行政机关房屋总数的五分之一，因为根据原计划中的估计，将来中央行政机关的职员是十五万人（不包括给政府服务的二十五万人），如按照苏联专家报告中的数字以一千人占用四公顷土地面积为计算标准，则中央人民政府机关十五万人共需占用土地面积是六平方公里。因为原计划中没有整个指出这面积的明确位置，亦没指出所谓政府服务人口的工作面积应否加上，所以我们只能根据原计划中以天安门为首都行政中心区的建议，仅就需用六平方公里的估计，试为发展。并为了照顾将来政府各部门办公连络的便利，必需增加的部分亦在附近一带，草拟了一个计划，以供当局参考。

这个计划中所包括的行政中心区的范围是第六区、第七区及第二区（见图12-4）的一部分，它的面积计算是第六区七、五九七［平］方公里，第七区三、一二四［平］方公里，第二区的一部分〇、三二〇［平］方公里，这三处的总面积是一一、〇四一［平］方公里。除去故宫、北海、太庙、中山公园等绿地及使馆保留区广场等所占面积不计外，可用面积大约是六、八七九方公里。这三区现住居民人口数，第六区是七七、八九六人，第七区是四九、三八〇人，第二区一部分是八、五七〇人，三处总人口是一三五、八四六人。这三处可用面积和将来行政中心区所需的总面积六［平］方公里很接近，以这个计划中的土地面积作为将来行政中心区的布置才可足够使用！

这计划的行政中心区位置，在以天安门为核心的城区的中部，在它们所包括的范围内，现有交通道路是旧城东西主要干道，公共设备，还比较完整。但整个故宫文物中心是被机关房屋所包围，颇不便于人民，

① 笔者查阅档案时，未曾查阅到与这份档案配套的规划图纸。

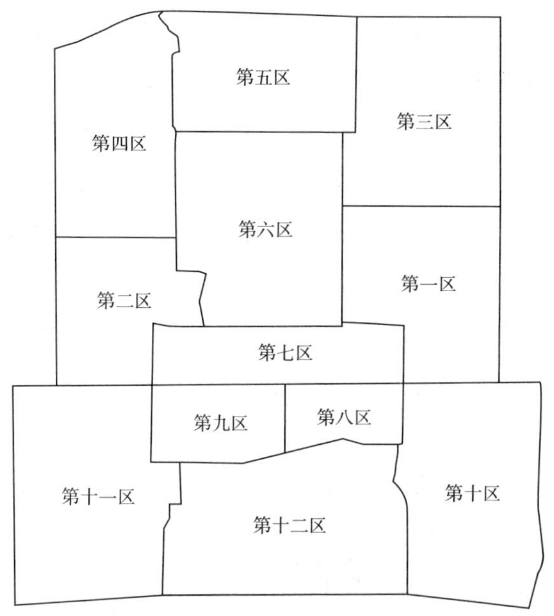

图12-4 《北京老城行政区划示意图》(1949年)

注：根据李庆祥绘制的北平市街详图（北平科学印书馆，1949年发行）改绘。
资料来源：宗绪盛《老北京地图的记忆》，第256页。

且有很多有特殊性的旧有建筑，本身坚固而并不适宜用作政府机关，是否可能完全拆去利用它们地址，颇有问题。（如东交民巷使馆区，西交民巷银行区，现在的政务院、市政府、邮电部、铁道部等。）这一点在我国目前的经济条件之下，是很重要的，应加以慎重考虑的。并且按照北京市地政局在一九四九年八月关于本市城区各项土地所占面积的统计资料，各区的公私产所占土地面积的比较，在第六区、第七区之中，公产所占的比例较大；如按地政局在一九四九年九月关于各区户口数字方面的统计资料，在第六区、第七区的户口数及人口数（不包括机关及干部、学校人口数）和其他各区比较起来已是最少的。（两种资料抄录于后）。

在这个计划所包括的范围是公产较多、居民较少的区域，我们已尽量减低所必需迁移居民的数量，但数目仍有十三万余。这种大量迁民的决策，必会牵连到的处理问题，因无明确指示，故没有考虑具体办法。

这里所作的计划，是以苏联专家给我们的建议而设计的，不过，因为苏联专家巴兰尼可夫先生限于留京时间的短促，所能给我们关于中心区设计较具体的意见很少，我们所了解的他的计划最着重于现时东单一带的空址，所决定的沿干道绕天安门广场、公安街及西皮库来处理所需要的机关房屋的地址的办法，并且提议沿街建造五层或四层的行政机关用的房屋。但是关于其他交通问题、住宅问题等都没有指定，仅仅提到住宅区在西郊。所以我们做这计划时，因缺乏处理的办法，都是探讨着作试验性的发展。因此我们不免会加进了一些不得已的处置。①

在这份档案的最后，还附有一张《北京市旧城区内面积、人口、户数、密度、公产、私产统计表》（见图12–5）。

區別	面積(平方公里)	户数	人口数	密度(每平方公里人口数)	面積(畝)	户地公產(畝)	户地私產(畝)
一	5.278	33,095	157,980	30,000	7,917.0	46.718	6,288.630
二	3.933	22,303	105,335	26,600	5,899.5	25.00	4,788.072
三	6.197	34,600	159,195	25,600	9,295.5	52.314	6,732.369
四	5.556	33,372	149,376	26,900	8,334.0	17.296	6,396.959
五	4.888	23,699	107,845	22,000	7,332.0	579.427	4,644.084
六	7.597	16,513	77,896	10,140	11,395.5	411.343	3,698.484
七	3.124	9,146	49,380	14,350	4,686.0	1,615.564	1,899.160
八	1.569	14,210	66,428	42,300	2,353.5	3.239	1,732.659
九	2.274	20,982	98,706	43,400	3,411.0	15.974	2,651.559
十	6.719	25,305	105,762	15,700	10,078.5	113.068	7,228.875
十一	7.238	28,381	121,258	16,700	10,857.6	40.25	9,293.859
十二	7.580	29,442	121,228	16,000	11,370.0	37.043	4,044.525
%					100%	3.18%	63.83%
總計	61.953	291,048	1,320,499	21,437	92,930.1	2,957.236	59,399.235

附註：此表根據北京市人民政府地政局統計資料。(其中人口，户数係1949年9月所調查，公私產係1949年8月所調查。)

图12–5 《政治中心区计划说明》之附表

资料来源：北京市都市计划委员会《政治中心区计划说明》（1950年），北京市都市计划委员会档案。

遗憾的是，这份规划说明并没有标注完成时间，从文中内容来看，应该是在1950年。但是，该说明中并没有提及“甲、乙两个方案”，可以推断它并不是对1950年12月完成的两个中央行政区规划方案的说明。

① 北京市都市计划委员会：《政治中心区计划说明》（1950年），北京市都市计划委员会档案。

这份材料提及的附图并无存档，从其有关说明（如“整个故宫文物中心是被机关房屋所包围”等）可以看出，该规划布局方案与图12-2所示的中央行政区规划甲乙方案比较接近。由此可进一步推测，《政治中心区计划说明》的完成时间应在中央行政区规划甲乙方案提出之前，即1950年秋季前后。

《政治中心区计划说明》中说“这里所作的计划，是以苏联专家给我们的建议而设计的”，据此可以推测，其并非是由梁思成和陈占祥主导的，而是由都委会中对苏联市政专家有关建议持赞同态度的人士所起草的。

尽管如此，《政治中心区计划说明》仍比较实事求是地点明了苏联市政专家巴兰尼克夫所提建议（《北京市将来发展计画的问题》）的局限性：“这些计划只解决了中央行政机关房屋总数的五分之一”，“所能给我们关于中心区设计较具体的意见很少”。这样，就需要北京市规划部门的有关人员进一步来做具体的详细设计。当然，之所以如此，主要是“因为苏联专家巴兰尼克夫先生限于留京时间的短促”。这也再次说明了，首批苏联专家团对北京的技术援助活动是多么的仓促，当时中苏专家进行的规划沟通和交流是那么的不充分和不深入。

这份档案还表明了另外一个事实：在梁思成、陈占祥提出“梁陈方案”之后，对于他们所重点关注的首都行政区规划问题，当时的北京市规划部门是做过专题研究的，并提出过一些具体的规划设计方案。换言之，梁思成、陈占祥的有关意见，是得到了充分尊重，并做了进一步的考虑及深入规划的。

二　梁思成和陈占祥态度的转变

（一）梁思成态度的转变

关于首都行政区规划问题的争论，究竟具体在什么时间趋于终结的？对此，迄今尚缺乏完整的证据链可做充分的论证。但是，有一份史料却是可做参考的，它应该是一个明确结束争论的信号，这就是1951年12月28日，梁思成在北京市第三届第三次各界人民代表会议上，代表北京市都委会所做的题为《关于首都建设计划的初步意见》的报告（见图12-6）。

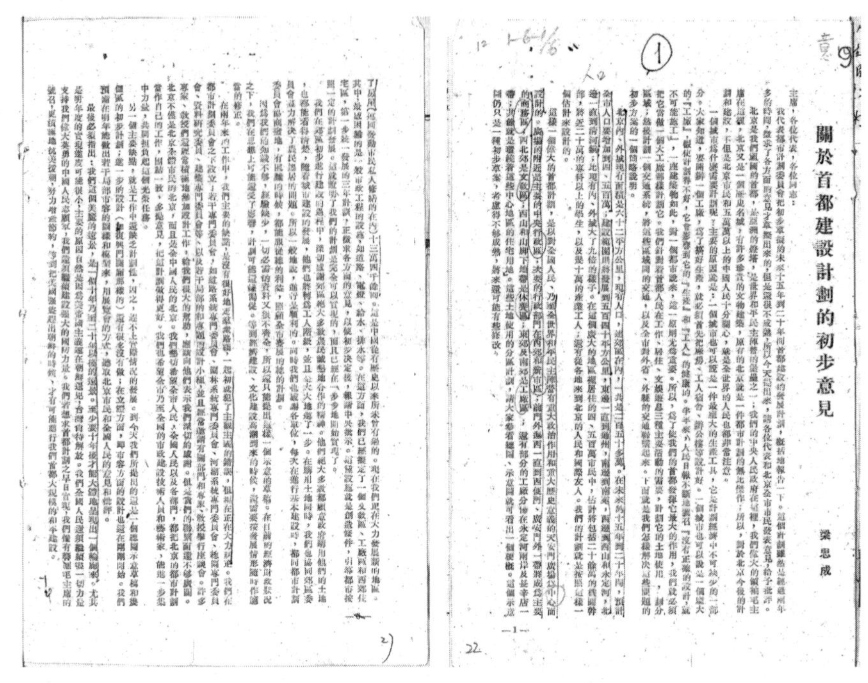

關於首都建設計劃的初步意見

梁思成

图 12-6 梁思成所作的报告《关于首都建设计划的初步意见》之首尾页
（1951年12月28日）

资料来源：梁思成《关于首都建设计划的初步意见》（1951年），北京市都市计划委员会档案。

这份报告的篇幅很长，兹抄录其中的部分内容如下：

关于首都建设计划的初步意见

主席，各位代表，各位同志：

我代表都市计划委员会把初步草拟的未来十五年到二十年间首都建设的发展计划，概括地报告一下。这个计划虽然是经过两年多的时间，征求了各方面的意见才草拟出来的，但是还很不成熟，所以今天提出来，请各位代表和北京全市市民发表意见，给予批评和指正。

北京是我们祖国的首都，是亚洲的灯塔，是世界和平民主阵营的堡垒之一；我们的中央人民政府在这里，我们伟大的领袖毛主席在这里；北京又是一个历史名城，有许多珍贵的文物建筑，原有的北京在过去就是一件都市计划的无比杰作；所以，对于北京今后的计划和建设，不但是北京市民和五万万以上的中国人民十分关心，就是全世界的人民也都非常注意。

一个城市为什么需要计划呢？主要的原因就是：一个城市也可以说是一件最庞大的生产工具，它是计划经济中不可缺少的一部分。大家知道，要开办一个工厂，为了搞好生产，就必须首先把厂房、工人宿舍、办公楼等设计好。一个城市也可以说是一个庞大的“工厂”，假使计划得不好，它会影响到它的“生产”和“工人”的健康的。半年来，人民日报不断地号召“没有正确的设计，就不可能施工”，一座建筑物如此，对一个都市说来，这一原则尤为重要。所以，为了使我们的首都发挥它最大的作用，我们就必须把它当做一个大工厂那样计划它。我们针对着首都人民在工作、居住、文娱游息三种主要活动的需要，计划它的土地使用，划分区域；然后计划一个交通系统，将这些区域间的交通，以及全市对外省、外县的交通联系起来。下面就是我们怎样解决这些问题的初步方案的一个简略说明。

北京内、外城现有面积是六十二平方公里，现有人口，连郊区在内，一共是二百五十多万。在未来的十五年到二十年间，预计全市人口要增加到四、五百万；建设范围则将发展到五百四十平方公里左右，东边一直到通州，南边到南苑，西边到西山和永定河，北边一直到清河镇；比现有内、外城大了九倍的样子。在这个广大的地区里居住的四、五百万市民中，估计将包括二十余万的机关干部，将近二十万的专科以上的学生，以及几十万的产业工人；还有从各地来到北京的人民和国际友人。我们的计划就是按照这样一个估计来设计的。

这样一个伟大的首都计划，是以对全国人民，乃至全世界和平民主阵营有重大政治作用和重大历史意义的天安门广场（见图12-7至图12-9）为中心而设计的。广场的附近是主要的中央行政区；次要的行政部门在西郊和新市区；前门外迤西一直到西便门、广安门外一带将成为主要的商务区；西北郊是文教区；西山和山脚下地带是休养区；东郊及南郊是工厂区；还有部分的工厂分布在永定河两岸及长辛店一带；其余就是环绕着这些中心地区的住宅用地。这些土地使用的分区计划，请大家参看总图、示意图就可看出一个梗概。这个示意图仍只是一种初步草案，考虑得不够成熟，将来还可能有些修改。

我们先说道路系统方面，有铁路和公路两个系统。铁路系统：我们

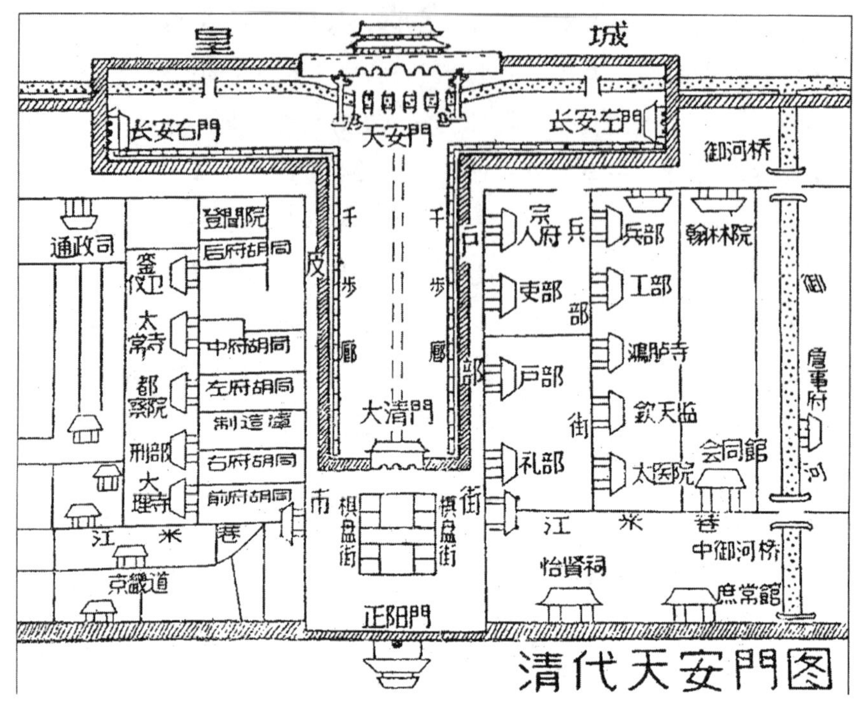

图12-7 《清代天安门图》

资料来源：董光器《古都北京五十年演变录》，第136页。

图12-8 尚未拆除千步廊时的天安门广场（1950年）

资料来源：北京市城市规划设计研究院《北京旧城》，北京燕山出版社，2003，第9页。

图12-9　拓宽后的天安门广场（约1957年）

资料来源：北京市城市规划管理局编《北京在建设中》，北京出版社，1958，第107页。

计划把大部分的客运都集中在广安门附近的客车总站。货运总站则分设在丰台和东郊工业区。这个客车总站将是一座富丽堂皇的伟大建筑，站内有二、三十个月台，可能每两、三分钟就有一列车入站或出站。此外，在永定门外和东郊各有一个次要客站，为南郊和东郊服务。我们的计划是希望在短期内就将现有的正阳门车站迁移，将前三门的路轨拆除，以利内、外城间的交通。现有的环城铁路，目前还有它的作用，将来都市发展以后，则将阻碍城市交通，也将有拆除的必要。现在图上所计划的铁路路线，还不是十分肯定的。

至于公路系统，主要的[①]是围绕城区的内、外两条环形路（即图上所划的内环路和外环路），和通往张家口、热河、山海关、天津、开封、济南等地的6条高速国道，而以由市中心区出来的幅［辐］射干道将环路和高速国道联系起来。这样所形成的道路系统，能使道路的功能获得应有的分工，以免在中心地区集中过多的交通量；这对于增高转运的效能，获致交通的安全，是有一定的作用的。我们将计划在主要道路的交叉口，按照需要和地形，做成大转盘，或用上下两层的立体交叉，以便

① 原稿中此处有“原因”两字。

车辆流通舒畅，并避免车祸。在适当情形下，我们还要在一些交叉路口布置各种不同形式的点缀，如小花园、纪念铜像等，同道路两旁的行道树结合起来，使道路成为一条带形的公园；因之，道路的功能，不但为了交通，也为了观赏。至于内、外城区的道路，一般地说，原有的大街小巷本来就有明确的分工，主要的大街都有计划地形成几个环形的系统，因而在大街上汇集了绝大多数的流通车辆，使胡同里得到宁静和一定的安全。在这个优良的基础上，我们只须加以改善，就可以使北京城区的道路完全适合现代交通工具和数量的需要。在这里，我们可以附带提到，城区现有的电车轨道，计划移至郊区，而在城内改用无轨电车，以减少交通上的障碍和嘈杂的声响。我们要把东、西长安街延长，西到八宝山，东到高碑店，形成林荫干路。我们也要把前三门铁路旧基地也改为横贯东西，与长安街平行的东、西大道（可能是地上道），使这两条路与广安门外的客货总站连接起来。诸位可以想像一下，这个计划中的广安门外客车总站，一面通过这两条林荫或地下干道，通到北京市的每区、每街、每巷；另一面，以这里为起点，人民铁路将通往中华人民共和国大陆的无数的城市、村镇，通往无数的矿山、工厂、农场。另外，还有一个特别客车分站，设在永定门外，除了平时也可上下一些旅客之外，它的另一主要任务，就是作为各地和各国来北京的贵宾或代表团的出入站。贵宾代表们在永定门下了火车，或从南苑下了飞机，可以坐着汽车，顺着笔直的马路，直达天安门广场。这样的计划就更加强调了现有的伟大的南、北中轴线。

这样，就将天安门广场和主要行政区确定在绝对重要的位置上，使其构成了整个计划的心脏部分。因此，由永定门到前门大街以及两旁的建筑，在经济条件成熟时，也都要作为一个整体，很好地重新设计。

天安门广场还要酌量展宽，它的范围要从三座门一直到正阳门城墙，作为一个整体。它的面积要比现在增大好多，以便每年“五一”和“国庆”，百万以上的队伍在这里开会，受毛主席的检阅。天安门的检阅台还要改建，使我们更靠近毛主席。旗杆还要加到比天安门还高，我们计划做一根不锈钢的旗杆，高出天安门以上。在广场的中心，将耸立着永垂不朽的人民英雄纪念碑。加宽了的广场靠东、西的部分，要种植树木，沿东、西长安街两旁，计划建造一系列中央人民政府各部、会办公的大厦。这样，我们将使天安门广场，在政治上，在地点上，在历史上，都成为首都的中心。

我们的工业区是怎样呢？我们城市建设是为生产服务的。北京在反动统治时代是一个典型的消费城市；解放以后，已开始在本质上发生变化，一切计划和建设都面向生产，为生产服务。截至目前为止，东郊和南郊两个工业区，已按照计划拨出工厂用地四千九百多亩。东郊工业区是原来就有一些基础的（见附图），解放后，又建设了新的工厂。将来工业发展前途很大，所以计划将工业区一直发展到通县。如果北京、天津间的通航计划实现，通县就将成为北京的码头：一方面可以经过北运河通到南运河，加强了北京和广大农村间的物资交流，同时也就使北京的工厂区不惟取得更方便的出海口，而且工业原料和机械设备的运输费用也可以因水运而减低。（我们因为还未能确定将来北京工业发展的数字，所以这图上所划出的工业区小了一些，实际上还需要扩大）。南郊主要是易燃性的工厂区；为了更好地予以隔离，我们希望在它们周围都用很宽的绿带包围起来。在永定河东岸石景山一带及西岸长辛店附近，或因地质上的原因，或是利用已有的基础，也有一些工厂。我们现在已在开始进一步研究工业区的问题，想根据经济和自然地理条件，估计北京工业可能的发展，做出一个较全面的、更进一步的计划。

将来的工厂区是非常优美的，我们要采用先进国家的各种技术经验。工厂区里到处都要有花园；工厂里要没有沙尘，种植树木花草就是消灭沙尘最好的方法。因为机械设备和厂房设计的改善，工厂区里不但受不到煤烟和嘈杂声响的威胁，而且有充分的阳光和新鲜空气。厂内有许多工人福利设备，例如：托儿所、运动场和医院等卫生设备。在每一个相当大的地区里就有一个为工人服务的中心，里面有广场、剧院、文化宫等公共设备，以及商店、百货公司、合作社、菜市场等。在工厂附近分布着工人住宅区，有舒服的住房和现代化的集体宿舍，用很好的道路及迅速的交通工具，直通工厂区，使工作和生活都得到最大的便利。在东郊车站和码头附近，将有现代化的装卸设备和仓库，集散工业区原料和成品。这里又是一个很热闹的中心，有公路同其他各区联系起来，而且其中一条就是宽阔的林荫大道，一直引向天安门，我们可以想像：将来“国庆”和“五一”游行时，工人的队伍就可由这里浩浩荡荡地走向天安门，是多么伟大而令人兴奋的景象！

……将来北京的房屋一般的以高两三层为原则，另一些建筑可以高到四五层，六七层；而在各地区中，还要有计划、有重点地、个别地建立为数不多的，挺拔屹立的十几到二十几层高楼。莫斯科就是有计划地规定出八座位置适当、轮廓优美的高点，而不是无秩序地让高楼随处突出。因为人口密度的减低，房屋层数的加高，北京就可以得到更多的园林绿地，原则上将来每区将有一个公园。又因高楼是有计划、有限度地建造，高的建筑物便不至如同纽约那样使市中街道成为看不见阳光、喘不过气来的深谷，而两岸摩天楼高低零乱，毫无节制。

等到工业区发展到一定的程度，许多城市和农村的人口转入工厂的时候；文教区发展到三四十万学生和教职员工，并且都迁出到城外的时候；城区内部的人口就要疏散了许多。那时，我们就要以原有的优良道路系统为基础，逐步地将城内划分为五六十个邻里。城区里将有更多的园林，而现在的郊区也将成为同城区一样的地区。那时候，现在的乡村也将成为有设备的城市，而城市中却保留着许多树木绿地，有同郊区一样好的阳光和空气。

这就是我们想象中的伟大壮丽的首都的一个概括的远景。这样一个远景，在今天看来，似乎是太理想了。但是在新民主主义制度逐渐发展到社会主义制度之下，在毛主席、中国共产党和人民自己的政府领导之下，这一计划的实现是毫无疑问地完全可能的。我们已看到苏联许多被德国法西斯强盗毁灭了的城市，不是在优越的社会主义制度之下，以惊人的速率，更美丽更舒适地建造起来了吗？我们不是眼看着波兰的首都华沙又重新更美好更壮丽地建设起来了吗？我们今天所认为太理想的，到十五年、二十年后，我们就可能觉得它的水准太低了。①

① 北京市人民代表大会：《北京市第三届第二、三次各界人民代表会议汇刊》，北京市档案馆藏，档案号：002-020-01616，第39～45页。另见梁思成《关于首都建设计划的初步意见》，载北京市档案馆、中共北京市委党史研究室编《北京市重要文献选编（1951）》，第609～610页。

在上面的报告中，梁思成曾说“请大家参看总图、示意图”“这个示意图仍只是一种初步草案”“现在图上所计划的铁路路线”等，这表明，在报告会的现场，应该悬挂有规划图，以便听众理解。

笔者在查档工作时，曾搜集到一张照片版《北京市总图草稿》（见图12-10），图中所注时间为“一九五一年二月”，尽管这一时间与梁思成做报告的时间（1951年12月28日）存在一定的差距，但就规划方案而言，与梁思成所介绍的内容大致是吻合的，可供参阅。

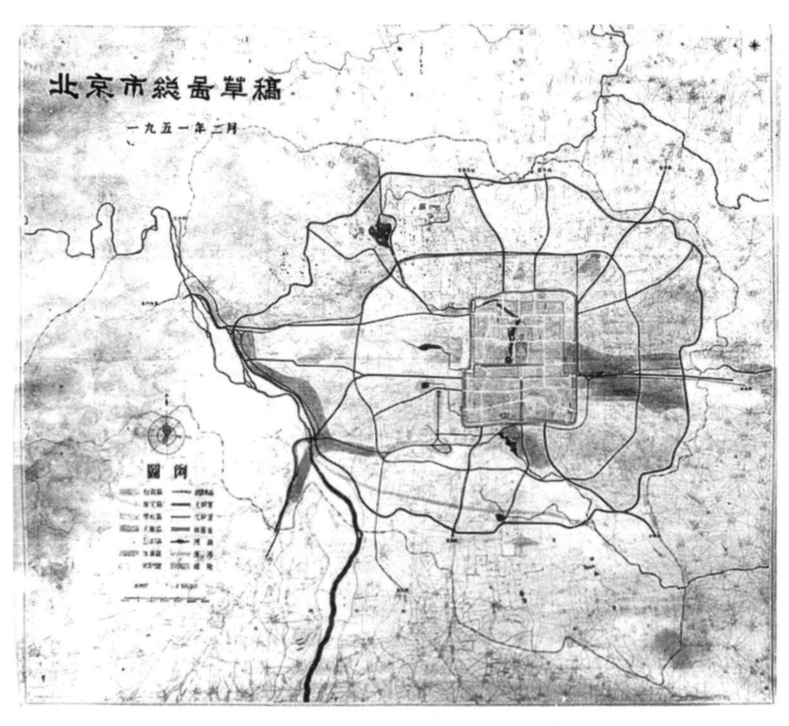

图12-10 《北京市总图草稿》（1951年2月）

资料来源：北京市规划管理局《北京总体规划历史照片（1949—1957.3）》，北京市城市规划管理局档案，第4页。

仔细阅读梁思成的上述报告，有几点值得特别关注。

其一，这次会议的听众主要是各行各业的人民代表，他们对于城市规划这个比较宏观、抽象的问题，必然存在理解上的困难，而在这次报告中，梁思成以一种循序渐进的逻辑，运用一些通俗易懂、形象化的语言，并且夹杂一些富有感染力的排比句，通过演讲的方式必然会使听众获得比较好的理解效果。由此也可看出梁思成有极为高超的演讲水平。

其二，报告中的一些内容，譬如关于工业区建设曾谈及“将来工业发展前途很大，所以计划将工业区一直发展到通县”，“我们因为还未能确定将来北京工业发展的数字，所以这图上所划出的工业区小了一些，实际上还需要扩大”，“将来的工厂区是非常优美的……工厂区里到处都要有花园……工厂区里不但受不到煤烟和嘈杂声响的威胁，而且有充分的阳光和新鲜空气”，“我们可以想像：将来‘国庆’和‘五一’游行时，工人的队伍就可由这里浩浩荡荡地走向天安门，是多么伟大而令人兴奋的景象！”这些话语可反映出梁思成当时对于工业发展问题的基本态度或思想倾向，此可与第二章关于《梁林陈评论》的研究结论互为印证，进一步澄清关于“梁陈方案”的一些历史误会。

其三，更为重要的是，这份报告中的不少内容，特别是其中所谈及的“这样一个伟大的首都计划，是以对全国人民，乃至全世界和平民主阵营有重大政治作用和重大历史意义的天安门广场为中心而设计的。广场的附近是主要的中央行政区；次要的行政部门在西郊和新市区”，“我们将使天安门广场，在政治上，在地点上，在历史上，都成为首都的中心”，“将来北京的房屋一般的以高两三层为原则，另一些建筑可以高到四五层，六七层；而在各地区中，还要有计划、有重点地、个别地建立为数不多的，挺拔屹立的十几到二十几层高楼”，等等，这与1949年11月苏联市政专家巴兰尼克夫所提的有关建议，已经达成了一致。

那么，对于首都行政区规划问题，梁思成的态度为何会发生转变呢?

从时代背景来看，梁思成态度的转变，应与当时的政治形势密切相关。

（二）特殊的时代背景：抗美援朝、思想改造及“三反”“五反”运动

1950年6月25日朝鲜战争爆发后，美国武装介入，并将第七舰队开入台湾海峡。面对严峻的国际形势和近在咫尺的战争威胁，在国内经济基础

十分薄弱和社会亟待稳定的紧张局面下，中国政府毅然决然于1950年10月做出“抗美援朝、保家卫国”的重大决策。1950年12月，美国对中国实施禁运，1951年5月又操纵联合国通过对中国实行禁运案。在此背景下，全国范围内掀起了一场针对美帝国主义的思想改造运动，梁思成为此写了系列文章刊发在《人民日报》上（见图12–11）。

抗美援朝专刊

第七十四期

建築工作者擁護和平

抗美援朝专刊

感謝你們，英勇的中國人民志願軍

图12–11　梁思成在《人民日报》上发表的与抗美援朝有关的文章《建筑工作者拥护和平》（1952年6月8日，左）及《感谢你们，英勇的中国人民志愿军》（1952年10月26日，右）

注：梁思成同一时期发表的文章还有《中国的建筑工作者绝不容许美国侵略者破坏朝鲜的和平建设》（1952年6月29日）等。

资料来源：《人民日报》1952年6月8日，第4版；《人民日报》1952年10月26日，第4版。

此外，中美关系进入对抗状态后，梁思成、林徽因还写信召回了正在美国留学的吴良镛，他们和费正清夫妇（见图12–12）的关系也受到一些影响。常沙娜[①]等不少专家正是在这样的时代背景下回国的。

---

① 常沙娜，女，中国著名的艺术设计教育家和艺术设计家，1931年3月生于法国里昂（由于出生地毗邻塞纳河而得名Saone［法文］），浙江杭州人，满族。1937年随父母回国，1945～1948年随父亲（著名画家常书鸿）在敦煌临摹敦煌历代壁画。1948年赴美国波士顿美术博物院美术学院攻读绘画专业。1951年初回国，先后在清华大学营建系、中央美术学院实用美术系、中央工艺美术学院染织美术设计系任教。1953年全国院系调整后，调中央美术学院实用美术系任助教，1956年中央工艺美术学院成立后，任染织美术系讲师、副教授、教授。1982年任中央工艺美术学院副院长，1983～1998年任中央工艺美术学院院长。1964年加入中国共产党。1960年、1983年两次获“全国三八红旗手”称号。

图12-12　林徽因与费正清夫妇及金岳霖在北京天坛的留影（约1934年）

左起：金岳霖（左一）、梁再冰（左二）、林徽因（左三）、费慰梅（右二）、费正清（右一）。

资料来源：清华大学建筑学院编《建筑师林徽因》，中国建筑工业出版社，2004，第89页。

关于自美回国一事，吴良镛曾回忆说："在美国留学期间，除家信及梁先生在清华解放前夕给我的一封信外，基本与国内失去联系，在学校只有我一个中国人，后来与在他校的留学生也失去联系，潜心蹲在象牙塔之中。但是有几件事促使我紧急回国。其一是朝鲜战争，讯息每日没完没了的广播，电影中附加着对朝鲜的狂轰乱［滥］炸；其二是梁先生与林先生要我回国。我收到一封是林徽因口授罗哲文代笔的，空白处有好多行歪歪斜斜的字，一看便知是林先生卧床亲笔加写的，大意是国内形势很好，百废待兴，赶紧回来参加新中国的工作……催我回国是意料之中，我肯定要归国，但如此急，又是意料之外，林先生这封信很重要，加紧了我回国的步伐"，"当时中美的局势很紧张"，"回国经历了一个非常艰辛的过程。当时，香港已对归国人员封锁，不办过境签证"，"我乘坐邮轮克利夫兰号回国，同船的还有数学家华罗庚。另据闻，钱学森是在我们前一批，但是他在回国过程中被扣押了"，"1951年初我自美回国"。[①]

① 详见吴良镛《良镛求索》，清华大学出版社，2016，第63～64、66页。

到1951年底前后，在“三反”“五反”运动[①]的过程中，京津地区高等学校组织开展了一系列教师思想改造学习活动，[②]梁思成参与其中，并于1951年12月27日，即他代表都委会在北京市各界人民代表会议上做报告的前一日，在《人民日报》上发表了题为《我为谁服务了二十余年》的署名文章（见图12-13）。

人民日報　一九五一年十二月二十七日　星期四　第三版

用批評和自我批評的方法開展思想改造運動

我爲誰服務了二十餘年

在公安系統內開展反對貪污、反對浪費和反對官僚主義鬥爭

图12-13　梁思成在《人民日报》上发表的《我为谁服务了二十余年》（1951年12月27日）

资料来源：《人民日报》1951年12月27日，第3版。

① 针对以天津刘青山、张子善事件等为代表的一些贪污腐化现象，国家开展了“三反”“五反”运动。1951年12月1日，中共中央发出《关于实行精兵简政，增产节约，反对贪污，反对浪费和反对官僚主义的决定》。1952年1月26日，中共中央发出《关于在城市中限期展开大规模的坚决彻底的“五反”斗争的指示》。

② 教育部于1951年12月31日发出《关于京津高等学校反贪污、反浪费、反官僚主义运动的指示》。当代中国研究所：《中华人民共和国史编年（1951年卷）》，当代中国出版社，2007，第880页。

《我为谁服务了二十余年》标题中的“二十余年”，显然是指梁思成自1928年8月回国在东北大学任教，直至中华人民共和国成立的这段时间。在这篇约6000字长文的开篇，梁思成自我剖析道：

北京解放后三个月，我以“专家”的资格参加了北京市的建设工作。我对业务工作很积极，一直忙碌到今天。我也得到机会参加许多会议，听过许多报告，自以为很进步。因为忙，清华大学两年多以来的政治学习我都没有时间参加，只是零散地阅读了一些马列主义毛泽东思想的书籍，以为也很够了。这种自满就严重地阻碍了我的进步。

最近听了几次报告之后，我才开始思索，要求思索，才认真地参加了这次京津高等学校教师思想改造的学习。

我的阶级出身、家庭环境和所受的教育，给我种下了两种主要思想根源。一种是我父亲（梁启超）的保守改良主义思想和热烈尊崇本国旧传统的思想。一种是进了清华大学又到美国留学，发展到回国后仍随着美国“文化思潮”起落的崇美、亲美的思想。[①]

该文公开发表后的第二天，梁思成在所做的报告《关于首都建设计划的初步意见》中也做一些检讨：“因为我们的知识不够，经验缺少，一切必需的资料又很不齐全，所以还只能提出这样一个示意的草稿。在目前的经济财政状况之下，我们在思想上可能还受了影响，计划可能还嫌局促。等到经济建设、文化建设高潮到来的时候，还需要按发展情形随时作适当的修正”，“在两年来的工作中，我们主要的缺点，是没有很好地走群众路线，一起初就犯了主观主义的错误，但现在正在大力纠正……另一个主要缺点，就是工作中还缺乏计划性，因之，赶不上实际情况的发展。到今天我们所提出的还是一个总图示意草稿和几个区的初步计划；进一步的设计（如复兴门关厢那样的）还有很多没有做；在立

① 梁思成：《我为谁服务了二十余年》，《人民日报》1951年12月27日，第3版。

体方面，即市容方面的设计也还在刚刚开始”。[①]

由上可见，梁思成所做的《关于首都建设计划的初步意见》报告，涉及政治运动这一特殊时代背景。在这样的情况下，在北京市各界人民代表会议这样一个极为正式和十分严肃的重大场合，梁思成做这样的专题报告，必然是一种严肃的公开表态。在这个意义上，我们可以将梁思成所做的《关于首都建设计划的初步意见》报告，视为他在首都行政区规划问题上认识态度发生转变的积极信号。

考察1952年及之后一段时间内梁思成所发表的一些文章或言论可知，他未再就首都行政区规划问题发表不同意见。始于1949年的首都行政区规划问题的争论，就此终结。

在1951年12月北京市各界人民代表会议上，除了梁思成的报告之外，还有其他一些专题报告。[②]1951年12月30日，中共北京市委书记彭真（已于当月19日批准兼任都委会主任委员）做会议总结性发言，关于北京市都市计划，他讲道：

第三，关于都市计划。梁［思成］副主任委员提出来的意见在都市计划委员会研究很久，因为这个问题比较大，我们国家的首都要订计划很不容易，都市计划委员会所提出的草案很不成熟。但是，没有一个大体轮廓作基础，大家讨论也很困难。这个草案在这里只是征求各位代表的意见，市里不能作结论，因为首都的计划关系全国，最后要由中央决定。

首都是中央人民政府所在地，北京市是为首都、为生产、为劳动人民服务。同时，一切都是在发展的，所以要根据发展来审定我们的计划，并且也要从世界最进步的、最理想的来计划。

关于过去历史上的文物保存问题，以中国来讲，有些有历史意义的文物有保存价值，需要保存，的确也有些是毫无保存价值。大家提的意

① 北京市人民代表大会：《北京市第三届第二、三次各界人民代表会议汇刊》，北京市档案馆藏，档案号：002-020-01616，第45页。

② 如张奚若的《关于北京市抗美援朝、保家卫国运动的报告》和张晓梅的《关于检查婚姻法执行情况的报告》等。

见很多，譬如东西三座门（见图12-14）应该不应该拆除，大家的意见还不一致，这些问题还可以再研究。

图12-14　长安街上原有的东三座门长安左门（1950年，上）及西三座门长安右门（1952年，下）

注：所谓“三座门”是“三座随墙门”的简称。在天安门前原千步廊的左右端和最南端，分别有一座皇城城门，规制为单檐歇山式黄琉璃瓦顶红墙三券洞门，面向左边的为长安左门，面向右边的为长安右门，两者是皇城通往内城东西部的主要通道，明清时文武百官上朝多取道东西三座门下马步行而入。

资料来源：北京市城市规划设计研究院《北京旧城》，第104页。

市政建设方面，现在主要是打下基础，把自来水、基本道路等首先进行建设，以后再继续进行。这方面的问题，俟下次代表会议时，再行讨论。

至于大家所提出的具体问题，如建筑方面的返工，是由于计划上有缺点，是主观主义、官僚主义；再如城墙究应拆除或是修缮，意见不一致，可以再行研究。总之，要以最大多数人民的最大利益为标准，使大家在精神上感觉愉快，在物质上感觉便利。①

这几段讲话总体上非常简短，但包含了相当丰富的内容。就北京城市规划建设的基本方针而言，“首都是中央人民政府所在地，北京市是为首都、为生产、为劳动人民服务”。对于都市计划，“这个问题比较大，我们国家的首都要订计划很不容易”，“一切都是在发展的，所以要根据发展来审定我们的计划，并且也要从世界最进步的、最理想的来计划”。北京市的都市计划，“市里不能作结论，因为首都的计划关系全国，最后要由中央决定”。对于当时的规划方案，彭真的基本评价是“很不成熟”，“这个草案在这里只是征求各位代表的意见”。

另外，彭真的讲话表明，在1951年底时，北京的历史文化保护问题，如东西三座门是否拆除、城墙拆除或修缮等，也是各界人民代表参政议政的重要内容，而当时各方面的意见仍存在着较大分歧。

（三）陈占祥态度的转变

在梁思成态度转变的同时，陈占祥对首都行政区规划问题的态度也在发生变化。1951年9月22日，在北京市都委会总图起草小组第二次专题报告会上，陈占祥对之前的规划工作做了检讨：“虽然感觉到资产阶级国家都市计划理论的不可靠，但还是不能在实际工作里完全摆脱它的影响”，“脱离政治领导的纯技术观点是此路不通了”。②

关于西郊新市区（“新北京”）的规划，陈占祥指出：“去年我们在部分土地审核工作经验中知道申请单位都不愿到‘新北京’去发展，理

① 北京市档案馆、中共北京市委党史研究室编《北京市重要文献选编（1951）》，第609~610页。

② 北京市都市计划委员会：《北京市都委会工作汇报（1951年）》，北京市档案馆藏，档案号：150-001-00042。

由是离城太远，什么基础都没有（包括市政建设同一般都市生活基础），因此今年城关厢的发展计划就［是］针对着那个问题而做的……目前复兴门关厢使用的土地已达850亩。‘新北京’离城较远，最初没有单位要去（中直[①]除外），现在军委已经在那里大规模建设起来。因为这些单位在业务上与城内的联系较少，因此‘新北京’在今天的发展情况来看，恐怕是要成为军委系统的用地了，可能再加上中共中央各直属单位。”[②]

三 “梁陈方案”的压缩式实现

对于首都行政区规划，梁思成和陈占祥态度的转变只是问题的一个方面而已，除此之外，还有首都行政机关建设的实际情况。这种实际情况又如何呢?

在2012年9月7日的座谈会上，马句曾回忆：

天翔没来［北京工作］之前，北京建房都是中央拨钱、中央各部门找地方，中央各部门自己设计、自己施工，所以建筑分散。在1952年以前不批准建设新楼，1952年《朝鲜停战协定》签订以后[③]就放开了，一下子，很快，北京建立了很多新楼。军委要复兴大街西边，一条街都要走了，海军司令部、空军司令部、后勤部、后勤学院、政治学院、301医院等一直向西盖。高岗来了[④]要建房子，“四部一会”[⑤]在三里河盖。物资部、地质部、建设［建筑工程］部向北边盖。形成三里河地

---

① 指中央直属机关修建办事处负责的一些建设项目。

② 北京市都市计划委员会：《北京市都委会工作汇报（1951年）》，北京市档案馆藏，档案号：150-001-00042。

③ 《朝鲜停战协定》签署应该在1953年。1951年7月10日，朝鲜停战谈判在开城举行，这是双方交战9个月后进行战略调整的结果。此后，朝鲜战争一直在谈谈打打中进行，直到1953年7月27日，朝、中、美在朝鲜板门店签订《朝鲜停战协定》。

④ 指高岗1952年底开始担任中央人民政府国家计划委员会主席，调京工作。

⑤ 这是新中国成立初期根据统一规划、统一设计和统一建设的方式建造的一处规模较大的政府行政机构办公楼群；“四部”指第一机械工业部、第二机械工业部、重工业部和财政部；“一会”指国家计划委员会。

区、百万庄地区（见图12–15）。一直盖到了西苑饭店、天文馆。很快这一地区就盖满了。

图12–15　北京西郊三里河地区（上）和百万庄地区（下）的新建筑群（约1957年）

资料来源：北京市城市规划管理局编《北京在建设中》，第50、55页。

马句的以上口述，简要勾勒出共和国成立初期首都行政机关选址和建设的一些基本情况。一方面，对于中央各机关的建设，朝鲜战争是一个很重要的影响因素；另一方面，当时对各个机关的建设，早期控制得较为严格，不准建新楼，各机关只得四处找各种既有建筑加以改造使用，朝鲜战争结束后则开始较集中地在西郊地区进行大规模建设。

关于北京西郊军委系统的建设，“1950年，经朱德（时任军委主席）建议，在日伪规划的‘西郊新北京示范区’一带建设‘军委城’，其范围为公主坟之西，永定路以东，南至丰台区与海淀区交界的丰沟河，北至复兴路所辖地域内。从1950年12月中国人民解放军海军司令部、中国人民解放军空军司令部、中国人民解放军后勤学院等军事部门入驻，至今，此处仍多为重要军事机关驻地”①。

（一）“四部一会”建筑群规划：“梁陈方案”的第一次压缩

北京西郊“四部一会”建筑群的规划，实际上是对“梁陈方案”进行压缩的结果。1952年下半年时，参与过该项工作的陶宗震②回忆说：

为什么“梁陈方案”提出来以后，僵持两年，根本不能实现？它本身就不现实嘛。范围太大（见图12-16），中央机关又一下子定不了案，所以没法实施。

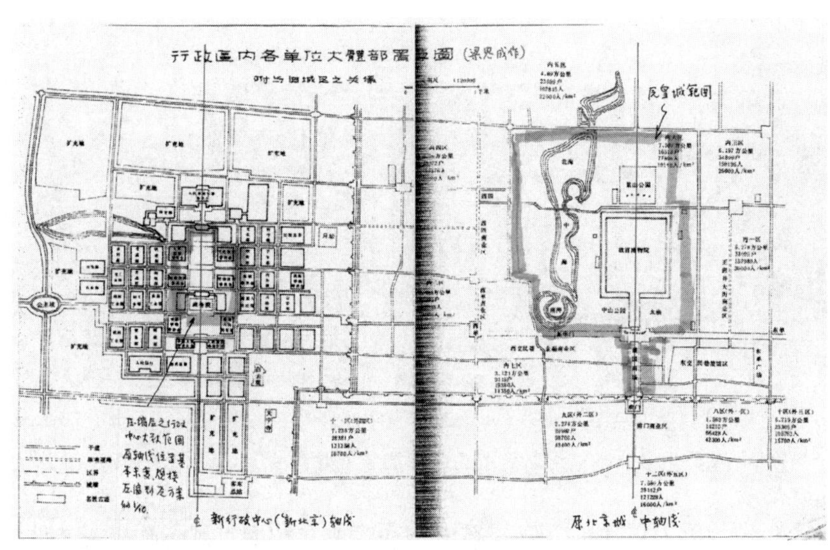

图12-16　“梁陈方案”压缩示意

注：底图为“梁陈方案”附图一《行政区内各单位大体部署草图（附与旧城区之关系）》复印件，图中左侧为“梁陈方案”压缩后的范围，右侧“原皇城范围”及有关文字系陶宗震标注。

资料来源：吕林提供。

---

① 《一九四九年前北京城市发展史上的重大建设项目》，2008，第187页。

② 当时陶宗震为建筑工程部城市建设局（筹建中）的技术干部（1952年8月从清华大学“三校”建委会调至建筑工程部工作），由于城市建设局正在筹建中，实际工作较少，故而暂时去北京市都市计划委员会工作。

在一片空地上盖那么大的建筑群，在当时是完全脱离实际的，因为不仅要盖房子，还要一套市政设施。在城里建几个部，市政设施至少有原来的设施可用，在平地起盖一个建筑群是根本不可能的，所以迟迟没有动。

一下子压成原方案的十分之一，仍然可以建100万平米，梁先生没有理由不赞成压缩的方案。就是因为梁先生赞成，薛子正也认为这么压缩以后就可以实施了，又加上高岗要来当计委主任，他得盖一组房子，有这些客观需要。

梁先生当时也默认了，让陈占祥带我去看地。看完地，根据梁先生提出的原则，压缩到一个平方公里左右，就相当于故宫本身，从图上看差不多那么大的一块。这一块，根据当时的估算，也可以容纳上百万平米办公楼的建筑。

压缩的方案就是张开济设计的“四部一会”的建筑群（见图12-17）。当然，这个建筑群又只实现了一个团。[完整的规划是]四个团，加一个主楼。[如果]五个建筑群都实现了，也是上百万平米的。只实现了一个团，具体说就是“四部一会”。[后来]就暂停了。这个停，跟“梁陈方案”已经没有关系了。

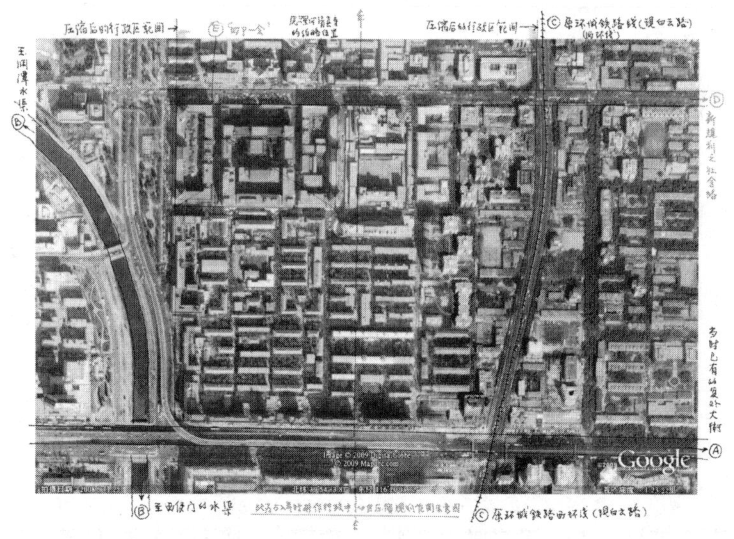

图12-17　压缩后的行政中心及其中“四部一会”范围示意

注：底图为google影像地图，图中有关色块、线条及文字系陶宗震标注。
资料来源：吕林提供。

也可以说，“梁陈方案”压缩了以后，比较现实了。这个梁先生也同意了，薛子正也认为可以实施了，这两个［领导］都同意了，才能交付设计院去设计。这是1953年初就决定的，3月左右吧……规划肯定了，才能委托做具体的建筑设计。

梁先生正确的意见，当时是保留的，也就是成组成团的建筑群。这个［主张］在实践上也可以看出来，“四部一会”当时是成组、成团的，这和拉成一条线是不一样的。择其善者而从之，其不善者而改之。梁先生正确的意见是保留了，而且体现出来了，不现实的当然得压，而且得大刀阔斧的压。压了梁先生也没有意见。

当时，薛子正对这个方案很恼火：整天要在城外建，连一条路都没有，怎么做规划？所以，［北京西郊］第一条规划路就是结合压缩北京新的中央行政中心时定的。这条路为什么这么定？拿出当时的现状就可以明白。它的四至：西边是引水河，东边是当时的西环路（后来叫白云路），南边是复兴门外大街（是日本人修的），北边只有一个孤零零的清真寺。所以，在清真寺的南边定了一条路，就是当时的“社会主义大道”（今月坛南街，见图12-18）。为什么这么定？四至就决定了这条线汇到城里，可以对上劈才胡同，但对不上灵镜胡同，北边紧贴三里河清真寺。

图12-18　月坛南街1953年旧貌（左）和1955年新街景（右）

资料来源：北京市城市规划管理局编《北京在建设中》，第54页。

同时，定了一条南礼士路，这是陈占祥定的。所以，北京在城外最早的一批建设，包括后来的规划局、设计院、建工局这一条线，都是在南礼士路建的。南礼士路当时定了30米红线。

这些事儿都是1952年已经解决的，审定规划的专家就是穆欣。等到［后来再］审定“四部一会”建筑群的时候，巴拉金就来了[①]。张开济做的建筑群［设计］是巴拉金审定的。[②]

以上回忆内容，很好地概括了“梁陈方案”设想在早期的具体的规划管理和建筑实施中，逐步向“四部一会”建筑群演化的历史过程。

另外，档案也表明，北京市都委会于1952年夏季成立了专门的西郊工作组，其主要任务是“整理现状，缩绘万分之一地形图，进行局部规划和拨地等”（见图12-19）。1953年，西郊工作组“共拨出土地5558.9217亩”，规划方面的具体工作包括三里河行政区规划和复兴门外北关厢住宅区规划等6个方面。[③]对于三里河行政区规划，当时的工作中存在着“任务不够明确”“在规划时只单凭个人的感情和幻想出发，和实际脱节”等主要缺点。[④]

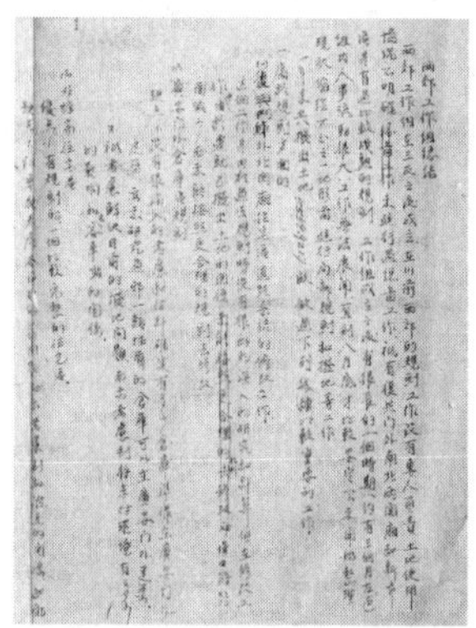
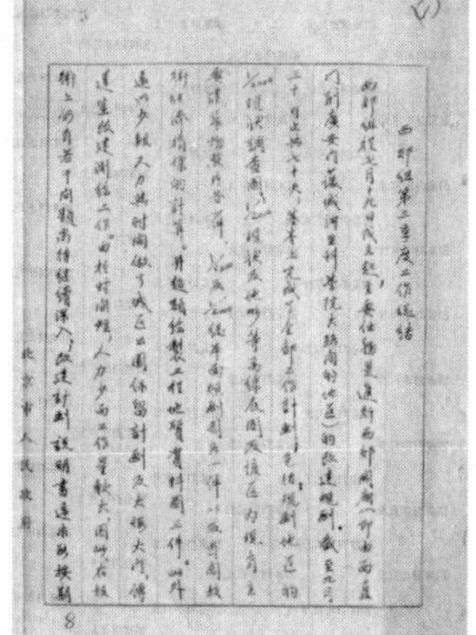
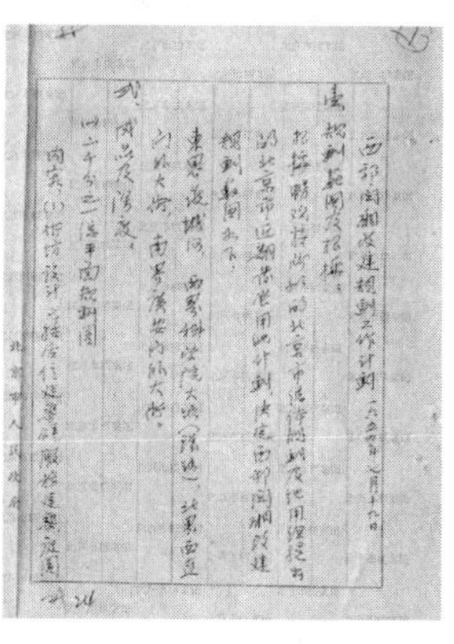

图12-19　北京市都委会《西郊工作组总结》（1952～1954年）的部分内容

资料来源：北京市都市计划委员会《北京市都委会西郊组工作总结及西郊关厢改建规划》，北京市档案馆藏，档案号：150-001-00090。

① 苏联专家巴拉金来华的时间为1953年5月底，受聘在建筑工程部工作。

② 陶宗震口述，李浩整理《梁陈方案》，根据陶宗震生前口述录音（吕林提供）整理，2018。

③ 北京都市计划委员会：《北京市都委会西郊组工作总结及西郊关厢改建规划》，北京市档案馆藏，档案号：150-001-00090，第1～2页。

④ 据《西郊工作组总结》1953年的内容，西郊工作组的缺点包括：“1.勘察得不够彻底；2.任务不够明确，也无具体材料，因此，在规划时只单凭个人的感情和幻想出发，和实际脱节；3.工作无计划，很被动；4.领导帮助不够，如成立了专门工作组，但无形中又解散，影响工作进度很大。”北京都市计划委员会：《北京市都委会西郊组工作总结及西郊关厢改建规划》，第2页。

（二）“四部一会”建筑群的具体实施：“梁陈方案”的第二次压缩

对于“四部一会”建筑群的规划，也未能完整实现，因为1954年“高饶事件”发生，1955年迎来了以建筑领域为重点、以批判“大屋顶”为标志的新一轮增产节约运动，“四部一会”建筑群的规划只实施了其规模的1/4就停建了，规划区域中间的主楼及另外3组建筑均未修建（见图12-20），而对于第一批修建的一组建筑，个别建筑物的“大屋顶”建造完成后却未能安装，这就是今天国家发展和改革委员会办公楼式样的来历。

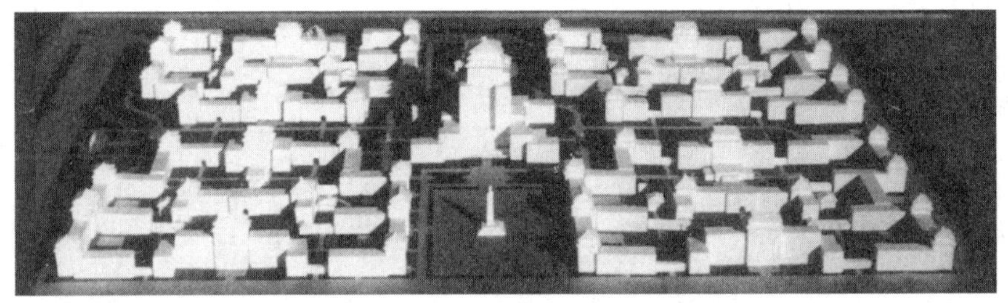

图12-20　北京市西郊三里河行政中心规划模型照片（张开济收藏）

资料来源：王军《城记》，第127页。

对此，当年的设计者张开济曾回忆：

“四部一会”工程的规划开始于1952年。当时，国家计委选择在北京西郊三里河地区建设一个以计委为中心的中央政府行政中心。规模很大，两个设计单位被邀提供规划方案，北京市建筑设计院的方案被当时的苏联专家选中了，从此我就成了该计划的工程主持人。我的方案采用了周边式的布局，把基地分成五个区：中心一个区，四周各一个区。1954年间，这个宏大的规划中途停止了。到底为什么未实现这个规划？恕我也不清楚。因此当时只完成了其中西北区内的一部分建筑，面积为9万平［方］米，这就成了现在的“四部一会”建筑群。假如能按照原来规划全部建成的话，其建筑总面积将达八九十万平米，中央多数部门的建房问题就可以在这里解决了。……

1955年，基建战线曾吹起了一个以批判大屋顶为主的反浪费运动。这时候，快要竣工的“四部一会”的建筑群，由于具有一定的民族形式，又“在劫难逃”了。当时，两幢配楼已经完全竣工。剩下一幢主楼的大屋顶尚未盖顶，不过大屋顶所需琉璃瓦都已备齐并且运到顶层了。于是，是否要完成这最后的大屋顶就成了一个问题。作为该工程的主持人，我当然不能不表态。此时我刚在《人民日报》发表文章，检讨了自己作品中搞复古主义的错误。若是坚持盖这个最后的大屋顶，怕人家批评我口是心非，言行不一。于是就违心地同意不加大屋顶，并设计了一个不用大屋顶的顶部处理方案，一个自己也很不满意的败笔。后来“反浪费”运动已经事过境迁了。许多同志，其中包括彭真同志，看到这个“脱帽”的主楼都很不满意，批评我当时未能坚持原则。这个批评我倒是愿意接受的。不过，当时我个人即使坚持了，这个大屋顶可能也是“在劫难逃”的，因为 ××× 同志当时既主管这个工程，同时又领导“反浪费运动”。因此，他在大屋顶这个问题上，也必须以身作则，只好大义灭“顶”了（见图12–21）。

总之，为了“四部一会”工程，我先是检讨自己不该提倡复古主义，后来又反省自己在设计中缺乏整体思想，不能坚持原则，来回检讨，自相矛盾，内心痛苦，真是一言难尽！[①]

图12–21　三里河国家计委办公楼旧貌（约1958年）

资料来源：建筑工程部建筑科学研究院《建筑十年——中华人民共和国建国十周年纪念（1949—1959）》，1959，图片编号：56。

① 转引自张开济《从“四部一会”谈起》，载杨永生主编《建筑百家回忆录》，中国建筑工业出版社，2000，第34～38页。

也就是说，在“梁陈方案”1950年2月提出后，受朝鲜战争的影响，国家严格控制中央机关办公楼的兴建，没有实施的可能性；朝鲜战争结束后，国家对中央机关办公楼兴建的监管有所放松，中央行政区规划建设迎来了难得契机，于是对1950年2月提出的方案做了大幅压缩，形成1953年初的中央行政中心设计方案，并开始逐步实施；到1955年，在以反对“大屋顶”为标志的增产节约运动的形势下，1953年初的中央行政中心设计方案又再次受到压缩，只有部分设计内容得到落实。

作为“梁陈方案”一事的一名亲历者，李准也曾回忆：

“梁陈方案”与前苏联专家意见之争，核心问题在于“行政中心安排在哪”。当时梁思成先生明确主张将行政中心搬到西郊，月坛南街一直往西到公主坟一带。而苏联专家主张建在城里，这就发生分歧了，这个矛盾一直延续到现在。直到今天仍有很多所谓同情“梁陈方案”的人，在为梁思成先生叫屈：你们就不相信梁先生的方案，就不理他，就主张在城里头发展，弄得北京城乱七八糟。

事实上不是这么一回事。党和政府并没有对梁先生的方案置之不理：“四部一会”的房子就是建在玉渊潭和月坛之间，月坛南街的一大片住宅，也是按照梁先生考虑的行政中心在西郊这么一个意思而配套建设的住宅。

当时国家正值恢复生产建设时期，底子很薄，又赶上抗美援朝。如果全部采纳梁先生的方案，就相当于要重建一个像皇城那么大的区域，这需要相当大的投入，我们经济基础非常薄弱，不具备这个条件。所以，最终部分采纳了梁思成先生的意见，没有全部采纳。①

（三）20世纪50年代首都行政机关选址和建设的总体情况

中华人民共和国成立后的10年时间内，首都各行政机关经过不断调整、建设和发展，最终形成了在城区和西郊地区并行布置的格局。

---

① 《中国建设报》记者李兆汝等采访李准后撰写的文章，载于2006年10月31日《中国建设报》。转引自李准《紫禁城下写丹青——李准文存》，第295~296页。

1959年7～8月，建筑工程部城市建设局城市规划处曾专门安排工作组，到北京市调查了解城市规划建设的情况，据该工作组于同年9月完成的《北京市公共建筑情况》专题报告中的记载，当时“在旧城区分布的机关较多，市级与中央的机关共有300多个，总干部人数在4万以上”，仅中央机关，当时共有256个分布在北京，干部职工6.5万人（不包括军事等特殊机关），其中西郊、北郊和东郊的数量分别为49个、14个和4个，人数分别为2.59万、0.69万和0.2万人①（见图12-22）。

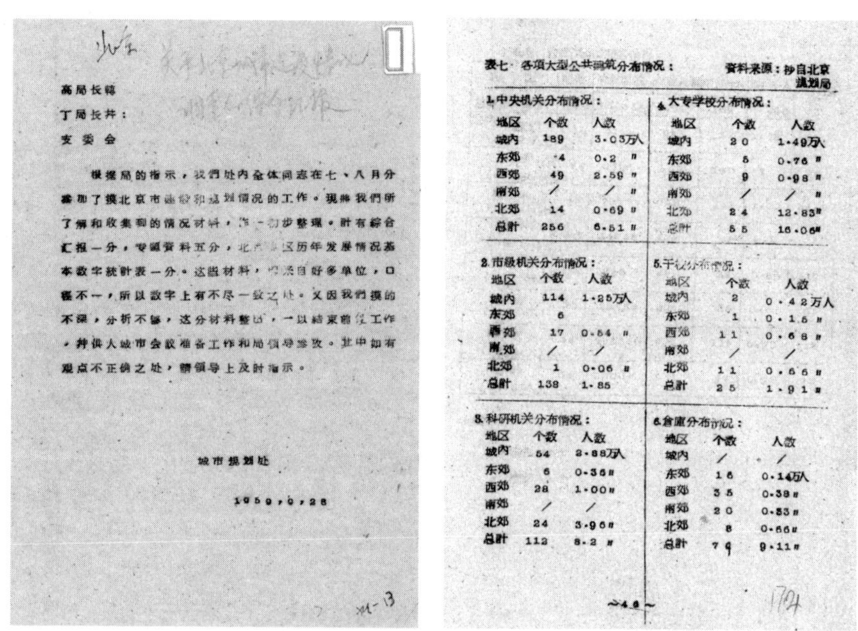

高局长转
丁局长并：
支委会

根据局的指示，我們处内全体同志在七、八月分参加了摸北京市建设和规划情况的工作。现将我們所了解和收集到的情况材料，作一初步整理。計有綜合汇报一分，专题資料五分，北京市区历年发展情况基本数字統計表一分。这些材料，[illegible]自好多单位，口徑不一，所以数字上有不尽一致之处。又因我們摸的不深，分析不够，这分材料整理，一以結束前段工作，并供大城市会議准备工作和局领导参考。其中如有观点不正确之处，請领导上及时指示。

城市规划处

1959，9，28

表七　各项大型公共建筑分布情况：　　资料来源：抄自北京规划局

1.中央机关分布情况：

地区	个数	人数
城内	189	3.03万人
东郊	4	0.2 〃
西郊	49	2.59 〃
南郊	/	/ 〃
北郊	14	0.69 〃
总計	256	6.51 〃

2.市级机关分布情况：

地区	个数	人数
城内	114	1.25万人
东郊	6	
西郊	17	0.54 〃
南郊	/	/
北郊	1	0.06 〃
总計	138	1.85

3.科研机关分布情况：

地区	个数	人数
城内	54	2.88万人
东郊	6	0.36〃
西郊	28	1.00〃
南郊	/	/
北郊	24	3.96〃
总計	112	8.2 〃

4.大专学校分布情况：

地区	个数	人数
城内	20	1.49万人
东郊	5	0.76 〃
西郊	9	0.98 〃
南郊	/	/ 〃
北郊	24	12.83〃
总計	55	16.06〃

5.干[illegible]分布情况：

地区	个数	人数
城内	2	0.42万人
东郊	1	0.15 〃
西郊	11	0.68 〃
南郊	/	/
北郊	11	0.66 〃
总計	25	1.91 〃

6.倉庫分布情况：

地区	个数	人数
城内	/	/
东郊	16	0.14万人
西郊	35	0.38〃
南郊	20	0.53〃
北郊	8	0.66〃
总計	79	9.11〃

～46～

图12-22　建筑工程部城市建设局城市规划处关于《北京市公共建筑情况》调查工作的说明（左）及调查报告中关于公共建筑分布情况的表格（右）（1959年9月）

资料来源：建筑工程部城市建设局城市规划处《北京市规划与建设情况调查》（1959年），中国城市规划设计研究院档案室藏，档案号：0325，第2、174页。

另据北京市城市规划管理局于1962年8月完成的一份《关于在京中央级机关的房屋建筑及其在城市中的分布问题》的调查研究报告（见图12-23），到1961年止，“在京中央一级的机关一共有157个，职工

① 建筑工程部城市建设局城市规划处：《北京市规划与建设情况调查》（1959年），中国城市规划设计研究院档案室藏，档案号：0325，第158～174页。

62,858人，其附属单位（设计院、勘测机构、报社、出版社、资料馆和各种专叶［业］公司）一共有122个，职工37,588人，两者合计有279个单位，职工100,446人”[①]。这些单位包括中共中央、国家机关，以及各民主党派及群众团体三大系统，[②]“从发展上看，这三个系统的职工，1949年为2.4万人，到1961年达10万人，计增加了三倍多”[③]。

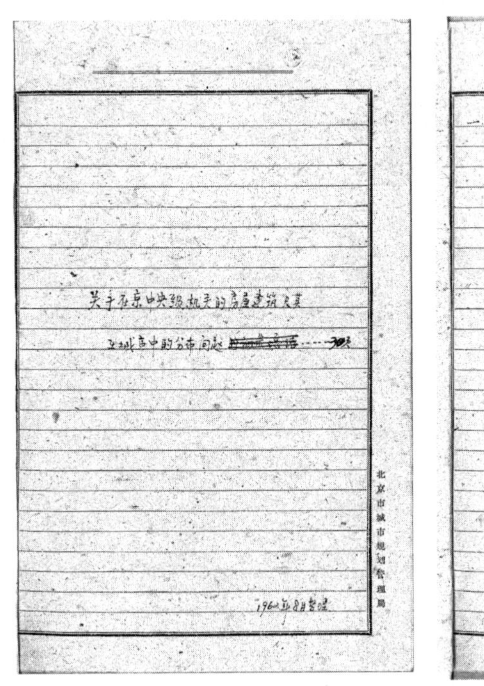

关于在京中央级机关的房屋建筑及其在城市中的分布问题

1962年8月

北京市城市规划管理局

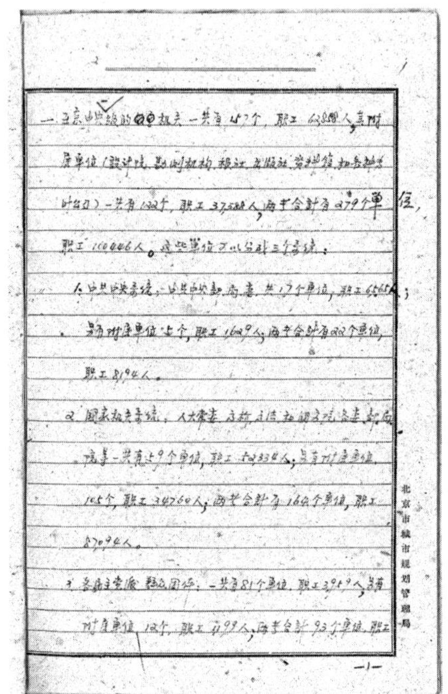

一、在京中央级的机关一共有157个，职工62,858人，其附属单位（设计院、勘测机构、报社、出版社、资料馆和各种专叶公司）一共有122个，职工37,588人，两者合計有279个单位，职工100,446人。这些单位可以分为三个系统：

1、中共中央系统：中共中央部、局、委，共17个单位，职工6565人；另有附属单位5个，职工1629人，两者合計有22个单位，职工8194人。

2、国家机关系统：人大常委、高检、高法和国务院各委、部、局、院等一共有59个单位，职工52334人；另有附属单位105个，职工34760人，两者合計有164个单位，职工87094人。

3、各民主党派、群众团体：一共有81个单位，职工3959人，另有附属单位12个，职工1199人，两者合計93个单位，职工

北京市城市规划管理局

—1—

图12-23 《关于在京中央级机关的房屋建筑及其在城市中的分布问题》封面（左）及正文首页（右）（1962年8月）

资料来源：北京市城市规划管理局《关于在京中央级机关的房屋建筑及其在城市中的分布问题》（1962年），北京市城市规划管理局档案，第1～2页。

① 详见北京市城市规划管理局《关于在京中央级机关的房屋建筑及其在城市中的分布问题》（1962年），北京市城市规划管理局档案，第1～3页。

② 中共中央系统，即中共中央的各部、局、委，共22个单位，职工8194人；国家机关系统，即全国人大常委会、最高检察院、最高法院和国务院各委、部、局、院等，共164个单位，职工87094人；各民主党派、群众团体，共93个单位，职工5158人。

③ 详见北京市城市规划管理局《关于在京中央级机关的房屋建筑及其在城市中的分布问题》（1962年），北京市城市规划管理局档案，第1～3页。

就中央一级机关的分布而言，“279个单位的分布状况，在城内的有173个单位（其中在内城就有154个单位），西郊78个，北郊24个，东郊4个。以职工人数来说，一半少一点集中在城内办公，一半多一点在近郊办公，其中西郊最多，北郊次之，东郊最少。总的说来，中央一级机关主要是集中在内城和西郊”[①]。

综上所述，在经历了前后两轮不同程度的压缩以后，“梁陈方案”以另一种方式实现（见图12–24）。如果说“梁陈方案”未被采纳、遭放弃或者没有发挥任何作用，实际上也并不准确，更不符合历史事实。

图12–24　北京西郊地区之鸟瞰（约1958年）

资料来源：中华人民共和国建筑工程部、中国建筑学会《建筑设计十年（1949–1959）》，1959，第145页。

① 详见北京市城市规划管理局《关于在京中央级机关的房屋建筑及其在城市中的分布问题》（1962年），北京市城市规划管理局档案，第1～3页。

结语

以上各章分别从不同角度对“梁陈方案”相关的一些情况进行了讨论，从研究目的及定位出发，本书作者将主要精力放在了对有关史实原委的厘清上。而当我们把一系列看似琐碎的历史片断拼贴在一起做整体思考的时候，有关的历史发展脉络及对其的认知也就逐渐清晰起来。

一 对“梁陈方案”一事的基本认知

1949年5月8日召开的都市计划座谈会，不仅是首都规划机构（都委会）得以筹备、成立的一个重要源头，也是“梁陈方案”得以产生的一个重要原点。因为，关于在北平市西郊建设一个首都行政区的规划设想，即“梁陈方案”最核心的内容，梁思成在这次座谈会上做了相当明确而系统的阐述。这个时间不仅在首批苏联专家团到达北平（9月16日）之前，而且也在陈占祥首次来到北京并第一次见到梁思成和林徽因（10月底）之前。也就是说，“梁陈方案”最核心的建议内容，本来是与苏联专家无关的。

在临近1949年5月8日的时间内，支撑梁思成形成在北平市西郊建设首都行政区这一规划构想的，既有当时的西郊新市区经历10余年规划、建设、经营所形成的令人瞩目的现状条件，也有抗战胜利后国民政府曾经考虑将其作为首都备选地而进行建设的历史因缘，还有中共中央领导机关自1949年3月底起在西郊办公这一带有指向性的明确信号。因此，这样的一个规划设想在5月8日座谈会上提出后，得到了与会领导的明确肯定与回应。此后，梁思成获得明确的规划授权，为《人民日报》等权威媒体所广而告之，并取得了一些阶段性的研究成果。

然而，1949年是一个十分特殊的年份，社会各方面的形势都处在不断发展和变化中。到1949年9月，梁思成及其团队必须面对三种情况：其一，中共中央驻地从西郊迁入城区，这使得原有在西郊建设首都行政区的规划设想，面临巨大挑战；其二，苏联市政专家团来华并逐渐涉入城市规划工作，这自然与已获得正式授权，并在规划设计工作上取得阶段性成果的梁思成团队，形成一种微妙的竞争关系；其三，开国大典前后一大批中央行政机关急于寻找办公地址而在城区四处占地，古都风貌和既有秩序面临严峻威胁。这三种情况的出现，使对北平城和古建筑无限热爱的梁思成感到心烦意乱、异常郁闷。

正是在这样的时代背景下，在这样的一种心境中，梁思成与陈占祥一道，在1949年11月14日召开的苏联市政专家巴兰尼克夫的报告会上，重点针对首都行政机关位置问题发表了明确的反对意见，后来又进一步正式提出了书面的《梁陈建议》。

考察这样一个历史过程可以发现，面对当时社会形势的变化，对于在西郊建设首都行政区的学术主张，梁思成并没有产生动摇。梁思成和陈占祥的确是与苏联市政专家持有不同见解，但这些不同见解又并非产生自与苏联市政专家的争论，而只是体现梁陈所坚持的早已有之的学术主张而已。梁陈对苏联市政专家的意见，更准确地说其实并不在学术方面，他们当时只是将对社会各方面的一些意见和愤慨，通过一种看似学术辩论的方式表达了出来。而表达这种意见和愤慨的一个十分重要的契机，即对苏联市政专家的建议提意见。也就是说，就“梁陈方案”这件事而言，苏联市政专家的建议在某种意义上实际扮演了有关技术责任的承担者的角色。

1949年来华的苏联市政专家团本来是对上海市政建设进行技术援助的，但为了新中国首都的长远发展，基于莫斯科规划建设的实践经验，他们对北京市的城市规划问题提出了一些建议，这些建议是善意的，也是可以借鉴的。从历史的角度看，苏联专家的建议对首都北京的城市规划建设工作也产生了一些积极影响。但是，长期以来，在我们的社会舆论乃至学术语境中，常把苏联市政专家放到了与中国专家对立的一方，甚至采用“遭遇强劲对手”“与苏联专家的较量”[①]等充满敌意的文字对二者之关做煽情描述，这并不符合真实的历史情况。

我们应该换位思考：对于当年来华的苏联市政专家，假若您是北京市民，您会对他们提出的北京城市规划建议发表什么见解？假若您是苏联市政专家，被派往中国执行城市规划技术援助任务，而您和一些同行对这个国家的有关情况并不了解或熟悉，那么，您将如何开展技术援助工作；您能够为这个陌生国家的城市规划提出哪些意见或建议；在若干年以后，假若后人对您早年的工作做出一些并不符合历史事实的评价，您又当做何感想？

在首批苏联专家团来华将74周年、中苏（俄）建交将74周年之际，对于当年无私帮助过我们的苏联专家，应该给他们一个更加公正的评价；对于他们的帮助和贡献，我们应该铭记并表示诚挚的感谢。

二 关于梁、林、陈的主张及政府规划决策的情况

在1949年9月之后的一段时间内，面对当时迅速发展变化的社会形势，对于在西郊规划建设首都行政区的学术主张，梁思成为何一直没有产生动摇呢？

在苏联市政专家到京开展技术援助工作之初，彭真于1949年10月6日与他们谈话时，就已经对梁思成主持的“新北京计划”（重点即西郊首都行政区规划）做出了相当明确的评价：“梁博士的新北京计划也还是学术上研究，没有成为政府的计划”。政府方面的这种态度，梁思成应当是知晓的。在此情况下，他仍然与陈占祥在1949年11月14日的报告会上与苏联市政专家进行争论，这显然是相当无奈之举动。

在1949年11月14日的报告会上，通过苏联市政专家团团长阿布拉莫夫的发言可知，梁思成已经清楚毛泽东主席关于“政府机关在城内，政府次要的机关是设在新市区”的指示。在梁思成于1950年3月中旬向

① 王军：《城记》，第82、97页。

有关领导呈送正式的《梁陈建议》之前，中央已于1950年2月“批准了北京市以北京旧城为中心逐步扩建的方针”，而苏联市政专家团更是早在1949年11月28日就已离开北京转赴上海工作。

梁思成的这两次举动，固然可以理解为受其个人性格方面的一些因素的驱使，但这样的解释远远不够。应该说，支撑梁思成学术立场不为形势所变的，还有更深层次的因素。品读《梁陈建议》可以看出，它通篇承载着梁思成对于科学规划思想的阐述、坚持和弘扬。面对当时不断发展变化的社会形势，梁思成对于在西郊规划建设首都行政区这一学术主张态度坚定，这正是他对科学规划思想和理想信念的坚守！对于在西郊规划建设首都行政区的这一学术主张，梁思成认为是最为科学合理的；对于从现实因素出发所产生的一些不同意见，在梁思成看来是那么的微不足道，它们必将造成“一系列难以纠正的错误”，“决定将成为扰乱北京市体形秩序的祸根”，因为“这些可能的错误都是很明显的”。

作为一个古建筑研究专家，梁思成对北京古城这座“原是有计划的壮美城市”，对这部“为艺术文物而著名”且“保留着中国古代规制，具有都市计划传统的完整艺术实物”的“都市计划的无比杰作”，极为热爱，有着非常特殊的感情。毋庸置疑，为数庞大的首都行政机关在北京城区内见缝插针地安营扎寨，是1949年9月前后对北京古城风貌产生巨大威胁的举动。梁思成当然不希望各类行政机关的驻扎、建设，对北京古城风貌产生破坏作用。要避免这一悲剧的发生，在城市规划方面所能采取的一项应对措施，就是在西郊规划建设一个专门的首都行政区，这亦是梁思成早在1949年5月8日座谈会上就曾明确提出的设想！

当然，深入考察也可以发现，早在1949年5月8日的座谈会上，梁思成关于在西郊建设首都行政区的规划设想，其动机主要是为北京西郊地区做长远发展考虑，并非为了解决首都行政机关办公用房的难题，也非对北京老城历史文化遗产进行保护。而1950年2月完成的《梁陈建议》，则通篇洋溢着保护北京古都风貌的思维意识。这表明，梁思成的首都规划思想也悄然地发生了巨大的转变，或者说有一个逐步发展的演进过程，尽管1949年初和1950年初他一直在坚持西郊首都行政区规划，但这只是表层的，更深层次的规划思想、观念和意图与此前已完全不同。

不论如何，都必须强调的是，在《梁陈建议》中，梁思成所倡导的这样一种对城市建设进行合理规划布局的前瞻性设想，这样一种对北京城进行空间结构调整的长远战略建议，不仅是近现代城市规划工作者的核心使命，对于北京这座古城来说，也是一个千载难逢的机会，稍纵即逝。

换言之，“梁陈方案”为古都北京提供了一次实行整体性保护的唯一机会！对于这样一个事关古都北京未来前途与命运的重大决策，对于这样一个事关北京城全局的战略性抉择，梁思成怎么会轻言妥协，轻言放弃？这一点，或许正是在1949年9月首都规划形势骤变以后，梁思成依然坚持在西郊建设首都行政区规划的根本原因。

然而，尽管在梁思成、林徽因、陈占祥看来，他们所主张的规划方案是非常科学而又理性的，并且具有相当强的前瞻性，但也要承认，“梁陈方案”并非完美无缺。在北京市西郊规划建设首都行政区的主张，在财政经济、社会文化方面，特别是在国防安全方面，存在着这样那样的问题或弊端，而这些问题或弊端则令决策者顾虑重重，难以完全接纳。

这些当然并非梁思成、林徽因、陈占祥个人的因素所致，而是城市规划工作特点所致，是中国城市规划学科（如果当时可以用规划学科来称呼的话）在1949年前后的现实状况所致。“城市规划看似浅显，因为它贴近生活，谁都可以‘说三道四’，‘评头论足’，但它又很精深，深在它的综合性和复杂性。一个人很难具有如此全面的知识和经验，去穷尽它的真谛”[①]。从近百年世界城市规划发展史来看，在城市规划理论与规划实践之间，始终存在着一条无法逾越或消除的巨大鸿沟，那就是被规划界所承认的一种学科发展的无奈局面。“梁陈方案”作为专家学者提出的个人建议，难以有效应对城市规划工作所面对的综合性和复杂性现实情况，存在一些问题或不足，是在所难免的。

因此，我们应该以客观态度来看待“梁陈方案”。梁思成、林徽因

① 邹德慈：《我的专业历程》，载《邹德慈文集》，华中科技大学出版社，2013，第7页。

和陈占祥主要是专家学者而非政治家，他们对有关的一些规划理论问题有更多的关注和研究，“梁陈方案”是他们的一份学术性建议。“梁陈方案”的遭遇正是在1949年前后的中国城市规划学科十分薄弱、尚处于有待建设、完善状态的一个真实写照。另外，城市规划的科学决策还有一个重要的原则，那就是必须对各种不同的规划思路与规划方案进行全面分析和论证，比较各个方案的优缺点，然后综合各个方面的有利因素，最终形成较为优化的方案。而“梁陈方案”所存在的一些缺点或不足，并不能遮盖该方案本身的亮点，无损其固有的独特价值。

城市规划的价值不只在于规划的实施或实现，还在于研究过程中对参与规划的人员及社会各方面因素的影响和促动，一些看似对立的规划方案具有拓展思路的独特意义，某些规划理想具有启发和反思等作用，这些都是城市规划价值的重要体现。因此，在这个意义上，尽管“梁陈方案”未能完全实现，但梁思成、林徽因和陈占祥仍然是十分可敬而伟大的！面对当时“一边倒”的特殊政治形势，敢于提出不同见解，勇于坚持自己的不同意见，这本身就是中国知识分子的一种学术精神和价值的体现，值得我们借鉴，更值得学界铭记！尽管“梁陈方案”未能完全实现，但是它承载着梁思成、林徽因和陈占祥等先辈的学术追求与理想坚守，他们开启了中国现代城市规划事业的序幕，写下中国现代城市规划史的光辉一页。作为中国城市规划和建筑学人的杰出代表，梁、林、陈等先辈的学术精神必将彪炳史册，永远激励和指引后辈们前行！

此外，对于当年在规划管理部门工作的同志，以及做规划决策的一些重要领导者，也有重新认识和评价的必要。长期以来，社会舆论中充斥着一种论调：当年政府部门对梁思成和陈占祥不够重视，没有采纳“梁陈方案”是错误决策。本书通过专题研究表明，对于梁思成和陈占祥两人，政府方面是极为器重的，在“梁陈建议”提出后的一段时间内，梁陈两人在某种意义上成为主导北京市都委会工作的最为关键的两位领导，而之前首都规划部门的两位核心领导则被调离了规划岗位。对于“梁陈建议”，早年主管规划工作的一些领导者也是充分尊重并做了认真研究的，他们综合考虑多方面情况，并兼顾各方面利益及整体局势发展等因素而审慎做出抉择，并不存在盲目决策或者不尊重专家学者的问题。中华人民共和国成立之初，国家面临的巨大任务是争取全国解放和政权的稳固，在当时时间十分紧张、形势非常紧迫的条件下，首都各类行政机关只有在北京老城内驻扎这唯一一项选择，专门规划建设首都行政区在时间上是不允许的。

或许有人还会说，即便当时“梁陈方案”无法实施，仍可以作为长期发展的备用方案，留待若干年以后时机成熟时再予实施。但实际上，正如多份史料所表明的，担心遭受空袭等国防安全因素，是有关专家对首都行政区规划问题持不同意见的一个重要原因，对于把所有首都行政机关高度集中在同一个地区的规划建设方案，决策者顾虑重重，自然也就没有必要将它作为预留方案了。

从根本上讲，城市规划是一种具有鲜明实践特征的政府行为和社会活动，解决实践中的问题，城市规划理论的社会功能对规划界有着更高的要求。[①]因而，决策者不能偏倚于某一理论性设想而抉择，而应更多地从一些现实要求和可能的条件出发来务实决策。更何况首都规划并非只有新城规划这一种模式，在当时的条件下，依据莫斯科规划的实践经验，在北京城区内实行改扩建也是一种可供选择的方便适宜、节俭实用的规划模式，从理论上讲并非不合时宜。

三　合理区分“梁陈方案”与《梁陈建议》

讨论至此，我们还必须要进一步追问，长期以来社会各方面为什么会对“梁陈方案”争论不休，为何会形成两种截然不同的对立性评价？在一些人看来，“梁陈方案”是那么的科学、合理和正确；而在另外一些人来看，“梁陈方案”则不具备现实性，根本不可能实现。对于这两种对立性评价，究竟应当如何认识？

我们注意到，这两种对立性评价所谓的“梁陈方案”，其实是两个完全不同的概念：其一是梁思成和陈占祥合著的《关于中央人民政府行

① 张兵：《城市规划实效论：城市规划实践的分析理论》，中国人民大学出版社，1998，第11页。

政中心区位置的建议》(《梁陈建议》),它的精髓是促进城市合理布局,以期实现城市长期健康发展,是一种科学规划的思想理念;其二即《梁陈建议》所附的两张规划图《行政区内各单位大体部署草图(附与旧城区之关系)》及《各基本工作区(及其住区)与旧城之关系》,它们的本质是关于首都行政区规划的具体设计方案。

简言之,两种对立性评价的对象,其实分别是《梁陈建议》和"梁陈方案"。关于促进城市合理布局以期实现城市长期健康发展的规划理念,即《梁陈建议》,当然完全是科学合理的;而作为具体的规划设计方案即"梁陈方案",是专家学者的学术性建议,是可供选择的方案之一,自然不可能完美无缺。任何城市规划设计方案,其本身都不存在唯一性,在未经多方案比较和综合论证的情况下,必然会存在这样或那样的一些局限性。

因此笔者认为,《梁陈建议》的思想理念与"梁陈方案"的具体设计是截然不同的,对其认知的错位才是人们对"梁陈方案"争议不断、分歧严重的根源和症结所在。

"城市规划是人们在认识客观世界(即城市发展规律)的基础上提出的改造客观世界(即发展和建设城市)的设想和方案,属于认识、思想、精神范畴,是主观世界的东西"[①]。这一工作特性,决定了开展城市规划首先必须要有一个正确的规划思想。然而,仅有规划思想或理想信念仍远远不够,若要使规划理想真正能对实际规划工作起指导作用,还需要综合各方面的因素做系统分析和论证,并提供出较为完善的规划设计方案。如果说《梁陈建议》蕴含的科学规划理念是一种战略,那么"梁陈方案"所提供出的具体规划设计方案则是一种战术。城市规划问题的妥善解决及规划目标的顺利实现,必须要战略与战术的密切配合,如若偏重于某一方面或顾此失彼,城市规划建设与发展就都将陷入困境。

从这个意义上或许可以这样讲,"梁陈方案"有着科学规划理想和良好的愿望,但具体的规划设计方案却并不成熟。"梁陈方案"一事给

① 邹德慈:《城市发展根据问题的研究》,《城市规划》1981年第4期。

我们的启示就在于，规划师的理想信念固然十分重要，但也应当具有一定的深入社会实际的现实主义精神，要提高理论与实践相结合的规划意识及统筹协调能力，这是由城市规划作为实践性学科的基本特点所决定的。

四　古都北京的风貌保护

回顾北京的城市规划发展史可知，关于“梁陈方案”的争论早在1951年底就已经终结，但在沉寂了数十年之后却又再度引发热议，且长期热度不减，其主要原因是在20世纪80年代前后关于北京旧城历史文化保护问题的讨论中，一个关于“没有听‘梁陈方案’因此把北京搞乱了”[①]的论调由此而生。

其实，这是一个没有多少学术价值的伪命题，但凡对北京城市建设和发展的整体情况有所了解，但凡对北京城市规划史有些常识，就能清楚知道，北京旧城历史文化的破坏，最大的影响因素，或者说真正的元凶，是20世纪80年代末以后的快速城镇化背景下疯狂的房地产开发活动。这是一个相当浅显的道理，也是一个不容争辩的基本事实。

经常有人会这样说，假如当年采纳了梁思成、陈占祥的建议，今天的北京将会是另外一种不同的局面。其言外之意是，“梁陈方案”可以避免北京古都风貌遭受破坏。

历史没有假如，但可以有些假想，这将有助于深入对北京城市规划史的认识。在这里，我们可以设想当年“梁陈方案”若被完全采纳，北京城市建设的后续发展将会出现什么样的情形？今日之北京将会呈现出何种面貌？

首都行政区的规划是一个十分庞大的系统工程，其建设实施又是一个长期的历史过程，需要经过复杂的程序和各个阶段，可谓“环环相扣”，而一旦其中某一环节出了问题，势必会导致城市规划的事与愿

① 李浩访问/整理《城·事·人——城市规划前辈访谈录》第9辑，中国建筑工业出版社，2022，第119页。

违。20世纪20～40年代南京中央政治区规划所遭遇的种种波折，以及其最终的尴尬处境，正说明了首都行政区规划问题的特殊性和复杂性。回望1949年以来的70多年，我国各级政府在不同历史时期都开展过一系列的增产节约运动，对各地的城市规划建设活动产生了显著的影响。假如“梁陈方案”被采纳，其在具体细化和实施的过程中，恐怕也会遭遇种种困难乃至挫折，真若如此，人们对它的评价或许就将是另一种情形了。

由于这样那样的原因，社会大众乃至规划师、建筑师，往往都对城市规划的理想模式充满着敬仰、期待甚至幻想。但许多城市规划建设实践的事实则给我们以重要启示：理想的规划模式尽管对城市的长远发展至关重要，但它在促进城市健康发展方面的作用也是有限的，绝不可能一劳永逸地解决城市发展的所有问题。那些将当前北京城市发展的种种问题，全部归结于数十年前未能完全采纳“梁陈方案”，以至于将北京城市建设搞乱了的观点，显然是不够理性、不够客观，也不够科学的，这是历史虚无主义的表现。

谈及“梁陈方案”，不少人会油然而生一种别样的情感，更准确地说，这种情感其实是对古老北京城或北京老城墙的怀念（见图13-1）。而本书研究则清楚地表明，早年关于“梁陈方案”的争论，其实是与城墙根本无关的，有人把城墙存废问题与“梁陈方案”相提并论，实际上是一种误识或错觉。

对于北京历史文化遗产屡遭破坏，生活在这个城市中的每一个人都会感到痛心疾首，我们都应为之而呼吁并努力做出自己应有的贡献，但是，对有关问题的认识要有理性和科学的态度。只有在深刻洞察有关历史事实和城市发展规律的基础上，研究并提出切实可行的规划对策，才能促使首都历史文化遗产保护目标真正实现。

换个角度思考，“梁陈方案”在时隔数十年以后再度引发热议，“其实隐含着对北京后来历史文化名城保护和城市建设的不满”[①]。从规划史研究的角度看，除了新中国成立前后大规模建设活动尚未展开之时，是

① 2020年3月14日，王建国对本书征求意见稿的反馈意见。

对北京古城进行战略保护的一个机遇期之外，20世纪80年代中大规模房地产开发浪潮来临之前的一个时期，也是对北京古城保护的一个十分重要的战略机遇期，遗憾的是，当时未能提出一个明确的对北京城市空间结构进行结构性调整的规划设计方案——就像法国巴黎的拉德芳斯新区规划方案那样，它吸引了来势汹汹的房地产开发和现代化建设活动，对巴黎老城的历史文化保护起到了“围魏救赵”的战略性保护作用。实际上，早在1984年1月，吴良镛就曾发表《历史文化名城的规划布局结构》一文，明确提出建设新区是推动历史文化名城保护妥善而可行的规划模式，[①]此实乃富有远见的真知灼见，可是，该文只是在学术层面引起了讨论和共鸣，并未能促成政府层面的方案研讨和规划行动。之后，对北京古城进行战略保护的有利时机一个一个丧失。这一点，或许是总结北京现代城市规划建设与发展史时，真正应当反思的一个历史教训。

从70多年来首都城市建设与发展情况看，尽管对北京城进行整体性保护的有利时机业已丧失，但对北京的历史文化保护，各级政府和相关部门也进行了许多的努力。迄今为止，北京城的传统建筑与历史风貌仍有相当规模的保存，“北京历史文化保护规划中划定的三十多片保护区还在，制定了皇城范围保护规划，中轴线的保护在申遗”[②]。面对未来，应当将历史文化保护提升到首都可持续发展的重大战略高度，采取一系列强有力的保障措施加以推进，切实回应公众对北京历史文化保护问题的关切。

在1949年这个特殊年份，首都北京的一些城市规划活动，对于苏联专家、中国专家及有关政府领导等各方面而言，或许都是一种令人并不愉快的经历。在写下这些文字的时候，笔者的内心也在隐隐作痛。陈寅恪曾言：“所谓真了解者，必神游冥想，与立说之古人，处于同一境界，而对于其持论所以不得不如是之苦心孤诣，表一种之同情。”[③]这是

① 吴良镛：《历史文化名城的规划布局结构》，《建筑学报》1984年第1期。

② 2018年3月22日，赵知敬与笔者的谈话。

③ 引自20世纪30年代陈寅恪为冯友兰著《中国哲学史》上册所写的审查报告；转引自钱耕森《陈寅恪论中国哲学史——对陈寅恪为冯友兰〈中国哲学史〉所作〈审查报告〉的评述》，《孔子研究》1997年第4期。

一种治史学方法，更是一种关怀历史、尊重历史的基本态度。对于首都北京规划史上的某些遗憾，如果我们能够多一些了解，多一些同情，或许就能释怀了吧！

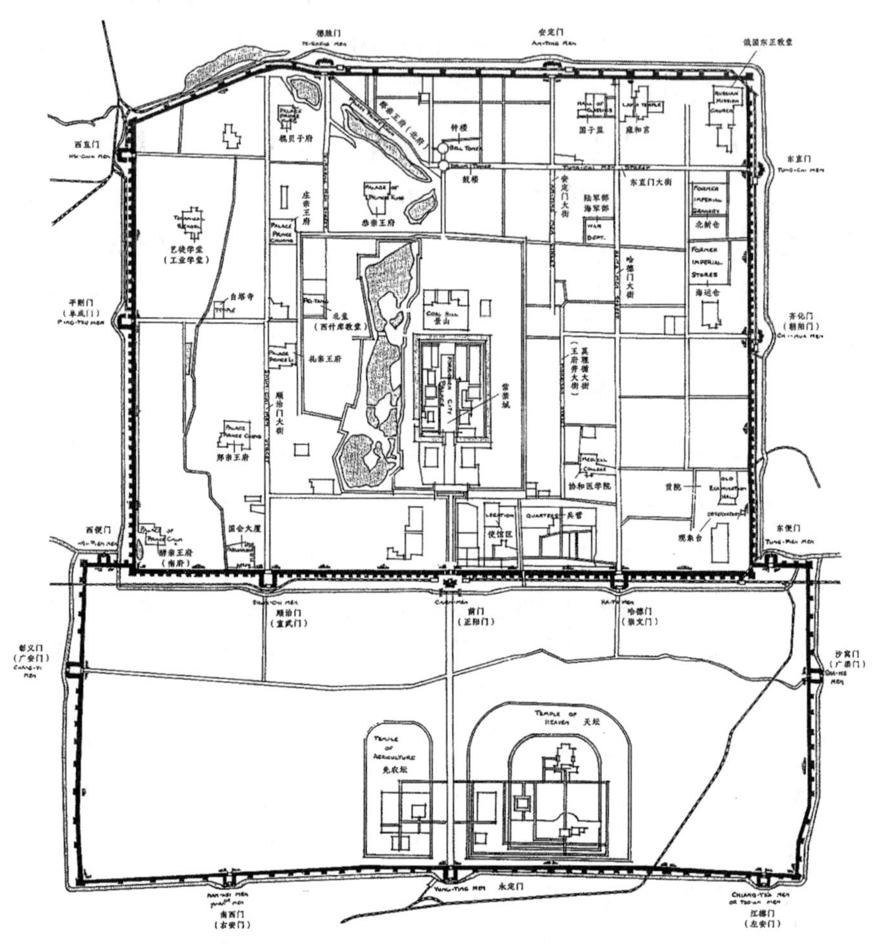

图13-1　20世纪20年代的北京城

资料来源：〔瑞典〕喜龙仁著《北京的城墙和城门》，林稚晖译，第1页。

附录*

附录 A　苏联专家巴兰尼克夫报告会记录（1949 年 11 月 14 日）

苏联市政专家——巴兰尼克夫的报告

苏联都市建设专家代表巴兰尼克夫报告

十一月十四日上午九时

张[友渔]副市长主持，后聂[荣臻]市长亦列席，到[会]有清管局、地政局、建设局[等有关人员]，梁思成、钟森、朱兆雪等建筑师。

报告内容共分四大类：

1. 建设局业务及将来发展。
2. 清管局业务及将来发展。
3. 地政局业务及将来发展。
4. 北京市都市计画。

亲爱的同志们，现在谈一谈我所了解的建设局、清管局、地政局[以及]有关都市计画的问题：

---

* [ ] 中的内容为本书作者所加。

甲[建设局]

建设局现在的任务为新建道路和下水道及旧有的修理，和绿地的增建及旧有的修复和保管。[下]设有企画处专[门]掌管计画性事项，道路股专司修筑道路，河渠股专司水下道的修理及增建，另有管理和审核建筑，部份单有车辆厂掌管车辆等机械及使用，另有采石厂[负责]采伐石材。

建设局的工作方式是由六个工程队直接施工，有时发包给营造厂施工。建设局现在有各种不同类工人，担任道路及河渠等方面工作，作建筑及修理任务，各科室及工程队有不同业务工作，而由局长统一领导，致领导上实有不能每个角落全面照顾之困难。设有材料试验部门，建筑和道路上使用材料，须与有研究设备之学校搓[磋]商，有时没有经过化验和检查，致设计和施工方面都很有不合科学之处。

以最近建设局的建设成绩，与实际耗用材料相比较，很有进步。

为建设首都新任务，需要把现有科室等组织加以扩大和整理。对组织之改革，应成立道路工程处、下水道工程处、房屋建筑科、设计科、监督稽核科、计画科、供给科、会计科和管理普通事物之总务科等科室，另设总工程师一人，以指挥技术单位。按此新组织之统一领导，对道路、河渠、园陵等，均能有很好领导，对现在各种工作任务及领导分[别]由各主管部分负责制度有统一领导之改正效用。新组织应视发展实际状况，经一年或经两年[运行后]，可将道路或河渠等处视其实际需要成立独立之局或处，但现在尚不可能使其单独成立。

现在都市计画尚未完成，无建设依据，但现有干线，如东单至西单、新街口至宣武门、东柳树井至广安门、天安门至永定门、北新桥至崇文门等，应尽量展宽，加以整理，或把电线按[安]装于地下，现在工作即可从此点开始，应尽速提先拨款开始建设。

对各种已有建筑，如道路、下水道、绿地等，[如果]有很好的保管、修理，可延长其使用年月，换言之，对新计画可延缓执行，而不急迫。保管工作很简单，如道路之经常扫除，小破坏之及时修复，下水道之使其通畅，绿地之加意[以]保护。现城内便道损坏甚严重，成了无人管理状况。

关于城内外公园管理，尚佳，但对广场、绿地、道树等保管欠佳。如绿地常任人残踏，应加意[以]保护；绿地、树木等可刨松，以利其生长。

建设局人事方面：按新工作任务，技术人员、技工，如木工、石工等，尚不足应用，还没有充分补充起来，应尽量加以吸收和训练，设法使有关处、科、室有组织、有系统的指挥有关工作人员，以发挥其工作效能。

建筑业组织：现共有185家私营营造厂，规模大都很小，没有经常工人，没有设备，只有五家成立年久的比较稍有工作能力的老营造厂，约能建筑四、五层楼房。没有固定工人，经常只有四、五个工作人员。没有应用机械设备。在此大建设任务之下，只有增强公营营造厂而尽量利用之。

华北建筑公司现有1000人，技术人员约100人。永茂建筑公司有30[个]技术员，西郊工程处约有300人。

公营营造厂组织及设备比较健全，大工程应交由公营营造厂承作，私营者只能担任较小工程。

应制订建筑规章，以为设计及施工时所依照，洋灰等建筑材料应先加试验后才能保证使用。

为供建筑使用，应培植大量采石之处所。现采石厂已成立约10年，工作不科学，对最大产量没有合理调查。现采出之石料，可用者则用之，不用者则废弃之，此不合理，不能用者应设法找其用途，尽量发挥物质效用。

可利用人造石者尽量用人造石，先前采石板工作太费工，设法用代用品，采石板工作可停止，只制造不易有代用品之道路石等。市内有关石料加工可尽量移至山地，在能大量生产石料处所，即可设置采石厂而按[安]装之。

现采石厂工作有季节性，冬日不能工作，实际冬日亦应照样生产，而不缩减或停工，以备来年夏日等大建设之用。

柏油路面用铁锅炒油，增加成本，且供给量有限制，不能担任大工程之供给任务，现有日本[侵占]时遗留之机械，应加修理，尽量利用车辗厂技工公余时间修理之，待将来用机械设备炒油。

制管厂可把现有设备加以整顿，稍加安装，加强工作，可[即]可开始生产。

建筑用砖，现北平砖窑约有70家，但规模较大者只有两家公营砖窑，现每日只能生产70,000砖，应尽量利用石料，增加产量，应最少增至每日夜平均生产250,000砖。

石灰生产量，应再加强生产量。

建筑材料应有统筹、有计画之准备，以为大量建设之必要保证，不应由其他地区生产运至此地供其使用。运输工作应担负其他任务。此地不能生产者，可由他处运来。建筑材料应尽量在建筑地区就近生产为宜。

利用机械造材料和利用机械建设有很密切关系，两者必须紧密相配合。

车辗厂有20架汽辗，但只16架能用；有5架混凝土搅拌机，不能使用，却用人力来搅拌混凝土，产品既次，且增加成本。为使车辗增加效用，应增加修理和驾驶人员。应再增加汽辗数量，增加40架起重机、8架混凝土搅拌机、60辆自动卸货卡车等各种机械设备。

北京有大量人力，[如果]无机械亦不能完成工作。应急办登记能使用机械人员，以待利用。

所有建筑应经负责设计审核，而施工督工，未经批准而施工之私自建筑为不合理。

关于发给建筑许可证事项：

1.新建房屋应不妨碍旧有建筑，使相配合；

2.新建房屋必须坚固，修建后使街道美观；

3.新建房屋不得占压行人便道；

4.新建房屋须合乎卫生或按[安]装卫生；

5.新建房屋应尽量按[安]装下水道，避免安设渗井；

6.新建房屋必须尽量预防火灾；

7.新建房屋必须经由经核准之建筑师及厂商施工，建设局应定期检查之。

建设局根据以上计画工作，对市府将有大帮助。

[乙]房屋管理局、公逆产清管局

房产管理局经营及管理各机关占用房屋及住宅，管理为市府所管辖之房屋。清管局管理房屋现为调查工作，以备接管，精确房屋统计数字尚未作出。

清管局现管理有83,000[栋]房屋，其中有一部[分]为机关占用，对旅馆、庙产等尚未包括在内。

保管房屋较佳者，为故宫、旅馆、学校等。北京房屋大部[分]为一层房屋。

清管局管理房屋，对私人及商用收租金，均甚低，对机关占用房屋则无[收费]，均不合理。应提高租金，对房屋应有经常修理。以现清管局所收租金，尚不敷其本局开支。计欧式住房每间30斤小米、普通住房10余斤、铺面房40斤，太低，均不足维[持]其修理费。对已住人及未住人之房屋，应制定使用水、电量，设房产管理员，每人管理10至12所小房屋。清管局可单设一科，以统一管理之。

清管局应设房屋管理科、会计室，应尽先成立房屋修缮事务所等，大工程应交公营建筑公司办理。

为帮助房产管理员工作，使各住房客互相联结，[应]成立房屋管理委员会，助其收取租金、制定租金[标准]及检查工作。[应]成立清洁委员会，注意未住人房屋（如仓库、厂房等）清洁及结构，并帮助住房之病人。[应]成立文化委员会，扫除文盲，帮助儿童识字，这些委员会在苏联已施行，有效，每委员会有三人，均为业余义务性质，拿待遇。

公逆产清管局现在275员工作人，但只有五人为技术工作者，事务工作之多余[人员]应调至区里工作，而加强技术工作人员数目。

把所有房屋填造财产目录，价值、式样等写一表格，以备查考，现已开始。惟有调整与改善房屋之管理，分别出那[哪]些房屋由市政府管理，那[哪]些房屋由[政务院]院、[各]部[委]管理。不准军人未经许可进占房屋、学校机关等。多占富余之房屋，应退回，且应交纳租金。

房屋租金应立一标准，不只随市价变动而调整，且符合房屋之折旧及修缮等。军属人员等酌予减收。再根据房屋设备、类别、地点、用途等，以为制定各种租金标准。

把所有空闲房屋尽量租与机关或商店，至少应能维持清管局开支及修理费。分别分配出大规模房屋修理经费（系固定性、非应危险性房屋修缮）基金，约可估为房屋估价5%。租金及小规模修理费，可视各种房屋而定不同修理费。视房屋是否应常修理而定，如石质房屋可定为1%，石及砖质者1.5%，木质房屋可定为2%等，临时[房屋]视情况而定。

[丙]地政局工作

主要工作[是]填造全市土地登记丈量及私人土地房屋转移等，为调解市民房屋纠纷而成立房屋调解课，但以不能及时解决作适当答覆，现已有4000件声[申]请调解而未得解决案件，地政局工作成了调解纠纷工作，本身[的]土地登[记]和发土地权状等工作反[而]不能及时完成。

市府曾拟取消地政局，因其未能完成他本身工作，但此非其本身错误，实因客观额外工作太多。对他，本身工作应作好，如增加土地使用效用、填造土地使用册等。

现城市中心地区人口已超过理想密度，为发展计，必须扩大中心区，城郊土地应准备作市内发展之用。

现已统计数字，空地占1%、海河9.42%、街道11.36%、政府院落2.04%、城内空地2.6%、建筑26.7%、园陵6%，共计61.2%已有统计。

城内土地适于建筑机关及住宅，因其已有上下水道等设备，但尚有大部[分]土地为私有，不合理的应用着，如种田等，应收归国有，而尽量发挥地域效用，计占土地约4.81km^2。

必须把城内大空地控制住，不准私有及私自无理使用，为照顾私人损失，可给以赔偿，或在城外另给以土地以资利用。

城内土地和建筑现正在调查办理，有土地所有权人不予以适当建筑，亦有犯罪递夺公权而逃跑者、他人冒名欺骗使用，可收归国有，以增加公有土地。

建设局、地政局材料只为私有土地状况，对各胡同私地之突出部份，应订建筑线，使其退回，以资一律。

多数市民常向街道倾倒秽土等，而有高出其他处所，应加以限制，以利流水。

据所调查意见，应把地政局调解纠纷工作画[划]出，以便执行他自己本来任务。组织应加以改善：设土地登记科及房产事务所（使其本身企业化），全局工作人员以不超过140人为宜。

[丁、北京市都市计画]

北京定为首都，人口将自然增加，首先工作人员即增加，应设法增加公用房屋，制定10年至15年计画，应用多量技术人员，首先开始了解北京及全国经济及生活状况。

莫斯科都市计画在大革命后16年开始。

应看城市经济技术等情况而定科学合理化的大计画，根据马、恩、列、斯的学理，找出社会自然发展的情态而定出适应都市发展之大计画。

社会主义政策应避免人口大量集中大都市。

1941年联共党大会提出讨论，应赶上并超过资本主义社会经济状况，拟定使人口不集中都市，准许并限制自然的人口增加，限制不超过500万人口集中在莫斯科，此数字系在考虑人口自然增加而定者，预计为10年过程。

北京无大工业建设，亦非美术都市，工人占全[市]人口4%，应变为生产都市，增加工人至25%（莫斯科已达此数字）。北京人口大部[分]为商人或无职闲人，而非生产者，应增加工厂及工人人数，引导着使成为生产都市，故北京应及时建立各种工业，对失业人口走入生产而得职业，同时人口之自然增加者亦应照顾到。

莫斯科有自然研究院，对各种企业有很大指导和帮助，北京可设法学习之。

北京工业条件很够：如原料、燃料、人工的供给等，应使大学等能有研究性机关配和[合]计画之，如何领导10年内可能增加一倍人口之都市走上生产的工作[轨道]。

自然增加之人口无法精确统计，估按现在人口（十二区）130万增加一倍、增至260万人口，而计画此都市，应按居民职业范围而分别计画之。

莫斯科居民分类方法：基本居民为政府服务人员、工人、高等学校学生等，与自由职业人口及公安人[口]相比较为1：1。

北京自由职业人口比政府工作人员多3.5倍，为不合理。据已统计人口[数据]，全[市]人口中有一半为被扶[抚]养者，如主妇及儿童，故全市人口有50%即65万工作，其余65万被扶养。工人及职员按人口比率应有40万人，实际只有六万人，学生等应有60万人，但只有四万人。

电气工厂、制造工厂等工业区域，应占10km^2，按计画估计。

中心区人口密度应减少，假设减至114万人，每人以110m^{2}计，应占125万公亩，包括工厂、学校等。

以上两者统计，应共占135km^2。

高等学校及专门学校按10万人计，应需10万公亩。被抚养人75万人口，应占地75万公亩。

市中心区应为政府及一般商店占用，一般居民应迁出城外，市内[人口]以减至80万为宜。

工作人员占15万人，被扶养人7.5万（以现在情况计），每人只占平均46m^2，全市区调整后，每人可占120m^2，较莫斯科为多。

将来工商业区域分配：

工业区域应在现在城外之东南区，因北京风向多西北风，因风自西北来可使市内居民不受烟尘之害，另一方面交通比较方便，易于运输。

第一住宅区为西郊，供政府职员住用，其地势既适于住宅，地位又距市内较近。第二住宅区在城东北郊，作为工人住宅，地势较干，距市内亦近，尤其对东南郊工业区较近。

学校区域应在现燕京、清华大学一带，应占地45Km^2，并另成立专门学校等，因其地风景较佳，适于学生及学生之占用。

休养区域应在香山、万寿山一带，成立疗养院等类似休养处所，以其地风景优美，地势亦宜，另外，园陵道路等应各部份需要而分别配合之。

市中心改善办法：应新建大楼房以供居住，开导干河，迁出富余闲散居民，铁路宜取直，且设法移至城外为宜。

按理想，以上计画比较最为合理。

关于政府房屋：

政府房屋应注意位置之选择：未改变设计和用途以前，应先照顾到不能变动迁移之广场（如具历史性意义之天安门广场），因屡次各种大聚会，愈增加广场重要性，因此地之不能变动，其他一切应配合之。

第一批政府房屋由东单至府右街南口路南，余地建设为绿地。

第二批政府房屋应在公安街，旧有公安街很多建筑应用多不合理，而利用无价值，应拆去另建。

第三批政府房屋在西皮市。

再广展时，新城门至府右街一带，亦可改建为政府房屋。

以上计画牵涉到私人房屋，应尽量设法收回之。

由东单至府右街建3Km长大街，路宽30M，路边树木绿地占地由13M至20M，留6M行人便道。公安街、西皮市亦应如此建设。

大街之建设，不仅要建设道路，房屋亦应同时建筑。

在苏联大街建设中，房屋之高度亦计画在内。

东单广场可建政府房屋，新城门内亦如之。

[中国人民]政治协商会议曾指示，文化等建设应配合人民自己已有的情况及式样，如天安门前应建筑中式房屋，应不仅只房顶及屋檐等照中国式样。以前常有西洋建筑只配以中式屋顶，两者参差与中式建筑相配合，实为中国建筑减色，应加以改正。如西交民巷95号，只屋顶为中式建筑，但行人却看不到它，因房很高，故路上行人看不到屋顶。燕大房屋形状及配置及安装尚近于中式建筑，较佳，但只能冒充中式建筑，并不是纯粹中式建筑。以国立图[书馆]房屋代表中式建筑最佳，以正面图代表性较多，用石器、陶器等配合成中式建筑较宜，尽量利用新式方法制造油漆、陶器及石器等，以减低成本，刻石匠等技工应尽量改进和发挥。

北京建筑师认为中国旧式建筑为封建式、殖民地式，此后中国新生，应改变[成]新作风、式样等，实际此为错误思想，以前皇家建筑、封建势力者之建筑，均为建筑技术之表现，并非皇家建建[筑]势力者自己的创造，此亦可认为[是]劳动所创造，仍有特长，很有保留之价值，不应舍弃。

在资本主义国家所流行的箱式房屋，不适合中国式建筑，西交民巷31号房屋为改革性建筑，既非西式又非中式。

现北京尚无大规模建筑，将来大[规模]建筑应谨慎办理。预计在20公顷面积内修建10[个]部[委的]政府房屋（第一批），每部估以500人计，并应预备住宅供由他处调来工作人员居住使用，干部及其家属每人占$8M^2$计，政府部份应占$40,000M^2$，干部及其家属占地$80,000M^2$。

要完成此项政府房屋约须1.5年之久，用10,000至12,000工人。由建设局得来材料，现北京有20,000建筑工人，其中有6,000工人较为熟练，故担任此项任务并不感觉困难。

在苏联，估计建筑此批房屋约需70,000,000[块]砖、$38,000M^3$石材，及2000吨以上五金，及$100,000M^3$以上木材及其他建筑材料。

据建设局以往材料，平均每建$1M^2$房屋约需用500斤小米费用，故这些房屋建筑费（包括用地、材料及人工等）大概需用40,000至50,000吨小米（即建20公顷面积之房屋）。

建筑这些房屋应有一房屋建筑事务所，以供画图及计画之用，式样方面可利用征集图样方法。建筑房屋参考资料，苏联已有很多种书籍，很合实用，北京图[书馆]书籍很少。英、美建筑书籍为照顾私人利害性及设计性的书籍，不很适合实用。

以上均因时间短、参考书少，而只为原则性而无具体性说明，并且如根据苏联建筑而说明的建设方式，建筑事业应不仅考虑到市内建设，且应照顾到近郊情况及一般经济状况等。

莫斯科大建设时，因给水问题，开辟莫斯科运河与扶[伏]尔加河交会[汇]，结果除结[解]决了给水问题[外]，并获得意外的运输效用。

设计发电时，应并考虑到附近用电情况。由是可知，开始北京大建设前，应先搜集各有关院部之发展国民经济等计画及实际情况。

最主要者，为使最近期内建设成为有秩序的生产都市，把日本敌人时代及蒋介石反动派遗留下来的不合理的，加以改革和整理。

附录 B　苏联专家巴兰尼克夫书面建议《北京市将来发展计划的问题》（1949 年 11 月 20 日前后）

北京市将来发展计画的问题

报告者：巴兰尼克夫　翻译：岂文彬

[北京]市[人民政]府

北京市已经宣布为中华人民共和国的首都了，这一结果将引起城市内人口的增加，而最先增加的人口是中央人民政府机关的人员。为了配合其居住及工作的需要，应该建筑新的房屋，所以市政府当前的工作问题是关于北京市将来的发展，和都市设计方面的。对这个问题最正确的解决是作出北京将来由十年至十五年的发展的，科学的，总计画。作成这个计画需要很长的时间，和大批的国民经济的各部门的专门人才，并且要了解国民经济的发展方面[向]。改建莫斯科的总计画是在十月革命十六年以后，一九三三——九三五年间作出[的]，计用时二年。这一计画不仅预计出苏联第一个五年计画完成的结果，并且根据这个结果，将苏联第二个五年计画国民经济发展的程度也计画地[在]总计画中。

为了作成改建城市的总计画，尚需要大量有关城市现有的经济和技术情况的资料，总的和分区的各种资料，在马、恩、列、斯的著作中有着关于发展城市的论述，这成为制定都市总计画的科学的基础，我们在改建莫斯科计画中仅实用了一些，但已使我们的改建计画获得了很大的益处。

（一）[1] 城市的规模

社会主义的制度是在大城市中避免集中过多的人口，各地工业建设予以平衡的分布，所以一九三一年七月联共党中央会议讨论改建莫斯科问题时，坚决的否定了在城市人口的数量上赶上并超过资本主义国[家]的口号而使这一口号仅适用于工业的发展。所以在改建莫斯科的总计画中，莫斯科的人口增加限制在五百万人的范围，就是经过十年后人口增加百分之四十至百分之四十五。这种增加主要的还是自然长成的人口，即由生殖而增加的人口，为此在工业建设方面在这个期间内仅将莫斯科已有的工业建设计画完成，在技术方面予以提高，使其成为苏联大的工业中心，而不再增加新的工业建设。

北京没有大的工业，但是一个首都，应不仅为文化的、科学的、艺术的城市，同时也应该是一个大工业的城市。现在北京市工人阶级占全市人口的百分之四，而莫斯科的工人阶级则占全市人口总数的百分之二十五，所以北京是消费城市，大多数人口不是生产劳动者，而是商人，由此可以理想到北京需要进行工业的建设。

（1）以便将非生产劳动者及失业工人给予工作。

（2）由于人口生殖所增加的自然长成的人口也得到工作。

（3）为了工业部一切企业的保障。莫斯科工业部设有科学研究院，科学研究院设有实验工厂，进行各种实验研究，这种实验工厂在很多地方对于企业是有力的帮助。在北京建设工厂，除要考虑到最适当的经济条件外（如原料、燃料、运输等），并且可以考虑充分利用科学机关及高等学校来协助，这种协助对企业是一个很有利的条件。

现有的专科学校的学生要增加，而且还要有新的高等学校增设起来，因此学生和教员的人数都要增加的，这些考虑可以预想到北京市人口的增加，不仅是由于人口生殖增加自然长成的人口，而且还有各城市各省份迁来的人口，所以在一五至二十年的期间，人口可能增加一倍。这些考虑是很有道理的，虽然我们对于城市内由于自然长成和由于事业

① 原文中此处编号为“（1）”（手写所加）。

发展由各处迁来所增加的人口还不能有什么数字的计算。

除郊区人口暂不计算外，北京市的人口现有一、三〇〇、〇〇〇人，按上面考虑的各种情形，我们估计在一五至二十年间人口可能增加到二、六〇〇、〇〇〇人，那么我们就要为这些人口来准备建筑房屋的地区。

（二）[①] 北京市的地区

北京市区的规模，要以居民职业的性质来确定。在苏联设计一座城市的时候，将所有成年能自立的居民，分成两个部份，基本居民和给基本居民服务的居民。基本居民是中央人民政府机关的职员、工业工厂的工人、高级专门和社会政治等学校的学生。给基本居民服务的居民是：自由职业者、市府人员、公安人员、商店职员、商人、学校教职员等。

两种职业性质不同的居民数字要成为一：一的比例数，但是现在北京的人口数字，给基本居民服务的人口较比基本居民人口超出三倍半，所以北京人口职业的比例数是不合标准的。依照统计人口的材料来分析北京全数的居民，一半是被抚养的，如管理家务的妇女、儿童、老弱无工作能力的。所以在将来的总人口中能自立的人口要占全数的百分之五十，就是一、三〇〇、〇〇〇人。在这一、三〇〇、〇〇〇人中基本居民应该是六五〇、〇〇〇人，给基本居民服务的人口应该是六五〇、〇〇〇人。

基本人口依其工作性质的分析可照下列数字计算：

工 人 职 员　　四〇〇、〇〇〇人（现在六〇、〇〇〇人）。

政府机关职员　　一五〇、〇〇〇人（现在没有统计）。

学　　生　　一〇〇、〇〇〇人（现在四〇、〇〇〇人）。

共　　计　　六五〇、〇〇〇人。

（1）要容纳四〇〇、〇〇〇工人的工厂，和为他们服务的一〇〇、〇〇〇人，需要三〇平方公里的地区，（按每一〇〇〇工人占用七公顷土地的标准，如电气工厂、车床工厂、及食品工厂的工人，而为他

① 原文中此处编号为“（2）”（手写所加）。

们服务的人每一〇〇〇人占用二公顷)。这个地区还要有容纳四〇〇、〇〇〇人口的住房(每人以占用一〇〇平方公尺为标准)共占用面积四〇平方公里。因此工业区共需占用七〇平方公里面积的地区。

(2)为了将来人口增加并减少中心区人口密度建筑房屋的地区，需要增加如按一、一四〇、〇〇〇人口核算，共占用土地一二五、四平方公里(每人以一一〇平方公尺为标准)。这个区域内尚需有公用性质的事业，(如浴池、电车场、汽车场)和机关、商店，共二四〇、〇〇〇人口需要占用的土地面积九、五平方公里(每一〇〇〇名工作人员以占有四公顷为标准)，共计占用一三五平方公里。

(3)高等学校和其他专门学校，连同实验工场和广场，按照一〇〇、〇〇〇学员计算，需要一〇平方公里的地区(每一、〇〇〇名学员以一〇公顷的标准计算)，建筑学员和教职员的宿舍以四五、〇〇〇服务人员、一〇〇、〇〇〇学员、被抚养的人口七五、〇〇〇人共计二二〇、〇〇〇人计算，占用三三平方公里(每人以占用一五〇平方公尺为标准)。以上共约占用四三——四五平方公里。

(4)疗养院休养所、避暑地、公园和其他各种人民休息的场所，共占用八〇平方公里面积的地区，但是经常居住的人口，不超出九〇、〇〇〇人，(工作人员四〇、〇〇〇人，被抚养者五〇、〇〇〇人)。

(5)市区中心部份，预计配置政府机关、文化机关、商店、和一部份居民，尚有一部份居民需要疏散，就是城墙以内的一、三〇〇、〇〇〇人口，要使其合乎标准，密度应减至八〇〇、〇〇〇人左右。

政府机关的职员，一般的人数是　一五〇、〇〇〇人。

给他们服务的人口　二五〇、〇〇〇人。

需要占用土地面积一六平方公里(以每一〇〇〇人占用四公顷为标准)。其他的居民、文化事业、和街道等占用所余的四五、九五平方公里土地。

城市中心区总面积是六一、九五平方公里，照上面的核算则每人占用七七平方公尺(现在平均每人占用四六平方公尺)。

预计的城市地区，总共三九二平方公里，平均每人将占用一四七平方公尺的面积，比较莫斯科的改建总计画，以每人一二〇平方公尺的计算尚超出很多。

北京市人口的密度，经过调节后，比较莫斯科人口中的密度尚小些。因为增加：自来水下水道、煤气管、电话、电灯等的设备的需要，可以由三九二平方公里扩大为四〇〇平方公里。作为准备土地的用途，超出预定三九二——四〇〇平方公里的土地是不适宜的。

（三）[①] 城市区域的分配

（甲）工业区：工业区要建设在城市的东南方最为适宜，但要在以前日本侵占期间所设计的工业区，略向南移。

选择工业区的条件：

（1）工业区的位置，要按照北京市的风向（北京市西北风向二十二度至三〇度），避免烟灰瓦斯等刮到市中心区为宜。

（2）现有的通惠河，（可将工厂使用过的水引到河内）。

（3）现有的交通如铁道、砂土道等都很发达，运输很便利。

（乙）住宅区：住宅区可分别布置在两个区域内。第一个区域是西郊新市区，这个区域对在市中心机关的职员，很是便利。第二个区域是在城的东北部，这个区域主要的是居住工业区的工人和职员，且接近市中心区，地势高，不潮湿，又不受风向的影响，并且可以移居城内居民。

（丙）学校区：在学校区业经配布有清华、燕京等大学，可占用土地面积四五平方公里，建设高等专门学校、工业学校和党政学校，他的位置是在行政区和休养区的中间，可给这个区域建立便利的交通，地势高而清净，有面积很大足够应用的绿地，在条件上来讲是适宜建立学校的一个区域。

（丁）休养区：休养区最适宜在城的西北方，可将香山、玉泉山、颐和园、万牲园、和其他同样性质的处所划入休养区，可设立休养院、避暑村，适应这个地区的发展，要以增植绿地和修筑道路的成就而确定。

---

① 原文中此处编号为“（3）”（手写所加）。

（戊）改建市中心区的基本办法是：建筑新的房屋，修建展宽的标准街道，疏通已干枯的河流，沟渠灌水，增植绿地，迁出一部份居民及铁路支线。

（四）[①] 关于建筑行政机关的房屋

市政府工作人员当前简单的几项问题：选择首先建筑行政机关房屋的位置和什么样的房屋。为了将来城市外貌不受损坏，最好先解决改建城市中的一条干线或一处广场，譬如具有历史性的市中心区的天安门、广场，近来曾于该处举行阅兵式，及中华人民共和国成立的光荣典礼和人民的游行，更增加了他的重要性，所以这个广场成了首都的中心区，由此，主要街道的方向便可断定，这是任何计画家没有理由来变更也不能变更的。

第一批行政的房屋：建筑在东长安街、南边由东单到公安街未有建筑物的一段最合理。

第二批行政的房屋：最适宜建筑在天安门、广场（顺着公安街）的外右边，那里大部份是公安部占用的价值不大的平房。

第三批行政的房屋：可建筑在天安门、广场的外左边，西皮市、并经西长安街延长到府右街。建筑第三批房屋要购买私人所有价值不大的房屋和土地。

由东单、到府右街的一段，能成为长三公里宽三〇公尺的很美丽的大街，两旁栽植由一三公尺到二〇公尺宽的树林，树林旁边是行人便道，为我们图上所画的情形。同时在公安街、和西皮市的街道上也栽植树林和建筑宽的行人便道。

对这条大街必须作成很好的设计，不仅注明行人道和树林，[还]要将建筑房屋的层数注明。我们苏联在设计大街道时，就这样作的。

增加建筑房屋的区域还可利用，崇文门、和东长安街的空地及广安门大街路北的空地。

第一批建筑的区域内，建筑五层的房屋，可容纳五、三〇〇名工作

---

① 原文中此处编号为“（3）”（手写所加）。

人员的机关房屋。

第二批建筑区域内，如建筑四层房屋，可作为容纳二、二〇〇名工作人员的机关房屋，由东单、到府右街的大街和天安门广场前面的街道上，建筑四层和五层的行政机关用的房屋，可容纳机关职员一五、〇〇〇人。

由崇文门、到东单的空地上，建筑这类的房屋，可增多八〇〇〇名职员机关用的房屋。

兴建的行政机关的房屋是要有长久性和纪念性的建筑，人民政协纲领中曾指示「 中华人民共和国的文化教育为新民主主义的，即民族的、科学的、大众的文化教育 」，这个指示也要应用于建筑房屋的问题上。

西已置于分布在天安门、广场周围新建的房屋，外表要整齐，房屋正面可用有民族性的中国式样的建筑。中国的式样，不应仅以屋顶和屋檐来表示。在北京看到很多房屋的正面，是建筑师（尤其是欧洲人）用欧洲式的房屋盖上中国古式的屋顶，来反映中国的式样，以这种做法作为中国建筑式样的代表，是一种曲解。这种房屋不但不能美化，相反的损坏了首都街道美观。多层房屋的屋顶，不能完全代表中国式样，因为屋顶是看不清楚的。

例如：西交民巷九十五号的住房仅仅屋顶是中国式样的，但行人根本就看不见屋顶。燕京大学房屋的设计作的较好，位置配布的适当，但是没有很好的正面，我们认为他不是中国的式样，而是假定的中国式样。我们现在很难将是以代表中国建筑艺术的式样描写出来，我也不来断定北京图书馆房屋的正面图，是否完全是中国的式样。但这是新建筑的房屋中，给我留下很好印象的一个。

中国式样的特点，并不仅是用屋顶来代表的，也可以用天然石建筑正面。用雕刻装饰正面，装饰陶磁，采用中国特有的牌楼的外形和其他的建筑方法。

几百年前中国建筑师已利用他们很好的装饰房屋，北京市和他的附近有很多的这种有纪念价值的建筑物，建筑物上式样很复杂的油漆与装饰品以前是用手工的方法用很长时间来制造的。但是现代的建筑技术，这是装饰品，可由工厂制造（建筑工厂），这样可将复杂和昂贵的毫不坚固的油漆彩画用陶磁、珐琅及其他材料代替，这样制造出来的装饰品可以用很长的时间。房屋正面美化装饰的要求提高，就要恢复各种有建筑艺术的技工（如刻石型像等）。在北京我们听到了有些建筑师的意见，认为中国房屋的式样是封建主义的遗产，所以要创造自己新的房屋式样，对于这样的判断是不能完全同意的。中国房屋的式样和其他民族房屋的式样不是封建的创造，不是皇帝的创造，而是人民的创造，人民建筑了皇宫、纪念碑，这是几百年遗流[留]下来的式样。在建筑新的房屋时要将中国民族的建筑艺术择用其好的部份应用在新的建筑上，所有新的房屋当然应装按现代适用的各种设备。（指暖气卫生各种设备而言——译者注）但拒绝采用民族性的传统的宝贵的建筑艺术是不对的。如果走那样的道路，很容易使建筑物流于形式主义的错误，建筑物的外表如果不能表现出民族风格，更恰当的说法只好称之为箱子。按照我们的意见就不能给北京介绍这种的式样。在北京市的一些街道上有时人留下的这种房屋，这是非常悲惨的纪念品。譬如西交民巷三十一号的房屋，中国的建筑师要费很大精力，及时的改建和修整这类房屋的正面。

现在北京市尚未兴建大的工程，和进行大的设计工作，所以对建筑房屋问题要很慎重的进行。我们初步的计算，在初期建筑行政机关和住宅的房屋，足够十个部门占用，每部平均按五〇〇人。假定其中有半数新的工作人员是由别的省份调来的，因而他们和他们的眷属都需要新的房屋。每个工作人员平均配给八平方公尺的办公用的房屋面积，每个新到北京的人员也酌给八平方公尺住房的面积，必须建筑四万平方公尺的行政房屋和八万平方公尺的住宅房屋。

为了建筑上面指定的行政及住宅的房屋，在一年半到两年的过程中，需要有一万到一万二千名建筑工人的建筑组织。在建设局得到的了解，在北京总计有二万名的建筑工人，其中六千人是熟练的工人，所以认为做这些工程所需要的工人是有保障的。

为了这些建筑，按苏联的标准，需要七千万块以上的砖，三万八千立方公尺石头，二千吨以上的五金材料，十万立方公尺的木料，和其他建筑材料。

（五）[①] 设计新的行政和居住的房屋需要：

（甲）公布征选行政和住宅的房屋的最好的设计，同时并在市人民政府成立设计机构，以便将应征的设计，制成施工图样，编造预算及其他关于设计房屋的技术条件，这一工作应由原设计人来领导。

（乙）建设城市的工作需要适当的参考书籍。在苏联对于新城市的设计、旧城市的再建以及一切建筑、房屋的设计都有很多的经验，苏联建筑学院出版了大量的书籍，就是关于以上所提到的各种参考的书籍。现在北京图书馆和各建设机关，都没有这类的书籍。现有的美、英、日本的各种资料与参考书，都不适用，因为这些参考书籍都是为了私有建筑所拟定的东西，受着私有制度的各种限制。

于以上所说的北京将来发展计画的意见是一种预备性的，因为他很不具体，由于在北京时间太短，和参考资料的不足，不可能具体的研究这些问题。所陈述的意见完全是根据苏联领导城市设计的方式，所以对这些意见，认为不会有什么无[异]议的。或者也可能以其他的方法来进行城市的设计，但是最根本的问题是要考虑到社会、政治、经济的发展，不仅是本市的发展，但[还]应将附近其他区城的发展一并考虑在内，对于这一问题可举出几个实例。

建筑莫斯科运河其最初目的是供给莫斯科用水，但是莫斯科运河的计画实行后，伏尔加河与三个海连通，遂一并解决了莫斯科国家工业运输的问题。

第二个实例是建筑莫斯科发电厂。已有的发电展[厂]足够首都及莫斯科区工业上之用电，但是为了使首都及莫斯科区工业用电更有保障并解决居民住宅取暖的日[所]需，计画另建一个发电厂。

根据以上的实例来作结论，就是制定改建北京的总计画，必须分别拟定城市，经济发展的各种设计。

因为这些关系，市政府和建设局必须渐次的收集有关研究城市的资料，同时和中央各部院联系，开始制定长时期的各种事业分别扩大发展

---

① 此处编号为编者所加。

的计画。

在近年内，主要的任务是将被蒋介石反动派和日本占领者在其统治时期荒废失修的北京市加以整理。我们相信为了完成这个任务，人民政府各局的工人和职员及北京市的人民将会努力的工作。

附录 C　梁思成、林徽因和陈占祥合著《对于巴兰尼克夫先生所建议的北京市将来发展计划的几个问题》（1950 年 2 月）

附件2

对于巴兰尼克夫先生所建议的北京市将来发展计划的几个问题

梁思成、林徽因、陈占祥

关于巴兰尼克夫先生所提的原则，大部分都与我们所主张的相同，且是我们同他多次谈话所论到的。但在他的发展北京计划的几个问题一文中，有一小部分我们有一些问题，觉得有提出讨论的必要。现在先将我们赞同之点列举在下面：

（一）都市设计要有科学的总计划

巴先生说："……将引起城市人口的增加，而最先增加的是中央人民政府机关人员。为了配合其居住及工作的需要，应该建筑新的房屋。所以，市政府当前的工作问题是关于北京市将来的发展和都市设计的方面的，对于这个问题，最正确的解决是作出北京将来十年至十五年的发展的，科学的总计划。作成这个计划需要很长的时间，大批国民经济各部门的专门人才，并且要了解国民经济发展的方向"。这个看法完全同我们的意见相同，我们在一九四九年的五月底提议组织都市计划委员会的宗旨就是要作全面性的发展，北京市的科学的总计划，而不赞成时时刻刻都以临时措施的性质来解决眼前的局部的工程问题，为目的之办法来处理北京市的建设。

在我们都市计划委员会成立之始，曾建议市划会当然委员必须包括市府各部门领导及负责人，并曾努力组织资料研究，实地调查工作，就是同巴先生所提的“作成这个计划需要很长时间和大批国民经济各部门的专门人才，并且要了解国民经济的发展方向”一样的意思。

我们当时不能先做确定的建议的原因及特殊困难，是因为当时人民政协尚在筹备中，是否决定在北京建都问题，尚未正式决定及公布，我们不能确定政府机关是否设在北京，同时我们也不能得到国民经济发展政策的指示。

（二）需要有关城市情况资料

巴先生说：“发展城市的论述可以在马恩列斯的著作中找到。为了作成改进城市的总计划，需要大量有关城市现有的经济和技术情况的资料；总的和分区的各种资料。”更使我们对这原则增加信心。

因为我们已在一九四九年暑假中，利用大学学生的假期发动北京市典型调查和普查数种，参加的有清华大学营建学系同地理系师生，北大教授及唐山交大建筑系师生，并由各区政府取得户口资料，由地政局得到房产基线地图等。我们的目的是全北京市人口分配的准确数字，北京市人口各种职业的百分率和北京土地使用的实况。我们在同巴先生第一次见面时，就告诉他我们当时工作的方向，正在努力取得资料，了解北京的情况方面，并将典型调查资料给他看，告诉他那是北京人口及房屋实况，第一次有可靠的数字，用科学的图解分析表现了出来供给参考的。在巴先生来京以前，我们曾介绍许多优秀的青年建筑师加入建设局工作，巴先生来后不久，他们就不断地将巴先生所要了解的资料赶制各种设色大图，供他参考过。

（三）城市的规模要有限制的人口

巴先生告诉我们社会主义制度是在大城市中“避免集中过多人口”，这是用卅余年来都市计划基本的公验，目的都是要纠正过去大城市人口集中过甚，数目太大，和城乡尖锐对立的错误，我们对巴先生这个意见当然是极表赞同的。记得我们同巴先生第二次见面的时候，巴先生曾问我们，北京今后的人口数目大约要多少，我们告诉他尚在调查情形及研究中，希望不要太多。但是有一些人曾发表过要北京成为进步的城市，“将来要有一千万的人口。”这些人士以为人口愈多就是愈进步的表征！他很惊讶这种错误的见解。应在当时，他告诉我们莫斯科的人口是限制在五百万人的范围内的。我们很感谢他给了我们一个标准，作为北京将来的参考。

（四）需要计划工业建设

巴先生说：“一个首都应不仅为文化的，科学的，艺术的城市，同时也应该是一个大工业的城市。现在北京市工人占全市人口百分之四，而莫斯科工人则占全市人口总数的百分之廿五。所以北京是消费城，多数人口不是生产劳动者，……需要进行工业的建设”。这一点，我们也是绝对的赞同。（但巴先生估计北京人口只增至二百六十万，建议工人数且为四十万，只占北京人口百分之十五·四，不知何故？当另讨论。）我们很早也就了解政府的政策是要将消费城改成生产城的。所以也准备将东郊一带划为发展大规模工业的区域。我们曾在成立市划会以前的座谈会中讨论到北京建设工业的条件，成立市划会后，又催促建设局长敦请工业部门的领导者，铁路公路局方向的负责者及专家早日参加市划会，探讨建设的必要步骤，这一切的目的都是在准备北京的工业建设，同巴先生的原则一致。

（五）人口分配的计算法

巴先生在他的发展北京计划问题之“北京市的地区”一条中，论到人口方面，他告诉我们，苏联将一座城市中的成年居民分为两个部分：“基本居民和给基本居民服务的居民。基本居民是中央人民政府机关的职员，工业工厂的工人，高级专门和社会政治等学校的学生；给基本居民服务的居民是：自由职业者，市府人员，公安人员，商店职员，商人，学校教职员等。”两种居民数字成为一：一的比例数，而北京给基本居民服务的人口比基本居民人口超出三倍半，所以是不合标准的。并说分析北京全数居民的一半是被抚养的，所以能工作的和被抚养的也一是与一之比。

这个意见及人口分配算法，对于我们是新鲜的，可宝贵的参考资料，我们非常感谢。我们最近草拟的各种计划是依这个原则加以应用的。

不过在这同一条内，各种人口所分配的面积，巴先生的计算有几处同他所提的原则不符，恐怕有一些错误，最主要的是巴先生所预计的人口总额没有把郊区现时人口算入。这对于将来的北京市人口估计额会发生过分不准确的差别。我们都要在后面提出来详细讨论。

（六）各种区域的分配

巴先生的“城市区域的分配”一节显然是主张将各种功用不用[同]的建设各自建立区域范围，如工业区、住宅区、学校区、休养区等，这是我们所极赞同的原则，且已做如此主张的。不过巴先生没有提到政府行政区，也没有提到全国性的工商企业及金融的业务办公机构的大区域，也没有分出旧城区的使用。而巴先生所谓的“市中心区”，性质非常复杂；行政同文娱休息及商业杂在一个集中区域。所分配的住宅区，同工作的地点本应相连的，又距离甚远，有交通上的困难，这些我们都要在后面提出具体问题。

（七）先定行政机关的位置与建筑

巴先生文中的第四节“关于建筑行政机关的房屋”，我们赞同巴先生所说的“首先要选择行政机关房屋的位置或决定要什么样的房屋”，在这个方面，巴先生所提的原则是“为了将来城市外貌不受损害”。而他所建议的地址是那样的侵入核心，建筑物的排列方式和楼的层数，所用的材料及所采用的外形，同旧文物是那样不同，都是会损害到北京的城市外貌的。且所引起的交通的繁杂流量会将整个北京文物区的静穆庄严破坏了。我们必须在下文里详细讨论这个问题。

在同一节中，巴先生指出，政府机关房屋要有长久性和纪念性的建筑，亦指出人民政协共同纲领中所指示的：“中华人民共和国的文化教育是新民主主义的，即民族的，科学的，大众的文化教育”，必须也应用在建筑房屋的问题上。巴先生所讨论的有民族性的中国式样的建筑，大意虽然很正确，不过因为对于产生中国建筑式样的基本结构法及许多材料上、技术上的条件太不明了，所以他的建议我们只能接受他的原则上的提示。（因为那也是二十余年一般中国建筑师所努力，所提倡的方向。）在具体的应用上，处理方法上，我们则有许多经过研究的办法，不会与巴先生所建议的完全相同，对于北京市的外貌问题和中国建筑的式样特点问题，我们在下文还要详细讨论。

（八）考虑附近其他区域的发展

巴先生的文中说，“最根本的问题是要考虑到社会政治，经济的发展，不仅是本市的发展，且应将附近其他区域的发展一并考虑在内”，我们非常敬佩巴先生这个议论。对于这个理论我们也曾经在都市计划委员会提出讨论过，因为以北京市而论，我们就需要考虑到张家口、古北口、天津、石家庄、唐山、等城市同它的关系；更近的如石景山、门头沟、通州，丰台的发展更必须一同计划在内。关于苏联发展城市计划的资料，我们一向非常重视，“一九四四——四五年苏联的建设计划”已译出备供参考。И·窝罗宁教授的《苏联沦陷区收复后之重建》一书也正在翻译中。

（九）参考书籍

巴先生曾提到建设城市的工作需要适当参考书籍的问题。我们非常希望得到苏联建筑学院出版的书籍。现时我们的参考书大部是英美出版的，但关于近三十年来的都市计划的趋向及技术是包括世界所有国家的资料的——苏联的建设情形也在内。在参考时，各方面工程技术及所定标准的比较是极有价值的。各国进行的步骤，采用的方法，当然因各国的不同情形，气候，地理，民族方面，政治，经济制度方面，而有许多不同；但有一大部分为社会人民大众解决居住，工作，交通及健康的方面，在技术，工程及理论上，原则很相同。有许多苏联的计划原则也是欧美所提倡，却因为资本主义的制度，所以不能够彻底实现，所以他们只能部分地，小规模地尝试。这些尝试工程资料还是有技术上的价值的。我们常常参考北欧及荷兰，瑞士，英国诸国资料，是根据马列的社会主义学说，以批判的眼光，选择我们可以应用于自己国家的参考资料的。

现时中国优秀的建筑师们大多是由英文的书籍里得到世界各种现代建筑技术的智慧。他们都了解自己新民主主义趋向社会主义的主场，且对自己的民族文化有很深的认识。他们在建设时采用的技术方面都是以批判的态度估价他们所曾学过外国的一切。

他们都是要用自己的技术基础向苏联学习社会主义国家建设的经验的。近来我们也得到了苏联的许多建筑书籍和杂志。我们希望巴先生再多多介绍一些苏联书籍。

上面所提到的都是巴先生意见相同，毫无问题的，下文里我们在巴先生文中发生疑问的各点，比较详细一点地提出讨论并说明我们自己的对于这几点的见解。

（一）计算人口的方向的疑问

巴先生说："北京市人口的增加，不仅由于人口生殖增加自然成长的人口，而且还有各城市各省份迁来的人口，所以在十五年至二十年的期间，人口可能增加一倍……"这是对的。（从民国三十六年的北京市都市计划设计资料第一集中，北京市的人口，在三十五年以来是每年增加的，而且在一九一一年的北京市人口是七二五、一三五人，到一九三一年人口就增到一、四三五、四八八人，恰恰是增加了一倍，所以预测未来的十五年到二十年期间内，北京市的人口要增加一倍，那是极可能的。）但是巴先生在他的计划中，却又仅仅考虑城内人口的增加，也是极矛盾的。他在计划中说："除郊区人口暂不计算外，北京市的人口现有一,三〇〇〇，〇〇〇人，……估计在十五年至二十年间人口可能增加到二,六〇〇，〇〇〇人，那么我们就要为这些人口来准备建筑房屋的地区，……预计的城市地区总共三九二平方公里，平均每人将占用一四七平方公尺的面积。……"他没有将郊区人口估计在计划里面，但他却占用郊区的土地，在这种情形之下，居住在郊区的人口将要迁移到什么地方去？所以他的计划里面应该将郊区的人口和以后增加数，亦估计在内才是合理。事实上现在我们的大北京市区内的人口，已到了二，〇三〇，〇〇〇人，如果十五年后人口增加一倍，则为四百余万人。到工业发达时，计算增到四百五十万还比较接近事实。

（二）分配地区与计算的人口不符的各点。

1. 巴先生的计划里面，将所有成年能自立的居民分成两个部份，基本居民和给基本居民服务的居民，这两种职业不同的居民数字要成一比一的比例数，至于被抚养的居民在将来的总人口与能自立的居民亦要成一比一的比例数，可是在他的工业区计划中，他说："要容纳四十上万工人的工厂和为他们服务的十万人，需要三十平方公里的地区，……要容纳四十万人住房，共占用四十平方公里的地区，因此工业区共需占用七十平方公里面积的地区。"在这里，四十平方公里的面积，是仅仅供给四十万工人居住，为他们服务的十万人和四十万工人的眷属（被抚养的人）的居住面积都没有计算。并且计算十万为工人服务的人时，还必须计算另十万被他们所抚养的人口的面积的。

所以巴先生所计算的恐与他的原则没有一致。照他的原则，居住面积应该是一百万人口的住宅面积。住宅面积应为工人及服务者总数加上眷属一起计算，最多减去若干留守在厂址内的职工数目，才是合理的计算法。

2. 巴先生预计北京市人口可能在十五年内增到一倍，却只估计此数目为二百六十万人，而事实上现时人口数已到了二百零三万，增加一倍即是四百余万。

无论如何，巴先生告诉我们莫斯科工人为全市人口的百分之二十五。他未说北京的百分率，但他们预计的北京工人数目仅为四十万，为二百六十万人的百分之十五·四，实只是四百万人口的百之十，似乎低得太多；尤其是工业落后的工厂，所需人工可能比较发达的工业国多许多的。按工人人口为全人口百分之二十（比莫斯科少百分之五）计算，将来北京市工人就是可能到达八十万人的。在一个以工人为领导的制度之下，我们估计工人的百分比应在百分之三十五至四十之间。

我们须注意这些工人人口数目，不但是东郊工业区内的，它也包括石景山及门头沟、丰台货运区等等在内，数目不算很大，在上海单是纺织业工人就到了一百万人。

这样看来，巴先生所分配的地区面积同人口数目有几处很不相符。我们在这方面便作了另一个计划，或许可以比较接近实况，但一切尚须等待更准确的资料，更确定的政府企业政策。

（三）城市区域的分配没有计划行政区

巴先生的“城市区域分配”一节中，不但在原则上，我们同意，一部分区域的位置我们也是同意的（见上文第六节）。不过，政府行政人员为基本工作人口，巴先生估计为十五万人（连同服务人口二十五万共四十万人）行政工作性质特殊重要，政府机关必须比较集中，处在一个自己的区域里的。巴先生却没有这样分配。他没有为这个庞大的工作机构开辟一处合适的地区，而使它勉强，委曲地加入旧市区中，我们感到非常惶恐。他们的建议使政府机关的各建筑单位长长的排列在交通干道旁边，是很不方便的，因为这会将全城最壮美的中心区未来的艺术外貌破坏了。全城中部的优良秩序也破坏了，而变成工作繁杂，高建筑物密集，车辆交错的市心。这不是行政中心所应有的质素，与他所说“不损害北京城市外貌”的原则也抵触。

天安门广场是故宫的前庭，是由南向北来的干路到此的中点，北面没有大路通行，所以到了天安门只有东西向的干路，全城的东西交通最依赖这一条适中的横干道。现在这干道两旁没有密集的工作机关的房屋，只为过境而用，车辆流量已相当大，为北京车辆最集中的地带，将来干道两旁和绕着广场的周围都有了办公高楼时，入境车辆增加，这一处的街心便要拥挤到极高度，是可以推想的，我们可以预见到优良的秩序，必受到破坏。过长安街的车辆都要蠕动的爬行着，如上海南京路一带。

另一方面讲，我们认为天安门广场是我们文物风景区，是我们人民的历史纪念，是我们要保存的壮美安静的地方，为节日庆典的中心，我们不应该改变它的外表和使用。

苏联窝罗宁教授在“苏联沦陷区收复后之重建”一书中，叙述了许多苏联历史名城，如诺夫哥洛，斯莫冷斯克，加里宁，伊丝特拉等城的重建。被称为“俄罗斯的博物院”的诺夫哥洛城，“历史性的文物建筑比任何一个城都多”。这个城之重建“是交给熟谙并且爱好俄罗斯古建筑的建筑院院士舒舍夫负责的。他的计划将依照古代都市计划的制度重建——当然加上现代的改善。……在最后优秀的历史文物建筑的四周，将留出空地，做成花园为衬托，以便观赏那些文物建筑”。

北京无疑地是中国（及至全世界）“历史文物建筑比任何一个城都多”的城。我们对于文物建筑的本身及其周围环境都负有保护的责任。我们也必须在最优秀的文物建筑的周围留出空地，使成为许多市内的人民公园。

所谓“市中心区”，在欧洲以往都是最密集的工商业办公地区，在北京则可以不必如此。苏联美术家兼史学家伊哥·格拉巴在一九四四年一次的广播中说：“我们确实地否定了给全部收复区同做一个唯一的标准计划的观念。没有一个苏联的城市是与另一个城市完全一样的。计划中必须将每一个城市区域一切特征上的差别加以考虑。”北京的城市格式与世界上任何一个城市都有极其显著的“特征上的差别”。我们若不加以考虑而使它成为一个欧洲式的城市和街型，则将是一个严重的错误。

此外，这个建议所牵涉到的问题甚多。如（一）工作人员的住区与这个位置的政府机关的距离是会需要庞大数字的交通工具及物力和时间的耗费的。巴先生没有做一切必须的计算。（二）所要拆改的地区内的人口数目已相当大（约三十万人，相等于战前的整个重庆或战时的整个昆明！），不拆改地区的人口还必须疏散。如何处理迁移他们：巴先生也未论到任何具体的办法及所能遭遇的困难。是否政府必须先在郊区建造许多住宅以解决这问题？但居民都是随着他们的工作区域的。现在许多工作尚都在城内，把他们住处忽然移到郊外，是不合理的。那种迁移不是有计划的，为人民的利益的迁移，而成了强迫的迁移。所以，我们认为惟有将工作地区外移，随着新工业区建造新的住区才是合理的迁移人口，最自然合理的疏散政策，才不会使许多人民生活及生产事业受到不利。所以计划行政区必须略向城外展开，取得新址之外，还要足够的住宅区同它相连着。

这是我们对于巴先生的提议不同意的简单理由。详细的分析已见于我们关于中央人民政府行政中心位置的建议中，不在这里赘述了。

（四）民族形式的建筑

所谓北京的外貌问题及建筑的民族形式问题，我们曾经在这方面做过许多的研究和尝试。中国式的建筑在对日抗战以前就是我们所努力的目标。巴先生说，将来新建“房屋正面可用民族性的中国式样”，我们认为是不够的。

代表民族的建筑物绝不限于“房屋的正面”。一个建筑的前后，内外，上下，左右侧影和立面是一整体，他本身的骨干，轮廓，门窗细部和附属的耳，厢，廓，庑，院落或围墙，无不表现它的基本结构和组成它的特殊民族性格。中国建筑的内在特征有两方面，一方面是它工程上的结构法，另一方面是它在平面上的配置方法，民族性即在这种特征中，丰富地隐存着，暗示着，也就是真实的代表着。

我们的结构法是由一种特有的，用木料的方法而产生的。它是中国建筑形貌的真实因素。我们如利用中国的间架制度，以后就是改用钢骨水泥，也是可以保持它的特征的。所以我们对民族形式的新建筑是有信心的。

巴先生说：“中国式样的特点不仅是用屋顶来代表”是很对的，但如说可“用雕刻装饰正面”“如牌楼之类”就可以代表，则太着重表面的形式了。

中国屋顶是最代表中国房屋外表的，它是中国房架结构法而所产生的美丽结果。但是如果整个建筑物其他部分完全采取欧洲石造房屋的形式，单单配了中国屋顶，便不能代表中国民族形式了。并不是如巴先生所说，因为多层建筑物的屋顶由底下“看不清楚”的缘故便不代表中国形式。

如果房屋的整体是合乎结构法的干架原则，则虽用钢骨等现代材料来代替古制的纯粹木材，在外表上，一定不会表现出中国建筑原有的门窗与墙壁之间的灵活关系。这轻灵的开窗方法是绝对的和欧洲石造建筑窗与壁之间的硬性规律迥然不同的，但它却同最新的钢骨水泥构架的建筑相似。

现在因为屋顶的琉璃瓦制造方法太慢，价格也很高，会增加我们的建造费，所以我们必须设法避免依赖用屋顶来代表民族形式，这是不得已的。我们必要时仍须设计平面的建筑物，而还包含着道地的中国作风（这在山西是常见的）。这一切都是我们二十余年来所曾考虑——研究过的，可惜还没有时间同巴先生详细谈到。等巴先生在我国再多观察一些建筑物后，我们相信巴先生必会同意我们的见解的。

至于多层建筑物，本身根本就是原有的中国寻常形式。多层高耸的建筑物在一个城市中只有几种特殊的型类，如塔同城楼之类。将来如果为着配合现代实用需要，而创造多层房屋时，它们的高度和平面配置，是必须和同一个城中的其他传统建筑物调和的。不然便必须在同旧文物稍有距离的地区。这个理论想巴先生不至于不同意。

我们的认识是：在配置上，机关房屋第一件必须避免的就是平列于街沿的布置法。因为那是仿欧美城市的建筑形式的；绝不是中国民族特征。中国的城市，只有商店的最外面，所谓市楼，才是那样地安排。这种市楼是安置于商业街市的。至于衙署住宅则都有庄严开朗的前院，合理的衬托着，使房屋同街沿有一些距离，这种前庭广院，同时，解决了停驻车马的地方，也多了一些树木牌楼等美好的点缀。同时也保全了房屋环境的安静，这也是我们的民族形式。巴先生所注意到且有很好形象的北海图书馆就是能很好保存这个优良传统的。我们将来政府行政机关的安排必需注意到这一点。巴先生曾说燕京设计较好，“位置配布得适当”大约就是这个意思。所以我们希望巴先生对于将来北京的行政大楼必定要按民族形式配置起来的意见不会不同意。

（五）住宅区的位置问题

我们认为决定住宅区的位置，必须考虑这住区内人口和工作地点的位置。因为这两处的距离立刻牵涉到交通的方便或困难。在这方面的实际计划，我们必须先认清在十五年内我们的交通工具的客观条件，可能发展和物质的限制。

巴先生在“住宅区”一条内说：“第一个住宅区域是西郊新市区，这个区域对在市中心机关的职员，很是便利。第二个区域是城的东北部这个区域的主要的居住是工业区的工人和职员，且接近市中心区，地势高，不潮湿，又不受风向的影响，并且可以移居城内的居民。”

我们认为政府机关工作人员住在新市区很是不便利，这与巴先生所说是正相反的。就如所估计，在两年内，每部有办公人员五百人，三十部和政务院，四个委员会，共三十五个单位，共有人员一万七千五百人，即使有二千余人住在城内，按一万五千人计算，则每日需用容量五十人的汽车由四郊至城内行驶三百个来回。其平均距离以由公主坟到天安门计算，每个来回约合十五公里，共计每日行驶四千五百公里，消耗大量汽油。现在既然不可能将住区再挤在旧城内，则只有将工作区安置在同住宅区毗连地点；然后这种时间、精力、物力的耗费才可以节省。至于用地道车或车轨电车等庞大工程更不是目前或短期内中国情况所允许，因为一切必要的条件都还不足做如此的处置。

至于以东北郊为“工人住宅区或其他人员的住宅区”，则工人住宅同工厂区的距离也稍嫌太远，交通仍然困难，所谓：“可以移居城内居民”也许是正阳门内外的工商企业人员，他们的工作距离住宅比西郊到天安门的距离更大。

像这些问题都是很重要的，所以我们在此提出讨论，详细情况以后还要进一步研究。

附录 D　北平市都市计划座谈会讨论题目及发言记录（1949 年 5 月 8 日）

北平市都市计划座谈会讨论题目

三八年五月八日

此次座谈会的题目，共有四个，即：（一）如何把北平变成生产城问题；（二）西郊新市区建设问题；（三）城门交通问题；（四）城区分区制问题。现在把这四个问题的内容作简单的说明，以供参考。

一、如何把北平变成生产城问题

北平是个拥有二百万以上人口的大都市，又是全国的文化城。在过去，农工商业都不很发达，生产少，消费多，为华北最大的消费城。今后新北平的建设目标，在把他由消费城变成生产城。北平生产事业具备了充足的天然物质条件，拥有大量的人力。解放以后，市界扩展至三倍以上，如石景山、门头沟、丰台、长辛店、通县等重要工矿交通区域，都划归本市，生产资源更为充实。

要把北平由消费城变成生产城，必须合理的运用大量的人力和广大的土地。故有二个基本问题，需要讨论，即：（一）全市人口分布问题；（二）市地分区建设问题。

（一）北平市人口分布问题。根据本市人口统计数值，我们得到下列四点认识：

（1）北平城内最密区人口密度，较最疏区的大四倍，所以要疏散密区人口，向疏区发展，并使同一区内平均发展；

（2）城区人口密度较郊区大三十倍，故城区人口之一部和将来增加人口之大部，应向郊外新市区和卫星市发展；

（3）疏散人口必须疏散建筑。不宜奖励市民在繁密区内和接连地带无秩序的建房，而应有计划的提倡扶助在疏落区或郊区建设；

（4）城内密区向疏区发展或城区向郊区发展，不宜作连续面的扩展，成一片房海。各区之间应有园林地带隔离之，有园林系统联络之，每区内并须划出许多住宅近邻公园，成一片绿海。故市内已有和计划中的园林空地，应予保留，不宜改作房基地。

总之，新北平的市民，不宜过度集居城内成为消费者，一部分应到农村，工矿区和新市区工作，成为生产者。

（二）市地分区建设问题。北平市区广大，各地区性质不同，故建设工作，可分为四种地区。

（1）旧城区改良。建设外三及外四区为手工业及住宅区，维持及整理市内已有建设和故都文物，完成近代都市所必须之交通、卫生、教育和文娱等设施。

（2）新市区建设。利用已有之设施建设成为自给自足或部分自给自足的小城市。详细内容另于专题讨论。

（3）卫星市建设。宜分别依各市特性建设成工业市或交通区等，建设完备道路系统，取得紧密之联络。

（4）郊区农村建设。整理开发灌溉水源，发展农田水利，建设大规模之农业研究试验区，以促进华北或全国农业之发展。

关于北平市都市计划，须经过调查分析研究后，根据全市人民之需要，过去历史，现在状况和未来发展趋势才能决定，新扩市区部分，尤需从速调查规划。北平物质建设有了着落，新北平方能由消费城变为生产城。

二、西郊新市区建设问题

新市区系指一九三九年间日伪时代建设之西郊新街市，位置在复兴门外，距城约四公里，第一期计划面积为一四·七〇平方公里，约合二二〇〇〇市亩。经日伪征收民地，经营数年，雏形粗具，已成建筑五百八十一幢，土路六七六五〇公尺，沥青混凝土路七一三〇公尺，沥青石渣路五一七〇公尺，水泥灌浆路二五〇公尺，碎石及卵石铺装路一〇六〇〇公尺，净水场三处，敷设水管二万余公尺，下水道污水管敷设一万四千公尺，并有医院、苗圃、公园、运动场等设备。

一九四五年[抗战]胜利后，成立西郊新市区工程处，藉谋发展新市区业务。嗣经旧市政府将新市区内之业务分交各局执掌。土地业务归地政局接办，自来水二厂归自来水管理处（即现在的自来水公司）接办，房产地租归财政局接办，工务建设仍由工务局办理。惟土地因有发还与不发还原业主之争执，房屋因有伪北平行辕及伪华北总部统制分配，故土地及房屋问题，迄未得合理解决。

北平解放后，因事实上之需要，西郊新市区原有房屋，必须加以修理。新建房屋亦正在规划中。惟此种部分的建筑工程，应与全部建设计划配合，故新市区建设方针须从速规定。按北平城区已发展至相当成熟阶段，人口密度最大已至每公顷四六〇人，建筑面积最大已占房基地百分之六十以上。欲维持公共安宁，确保公共福利，将来发展应趋重于建设近郊市或卫星市。故建设西郊新市区实有必要，可利用已有建筑设施，疏散城区人口，新市区结构应包括五种功能：即（一）行政；（二）居住；（三）商业；（四）工业（轻工业或手工业）；（五）游憩，使成为能自主之近郊市。

关于新市区建设问题，计可分为左列[①]八项：1.结构单位；2.房屋建筑密度；3.交通工具——与旧城区之联络（电车、公共汽车、火车问题）；4.行政中心地点（自复兴大街北展）；5.污水排泄及处理（向东南汇流入护城河）；6.道路系统（完成数个中心后考虑改用放射式道路联系）；7.建筑式样及高度；8.建筑器材之大量生产。

三、北平市城门交通改善问题

北平市的城门，内城有朝阳、东直、安定、德胜、西直、阜成、复兴、宣武、和平、正阳、崇文等十一座，外城有东便、广渠、左安、永定、右安、广安、西便等七座，一共是十八座。经调查，其中以朝阳、崇文、正阳、宣武、西直、广安六门交通量最为繁重。有时且呈拥塞状态，交通颇感不便。亟须加以研究改善。兹拟具意见五种，提出请大家讨论：

（一）增辟城门：欲进一步沟通城内外交通，及减小旧有城门之交通量，增辟城门实为最合理想的办法。但在本市都市计划尚未确定，城

① 原稿为竖排体。

内道路干线系统与郊区道路连络网未能确定以前，目前似无从决定应在某处增辟城门。若仅就已有城内外道路现状设想，则又苦无适合地点。因此增辟城门计划，现在只好作原则上的讨论。

（二）将现有城门加以治本之改善。现有城门宽度过狭，为交通拥塞之主要原因。拟将城门外瓮城拆除，即以城楼及箭楼中间地方作为绿地带，另在城楼两侧增辟门洞，辟筑环绕绿地带道路（其无瓮城者即以城楼作为中央岛）。车辆行人，即可分上下行交通，自可期其便利。但此种办法须拆除城洞两旁公私建筑物。实施上恐有困难。

（三）将现有城门加以治标之改善：就现有城门其交通量较大，而有拥塞情形者加以局部改善。例如崇文门，可将瓮城拆除，并在与铁路交叉处修筑天桥，专过行人。如西直门可将瓮城北门增辟门洞，出入城车辆分上下行。

（四）辟筑城外环城道路：沿护城河外岸修筑一相当宽阔及路面相当良好之环城路，如此可避免行人车辆集中在某一个城门出入，但须收用土地，拆除房屋，连同修筑路面费用，所费不赀。

（五）拆除城墙：将现有城墙全部拆除，即以原基修筑环城道路，但此种办法有关古都城墙之存废问题，须在原则上加以考虑。至拆除后之城砖黄土，如何移置或利用，尚为次一步之问题。

四、北平市城区分区制问题

北平市内外城从前很自然的分成各种区域，例如前外的商业区，琉璃厂的文化街，打磨厂的铁作坊，花市的手工业，西城北城的居住区，和环绕故宫到天坛的园林区，都很有秩序。到了近数十年来，因为内外城日见发展，人口增加，原来区域渐受侵害，住宅区设立了工厂，园林区挤满了房屋，前外商业区和崇外手工业区也非常的萧条。演成繁华的地方愈繁华，零落地方愈零落的现象。

因为新北平城区的分区使用计划，还没有规定，在执行建筑管理的时候，发生了下列的四个问题（原来的建筑规划缺点很多，解决不了这些问题）。

（一）城区空地使用和保留问题——最重要者如东单广场利用问题；天坛与先农坛间园林地保留问题；住宅区附近小公园用地问题，和房基线余地利用和保留问题等。

（二）限制建筑用途问题——北平市对于建筑使用，向无限制，有不少的工厂在居住区内，妨害了住家的安宁，仓库和货栈混杂在园林或住宅地带里，危险性和易燃性的工厂或作坊也没有规定适当的地区。

（三）规定建筑密度问题——本市旧建筑规则对于建筑面积和房基地面积比例只有笼统的规定，没有按区域性质分别限制。繁华的商业区和交通较便的住宅区都有建筑过密的现象。

（四）建筑高度问题——城内名胜古迹附近，往往发现高大的建筑式样，极不调和，损害了市容美观，故宜按区域性质，对于建筑高度有适当的限制。

为使城区土地使用合理，建筑布置适宜，需要从速制定分区使用法规，划定分区使用地图，以资限制。惟此种法规与分区图原则应如何决定，请大家讨论。

建设局都市计划座谈会记录

时间：卅八年五月八日（星期日），上午九时至十二时半，下午二时至三时半。

地点：北海公园画舫斋。

出席人员[①]：滑田友（艺专雕刻教授）、林是镇（市政工程专家）、周令钊（艺术家）、冯法禩（艺专教授）、华南圭（市政工程专家）、王明之（清华土木教授）、刘致平（清华建系教授）、朱兆雪（北大建系主任）、钟森（北大建系教授）、梁思成（清华建系教授）、程应铨（清华都市计划助教）、胡允敬（同右[②]）、汪国瑜（同右）、朱畅中（同右）、高公润（北大建系教授）、曹言行（建设局局长）、赵鹏飞（建设局副局长）。

林治远、杨曾艺、李颂琛、仇方城、袁德熙、徐连城（以上技正）。

李澈、祝垚、梁柱材、沈其、张汝良、谭永年、傅沛兴、潘光典。

① 原文中为“人数”。

② 原稿为竖排，这里是指与程应铨的身份相同，为“清华都市计划助教”。下同，不再逐一说明。

下午出席者：叶剑英市长、杨尚昆、赖祖烈、马志朴、薛子正。

主席：曹言行。

记录：傅沛兴、沈其、李澈。

开会（上午）：

1.[①] 曹[言行]：今天建设局举办这个座谈会，请最有名的建筑、艺术、工程各方面专家参加，相信各位一定能供献一些宝贵的意见，作为今后建设的参考。诸位时间很紧，躭[耽]搁诸位上午和下午的时间，这个时间很短，希望大家尽量关于市政、建筑、建设各方面发挥意见。今天我们准备了几个题目，但不必拘于这些题目，希望各位无拘束地发挥意见，给我们指导。

2. 赵[鹏飞]：现在开始座谈好了，为了使各位尽量广泛地发挥意见，交换意见，不必拘泥我们拟定的题目。

3. 华[南圭]：我现在就生产来说，生产应先从救急的、根本的、容易的着手。

①根本的：大兴土木，各国在第一、二两次大战后都曾以大兴土木来繁荣城市，例如拆城筑沟，在西郊造房等，这样虽然要耗大批货币，但人力物力都运用起来，几年后都成为有价值的物资，此种土木不需外汇，而国产的砖石、灰砂、水泥、钢铁等都有出路，就是生产。

②交通也是生产：如加强通州至天津的水路交通，不必急运的货物都可以由水路来往，可以交流各地物资，刺激生产。

③游览也是生产：巴黎、瑞士都是著名的游览区，我们可以整理玉泉水源，大举造林，整理各种文化事务，招徕游览，可以增加北平繁荣。

④恢复并改良各种小手工业，同时为他们谋出路，如景泰蓝、铜锡器、料货、文具、伪花、地毡、造纸、硝、裘等，不胜枚举，都是北平固有的手工业。

---

① 为便于阅读，对本记录中各位专家的发言次序做了编号，这里“1.”系笔者所加。下同，不再逐一说明。

⑤消费即是生产：不消费即阻止生产（加强购买力，推广销路。）欲加强本地消费力，一项生活安定，二项小房屋有合理的租金，推广销路于国内国外，应使金融活动，交通通畅。

⑥花草果蔬等都是生产品，如能使金融活动，交通迅畅，则能除供本市消费外，尚可远供汉口东北等。

⑦招徕小资产阶级的人，携大量存款财富来平养老，增加北平消费，即间接生产。

⑧各省求学者携其钱来，例如巴黎大学即一切高等学校、政府免费或减费，而衣食住行则由求学者家庭负担之。

⑨厂家在北平设交易所，如巴黎城只有轻小工业，而外省的大工业在巴黎都有都市代表，陈列样品交易等，增加繁荣和消费。

关于城门交通问题再提一些意见：

拆去城墙，如国都有先例，杨永泰拆除武昌城墙，当时议论后现在人人称善。如君一定坚持保守主义，也至少应实行二事：

①所有瓮城，一律拆除。

②多开门洞。a. 东便门之北，与复兴门对照；b. 南小街南边；c. 在南门市口之南；d. 在钟楼至北，通入将新辟之北新村；e. 在永定门东北、崇文门之南北直线上；g. 永定门之西，即宣武门之南北直线上。

使北平成为新式都市，暗沟不可缓办，建设暗沟是纾缓财力的第一妙法，且可以利用城砖，所以我主张拆城，完全是站在新都市的立场。

关于城区问题：我带来旧日蓝图一张，黄线是郊区现状，即十七年[1928年]之原状，红线是十八年初我所拟的郊区，目前所应受更若仅东边，即将通州画在图内（粉色线），风景文物都划在区内，如大小汤山、八大处等。

关于西郊新市区问题：我带来日本人计划原图一份，其说明书载在《市政工程年刊》的调查栏内（卅五年份[1946年]）。我认为那个计划太不完善，太守旧，依据戈必居（Le Corbusier）著的《明日之城市》所言：新城市的建筑地，只应占总地面1/10，笨重的交通在地面，轻快的交通在空间，此种矗新而庞大的计划，我国当无力采用，惟绿地当系于建筑地，是新都市天经地义的道理。我以为不妨按1/5计。日本原计划铁路改为架空，所以如十年内办不到，可以拆去一部分，另一部分向南迁移，西便门仍保留货物轨道，加三角岔道相衔接。

4.梁[思成]：刚才听华老先生讲，很佩服，有几点很同意，大兴土木可以刺激生产，这点很同意，但有几点值得讨论。

①交通问题：应如何减至最少，是人力、物力的节省，千万不要弄到伦敦那样，每七个人就有一个人是汽车运输工人，这个人来运输其余六个人以及这六个人的生产消费物资，所以交通可以繁荣工业，但不可浪费，大兴土木也是一样，不宜浪费，所以应该先有计划。

②关于北平城墙：我以为需要保留它（固然在文物观点是应保留的）现在内城高3丈，原2.5丈，除五、六尺城砖外，内为灰土。明成化嘉靖建城至今五六百年，积压结果，恐非炸药不可，拆下来的几万吨废物，处置也成问题，而且拆下来的城砖，未必比新砖便宜。我以为城上可以改作公园栽花池等，城楼可作展览，民众教育馆，茶馆等。城下可作绿地改善附近居民环境。

③关于新市区问题：清华建筑系曾费多时讨论，我们研讨得一结论：

I. 首先讨论性质。日本人是为移民而设，至日本投降粗具规模。我以为将来性质应为行政中心，联合政府所在地，或最少是市政府所在地，否则将毫无价值；因若单作商业，将无人去。以行政区为中心，附带住宅区及小商业区。

II. 原计划的缺点：

A交通：

a. 街道系统极不适合现代之用。因为街道不分商业或是住宅区，没有把车流的性质分出来——因一二十年至晚五十年后，人力车将为工厂吸收去，代之者为汽车。

b. 交叉路口太多。每一百余米一个路口，是1800年美国式办法。每一百余米一红绿灯，汽车行车不便。

c. 路的总面积占44%强。现欧美普遍占33%，仍嫌多。无端将道路面积加大，浪费土地，增加铺路费，上下水电等都浪费，增加居民负担。

d. 铁路通过市区，把市区划为两半，有碍市区的完整性。铁路两旁既不适于居住，也不适于商业。

B. 土地使用分配不当，无显明的地域分区：

a. 按照日本人计划，凡面临马路之处一律为店铺，住宅被包围在内。

b. 各种公共建筑物既缺乏，分配又不得当。如公会堂，图书馆等都偏在最北边。

c. 空地面积太少。刚才华老先生讲理想9/10，他赞成建筑面积占1/5，但近来建筑面积多选定1/10。应分布在市区里边，不能在市区外，因在市区边缘等于没有。

d. 每坊（Block）的面积太小，因而增加一切公用设备分担，应向一九三三年柏林西门子公司的Zeilenban[板式住宅楼]学习，把五六个坊合为一个坊。

e. 四面都有铁路环绕妨碍将来发展。

所以我们有一些建议：

①先确定西郊新市区的用途。

②原有计划差不多全无是处，应该全部详细计划。

③应定为首都行政区。应先将行政区划出，住宅区围绕行政区（定所有居民为行政公务员）。分区的原则应该分为邻里单位（或叫它一区一保也可以），每一个邻里单位自成一个自给自足的小集团。每一个邻里单位应该以一个小学校，一个幼稚园，数个托儿所为中心，使儿童可以自己上学回家不经过主要街道，邻里单位之内，并应有邮局及供给本单位的菜市场和日用品商店。在本区内应有几处集中的商业区，可以供给几个邻里单位之用。本区居民若需要特别购买时，可往商业区购买。普通日常生活所需可在自己的邻里单位内购买。

④本区除维持本区内水电交通所需的修理工业外，不应有任何其他工厂设立。

⑤每个邻里单位应有充分的小公园，及儿童游戏场，供本单位成人和儿童游憩之用。再用林荫道把这些小公园连接起来，一直通到外围的麓作区或林园地带，成为公园网。

⑥每一邻里单位，应有林荫大道隔离。这种林荫大道，只供区内交通之用，不是作市际交通用。

⑦因此，我们要将整个区四周用麓田或公园包围。在此区内，除了麓家及市立的公园游憩的建筑物外，不得造任何房屋。东北面西面还应建立100公尺宽的树林，以掩蔽西北来的风沙，并隔离平门铁路的音响及煤烟。

⑧我们要建立一个合理的道路系统。第一，凡由北平向西或向西南走的主要公路，如上西山八大处，石景山门头沟的公路或是往来丰台、良乡的公路，均不应穿过本区。但应在南北两面各设一大道，以取得交通上之便利，而避免穿过本市的嘈杂、尘土臭味等。第二，区内的交通网应以行政区为中心，在相当距离建造几条平行的环形道路，以避免由区的一极端到另一极端的车辆穿过市中心。这几条环形马路之间，应该有中心放射出来的次要干路，与环形路连画在环形路与次要干路之间的地区，只设立地方性小道，摒除一切高速度通过性的车流。

此外，在交通适当场所，应设立中学、图书馆等。当视整个计划而定。

总结：①这种以邻里单位为基础的分划，可以使邻里居民熟识，养成合作互助的精神，提高群众的社会性，这是城市生活中一个极重要因素。②这种将住宅区与商业区明显的分划，可以使住宅区安静清洁，取得居住上最高的效果。③这种公园网可以使每一个居民在工作之余，得到正当而健康的娱乐游息。④这种街道网可以使性质不同的车流各有可循环的轨道，可以免除车辆的拥挤、交通窒塞的毛病，可以减少车祸，保障坐车人和行路人的安全。

一切的计划，我们得有统计的数目和对于将来发展的推测，然后才能开始计划。这一部分工作，不单是我们作体形计划的人的工作，需要各方面供给我们资料，让我们计划有所依据。当然，这是一个新的市区，原来没有任何基础，所以对于将来的计划，不必依赖现状调查，而纯粹由推测的预计而设计的（至少推测五十年后的发展情形）。所以，尽一方面来说，问题很简单，而另一方面说起来，凭空推测也是相当困难的事情。听曹局长说建设局有研究室，可由研究室作资料工作。

附带说北平分区问题：

①现在北平无商业区。勉强说集中在六处：东单、东四、西单、西四、前门、后门，形式为带形，沿大道发展。缺点是既为商业区，又是干道，优点在于能供应胡同出来的居民。

②现在市政府与中海的一部[分]为行政区。

③外城南部天坛之东及东北，先农坛之西及西北，为轻工业区，并用邻里单位为原则，建立工人住宅区。

④北平以东至通州一带，为工业区（北平不具备重工业条件），并应疏浚自二闸至天津间之运河。

分析北平的交通，现在都在两个环上流，一个是东西长安街东单东四，另一环是东西长安街、府右街、南北池子等。

再说城门交通问题：

①城门左右各开一洞，瓮城左右各开一门，原有门洞不用，左右洞各为单行道。

②城门附近要拆除少数房屋，加宽马路，在距城门相当距离以外，路中用草地隔离，以分来回。

③铁路最好降至地面下，或降下一米，把公路自远处提高坡度。（因为北平地下水面高，可能不适于地下铁）

附带更主张顺城街应开为马路，城墙改为公园。此外感到北平绿地公园虽不少，但太不平均，此后空地当多设公园，每邻里单位当设公园。此后如遇大旧房等拆除，宜建绿地，对市民健康生活影响极大，并影响生产工作效率。

5. 曹[言行]：刚才华、梁两位先生提出城墙问题，今天因为时间短，容[以]后作专题讨论。梁先生提出新市区的用途，现在我可以报告一下，将来新市区预备中共中央在那里，市行政区还是放在城内。

6. 李[颂琛]：刚才梁先生提出关于西郊新市区的几点建议是值得注意的，我建议拿它作为讨论的中心。

7. 梁[思成]：我们可以不必墨守成规，我们的见识也都过于理想，实际资料是决定条件。

8. 李[颂琛]：现在新市区内有一部分房子，需要利用和建设，当事先研究是否与计划冲突，此外还有两点意见：①对建筑样式当提出商量一下②建设器材当如何合理生产。

9.梁[思成]：式样方面不必守旧成规，我们应尽量向新方向发展，采用国际式。

10.华[南圭]：我完全同意梁先生意见，社会要走向社会主义的，以苏联情形言，人的职业是分工的，所以可将房子分成三四种，最普通的可以是两间，此外三四间、五六间等。

11.梁[思成]：我认为房子与其说为阶级性不如看作实际上的需要条件，例如将来中共中央在此，先统计一下单身有几人，两夫妇有几人，家有老年人的有几人，及小孩子的年龄等，虽不能完全决定，也有一个大致的确定。设计时有一个要点，就是使居住者有最低限度的舒适。

12.华[南圭]：有人主张房屋不超过三层楼，采用阶级型，不过住宅以两层为宜。

13.钟[森]：刚才各位提了许多宝贵的意见，都很珍贵，我提意见，是否可以成立一个都市计划委员会，作为一个永久机构。

14.曹[①][言行]：此意见极切需要，所以下午专题讨论。刚才李先生提议以梁先生意见为中心讨论，大家是否同意，希望各位尽量广泛自由地交换意见。

15.李[颂琛]：我[们]再根据梁先生意见，归纳成以下几个要点来讨论。

①新市区性质问题。

②邻里单位的结构问题。

③交通系统问题（道路）我另外一点附带意见，就是和老城的交通问题。

④行政中心地点问题。

⑤建筑式样和高度的问题。

⑥建筑密度问题。

---

① 原稿为“唐”，因参会人员名单中并无姓唐的专家，推测应为“曹”（笔误）。

⑦建筑器材问题。

16.高[公润]：我想到水的问题。北平城内各河道民国廿一年曾计划把河道全化作暗沟，廿六年我在工务局曾工作过，袁世凯时代曾计划把河扩充，国民党时代也曾计划引永定河水，是否此计划可以提出来考虑，这点是否与交通风景有帮助。

17.李[颂琛]：对此问题华老早已有整理水源计划，将来可以专题讨论。

18.朱[兆雪]：邻里的问题太理想、太浪费，放射路法国也失败（法国的街道以巴黎为中心，巴黎失守全盘都完）。应根据中国情形环境作标准，不要唱高调。

19.钟[森]：大原则方面，我同意铁路不要通过市区。

20.梁[思成]：环城铁路是需要取消的。

21.李[颂琛]：放射路的意见,也不是完全蜘蛛网式的,可以几点作中心,放射出来。

22.梁[思成]：①水源问题有第一二水源井，再以再开水源井。②现在伦敦已经办到把全市公园都连起来。

23.朱[兆雪]：关于建筑，是不能以人口来定的，这是没办法的。

24.梁[思成]：这个是有大概统计可循的，初步的统计简单，而且可以作的。

25.钟[森]：我看过华[南圭]先生的都市计划书，我赞成有一个中心向外发展的，例如以外三、外四为轻工业中心，把外城墙拆掉，向外发展。

26.梁[思成]：拆外城问题也和整个城墙问题一样。此外，在近代都市计划学说里，不愿都市摊得太大，应把它分为若干区，不必连在一起。

27.李[颂琛]：是否请艺术家在艺术观点发表一些意见。

28.冯[法禩]：梁先生对交通路线，根据李先生解释，才知道它是以几点作中心放射出来。我很幼稚，有几点提出来请教。

①这些点的连系是怎样的?

②每坊成立一几何图形，是否建筑物也要是几何图形的呢?（三角

形或扇形）

这样是否为中国人民的习惯所接受呢?

29.华[南圭]：房屋并非完全是几何形的。

30.冯[法禩]：那么又有问题了，街道和空地面积是否占得太多呢?

31.梁[思成]：如果计划得好，可降至25%以下，这是技术问题。

另外我解释一下环形路，并不是一定圆形，也可以成方形，如纽约就是一个长岛，也可以作环形路，对交通有利，外围是高速车道，可以避免不远一个红绿灯的耽误时间，更可以减少室内烦扰。

32.华[南圭]：下水道怎样做呢?这些资材及经费怎么办呢?

33.李[颂琛]：现在市府建设局正集中力量在这一方面作调查研究工作，将来随时提出来请教。

34.滑[田友]：对于建设问题我是外行的，而且到来北平不久，我有一点意见，以现在的经费能力，整理小胡同就要很多钱，建上下水道更不知要多少小米。北平是有很多赋闲的穷人，是个先决的问题。应该先建立一些工厂，把贫人吸收去，余下一些地方房屋，可供建设之用。

35.李[颂琛]：滑先生的意见很宝贵，对此宜有详细调查。

36.梁[思成]：如果我们把轻工业调查一下，就可以看出一些，如景泰蓝茶碗、电料家具等，都是解决我们居住生活的，它们是一个环。应该先把农业基础弄好，轻工业一动，重工业也动，问题是怎样把这个环推动起来。

37.王[明之]：我们的建设要和百年大计配合的，虽参考目前环境，但切不要妨碍大计。例如清华的建筑，至今廿多年，扩大到今天地步，在当初是费了很多考虑的。而今天已经很不合适了。北平的建设是更大的了，固然我们不可太理想，可是可以循一个高的计划走，行不通时，可以到时候据实际情况来决定的。如下水道是必须作的，就应当克服各种财政困难，在原则前当看得远一点，不应受目前经济困难影响，忽视必要问题。

关于建筑式样问题，我以为当适合中共党员的收入，例如清华的宿舍有几间下房，现在都用不着了。

关于器材方面，应注意不要浪费。

另一点是工人工作效率问题，我在事变前清华工委会时，工人的效率是很高的；而事变后的工人效率太小了。最近，我们修理房间时，发现铺油毡预计工数和实际工数差得很多。解放后，当然可以好些。建设局应作各种工程之实需工料，统计确定一下，以免别人上当。

38. 林是镇：日本人的新市区计划的性质和今后完全不同。为了解决目前住的迫切的需要，是否可以利用现有房屋呢？可以统计一下人数来决定，如果不够用，是否可以新建一些呢？

39. 梁[思成]：有一点需要注意：一方面不得不把计划订得高一点，而现实又需要住这个，矛盾是要统一起来的。就是当前的旧房子，可以暂时修理用，因为日本人盖得房子很粗糙，修起来也不过用几十年，将来也是要拆的，千万不要新建。必须先把分区和道路网制好，每三五年重订一次计划。千万不要一失足成千古恨，蹈伦敦纽约的覆辙。现在伦敦错误的补救要耗五十年的功夫，是得要多少人力、财力。我们刚开始作，切不要造成恨。

40. 滑[田友]：百年大计必先制定，否则改造拆除极困难，建设可分列于阶段逐步作，旧有的可以先用，有钱时再来改。

41. 程[应铨]（清华助教）：今天要讨论的是原则问题，然后作一番调查研究，然后征求各方面作设计，来比赛、比较。

42. 胡[允敬]（清华助教）：邻里单位是最新都市计划的原则，是多少年欧美都市计划专家研究的结果，每两个人占一市亩，每一个近邻单位可以有二千至三千市亩，容四千至六千人，当然是可以有伸缩性的。

至于城墙是中世纪的遗迹，很多人认为一个新都市没有城墙，但没有城墙并不等于新都市，只要我们能把城内外交通弄好，并且作成城墙公园也未尝不好。

43. 朱[畅中]（清华助教）：对新市区设计，道路网等，百年大计（骨干计划）应当先作，其他房屋等可以分阶段期间作。

44. 李[颂琛]：今天大家贡献了很多意见，对西郊新市区的建设问题，总结一下，大家都同意下面几点：

①新市区的建设问题大家是同意建设的。

②新市区的建设在性质上需要决定中心用途，否则将毫无价值。

③原来旧计划特别是道路系统不好，应根本改订。

④建设器材和工料使用务求经济合理，需要切实研究。

45. 曹[言行]：时间不早，请各位吃饭，其他专题，下午讨论。

（下午记录）

开会

46. 曹[言行]：恐怕时间不够，希望集中在重点上讨论：①新市区问题，因为新市区已经有一部人在住，今后还要有许多人要住，是一个现实问题。②成立永久性组织问题。

47. 钟[森]：在不妨碍全盘计划下，不妨先就目前两个现有建筑集团考虑一下草计划，从前新市区南边有一条铁道，国民党时期拆掉，现在路基尚存，是否可以先铺起来以利建设。

48. 李[颂琛]：钟先生意见有两点：①就现有两个建筑集团中心考虑建筑。②恢复铁路作临时交通之用。

49. 林[治远]：铁路交通仍嫌不够，是否还要考虑别的交通工具?

50. 李[颂琛]：我们曾考虑过一个是电车，一个是公共汽车。电车由旧刑部街[通过]太窄，我们曾考虑到利用石驸马大街。

51. 梁[思成]：电车是十九世纪的创作，路轨既费钱又有电线很不美观，建造贵大声音又讨厌，影响市容，所以欧美大都市都逐渐废除，纽约电车已经拆掉。折中办法是用无轨电车，只是下面皮轮子，上面两根线。

52. 华[南圭]：我也同意该意见。现在巴黎电车也取消了，但目前缺乏汽油似乎可以牵[迁]就。

53. 李[颂琛]：新市区与老城区的交通很重要的，是否还有高见?

54. 曹[言行]：是否可以暂时组织一个兽力车队（公营）?

55. 华[南圭]：是否可以用轻便铁道呢，或不用火车头而用兽力或汽车头?

56. 梁[思成]：十九世纪有个办法用马拉公共汽车。

57. 李[颂琛]：现有轻便铁轨自西便门通西山杏市口采石厂。

关于无轨电车，上海有一部资料，外国也有一部资料，可供参考，但是器材需一部仰给外来，是否应在华北工农业建设中注意此种器材的供应。

以上都是关于交通问题，关于建设问题，各位有什么意见？

58.高[公润]：我以为可以先考虑旧有建筑的修缮。如要新建，当在整个计划之后。

59.梁[思成]：我同意这个意见。

60.钟[森]：我想这是需要快的，因为目前住宅不够用，需要盖房。我们可以决定先成立一个委员会。

61.曹[言行]：我认为现在计划是无法定的，请大家考虑一下是否需要这个委员会，它的任务是什么呢？

62.梁[思成]：我想这是需要的。

63.清华助教[①]：我以为先成立委员会还不够，必须成立调查研究机关,配合[工作]。

64.梁[思成]：前几天曹局长告诉我建设局有研究室、企划室，我想委员会只作原则性决定，书面和工作可由企划室工作。

65.李[颂琛]：关于这个委员会的任务，各位是否还有别的意见呢？刚才梁先生说它是一个决策机构。

66.华[南圭]：我同意它是决策机构。

67.曹[言行]：大家都赞成成立这个委员会，它可以是一个顾问机构，企划室是一个执行机构，我们可以把这个意见提供市府来批准。

68.程[应铨]：上海有都市计划委员会，和各局平行，里面请几个委员负责起草设计，他们都是都市计划和市政专家，起草由它［他］们座谈会设计，然后再请科学、艺术、工程、卫生各方面专家和中小学教员等作顾问，来评定这个计划。作的时候市府有个设计课（工务局）来担当作图、收集资料等，设计时先决定区域计划，然后作各卫星市计划及细分街路等计划。总之，作设计起草的必须是都市计划专家，只能作顾问，不能决策。

此外还有一个重要点，就是严格执行，如执行不严格，计划等于

① 具体人名不详。

白费。

69. 李[颂琛]：我归纳一下程先生的意见。第一个要点是要有一个起草和决策机构。第二个要点是展开大众讨论。第三个要点是严格执行。

70. 钟[森]：我认为起草应由企划室作，然后由委员会来决策。

71. 曹[言行]：这个委员会是要包括各方面专家的，初步组织由建设局负责，发展后可由市长负责，平行于建设局，再发展下去，如国都定后，可能直接由联合政府负责平行于市。

此时，叶[剑英]市长到会。

首先，叶市长和各专家一一认识。

72. 曹[言行]：现在会已经开完，请叶市长讲话。

73. 叶[剑英]：各位是名教授、市政专家，我很敬仰，早晨有事不能到会。

我对市政建设问题是个学生，最近来平三个月，忙于三方面的斗争，对东西南北各区还未去过，自三月下旬才对市政开始研究。我最近看到我们的市政并未做好，不但人未管好，连垃圾也未管好。北平不同天津，北平地下沟作的很好，市内很少河渠，雨水靠地沟。很奇怪的北平在历史上未患过水灾，也没患过大传染病。围城时期，傅[作义]先生曾把暗沟堵上，现在已打开。

关于垃圾问题，我们曾费了不少力气，垃圾产生的原因是煤球，清除了许多，每日产量仍很大。有朋友建议我们装瓦斯，需要五百万美元的安装费，为了长久打算，仍旧合算。今天国家各方面建设伊始，建设有先后缓急，可以考虑有利者先作，如第一个五年计划完成后，第二个五年计划就可以作这个。

目前要考虑市民健康问题，如果把清洁搞好，垃圾问题可不必先考虑改造。只是想办法排出去好了。有人主张半夜用电车运垃圾，是否可以这样做？请各专家研究。

作事要考虑缓急先后、需要与可能。上下水道，如有好办法，自然办。

今天集中讨论一下西郊建设问题，免得老在北平城里挤。

现在粮价因天旱大涨，虽然贸易公司用大力帮助，但是还不可能。东北的粮食不久要进关了，另外我们还要使一部分人回去生产，而北平由于历史关系破落的世家多得很，我们使一些游手好闲的人去生产，自然就是把消费城市变为生产城市了。现在我们把两千乞丐捉起来，养成他们生产习惯，使他们下乡生产，学生和公教人员可以多办合作社，免得受粮价影响。

我们将要把一些不必要的学校机关迁到别处去。

将来城市逐渐发展，人口必然增加，工农业发展正是旺盛现象。

目前既[即]要扩大市区，把整个大北平发展起来。

最近久旱不雨，大家对于如何度过荒年有什么宝贵意见，请教请教。

北平目前需要建设和管理城市，苏联有几个五年计划，中国虽未全面解放，但可以东北、华北、华东各区一块块地生产建设。一切解放的农村，都以生产为主。往小里说，捷克斯拉夫有两年计划。

过去资本多在四大家族手里，民族资本太少，今后当鼓励私营资本，必先讲清楚毛主席的顾“四方八面”。四方八面是：①公私；②劳资；③城乡；④内外。四方八面要兼顾，缺一不可，八面一致从事生产，把生产动员起来，动员不过是开始，实际上提高生产也要有计划不能盲目地生产，工农要互相配合。

今天的问题请先生们考虑一下，讲一下北平市生产计划，要把此问题搞清。

第一步要调查研究，看看今天生产情况如何？要作各行业登记，同样要调查乡村，有些工业品流[通]不到石家庄。

城市人为的隔绝，我们要把它打开。

我代表市政府和建设局向各位致谢，希望各位先生多介绍一些专家来参加指导。

74.薛[子正]：我没能及时地来，很遗憾。我对市政建设是外行，听各位的意见使我学习很多的东西，北平市建设问题有两个争论：一个是北平市发展扩大，一个是认为北平没有生产的人在，二百万人里占很大百分率，现在摊贩人数占全市人口10至20%，需要整理，有人认为可以到市场发展。这是一个一时畸形的现象。

照各位的意见把北平建设起来，北平好些地方距近代化太远，可以称为古城，今后当作百年大计，实际上不止百年或几百年，各位把新北平计划一下，以日本人的计划为示范，建设东郊西郊新北平，早日成立都市建设委员会。近一两年来西郊新北平荒废，希望提前一步建设起来，关于整理交通及城墙附近，去年围城时拆去房屋的重建等，给一个安置，开城门问题也可以提前着手。

感谢各位的指示，希望今后能常有这样的会。

75.曹[言行]：今天蒙各位指教，很多意见，叶市长也谈过，需要肯定一下这个委员会，我提意[议]：①名字叫作北平都市计划委员会；②先成立筹备委员会。

76.李[颂琛]：我提议八个人作筹备委员：钟森先生、梁思成先生、冯法禩先生、林是镇先生，和建设局的曹[言行]局长、赵[鹏飞副]局长、杨[曾艺]技正和我个人。

77.赵[鹏飞]：我再提议华[南圭]老先生，一共九个筹备委员。

78.王[明之]：我提议一方面筹备，一方面起草。

79.梁[思成]：刚才叶市长提出的问题，我也想了很久，因为今天讨论重点在新北平，所以没有提出来。现在不妨简单的说一下。都市计划是一个整个区域的计划，至少与唐山、天津、塘沽、门头沟等各地发生密切关系，一个都市和乡村之间的连系不能割开，农村与城市之间有一个平衡，现在农村人口占90%，城市人口占10%，将来无论工业如何发展，城市仍要靠农村，将来工业化可以吸收一部分农村人口入城，同时城市也可以供给机械化农具来保持平衡。

第二，叶市长提出来煤气问题，我算了一下。北平有200万人口，平均每户五口，可有4万户。每户每日生10斤煤渣，每日全市生四百万斤，合二千吨。全年七十三万吨。全市160平方华里，每方里每年4560吨。七十三万吨用三吨车二十四万三千三百三十三辆。每车每次三加仑油共用七十三万加仑油。每加仑油价一千五百元合十一亿元人民币。现在美元行市750元/［美］元，折一百六十万美元。目前美元奇涨，即以美国算法也得140万美元。

这样，只用三年多的运费，就可以建设起来gas[燃气]设备，实在便宜得很。就是按骡车算，也得要八九十万美元一年。

80.华[南圭]：我想这不是一朝一夕就可以建设起来的，是否可以研究改良煤球的办法？

81.梁[思成]：另外一个数字，乾隆年修四牌楼时的地面，和现在比起来，还不到二百年期间地面增高了180cm，平均每年增高一公分。

82.曹[言行]：今天这些问题，等把记录整理起来，再作专题研究。

83.叶[剑英]：委员会成立起来以后，更要劳动[烦]各位了。

84.曹[言行]：宣布散会。

附录 E　首都政治区设计原则及座谈会记录（1948 年 4 月 27 日）

首都政治区设计原则

一、范围

（甲）东自谢公墩坿附近突出之城角起，沿城墙南经中山门至光华东街东口外之城墙转角处止，以城墙为界。

（乙）南自光华东街东口外之城墙转角处起，沿城墙西经光华门、共和门（通济门）至裘家湾口城墙转角处止，以城墙为界。

（丙）西自竺桥起，南沿秦淮河经逸仙桥、复成桥、大中桥至裘家湾口城墙转角处止。

（丁）北自竺桥起，沿珠江路东经黄埔路交叉口，至国防部东南角小桥处（图上乙点），以直线连至半山寺西南小桥处（图上丁点），更折向东南为垂直于城墙之线，交于谢公墩附近空出之城角处止（图上戊点）。

二、地段使用

（甲）中山东路以北，黄埔路以东之地区为总统府及所属文官参军主计等处之建筑基地，其前辟广场以林荫道与中山北路衔接道之东西，为监察院考试院基地。

（乙）中山东路以南为立法司、行政三院基地，与路北之监察考试二院遥遥相对，二级部会散布于迤南一带，其前为国民代表大会堂前辟广场，再南为警备区以达光华门城垣，以上甲、乙二区，自光华门经国民代表大会堂、立法院至总统府，俱在南北中轴线上。

（丙）乙区以西复成桥以北，逸仙桥以南之地区，为重要三级机关之建筑基地。

（丁）公务人员之住宅分东西二区，第一住宅区位于乙区以西、丙区以南，第二住宅区位于东南角城垣外帷，此部尚未划入首都行政区范围以内，需俟呈准后再行规划。

（戊）中山东路以北，黄埔路以东之中央医院，仍予保留，但其迤西部分拟建中央图书馆，俾政治区与市区双方均能利用。

三、干路分布

（甲）首都行政区位于市区之东，一切交通自西往东经过竺桥，与逸仙复成大中等桥，故现有桥梁须需予改造。

（乙）仍保留中山东路为主要东西干线，并将总统府前一段加宽兼为阅兵大道。

（丙）区内其他道路之宽度分六十公尺、四十公尺、廿公尺三种，前二种均属林荫道。

（丁）旧珠江路向东延伸通至城外以缓和中山东路之交通拥挤。

（戊）在中山门以南加辟二门，以通城外之第二住宅区。

四、绿地分布

建筑物与建筑物之间，以尽量增设绿地带与广场环区马路与东南城墙间亦设绿地带，俾屋宇疎落环境幽美。

五、建筑式样

（甲）建筑物之面积以不超过各地段面积之40%为原则。

（乙）建筑物高度除地下层外以四层或五层为度，附属房屋如工友室、锅炉间、厨房、食堂等应设于地下层内。

（丙）建筑物外观以采取近代中国式样为原则，俾具有中国建筑之固有精神，而符现代社会之实际需要。

（丁）建筑结构以能防火耐震为原则。

六、水电沟渠计划

沟渠工程拟于道路系统确定时，即行着手设计水电计划，则须需俟各单位之建筑物开始设计时一并进行。

首都政治区设计原则座[①]谈会记[②]录

地点：内政部会议室

时间：卅七年四月廿七日上午九时

出席人：杨廷宝、童寯[③]、傅焕光、周宗莲（段毓灵代）、董大酉、徐琳、冯纪杰、陈登鳌、金超、哈雄文、娄道信、刘敦桢、潘廷梓

主席：哈雄文

记[④]录：牟粟多

一、主席报告

明故宫之划作政治区，于民国十九年即经国民政府决定，当时系由国民政府首都建设委员会主办筹备数年，曾就当时需要拟订设计图样及土地规划等，嗣因抗战军与中途停顿复员伊始，奉主席蒋手谕，指定该地为首都政治区，并经行政院于卅五年五月令，准由内政部主办，并分令各机关暂缓在该区兴建房屋，本部遵即派员实施测量详细研究，于卅六年八月拟订[出]首都政治区计划大纲、首都政治区土地处理办法及附图，呈经行政院多次审查，拟定原则四项：

（一）首都政治区以二十四年本院院会通过之中央政治区土地使用支配图加入励志社中央医院一带为范围（即以明故宫为中心东南两面以城墙为界西沿秦淮河北自竺桥东经国防部至突出之城角为界）；

（二）政治区界限内，私有土地（包括旗地）一次征收，并将应发地价列入明年度（卅七年）预算，在被征区域内民有建筑物，如政府一时不需用者，可仍准原所有人使用；

（三）以后政府机关需要建筑时，应就政治区范围内建筑；

（四）建设政治区，先从道路水电等着手，并注意职员宿舍学校及其他有关问题，设计原则由本次出席人另开审查会研究。

上项原则于卅六年十二月十九日，经第十四次临时院会决议通过，

① 原稿为“坐”。
② 原稿为“纪”。
③ 原稿为“隽”。
④ 原稿为“纪”。

并呈国民政府核准照办，其第四项复经继续开会审查，拟具意见两项分饬照办：

一、首都政治区范围内，应征收之土地及应发之补偿费，由南京市政府专案呈请核办。

二、原则第四项所载之设计原则，由内政部与南京市政府拟议呈核。

现在关于第一项，市府已在准备进行，而第二项工作，实为第一项之张本，亟待决定，顾兹事体大，困难尤多，自非集思广益，难期尽善。故本部拟先邀请诸位先生，作初步交换意见后，再与南京市政府作正式之拟议，敬希多赐指示，俾作准绳。至个人意见，以为政治区土地缺点有四：（一）无超然地势，如建筑物依中国传统坐北向南习惯，不易配合；（二）东南两面城墙高耸，扩展不易，区内建筑物亦不易壮观；（三）现有交通为东西向，与南北向房屋亦不易配合；（四）已成建筑物甚多，无须保存，古迹、飞机场又不能即时迁去，设计不无困难。今后设计必须作分区、分期计划，除总计划应注意整体配合外，每区、每期计划亦须成为整个局格。

二、刘敦桢先生意见

（一）限于地面，三级机关不宜设于政治区内；

（二）交通仍应维持原有东西方向，并延长珠江路直达城墙，再于复成、六中两桥延展横干道二条；

（三）建筑物应以国民大会堂、立法院、总统府为重心，列于轴心线上，以示庄严。

三、杨廷宝先生意见

（一）本人战前曾拟制政治区设计计划，因当时政府机构与现在行宪不同，依林故主席主张，沿中山东路以北划为属于党的机关，以南属于政府机关，且仅计入五院，附属机关概未列入，今后自须改变。但沿城墙一带土地较高，任何建筑物，无论自西向东或自高向下看去，皆不易壮观。故于离城墙过近地带不宜建筑，只可作为园林，今昔仍当一致；

（二）依现在看法，政治区设计应先将道路系统确定，以为全部设计之章法，不能凭空划出某机关地点。路线决定后，并应先安路牙。俾不知设计者亦有实际上之大体观念，庶易于每一地段中想像其建筑物应有之形势，然后再以各机关性质分配地段，配合建筑；

（三）如五院位于中山路南，则行政院及其所属各部会，应位于轴心线以西，因西部地面较广，有伸缩余地，且接近市区，与市内机关容易接近。又该地大部为飞机场所占，而行政院及外交、交通等部亦已有房屋，不必积极建筑，正属相宜又行政组织及其所属机构单位常有变更，故各部会所占用地段大小不宜为硬性规定；

（四）国大会堂如在光华门内，正当低洼之地，应尽量向北移。

四、傅焕光先生意见

（一）依原计划大纲，秦淮东岸将布置为风景地带，倘西岸不同时布置，仍任其为破落地带，适愈增其丑，故秦淮河河面宜再加宽，并将其两岸地带均辟为风景区；

（二）城墙地势既高，环区路仍应加宽；

（三）轴心道路宜特别加宽，始足表示庄严伟大；

（四）各单位建筑物之外围，应绝对不容围墙之存在；

（五）为培养政治区内之绿地，应将种植树木提前办理。

五、童隽[①]先生意见

（一）秦淮河，如能澄清水流，则宜保留，否则无存在必要；

（二）城墙既高，怎样配合建筑确属问题，午朝门应否保存，如何保存而不碍观瞻，均待研究；

（三）政治区建筑务求伟大，以壮观瞻，不妨以数单位集中于一个建筑，切不可形成新村形式，如欲尝试花园式设计，似觉过于冒险，实在[讲]只要路宽亦即增加绿地面积；

（四）原计划大纲建筑面积规定为百分之四十，在未决定前应缜密考虑；

（五）建筑物单位不宜过多，面积不应小于现有之中央医院，必要时应合并数单位于一建筑物之内。

① 原稿为“隽”。

六、董大酉先生意见

（一）南京市都市计划委员会本身工作太忙，对于政治区尚未作详细研究，故尚无具体计划。对内政部所提原则及专家意见，大体赞同；

（二）在飞机场未迁移以前，恐任何建筑皆有妨害，应加注意。

七、结论

（一）应向行政院建议，政治区内除国大会堂、总统府及五院外，各部会是否全部设在区内，不作硬性规定；除必要时，各部会建筑均应另设其他地点。

（二）区内房屋宜以整齐庄严为原则，并采取高大建筑方式（至少不得小于现有中央医院），除国大会堂、总统府及五院各为一单位计划范围外，其各部会或附于院建筑以内，或以数部会合成一单位范围，机关性质及其需要为之，不作硬性规定。

（三）政治区建筑平均将在五层以上，虽不在飞机场内，建筑亦必妨碍飞机升降，故在飞机场未迁移以前，任何建筑物恐均不便施工，应由内政部绘具图说，证明困难程度，呈请行政院核示。

（四）应建议行政院速即成立政治区建设委员会，负责一切决策事项，并设立设计专门委员会，俾集中专家，经常研究详细设计事宜。

（五）政治区主要道路系统及总统府、国大会堂、五院位置（如附图），由内政部会同南京市都市计划委员会依照以上原则设计，并请杨廷宝、童寯[①]两先生草拟公园广场计划，傅焕光先生草拟绿化政治区计划，于下次正式会商时提出讨论。

① 原稿为“隽”。

参考文献

一

北京建设史书编辑委员会编辑部：《建国以来的北京城市建设资料（第一卷）·城市规划》，1987。

北京卷编辑部：《当代中国城市发展丛书·北京》，当代中国出版社，2010。

北京市城市规划管理局、北京市城市规划设计研究院党史征集办公室编《规划春秋（规划局规划院老同志回忆录）》（1949—1992），内部发行，1995。

北京市档案馆、中共北京市委党史研究室：《北京市重要文献选编（1948.12～1949）》，中国档案出版社，2001。

陈愉庆：《多少往事烟雨中》，人民文学出版社，2010。

北京市规划委员会、北京城市规划学会：《岁月回响——首都城市规划事业60年纪事》上、下册，2009。

陈占祥等：《建筑师不是描图机器——一个不该被遗忘的城市规划师陈占祥》，辽宁教育出版社，2005。

《当代中国》丛书编辑部：《当代中国财政》上册，中国社会科学出版社，1988。

当代中国研究所：《中华人民共和国史编年（1949年卷）》，当代中国出版社，2004。

当代中国研究所：《中华人民共和国史编年（1951年卷）》，当代中国出版社，2007。

董光器:《北京规划战略思考》，中国建筑工业出版社，1998。

董光器:《古都北京五十年演变录》，东南大学出版社，2006。

高亦兰编《梁思成学术思想研究论文集（1946～1996）》，中国建筑工业出版社，1996。

顾保孜著，杜修贤摄影《红镜头中的毛泽东》，贵州人民出版社，2011。

规划篇史料征集编辑办公室编《北京城市建设规划篇》第一卷《规划建设大事记（1949—1995）》，1998。

规划篇征集编辑办公室:《北京城市建设规划篇》第二卷《城市规划（1949—1995）》，1998。

华南圭:《公路及市政工程》，商务印书馆，1939。

金春明:《中华人民共和国简史（一九四九—二〇〇七）》，中共党史出版社，2008。

孔庆普:《北京的城楼与牌楼结构考察》，东方出版社，2014。

孔庆普:《城：我与北京的八十年》，东方出版社，2016。

赖德霖主编，王浩娱等编《近代哲匠录——中国近代重要建筑师、建筑事务所名录》，中国水利水电出版社、知识产权出版社，2006。

李浩、傅舒兰访问/整理《城·事·人——城市规划前辈访谈录》第8辑，中国建筑工业出版社，2021。

李浩:《八大重点城市规划——新中国成立初期的城市规划历史研究》，中国建筑工业出版社，2019。

李浩:《北京城市规划（1949—1960年）》，中国建筑工业出版社，2022。

李浩等访问/整理《城·事·人——城市规划前辈访谈录》第6～7辑，中国建筑工业出版社，2021。

李浩访问/整理《城·事·人——城市规划前辈访谈录》第9辑，中国建筑工业出版社，2022。

李浩访问/整理《城·事·人——新中国第一代城市规划工作者访谈录》第1～5辑，中国建筑工业出版社，2017。

李越然：《外交舞台上的新中国领袖》，外语教学与研究出版社，1994。

李准：《紫禁城下写丹青——李准文存》，2008。

梁思成、陈占祥等著，王瑞智编《梁陈方案与北京》，辽宁教育出版社，2005。

梁思成：《梁思成全集》第1～5卷，中国建筑工业出版社，2001。

《梁思成先生诞辰八十五周年纪念文集》编辑委员会：《梁思成先生诞辰八十五周年纪念文集》，清华大学出版社，1986。

马句：《纪念彭真诞辰110周年》，2012。

毛泽东：《毛泽东选集》第4卷，人民出版社，1991。

《彭真传》编写组：《彭真传》第二卷（1949—1956），中央文献出版社，2012。

《彭真传》编写组：《彭真年谱》第二卷，中央文献出版社，2012。

市委研究室：《中共北京市委研究室五十年（1948-1998）》，1998。

谭炳训：《谭炳训学术文集》，科学出版社，2019。

同济大学城市规划教研室：《中国城市建设史》，中国建筑工业出版社，1982。

王健英：《中国共产党组织史资料汇编——领导机构沿革和成员名录》，红旗出版社，1983。

王军：《城记》，生活·读书·新知三联书店，2003。

王亚男：《1900—1949年北京的城市规划与建设研究》，东南大学出版社，2008。

吴良镛：《良镛求索》，清华大学出版社，2016。

张柏春等：《苏联技术向中国的转移（1949—1966）》，山东教育出版社，2005。

张兵：《城市规划实效论：城市规划实践的分析理论》，中国人民大学出版社，1998。

中共北京市委政策研究室：《中国共产党北京市委员会重要文件汇

编》(一九四九年·一九五〇年),1955。

中共北京市委组织部等:《中国共产党北京市组织史资料(1921—1987)》,人民出版社,1992。

中共中央文献研究室、中央档案馆:《建国以来刘少奇文稿》,中央文献出版社,2005。

中共中央文献研究室:《建国以来毛泽东文稿》第一册,中央文献出版社,1987。

中共中央文献研究室:《毛泽东年谱(一九四九—一九七六)》第一卷,中央文献出版社,2013。

中共中央文献研究室:《周恩来年谱(一九四九—一九七六)》上卷,中央文献出版社,1997。

中直修建办事处:《为中直机关修建三年——中共中央直属机关修建办事处回忆录(1949—1952年)》,1990。

《住房和城乡建设部历史沿革及大事记》编委会:《住房和城乡建设部历史沿革及大事记》,中国城市出版社,2012。

朱涛:《梁思成与他的时代》,广西师范大学出版社,2014。

邹德慈:《邹德慈文集》,华中科技大学出版社,2013。

〔日〕越泽明:《中国东北都市计画史》,黄世孟译,台北:大佳出版社,1986。

〔苏〕卡冈诺维奇:《莫斯科布尔什维克为胜利完成五年计划而斗争》(1932年),载苏联中央执行委员会附设共产主义研究院版《城市建设》(马克思列宁主义参考资料),建筑工程部城市建设总局译,建筑工程出版社,1955。

〔英〕彼得·霍尔、马克·图德-琼斯:《城市和区域规划》,邹德慈、李浩、陈长青译,中国建筑工业出版社,2014。

〔英〕帕特里克·格迪斯:《进化中的城市——城市规划与城市研究导论》,李浩等译,中国建筑工业出版社,2012。

Patrick Abercrombie, *Greater London Plan 1944*,london: His Majesty's

Stationery Office, 1945.

▶ 二

北京城市规划学会：《马旬同志谈新中国成立初期一些规划事》（2012年9月7日座谈会记录），赵知敬提供，2013。

北京市城市规划管理局：《关于在京中央级机关的房屋建筑及其在城市中的分布问题》（1962年），北京市城市规划管理局档案。

北京市都市计划委员会：《北京市都委会工作汇报》，北京市都市计划委员会档案，北京市档案馆藏，档案号：150-001-00027。

北京市都市计划委员会：《北京市都委会聘请委员及顾问名单》（1950年），北京市档案馆藏，档案号：150-001-00004。

北京市都市计划委员会：《北京市都委会西郊组工作总结及西郊关厢改建规划》，北京市档案馆藏，档案号：150-001-00090。

北京市都市计划委员会：《关于聘请及任用专家、工程技术人员的报告及有关文件》（1951年），北京市都市计划委员会档案，北京市档案馆藏，档案号：150-001-00050。

北京市都市计划委员会：《政治中心区计划说明》（1950年），北京市都市计划委员会档案。

北京市都市计划委员会等：《市都委会、财委会、郊委会、园委会工作人员任免材料》（1951年），北京市档案馆藏，档案号：123-001-00200。

北京市建设局：《苏联专家巴兰尼可[克]夫对北京市中心区及市政建设方面的意见》（1949年），北京市城市规划管理局档案。

北京市建设局编印《北京市将来发展计划的问题》（单行本），1949。

北京市人民代表大会：《北京市第三届第二、三次各界人民代表会议汇刊》，北京市档案馆藏，档案号：002-020-01616。

北京市人民政府：《市府关于任命薛子正等二十八人为市府秘书长、各局局长、各区区长、郊区委员会、都市计划委员会名单》，北京市档案馆藏，档案号：002-002-00005。

北平市都市计划委员会：《北平市都委会筹备会成立大会记录及组织规程》(1949年)，北京市档案馆藏，档案号：150-001-00001。

北平市工务局：《北平市都市计划设计资料》第一集，1947。

北平市工务局：《北平市工务局代市政府起草的关于在英国聘陈占祥为本府计正请准结购外汇的呈及行政院的指令等》，北京市档案馆藏，档案号：J017-001-03086。

北平市建设局：《北平市都市计划座谈会记录》(1949年)，北京市档案馆藏，档案号：150-001-00003。

曹言行、赵鹏飞、牟宜之：《北平市都市计画[划]委员会第一次工作报告》(1949年)，北京市档案馆藏，档案号：150-001-00001。

城市建设部办公厅：《城市建设文件汇编(1953-1958)》，1958。

国都设计技术专员办事处：《首都计画》(中文版，1929年)，南京市城市建设档案馆藏。

建筑工程部城市建设局城市规划处：《北京市规划与建设情况调查》(1959年)，中国城市规划设计研究院档案室藏，档案号：0325。

梁思成、陈占祥：《关于中央人民政府行政中心区位置的建议》(1950年2月)，国家图书馆藏。

梁思成、林徽因、陈占祥：《对于巴兰尼克夫先生所建议的北京市将来发展计划的几个问题》(1950年2月)，中央档案馆藏，档案号：Z1-001-000286-000001。

林庆隆等：《呈为据情转恳提前解决中央政治区土地以苏民困事》(1937年)，南京市档案馆藏，档案号：10010011275(00)0003。

南京市政府工务局：《为签发依据中央政治区各机关建筑地盘分配图制就国府及四院建筑基地界址图请核示函由》(1936年)，南京市档案馆藏，档案号：10020052134(00)0008。

南京市政府训令：《奉行政院令转饬划政治区南部为公务员建造住宅之用业经中央政治会议核准特令遵照仰望遵照办理由》(1933年)，南京市档案馆藏，档案号：10010030307(00)0003。

内政部：《内政部对于审查「首都政治区」案之意见》(1947年)，

南京市档案馆藏，档案号：10030160041（00）0008。

内政部：《首都政治区建设计划大纲》（1947年），南京市档案馆藏，档案号：10030160041（00）0006。

内政部：《首都政治区设计原则坐[座]谈会纪录》（1948年），南京市档案馆藏，档案号：10030160014（00）0013。

内政部：《首都政治区土地处理办法草案》（1947年），南京市档案馆藏，档案号：10030160041（00）0008。

聂荣臻、张友渔：《关于苏联市政专家最后半个月工作和生活情况的报告》（1949年12月7日），中央档案馆藏，档案号：J08-4-1068-12。

〔苏〕巴兰尼克夫：《苏联专家[巴]兰呢[尼]克夫关于北京市将来发展计划的报告》（1949年），岂文彬译，北京市档案馆藏，档案号：001-009-00056。

苏联市政专家团：《苏联专家团改善北京市政的建议》（1949年），中央档案馆藏，档案号：J08-4-1069-1。

伪华北建设总署：《北京都市计画要图及计划大纲》，1940，北京市档案馆藏，档案号：J001- 004-00080。

萧秉钧：《首都北京建设问题》，北京市都市计划委员会档案。

行政院：《审查会纪录》（1947年），南京市档案馆藏，档案号：10030160041（00）0006。

行政院：《暂缓在首都明故宫新政治区兴建房屋由》（1946年），南京市档案馆藏，档案号：10030081753（00）0002。

行政院：《中央政治区域案审查会议》（1934年），南京市档案馆藏，档案号：10020052562（00）0005。

《一九四九年前北京城市发展史上的重大建设项目》，2008。

中共北京市委：《关于赠送苏联专家阿巴拉莫夫等人毛泽东选集的文件、工商联、北京市粮食公司庆祝中共诞生三十一周年给彭真同志的贺信》（1951年），北京市档案馆藏，档案号：001-006-00688。

中共北京市委办公厅：《苏联专家对交通事业、自来水问题报告后讨论的记录》(1949年)，北京市档案馆藏，档案号：001-009-00054。

三

超祺：《建设人民的新北平！——[北]平人民政府邀集专家成立都市计划委员会》，《人民日报》1949年5月23日，第2版。

梁思成：《城市的体形及其计划》，《人民日报》1949年6月11日，第4版。

程捷：《加强建筑事业管理，建设局登记营造商，筹建制管厂并在北郊植林》，《人民日报》1949年8月20日，第4版。

新华社：《为建设新北平作准备，市区典型调查完成》，《人民日报》1949年9月19日，第4版。

梁思成：《我为谁服务了二十余年》，《人民日报》1951年12月27日，第3版。

梁思成：《整风一个月的体会》，《人民日报》1957年6月8日，第2版。

张开济：《从中国营造学社谈起》，《北京晚报》1992年1月18日。

《城市规划》编辑部：《陈占祥教授谈城市设计》，《城市规划》1991年第1期。

董光器：《四十七年光辉的历程——建国以来北京城市规划的发展》，《北京规划建设》1996年第5期。

侯丽：《社会主义、计划经济与现代主义城市乌托邦——对20世纪上半叶苏联的建筑与城市规划历史的反思》，《城市规划学刊》2008年第1期。

季剑青：《旧都新命——梁思成与北平城》，《书城》2012年第9期。

贾迪：《1937—1945年北京西郊新市区的殖民建设》，《抗日战争研究》2017年第1期。

金磊：《可敬的“梁陈方案”——读〈梁陈方案与北京〉一书有感》，《重庆建筑》2005年第8期。

李浩：《“梁陈方案”未获采纳之原因的历史考察——试谈规划决

策影响要素的分层现象》,《建筑师》2021年第2期。

李浩:《“梁陈方案”与“洛阳模式”——新旧城规划模式的对比分析与启示》,《国际城市规划》2015年第3期。

李浩:《1930年代苏联的“社会主义城市”规划建设——关于“苏联规划模式”源头的历史考察》,《城市规划》2018年第10期。

李浩:《城镇化率首次超过50%的国际现象观察——兼论中国城镇化发展现状及思考》,《城市规划学刊》2013年第1期。

李浩:《还原“梁陈方案”的历史本色——以梁思成、林徽因和陈占祥合著的一篇评论为中心》,《城市规划学刊》2019年第5期。

李浩:《苏联专家穆欣对中国城市规划的技术援助及影响》,《城市规划学刊》2020年第1期。

刘明钢:《开国大典的日期是何时确定的?》,《党史博采(纪实)》2009年第7期。

刘小石:《城市规划杰出的先驱——纪念梁思成先生诞辰100周年》,《城市规划》2001年第5期。

龙瀛、周垠:《“梁陈方案”的反现实模拟》,《规划师》2016年第2期。

吕春:《建国前夕中共中央移居香山内幕》,《党史纵横》2010年第10期。

吕彦直:《规划首都都市区图案大纲草案》,《首都建设》第1期(1929年10月)。

孟昭庚:《毛泽东在香山双清别墅》,《文史精华》2009年第9期。

〔日〕越泽明:《北京的都市计画》,黄世孟译,《台湾大学建筑与城乡研究学报》1987年第1期。

尚鸣:《定都北京的前前后后》,《党史文苑》2005年第11期。

恕庵:《古都北京西郊》,《远东贸易月报》1941年第4期。

王纯:《新中国定都北京始末》,《湖北档案》2000年第4期。

王亚男:《日伪时期北京的城市规划与建设(1937~1945年)》(上),《北京规划建设》2009年第4期。

王亚男:《日伪时期北京的城市规划与建设(1937~1945年)》

（下），《北京规划建设》2010年第2期。

吴良镛：《历史文化名城的规划布局结构》，《建筑学报》1984年第1期。

殷力欣：《从被废弃的梁陈方案谈起》，《美术观察》1996年第7期。

袁奇峰：《从"梁陈方案"说起》，《北京规划建设》2016年第5期。

赵家鼎：《建设北平意见书》，《北京档案史料》1989年第3期。

赵燕菁：《中央行政功能：北京空间结构调整的关键》，《北京规划建设》2004年第4期。

邹德慈：《城市发展根据问题的研究》，《城市规划》1981年第4期。

左川：《首都行政中心位置确定的历史回顾》，《城市与区域规划研究》2008年第3期。

陈占祥：《忆梁思成教授》，载《梁思成先生诞辰八十五周年纪念文集》编辑委员会编《梁思成先生诞辰八十五周年纪念文集》，清华大学出版社，1986。

梁思成：《关于首都建设计划的初步意见》，载北京市档案馆、中共北京市委党史研究室编《北京市重要文献选编（1951）》，中国档案出版社，2001。

彭真：《在北京市第三届第三次各界人民代表会议上的总结发言》，载北京市档案馆、中共北京市委党史研究室编《北京市重要文献选编（1951）》，中国档案出版社，2001。

申予荣：《前苏联专家援京工作情况》，载北京市规划委员会、北京城市规划学会：《岁月回响——首都城市规划事业60年纪事（1949—2009）》下册，2009。

苏联人民委员会和联共（布）中央决议：《关于改建莫斯科的总体计划》（1935年7月10日），载《苏联共产党和苏联政府经济问题决议汇编》第二卷（1929-1940），中国人民大学出版社，1987。

薛玉陵、赵蓬晏编选《北平市城区概况》（1949年），载北京市档案馆编《北京档案史料》2005年第1期，新华出版社，2005。

张开济：《从“四部一会”谈起》，载杨永生主编《建筑百家回忆录》，中国建筑工业出版社，2000。

朱兆雪、赵冬日：《对首都建设计划的意见》，载北京建设史书编辑委员会编辑部《建国以来的北京城市建设资料（第一卷）·城市规划》，1987。

刘晓婷：《陈占祥的城市规划思想与实践》，硕士学位论文，武汉理工大学土木工程与建筑学院，2012。

乔永学：《北京城市设计史纲（1949-1978）》，硕士学位论文，清华大学建筑学院，2003。

王俊雄：《国民政府时期南京首都计划之研究》，博士学位论文，台北：成功大学，2002。

薛春莹：《北京近代城市规划研究》，硕士学位论文，武汉理工大学土木工程与建筑学院，2003。

陶宗震：《“饮水思源”——我的老师侯仁之》，陶宗震手稿（2008年1月19日），吕林提供。

索引

D

F

G

H

J

K

L

M

N

O

P

W

X

Y

Z

后记

“梁陈方案”是中国城市规划史上一件著名的大事，很多人，特别是城市史、建筑史和北京史研究者，都对它有很大的兴趣，都想搞清楚它的始末缘由，以便获得一个基本的历史认识。数年前，笔者在开展新中国初期八大重点城市规划历史研究的过程中，也曾突发奇想，针对在旧城西郊建新区的规划思路，将“梁陈方案”与“洛阳模式”做过一些比较，[①]但只是粗浅议论，算不上深入研究。

对“梁陈方案”专门投入精力做思考和研究，是近些年来的被迫之举。继八大重点城市规划历史之后，笔者开始对苏联专家技术援助中国城市规划工作的情况进行历史研究，一旦进入此一领域，就遇到了与“梁陈方案”有关的许多疑问，因为北京和上海是首批苏联专家进行技术援助的两座城市，而对北京的援助活动与“梁陈方案”一事密切相关，根本无法回避。如果对“梁陈方案”缺乏认识，关于首批苏联专家的历史叙事便无法展开，更遑论有正确的评价。在此情况下，我不得不对“梁陈方案”有所关注和研究。

本项研究成果，最初包含在关于“苏联城市规划专家在北京（1949-1960年）”研究的书稿[②]中，呈送专家审阅时，多位专家指出，书稿中“梁陈方案”的篇幅过大，冲淡了“苏联城市规划专家在北京（1949—1960年）”的主题。根据专家建议，特予单独讨论并成书出版。

---

① 李浩:《“梁陈方案”与“洛阳模式”——新旧城规划模式的对比分析与启示》,《国际城市规划》2015年第3期。

② 李浩:《北京城市规划（1949—1960年）》，中国建筑工业出版社，2022。

本书成稿过程中经过多轮修改，并呈送给一大批专家学者讨教。在此，要特别感谢董鉴泓、王瑞珠、马国馨、王建国、陈为帮、赵知敬、柯焕章、张其锟、张敬淦、申予荣、董光器、赖德霖、邱跃、曹跃进、张兵、施卫良、石晓冬、赵峰、王亚男、李晓江、杨保军、陈锋、刘仁根、王凯、郑德高、官大雨、赵中枢和张广汉等先生的指教，感谢清华大学吴良镛、高亦兰、左川、毛其智、顾朝林、武廷海、刘亦师和郭璐等老师的指导，感谢中国城市规划学会城市规划历史与理论学术委员会王鲁民、张松、李百浩、王兴平、张玉坤、赵志庆和傅舒兰等专家的专题研讨，感谢梁鉴先生（梁思成之孙）和华新民女士（华南圭孙女）的意见和帮助。

本书研究过程中，曾多次赴中央档案馆、住房和城乡建设部档案处、北京市规划和自然资源委员会、北京市档案馆、南京市规划和自然资源局、南京市档案馆、南京市城市建设档案馆、中国城市规划设计研究院档案室和图书馆等机构查阅档案资料，李大霞、王秀娟、施卫良、师宏亚、陈建军、梅佳、叶斌、周健民、徐辉和张靖等领导和同志曾给予笔者大力支持与帮助，在此特致衷心感谢！

特别感谢杨保军、柯焕章和李百浩先生拨冗为本书赐序，这对笔者是莫大的鼓励！感谢于泓、荆锋、张舰和李扬等好友的帮助，感谢社会科学文献出版社对本书的厚爱及吴超老师的精心策划和编辑。

回想起来，本项研究的困难，除却档案资料搜集不易之外，更大的挑战还在于对笔者史学研究的勇气和信心的考验。作为一名清华大学学子（笔者曾于2010~2012年在清华大学建筑学院从事博士后研究），“祖师爷”梁思成先生是神一样的存在，我们对他更多的是仰视和敬畏，每当在档案资料中查找到有关梁先生的信息，或者在书稿中写下“梁思成”这三个字时，内心都有种别样的感受。那么，对我们敬爱的梁先生，究竟应当做何种历史书写，如何做讨论？对于一些所谓的敏感问题，究竟应为尊者讳，还是该秉笔直书？

无疑，上述诸多前辈和专家学者毫无保留的谆谆教诲，以及中国传统的史学精神，为我指引了前进的方向。梁启超曾将史德作为史学研究者治史素养的第一要求："所谓史德，乃是对于过去毫不偏私，善恶褒贬，务求公正"，"史家第一件道德，莫过于忠实"，要"对于所叙述的史迹纯采客观的态度"。[①]严耕望明确指出，史学研究对于重要人物"只能采取尊重的态度"，"不能崇拜"，"一有崇拜心理，便易步入迷信，失去理智的判断与采择，那也是专制狭隘思想的根源"。[②]这些要求，笔者时刻铭记于心，期望能够努力践行。

随着研究工作的推进，我对"梁陈方案"的来龙去脉逐渐有了更加清晰的认识，也对梁思成先生有了更多的了解，开始慢慢地走近梁先生。梁先生的高瞻远瞩、远见卓识和深谋远虑，让晚辈深感折服，他那坚持规划原则和学术立场的勇气与魄力，让晚辈无限敬仰，而对于梁先生所遭遇的不幸则又让晚辈感到特别的困惑、无奈与痛苦。梁先生是一个伟大的科学巨人，他满腔爱国之情，胸怀科学规划理想并为之不懈追求，早已成为中国现代城市规划科学精神之化身。但梁先生也是生活在现实世界中的芸芸众生之一，在特殊的时代洪流和复杂的社会形势面前，个人即使再伟大也无法与之相抗衡，这或许就注定了越是胸怀理想和伟大抱负的巨人，越可能遭遇时代不幸。梁先生女儿梁再冰曾回忆说："父亲是一位心胸坦荡、诚实开朗之人，也少有城府，有着一颗'赤子之心'，有时简单得就像个孩子。"[③]更加全面地认识"梁陈方案"，或许会让我们观察到梁先生固执、痛苦、无奈乃至天真或幼稚的一面，我想，这绝不会有损梁先生的伟大形象，反而会有助于理解和走近一个更加真实、鲜活的梁先生，更有利于我们在梁先生崇高人格和科学精神的指引下走好自己的道路。

最后要特别声明的是，由于与"梁陈方案"有关的部分档案资料（特别是中央级的一些档案）迄今尚未开放，而本人所从事的规划史研

① 梁启超：《中国历史研究法》，上海古籍出版社，1998，第156～157页。

② 严耕望：《治史三书》，上海人民出版社，2016，第115页。

③ 梁再冰口述，于葵执笔，庞凌波、潘奕整理《梁思成与林徽因：我的父亲母亲》，第238页。

究仍处于起步期，本书中的一些分析与讨论必然存在局限，有缺点和错误，因此只能算作笔者关于“梁陈方案”研究的一个阶段性成果而已。敬请广大读者批评指教。

2022年11月25日于北京

图书在版编目（CIP）数据

规划北京：“梁陈方案”新考 / 李浩著 . -- 北京：社会科学文献出版社，2023.6（2025.1 重印）
ISBN 978-7-5228-2242-6

Ⅰ. ①规… Ⅱ. ①李… Ⅲ. ①城市规划－思想史－北京 Ⅳ. ① TU984.21

中国国家版本馆 CIP 数据核字（2023）第 137876 号

规划北京：“梁陈方案”新考

著　　者 / 李　浩

出 版 人 / 冀祥德
责任编辑 / 吴　超
责任印制 / 王京美

出　　版 / 社会科学文献出版社 · 人文分社（010）59367215
地址：北京市北三环中路甲 29 号院华龙大厦　邮编：100029
网址：www. ssap. com. cn
发　　行 / 社会科学文献出版社（010）59367028
印　　装 / 唐山玺诚印务有限公司

规　　格 / 开 本：787mm × 1092mm　1/16
印 张：29　　字 数：424 千字
版　　次 / 2023 年 6 月第 1 版　2025 年 1 月第 4 次印刷
书　　号 / ISBN 978-7-5228-2242-6
定　　价 / 169.00 元

读者服务电话：4008918866